MySQL 数据库原理及应用
(微课版)

李　岩　侯菡萏　主　编
赵立波　徐宏伟　张玉芬　副主编

清华大学出版社
北　京

内 容 简 介

本书以当前较流行的 MySQL 8.0 为平台，系统地介绍了数据库原理和 MySQL 数据库技术，全书内容取舍合理、实用，可以使读者轻松理解数据库的基本原理，快速应用 MySQL 技术，达到理论与实践的紧密结合。

全书分为七个部分，共 14 章，包括认识数据库、认识关系数据库、数据库设计、认识 MySQL、MySQL 数据库、MySQL 数据库表操作、MySQL 索引与完整性约束、MySQL 查询与视图、MySQL 编程基础、MySQL 过程式数据库对象、事务与并发控制、MySQL 安全管理等内容。另外，本书还配备了与教材内容同步的实验内容，以促进学生对理论知识的掌握与应用，提高学生的实践能力。最后一章为一个完整的项目实例“Java EE/MySQL 高校教务管理系统”，将理论学习与开发设计全面融合，实现理论到实践的跨越。为方便教学与学生学习使用，本书免费赠送电子课件、教学大纲、习题答案、源程序代码，以及各章相应小节的微视频讲解等教材配套资源。

本书逻辑性、系统性、实践性和实用性较强，可以作为应用型本科、高职高专院校计算机各类专业和信息类、电子类等专业数据库相关课程的教材，也可以作为数据库应用系统开发设计人员、自学考试人员等的参考书。

图书在版编目(CIP)数据

MySQL 数据库原理及应用：微课版/李岩，侯菡萏主编. —北京：清华大学出版社，2021.1(2025.1 重印)
ISBN 978-7-302-57209-1

Ⅰ. ①M… Ⅱ. ①李… ②侯… Ⅲ. ①SQL 语言—程序—设计—教材 Ⅳ. ①TP311.132.3

中国版本图书馆 CIP 数据核字(2020)第 260283 号

责任编辑：桑任松
封面设计：杨玉兰
责任校对：王明明
责任印制：丛怀宇
出版发行：清华大学出版社
网 址：https://www.tup.com.cn, https://www.wqxuetang.com
地 址：北京清华大学学研大厦 A 座 邮 编：100084
社 总 机：010-83470000 邮 购：010-62786544
投稿与读者服务：010-62776969, c-service@tup.tsinghua.edu.cn
质量反馈：010-62772015, zhiliang@tup.tsinghua.edu.cn
课件下载：https://www.tup.com.cn, 010-62791865
印 装 者：三河市君旺印务有限公司
经 销：全国新华书店
开 本：185mm×260mm 印 张：21.25 字 数：517 千字
版 次：2021 年 3 月第 1 版 印 次：2025 年 1 月第 6 次印刷
定 价：59.80 元

产品编号：088247-01

前　言

数据库技术是计算机技术领域中发展速度最快的技术之一，也是应用最为广泛的技术之一，它已经成为计算机信息系统的核心技术和重要基础。

数据库课程不仅是高校计算机各专业的必修核心课程，也是信息管理、物联网、电子类等其他专业的必修课程。随着对基于计算机网络和数据库技术的信息管理系统、应用系统需求量的增加，各类人员对数据库理论与技术的需求也在不断增强。目前我国技能型人才短缺，技能型人才的培养核心是实践能力，学生应该在学校就开始接受实践能力的培养，以便在毕业后能很快适应社会的需求。为了满足当前高等学校应用型人才培养的要求和当今社会对人才的需求，编写一本具有系统性、先进性和实用性，同时又能较好地适应不同层面需求的数据库教材无疑是必要的。

本书编写的指导思想是帮助读者掌握数据库系统的基本原理、技术和方法，了解现代数据库系统的特点及发展趋势，提高用所学知识解决实际问题的动手能力，培养数据库设计和应用能力。

本书具有以下特点：

(1) 既注重系统地介绍数据库的基本原理和方法，又补充了现代数据库系统的主要技术及新知识，强调基础理论够用，数据库技术实用，设计方法好用。

(2) 将原有数据库原理与数据库应用技术两方面内容进行有效整合，缩减了传统数据库系统的部分内容，突出了数据库理论与实践紧密结合的特点，全书结合一个应用案例展开学习，强调系统性和实用性。

(3) 将实践教学内容单独编写为一章，在保证理论教学内容的同时，使学习者有很好的实践教学内容可以参考，通过实践学习巩固理论学习，做到边学边做，突出实践能力训练。

全书分为七个部分，共 14 章。第一部分包括第 1～4 章，主要介绍关系数据库系统的基本概念、基本原理及数据库设计的基本理论。第二部分包括第 5～6 章，主要介绍 MySQL 数据库系统的安装配置等基本知识，为后续数据库实施技术的学习做准备。第三部分包括第 7～9 章，主要介绍数据库实施的基本技术，包括数据表和视图的创建、数据查询操作的实现方法及完整性约束的实现等内容。第四部分包括第 10～11 章，主要介绍数据库编程的基本方法，包括 SQL 语言流程控制语句和过程式数据库对象的创建及使用等。第五部分包括第 12～13 章，主要介绍数据库并发控制及安全管理与维护的基本方法。第六部分是实践教学内容，共安排了 10 个 MySQL 实验内容供读者边学边实践。第七部分包括第 14 章是一个综合开发实例，详细展示用 MySQL 开发后台数据库系统的设计过程，完成从理论到实践的完整跨越。

为了方便读者自学，作者尽可能详细地讲解 MySQL 数据库系统各主要部分内容，并附有大量的屏幕图例供学习参考，使读者有身临其境的感觉。本书概念清晰、叙述准确、重点突出，理论与实践结合紧密，注重操作技能的培养，提供了丰富的实例，有助于读者对所学内容的掌握。

本书由李岩、侯菡萏任主编，赵立波、徐宏伟、张玉芬任副主编。第 1、2、3 章由张玉芬编写，第 4、5、6 章由李岩编写，第 7、8、9、11 章由侯菡萏编写，第 10、12、14 章由徐宏伟编写，第 13 章及 MySQL 实验由赵立波编写，全书由李岩统稿。本书参考了多部优秀数据库方面的著作和教材，从中获得了许多帮助，在此表示深深的感谢。

由于编者水平有限，书中疏漏与错误之处在所难免，恳切希望广大读者多提宝贵意见。

编　者

读者资源下载

教师资源服务

目　录

学习情境一　数据库知识准备

学习情境二　数据库技术准备

学习情境三　数据库实施

学习情境四 数据库程序设计

学习情境五 安全管理与维护

学习情境六 MySQL 实验

学习情境七 MySQL 综合应用

学习情境一

数据库知识准备

第1章 项目准备

“高校教务管理系统”是依托 Java EE(Struts 2)开发平台与 MySQL 数据库相结合设计开发的一款 B/S 架构的应用于高校教务管理的项目，可以用来提高课程管理、班级开课和学生成绩管理工作效率。通过本系统，管理员可以对学生、班级、课程及教师的基本信息，班级开课和考试成绩进行管理及维护；教师可以查看学生成绩及录入学生成绩；学生可以查看本人成绩。

本章主要介绍“高校教务管理系统”的项目背景、项目目标、需求分析、系统设计。系统环境搭建和系统编码实现及项目发布，将在学习情境七中讲解。通过本章的学习，需要掌握以下内容:

◎ 项目的需求分析;

◎ 项目的功能模块设计;

◎ 项目的流程设计;

◎ 项目的数据库设计。

1.1 项目背景

当今时代是飞速发展的信息时代，各行各业都离不开信息处理，计算机被广泛应用于信息控制和信息管理，不仅提高了工作效率，而且大大地提高了信息安全性。尤其对于复杂的信息管理，计算机更能充分发挥其优势。目前随着各大高校的扩招，在校学生数量庞大，教务管理工作日趋繁重、复杂，如何把教务工作信息化、模块化、便捷化是现代高校发展的重点，所以迫切需要研发一款教务管理系统软件，以使教务日常工作如对学生、班级、教师和课程的基本信息管理以及班级开课和学生成绩的管理更加高效、便捷，为在校生随时查阅自己的成绩信息、教师录入成绩等提供方便。

1.2 项目目标

“高校教务管理系统”面向的用户包括高校的教务管理人员(管理员)、各系教师和全校学生。开发此项目，方便教务人员进行教务管理，包括随时添加、查询、修改信息，使其从烦琐的填表、查表工作中解放出来，降低教务管理维护费用，提高行政工作效率，改善服务质量。该软件的设计目标是尽量达到人力物力的节省并提高处理数据的速度。本系统仅实现学生、班级、教师、课程以及开课、学生成绩的管理，教务其他管理模块，如教室管理、选课/排课管理、考务管理等有待同学们进一步扩充。

1.3 需求分析

按照使用网站的不同用户进行分析，可确定该网站需要完成的功能主要由以下三部分组成。

(1) 管理员可以对学生信息、教师信息、课程信息、班级信息、班级开课及学生成绩进行管理，能够实现这些信息的添加、删除、查询、修改等操作。

(2) 教师可以查看个人信息、修改登录密码、查看及录入学生成绩。

(3) 学生可以查看个人信息、修改登录密码及查询课程成绩。

1.4 系统设计

下面对“高校教务管理系统”从功能设计、流程设计和数据库设计等方面进行详细分析。

1.4.1 系统功能设计

根据需求分析进行系统功能设计。“高校教务管理系统”分为以下 3 个功能模块。

1. 管理员功能模块

管理员功能模块又可划分成以下 6 个子模块。

1) 学生管理子模块

添加学生的学号、姓名、所在班级等信息；对学生的相关信息进行查、改、删等操作。

2) 教师管理子模块

添加教师的教师号、姓名、所在系部等信息；对教师的相关信息进行查、改、删等操作。

3) 班级管理子模块

添加新设班级的班级号、班级名、所在系部等信息；并对其相关信息进行查、改、删等操作。

4) 课程管理子模块

添加课程的课程号、课程名、学分、学时及开课学期等信息；并对其相关信息进行查、改、删等操作。

5) 开课管理子模块

添加班级开课的基本信息，包括开课课程、教授教师、开课班级；并对其相关信息进行查、改、删等操作。

6) 成绩管理子模块

对某班级学生的课程成绩进行查询、修改等操作。

2. 教师功能模块

教师功能模块需要完成以下功能。

(1) 查看个人信息。

(2) 修改登录密码。

(3) 查看学生成绩。

(4) 录入学生成绩。

3. 学生功能模块

学生功能模块需要完成以下功能。

(1) 查看个人信息。

(2) 修改登录密码。

(3) 成绩查询。

系统结构如图 1-1 所示。

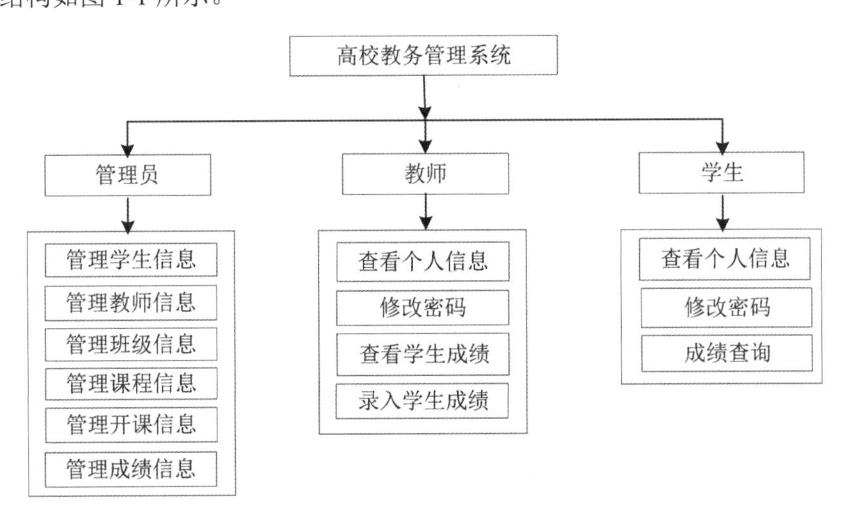

图 1-1 系统结构

1.4.2　系统流程设计

系统流程如图 1-2 所示。

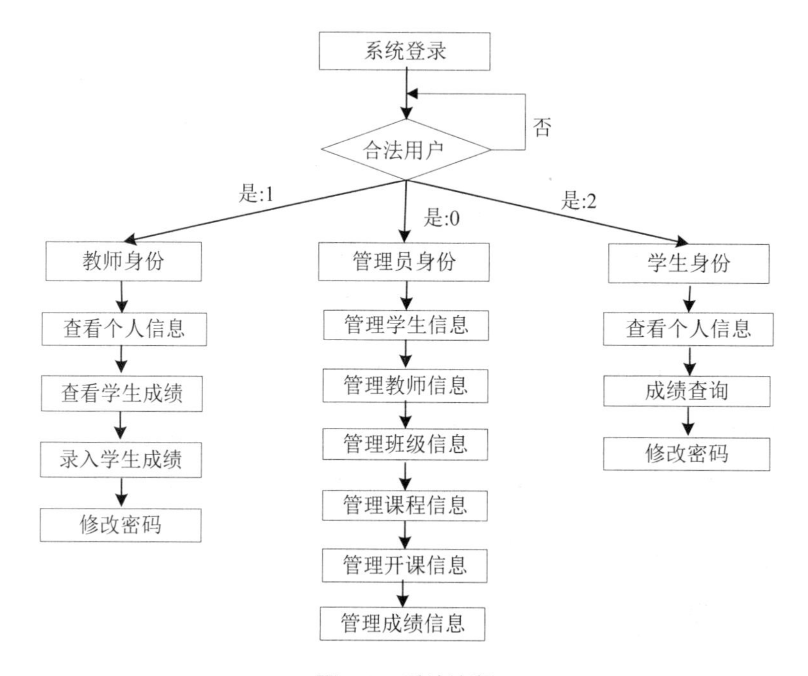

图 1-2　系统流程

1.4.3　系统数据库设计

通过对高校教务管理系统功能的分析，确定要包含 6 张数据表，下面列出各个数据表的设计说明。

1. 学生表 student

学生表主要用来记录学生的基本信息，包括学号、姓名、性别、所在班级等字段。学号共十位，由八位班级号(两位入学年+两位系部号+两位专业号+两位顺序号)+两位顺序号组成。如学号 1901020101：代表 2019 级计算机系软件工程 1 班 1 号学生。学生表如表 1-1 所示。

表 1-1　学生表 student 的结构

列名	数据类型(宽度)	是否主外键	是否允许为空	字段说明
Stu_no	char(10)	主键	否	学号
Stu_name	char(10)		否	姓名
Stu_sex	enum('男','女')		否	性别
Stu_birth	date		否	出生日期
Stu_source	varchar(16)		是	生源地

续表

列名	数据类型(宽度)	是否主外键	是否允许为空	字段说明
Class_no	char(8)	外键		班级号
Stu_tel	char(11)		是	电话
Credit	smallint		是	学分
Stu_picture	varchar(30)		是	照片(存放地址)
Stu_remark	text		是	备注
Stu_pwd	char(6)		否	密码

2. 课程表 course

课程表主要用来记录课程的基本信息，包括课程号、课程名、学分、学时、开课学期等字段。课程号共六位，由两位系部号+四位顺序号组成。课程表如表 1-2 所示。

表 1-2　课程表 course 的结构

列名	数据类型(宽度)	是否主外键	是否允许为空	字段说明
Course_no	char(6)	主键		课程号
Course_name	varchar(16)		否	课程名
Course_credit	tinyint		否	学分
Course_hour	smallint		否	学时
Course_term	tinyint		否	开课学期(取值范围 1～8)

3. 成绩表 score

成绩表主要用来记录学生课程的成绩信息，包括学号、课程号、成绩字段。成绩表如表 1-3 所示。

表 1-3　成绩表 score 的结构

列名	数据类型(宽度)	是否主外键	是否允许为空	字段说明
Stu_no	char(10)	主键(外键)		学号
Course_no	char(6)	主键(外键)		课程号
Score	float		是	成绩

4. 班级表 class

班级表主要用来记录班级的基本信息，包括班级号、班级名称、所在系部名称字段。班级号共八位，由两位入学年+两位系部号+两位专业号+两位顺序号组成。如班级号 19010201：代表 2019 级计算机系软件工程 1 班。班级表如表 1-4 所示。

表 1-4　班级表 class 的结构

列名	数据类型(宽度)	是否主外键	是否允许为空	字段说明
Class_no	char(8)	主键		班级号
Class_name	varchar(16)		否	班级名称
Dep_name	varchar(10)		否	系部名称

5. 教师表 teacher

教师表主要用来记录教师的基本信息，包括教师号、姓名、密码、所在系部等字段。教师号共四位，由两位系部号+两位顺序号组成。由于管理员和教师的用户管理要设计成在一个表中实现，所以需要添加一个区分用户类型的字段，用来区别管理员和教师身份。教师表如表 1-5 所示。

表 1-5　教师表 teacher 的结构

列名	数据类型(宽度)	是否主外键	是否允许为空	字段说明
Tea_no	char(4)	主键		教师号
Tea_name	char(10)		否	姓名
Tea_pwd	char(6)		否	密码
Tea_sex	enum('男','女')		否	性别
Tea_tel	char(11)		是	电话
Dep_name	varchar(10)		否	系部名称
Tea_type	char(1)		否	身份(0：管理员；1：教师)
Tea_remark	text		是	备注

6. 开课信息表 course_class

开课信息表主要用来记录课程的开课信息，包括教师号、班级号、课程号。开课信息表如表 1-6 所示。

表 1-6　开课信息表 course_class 的结构

列名	数据类型(宽度)	是否主外键	是否允许为空	字段说明
Tea_no	char(4)		否	教师号
Class_no	char(8)	主键(外键)		班级号
Course_no	char(6)	主键(外键)		课程号

本书后续章节均围绕高校教务管理系统中的以上 6 个数据库表进行示例演练，并且在学习情境七 MySQL 综合应用这一部分介绍开发环境 Java EE 的搭建及完整系统的开发与实现。

第2章 认识数据库

数据库是数据管理方面的最新技术，是计算机科学的重要分支。今天，信息资源已成为各个领域的重要财富和资源，建立一个满足各级信息处理要求的行之有效的信息系统也成为一个企业或组织生存和发展的重要条件。因此，作为信息系统核心和基础的数据库技术得到越来越广泛的应用，从小型单项事务处理系统到大型信息系统，从联机事务处理到联机分析，从一般企业管理到计算机辅助设计制造、计算机集成制造系统、电子政务、电子商务、人工智能等领域，越来越多新的应用领域采用数据库技术来存储和处理信息资源。

本次任务主要介绍数据库技术的发展、数据库系统的组成和功能、数据库的体系结构、信息的 3 种世界、概念模型和 E-R 图，以及最常用的 3 种数据模型。通过本章学习，需要掌握以下内容：

◎　数据库系统的组成和功能；
◎　数据库的体系结构；
◎　数据模型；
◎　概念模型和 E-R 图。

2.1 数据库技术的发展

2.1 数据库技术的发展.avi

2.1.1 数据处理技术

1. 数据

数据(Data)是数据库中存储的基本对象。数据在大多数人头脑中的第一个反应就是数字，如 23、100.34、-338、￥880 等。其实数字只是最简单的一种数据，是数据的一种传统和狭义的理解。广义的理解是，数据的种类很多，文本、图形、图像、音频、视频等，这些都是数据。

可以对数据做如下定义：描述事物的符号记录称为数据。数据是描述客观事物的符号记录，可以是数字、文字、图形、图像、声音、语言等，经过数字化后存入计算机。事物可以是可触及的对象(一个人、一棵树、一个零件等)，可以是抽象事件(一次球赛、一次演出等)，也可以是事物之间的联系(一张借书卡、订货单等)。

在现代计算机系统中数据的概念是广义的。早期的计算机系统主要用于科学计算，处理的数据是数值型数据。现在计算机存储和处理的对象十分广泛，表示这些对象的数据也越来越复杂了。

数据的表现形式还不能完全表达其内容，需要经过解释，数据和关于数据的解释是不可分的。例如，93 是一个数据，可以是一个同学某门课程的成绩，也可以是某个人的体重，还可以是计算机系的学生人数等。数据的解释是指对数据含义的说明，数据的含义称为数据的语义，数据与其语义是不可分的。

在日常生活中，人们可以直接用自然语言来描述事物。例如，可以这样来描述某校计算机系一位同学的基本情况：张明同学，男，1999 年 5 月生，广东省广州市人，2018 年入学。在计算机中常常这样来描述：

```
(张明，男，199905，广东省广州市，计算机系，2018)
```

即把学生的姓名、性别、出生年月、出生地、所在院系、入学时间等组织在一起，组成一个记录。这里的学生记录就是描述学生的数据。这样的数据是有结构的。记录是计算机中表示和存储数据的一种格式或一种方法。

2. 数据处理

数据处理(Data Process)是指对数据进行的收集、分类、组织、编码、存储、加工、计算、检索、维护、传播以及打印等一系列活动。数据处理的目的是从大量的数据中根据数据自身的规律和它们之间固有的联系，通过分析、归纳、推理等科学手段提取出有效的信息资源。

在数据处理过程中，通常数据的加工、计算等比较简单，而数据的管理比较复杂。数据管理是数据处理的核心，是指对数据的收集、分类、组织、编码、存储、检索、维护等操作，这部分操作是数据处理的基本环节，是任何数据处理业务中必不可少的共有部分，因此学习和掌握数据管理技术可以对数据处理提供有力的支持。

2.1.2　数据库技术的发展阶段

在应用需求的推动下，伴随着计算机硬件、软件的发展，数据管理技术经历了人工管理、文件系统、数据库系统 3 个阶段。

1. 人工管理阶段

20 世纪 50 年代中期以前，计算机主要用于科学计算。当时的硬件状况是：外存只有纸带、卡片、磁带，没有磁盘等直接存取的存储设备；软件状况是：没有操作系统，没有管理数据的专门软件；数据处理方式是批处理。

人工管理数据的特点是数据由计算或处理程序自行携带，数据和应用程序一一对应，应用程序依赖于数据的物理组织，数据的独立性差，数据不能被长期保存，数据的冗余度大等。给数据的维护带来许多问题。

在人工管理阶段，应用程序与数据之间的一一对应关系如图 2-1 所示。

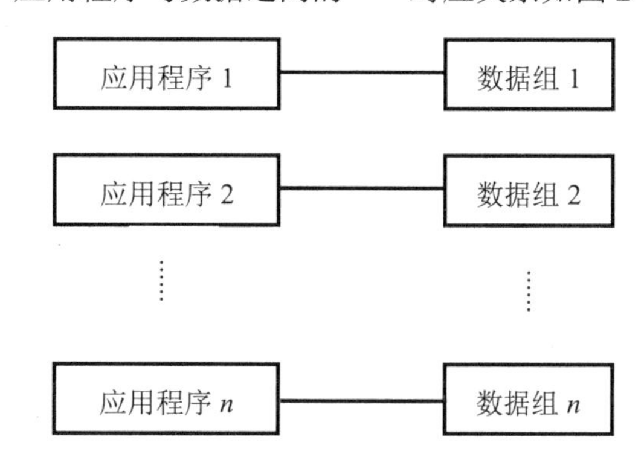

图 2-1　人工管理阶段应用程序与数据之间的对应关系

2. 文件系统阶段

20 世纪 50 年代后期到 60 年代中期，硬件方面已经有了磁盘、磁鼓等直接存取存储设备；软件方面，操作系统中已经有了专门的数据管理软件，一般称为文件系统；处理方式上不仅有了批处理，而且能够联机实时处理。文件系统把计算机中的数据组织成相互独立的数据文件，可以按照文件的名称对其进行访问，实现对文件中记录的查询、修改、插入和删除。文件系统实现了记录内的结构化，即给出了记录内各种数据间的关系。但是，文件系统从整体来看却是无结构的，其数据面向特定的应用程序，所以依然存在数据共享性、独立性差，冗余度大，管理和维护的代价大等缺点。

文件系统阶段应用程序与数据之间的关系如图 2-2 所示。

3. 数据库系统阶段

20 世纪 60 年代后期以来，计算机管理的对象规模越来越大，应用范围越来越广泛，数据量急剧增长，同时多种应用、多种语言互相覆盖地共享数据集合的要求越来越强烈。

这时硬件已有大容量磁盘，硬件价格下降；软件价格则上升，为编制和维护系统软件及应用程序所需的成本相对增加；在处理方式上，联机实时处理要求更多，并开始提出和考虑分布处理。在这种背景下，以文件系统作为数据管理的手段已经不能满足应用的需求，于是为解决多用户、多应用共享数据的需求，使数据为尽可能多的应用服务，数据库技术便应运而生，出现了统一管理数据的专门软件系统——数据库管理系统(DataBase Management System，DBMS)。数据库系统阶段应用程序与数据之间的对应关系如图 2-3 所示。

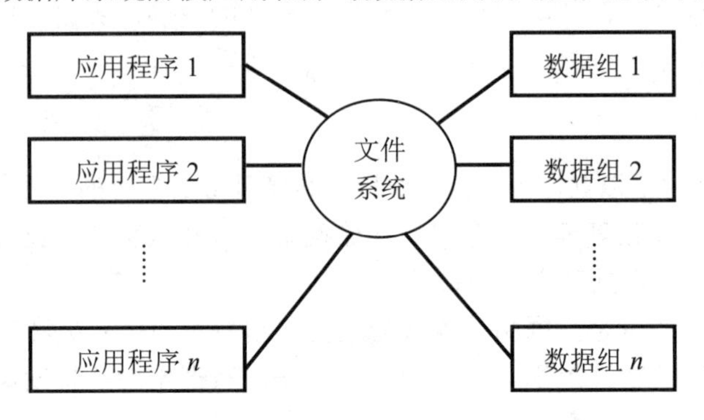

图 2-2　文件系统阶段应用程序与数据之间的对应关系

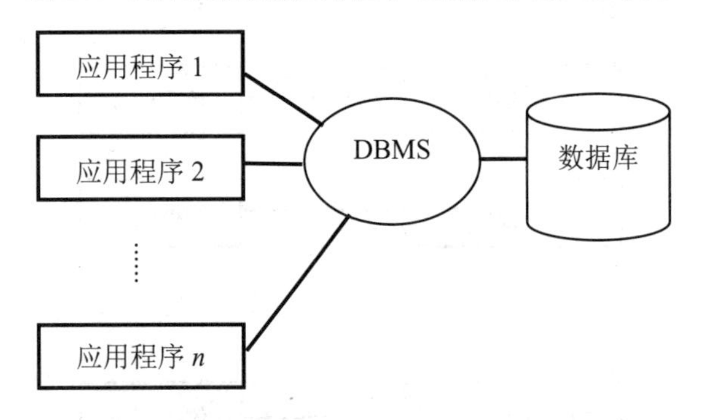

图 2-3　数据库系统阶段应用程序与数据之间的对应关系

用数据库系统来管理数据比文件系统具有明显的优点，从文件系统到数据库系统，标志着数据管理技术的飞跃。下面来详细地讨论数据库系统的特点及其带来的优点。

与人工管理和文件系统相比，数据库系统的特点主要有以下几个方面。

1)　数据结构化

数据库系统实现整体数据的结构化，这是数据库的主要特征之一，也是数据库系统与文件系统的本质区别。

所谓“整体”结构化是指在数据库中的数据不再仅仅针对某一个应用，而是面向全组织；不仅数据内部是结构化的，而且整体是结构化的。数据之间是具有联系的，即描述数据时不仅要描述数据本身，还要描述数据之间的联系。整个数据库按一定的结构形式构成，数据在记录内部和记录类型之间相互关联，用户可通过不同的路径存取数据。数据库系统主要实现整体数据的结构化。

2)　数据的共享性高，冗余度低，易扩充

数据库系统从整体角度看待和描述数据，数据不再面向某个应用而是面向整个系统，因此数据可以被多个用户、多个应用共享使用。每个用户只与库中的一部分数据发生联系；用户数据可以重叠，用户可以同时存取数据而互不影响，大大提高了数据库的使用效率。同时数据共享可以大大减少冗余度、节约存储空间；数据共享还能避免数据之间的不一致性。

所谓数据的不一致性是指各类数据的矛盾性、不相容性。采用人工管理或文件系统管理时，由于数据被重复存储，当不同的应用使用和修改不同拷贝时就很容易造成数据的不一致。在数据库中数据共享，减少了由于数据冗余造成的不一致现象。

由于数据面向整个系统，是有结构的数据，不仅可以被多个应用共享使用，而且易于增加新的应用，这就使得数据库系统弹性大，易于扩充，可以适应各种用户的要求。可以选取整体数据的各种子集用于不同的应用系统，当应用需求改变或增加时，只要重新选取不同的子集或加上一部分数据，便可以满足新的需求。

3) 数据独立性高

数据独立性是数据库领域中一个常用术语和重要概念，包括数据的物理独立性和数据的逻辑独立性。

从物理独立性角度来讲，用户的应用程序与存储在磁盘上的数据库是相互独立的。也就是说，数据在磁盘上的数据库中怎样存储是由 DBMS 管理的，用户程序不需要了解，应用程序要处理的只是数据的逻辑结构，这样当数据的存储结构(或物理结构)改变时，可以保持数据的逻辑结构不变，从而应用程序也不必改变。

从逻辑独立性角度来讲，用户的应用程序与数据库的逻辑结构是相互独立的，应用程序是依据数据的局部逻辑结构编写的，即使数据的逻辑结构改变了，应用程序也不必修改。

数据独立性是由 DBMS 的二级映像功能来保证的。数据与程序的独立，把数据的定义从程序中分离出去，加上存取数据的方法又由 DBMS 负责提供，因而大大减少了应用程序的编制、维护和修改。

4) 数据由 DBMS 统一管理和控制

数据库的共享是并发的共享，即多个用户可以同时存取数据库中的数据甚至可以同时存取数据库中的同一个数据，为此，DBMS 必须提供以下几个方面的数据控制功能。

(1) 数据库的安全性(Security)保护。

数据的安全性是指保护数据，以防止不合法的使用造成数据泄密和破坏。使每个用户只能按规定，对某些数据以某些方式进行使用和处理。

(2) 数据的完整性检查(Integrity)。

数据的完整性是指数据的正确性、有效性、相容性和一致性。完整性检查是指将数据控制在有效的范围内，或保证数据之间满足一定的关系。

(3) 并发(Concurrency)控制。

当多个用户的并发进程同时存取、修改数据库时，可能会发生相互干扰而得到错误的结果或使数据库的完整性和一致性遭到破坏，因此必须对多用户的并发操作加以控制和协调。

(4) 数据库恢复(Recovery)。

当计算机系统遭遇硬件故障、软件故障、操作员误操作或恶意破坏时，可能会导致数据错误或数据全部、部分丢失，DBMS 必须具有将数据库从错误状态恢复到某一已知的正确状态(亦称为完整状态或一致状态)的功能，这就是数据库的恢复功能。

综上所述，数据库是长期存储在计算机内有组织的大量的共享数据集合。它可以供各种用户共享，具有最小的冗余和较高的数据独立性。DBMS 在数据库建立、运用和维护时对数据库进行统一控制，以保证数据的完整性、安全性，并在多用户同时使用数据库时进行并发控制，在发生故障后对数据库进行恢复。

数据库系统的出现使信息系统从以加工数据的程序为中心转向围绕共享的数据库为中心的新阶段。这样既便于数据库的集中管理，又有利于应用程序的研制和维护，提高了数据的利用率和相容性，提高了决策的可靠性。

目前，数据库已经成为现代信息系统的重要组成。具有数百 G、数百 T、甚至数百 P 字节的数据库已经普遍存在于科学技术、工业、农业、商业、服务业和政府部门的信息系统中。

数据库技术是计算机领域中发展最快的技术之一。数据库技术的发展是沿着数据模型的主线展开的。

2.1.3 数据库技术新发展

数据库技术发展之快、应用之广是计算机科学其他领域的技术无可比拟的。随着计算机应用领域的发展，数据库技术也形成了很多新的发展方向。

1. 分布式数据库

分布式数据库由一组数据组成，这组数据分布在计算机网络的不同计算机上，网络中的每个结点具有独立处理的能力(称为场地自治)，可以执行局部应用。同时，每个结点也能通过网络通信子系统执行全局应用(指涉及两个或两个以上场地中数据库的应用)。区分一个系统是分散式还是分布式，就是判断系统是否支持全局应用。

分布式数据库系统包括两个重要的组成部分，即分布式数据库和分布式数据库管理系统。

分布式数据库是计算机网络互不干涉各场地上数据库的逻辑集合，逻辑上属于同一系统，而物理上分布在计算机网络的各个不同的场地上，需要强调的是数据的分布性和逻辑的整体性。

分布式数据库管理系统是分布式数据库系统中的一组软件，负责管理分布环境下逻辑集成数据的存取、一致性、有效性和完整性。同时由于数据的分布性，在管理机制上还必须具有计算机网络通信协议上的分布管理特性。

分布式数据库系统的目标主要包括技术和组织两方面，具体如下：

(1) 适应部门分布的组织结构，降低费用。

(2) 提高系统的可靠性和可用性。

(3) 充分利用数据库资源，提高现有集中式数据库的利用率。

(4) 逐步扩展处理能力和系统规模。

分布式数据库具有以下特点。

1) 数据独立性

在分布式数据库系统中，数据独立性这一特性更加重要，并具有更多的内容。除了数据的逻辑独立性与物理独立性以外，还有数据的分布独立性。分布独立性是指用户不必关心数据的逻辑分片，不必关心数据物理位置分布细节，也不必关心重复副本一致性问题，同时不必关心局部场地上数据库支持哪种数据模型。因此，分布独立性应包括分片独立性、位置独立性和局部数据模型独立性 3 个层次。

2) 集中与自治相结合的控制结构

各局部的 DBMS 可以独立地管理局部数据库，具有自治的功能；同时，系统又设有集中控制机制，协调各局部 DBMS 的工作，执行全局应用。

3) 适当增加数据冗余度

在不同的场地存储同一数据的多个副本，这样可以提高系统的可靠性、可用性，同时也能提高系统的性能。

4) 全局的一致性、可串行性和可恢复性

分布式数据库系统中的各局部数据库应满足集中式数据库的一致性、并发事务的可串行性和可恢复性，还应保证数据库的全局一致性、全局并发事务的可串行性和系统的全局可恢复性。

2. 面向对象数据库

面向对象数据库系统是数据库技术与面向对象程序设计方法相结合的产物。

对于面向对象数据模型和面向对象数据库系统的研究主要体现在以下几个方面：研究以关系数据库和 SQL 为基础的扩展关系模型；以面向对象的程序设计语言为基础，研究持久的程序设计语言，支持面向对象模型；建立新的面向对象数据库系统，支持面向对象数据模型。

面向对象程序设计的基本思想是封装性和可扩展性。一个面向对象数据模型是用面向对象观点来描述现实世界实体的逻辑组织、对象之间的限制、联系等的模型。一系列面向对象核心概念构成了面向对象数据模型的基础。

对象-关系数据库系统将关系数据库系统与面向对象数据库系统两方面的特征相结合。对象-关系数据库系统除了具有原关系数据库的各种特点外，还应该具有以下特点。

(1) 扩充数据类型，如可以定义数组、向量、矩阵、集合等数据类型，以及在这些数据类型上的操作。

(2) 支持复杂对象，即由多种基本数据类型或用户定义的数据类型构成的对象。

(3) 支持继承的概念。

(4) 提供通用的规则系统，大大增强对象-关系数据库的功能，使之具有主动数据库和知识库的特性。

3. 并行数据库

并行数据库系统是在并行机上运行的具有并行处理能力的数据库系统。并行数据库系统是数据库技术与并行计算技术相结合的产物。

并行计算技术利用多处理机并行处理产生的规模效益来提高系统的整体性能，为数据库系统提供了一个良好的硬件平台。研究和开发适用于并行计算机系统的并行数据库系统成为数据库学术界和工业界的研究热点，并行处理技术与数据库技术相结合形成了并行数据库技术。

并行处理技术与数据库技术的结合具有潜在的并行性。关系数据模型本身就有极大的并行性。在关系数据模型中，数据库是元组集合，数据库操作实际上是集合操作，在许多情况下可分解为一系列对子集的操作，许多子操作不具有数据相关性，因而具有潜在的并行性。

一个并行数据库系统应该实现如下目标。

(1) 高性能：并行数据库系统通过将数据库管理技术与并行处理技术有机结合，发挥多处理机结构的优势，从而提供比相应的大型机系统高得多的性能价格比和可用性。

(2) 高可用性：并行数据库系统可通过数据复制来增强数据库的可用性。

(3) 可扩展性：数据库系统的可扩展性是指系统通过增加处理和存储能力，平滑地扩展性能的能力。

4. 多媒体数据库

多媒体数据库是指多媒体技术与数据库技术相结合产生的一种新型数据库。

所谓多媒体数据库，是指数据库中的信息不仅涉及各种数字、字符等格式的表达形式，而且还包括多媒体非格式化的表达形式。数据管理要涉及对各种复杂对象的处理。

在建立多媒体应用环境时必须考虑以下几个关键问题：确定存储介质、确定数据传输方式、确定数据管理方式和数据资源的管理。

多媒体数据库与传统的数据库有较大的差别，主要表现如下。

(1) 处理的数据对象、数据类型、数据结构、数据模型和应用对象都不同，处理的方式也不同。

(2) 多媒体数据库存储和处理复杂对象，其存储技术需要增加新的处理功能，如数据压缩和解压。

(3) 多媒体数据库面向应用，没有单一的数据模型适应所有情况，将随应用领域和对象建立相应的数据模型。

(4) 多媒体数据库强调媒体独立性，用户应最大限度地忽略各媒体之间的差别，实现对多种媒体数据的管理和操作。

(5) 多媒体数据库具有更强的对象访问手段，如特征访问、浏览访问、近似性查询等。

多媒体数据库管理系统能实现多媒体数据库的建立、操作、控制、管理和维护，能将声音、图像、文本等各种复杂对象结合在一起，并提供各种方式检索、观察和组合多媒体数据，实现多媒体数据共享。多媒体数据库管理系统的基本功能包括以下几点。

(1) 能表示和处理复杂的多媒体数据，并能较准确地反映和管理各种媒体数据的特性和各种媒体数据之间的空间或时间的关联，能为用户提供定义新的数据类型和相应操作的能力。

(2) 能保证多媒体数据库的物理数据独立性、逻辑数据独立性和多媒体数据独立性。

(3) 提供功能更强大的数据操纵，如非格式化数据的查询、浏览功能，对非格式化数据的一些新操作，图像的覆盖、嵌入、裁剪，声音的合成、调试等。

(4) 提供网络上分布数据的功能，对分布于网络不同结点的多媒体数据的一致性、安全性、并发性进行管理。

(5) 提供系统开放功能，提供多媒体数据库的应用程序接口。

(6) 提供事务和版本的管理功能。

5. 数据仓库

数据仓库并不是一个新平台，它仍然建立在数据库管理系统基础之上，只是一个新概念。数据仓库概念的创始人——Bill Inmon 对数据仓库的定义为：数据仓库是一个面向主题的、集成的、相对稳定的、反映历史变化的数据集合，用于支持管理决策。

(1) 面向主题：操作型数据库的数据组织面向事务处理任务，各个业务系统之间相互分离，而数据仓库中的数据是按照一定的主题域进行组织的。

(2) 集成的：数据仓库中的数据是在对原有分散的源数据抽取、清理的基础上经过系统加工、汇总和整理得到的，必须消除数据源中的不一致性，以保证数据仓库内的信息是关于整个企业的一致的全局信息。

(3) 相对稳定的：数据仓库的数据主要供企业决策分析之用，所涉及的数据操作主要是数据查询，一旦某个数据进入数据仓库以后，一般情况下将被长期保留，也就是数据仓库中一般有大量的查询操作，但修改和删除操作很少，通常只需要定期地加载、刷新。

(4) 反映历史变化：数据仓库中的数据通常包含历史信息，系统地记录了企业从过去某一时点到目前各个阶段的信息，通过这些信息可以对企业的发展历程和未来趋势做出定量分析和预测。

企业数据仓库的建设是以现有企业业务系统和大量业务数据的积累为基础的。数据仓库不是静态的概念，只有把信息及时交给需要这些信息的使用者，供他们做出改善其业务经营的决策，信息才能发挥作用，信息才有意义。而把信息加以整理归纳和重组，并及时提供给相应的管理决策人员，是数据仓库的根本任务。

数据仓库的出现并不是要取代数据库。目前，大部分数据仓库还是用关系数据库管理系统来管理的。可以说，数据库、数据仓库相辅相成、各有千秋。

数据库是面向事务的设计，数据仓库是面向主题的设计；数据库一般存储在线交易数据，数据仓库一般存储历史数据；数据库在设计时尽量避免冗余，一般采用符合范式的规则来设计，数据仓库在设计时有意引入冗余，采用反范式的方式来设计；数据库是为捕获数据而设计的，数据仓库是为分析数据而设计的，它的两个基本元素是维表和事实表。

6. 数据挖掘

数据挖掘又称为数据库中的知识发现，就是从大量数据中获取有效的、新颖的、潜在有用的、最终可理解的模式的过程。简单地说，数据挖掘就是从大量数据中提取或挖掘知识。

并非所有信息发现任务都被视为数据挖掘。例如，使用数据库管理系统查找个别的记录，或通过因特网的搜索引擎查找特定的 Web 页面，这是信息检索领域的任务。虽然这些任务是重要的，可能涉及使用复杂的算法和数据结构，但是它们主要依赖传统的计算机科学技术和数据的明显特征来创建索引结构，从而有效地组织和检索信息。

从数据本身来考虑，数据挖掘通常需要 8 个步骤。

(1) 信息收集：根据确定的数据分析对象抽象出在数据分析中所需要的特征信息，然后选择合适的信息收集方法，将收集到的信息存入数据库。对于海量数据而言，选择一个合适的存储和管理数据的数据仓库是至关重要的。

(2) 数据集成：把不同来源、格式、特点性质的数据在逻辑上或物理上有机地集中，从而为企业提供全面的数据共享。

(3) 数据规约：大多数的数据挖掘算法即使在少量数据上执行也需要很长的时间，而做商业运营数据挖掘时往往数据量非常大。数据规约技术可以用来得到数据集的规约表示，规约后的数据量小得多，但接近于保持原数据的完整性，并且规约后执行数据挖掘的结果与规约前执行的结果相同或几乎相同。

(4) 数据清理：数据库中的数据有一些是不完整的(有些人们感兴趣的属性缺少属性值)、含噪声的(包含错误的属性值)，并且是不一致的(同样的信息使用不同的表示方式)，因此需要进行数据清理，将完整、正确、一致的数据信息存入数据仓库，否则数据挖掘的结果会差强人意。

(5) 数据变换：通过平滑聚集、数据概化、规范化等方式将数据转换成适用于数据挖掘的形式。对于一些实数型数据，通过概念分层和数据的离散化来转换也是重要的一步。

(6) 数据挖掘：根据数据仓库中的数据信息，选择合适的分析工具，应用统计方法、事例推理、决策树、规则推理、模糊集甚至神经网络、遗传算法等方法处理信息，得出有用的分析信息。

(7) 模式评估：从商业角度由行业专家来验证数据挖掘结果的正确性。

(8) 知识表示：将数据挖掘所得到的分析信息以可视化的方式呈现给用户，或作为新的知识存放在知识库中，供其他应用程序使用。

数据挖掘过程是一种反复循环的过程，每一个步骤如果没有达到预期目标，都需要回到前面的步骤，重新调整并执行。注意，不是每个数据挖掘工作都需要列出上面的每个步骤，如某个工作不存在多个数据源，此时数据集成的步骤便可以省略。

7. 大数据

近年来，随着计算机和信息技术的迅猛发展和普及应用，行业应用系统的规模迅速扩大，行业应用所产生的数据呈爆炸性增长，大数据一词越来越多地被人们提及，人们用它来描述和定义信息爆炸时代产生的海量数据，并命名与之相关的技术发展与创新。

大数据或称巨量资料，指的是所涉及的资料量规模巨大到无法通过目前的主流软件工具在合理的时间内达到获取、管理、处理并整理成为帮助企业经营决策的有意义的信息。大数据首先是指数据体量大，指代大型数据集，一般在 10TB 规模左右。但在实际应用中，很多企业用户把多个数据集放在一起，已经形成了 PB 级的数据量；其次是指数据类别多，数据来自多种数据库源，数据种类和格式日渐丰富，已冲破了以前所限定的结构化数据范畴，囊括了半结构化和非结构化数据；再者是数据处理速度快，在数据量非常庞大的情况下也能够做到数据的实时处理；最后是数据真实性高，随着社交数据、企业内容、交易与应用数据等新数据源的兴起，传统数据源的局限被打破，企业越来越需要有效的信息，以确保其真实性及安全性。

大数据技术的战略意义不在于掌握庞大的数据信息，而在于对这些含有意义的数据进行专业化处理。换言之，如果把大数据比作一种产业，那么这种产业实现盈利的关键在于提高对数据的加工能力，通过加工实现数据的增值。

从技术上看，大数据与计算的关系就像一枚硬币的正反面那样密不可分。大数据无法用单台的计算机进行处理，必须采用分布式架构。它的特点在于对海量数据进行分布式数据挖掘，依托云计算的分布式处理、分布式数据库和云存储以及虚拟化技术。

2.2 数据库系统介绍

2.2 数据库系统介绍.avi

数据库系统(DataBase System，DBS)是指在计算机系统中引入数据库后的系统，通常由软件、数据库和数据库管理员组成。其软件主要包括操作系统、各种宿主语言、实用程序以及数据库管理系统。数据库由数据库管理系统统一管理，数据的插入、修改和检索均要通过数据库管理系统进行。为便于管理，大多数数据库管理系统将数据库的体系结构划分为三级模式结构。数据库管理员负责创建、监控和维护整个数据库，使数据能被任何有权限的人使用，数据库管理员一般由业务水平较高、资历较深的人员担任。

2.2.1 数据库系统的组成

数据库系统一般由数据库、数据库管理系统、数据库开发工具、数据库应用系统和人员构成。数据库系统可以用图 2-4 来表示。

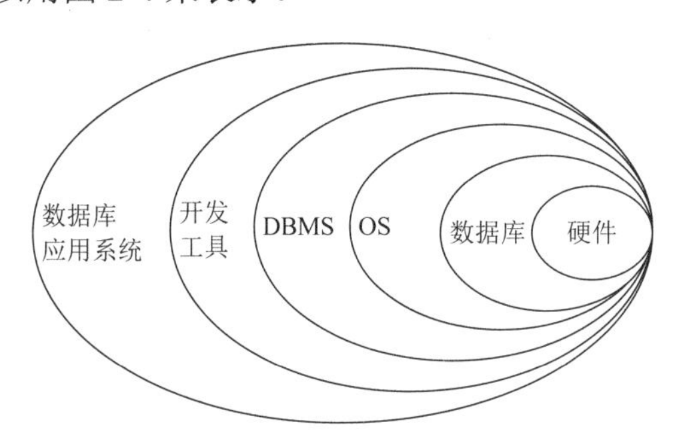

图 2-4 数据库系统的层次结构

1. 数据库

数据库(DataBase，DB)是指长期存储在计算机内有组织的、可共享的数据集合，即在计算机系统中按一定的数据模型组织、存储和使用的相关联的数据集合。它不仅包括描述事物的数据本身，还包括相关事物之间的联系。数据库中的数据以文件的形式存储在介质上，它是数据库系统操作的对象和结果。概括地讲，数据库数据具有永久性、有组织和可共享三个基本特点。

2. 数据库管理系统

数据库管理系统(DataBase Management System，DBMS)是数据库系统的核心软件，位于用户与操作系统之间，和操作系统一样是计算机的基础软件，也是一个大型复杂的软件系统。它的主要功能包括以下几个方面。

1) 数据定义功能

DBMS 提供数据定义语言(Data Definition Language，DDL)，用户通过它可以方便地对数据库中的数据对象进行定义。

2) 数据组织、存储和管理

DBMS 要分类组织、存储和管理各种数据，包括数据字典、用户数据、数据的存取路径等。要确定以何种文件结构和存取方式在存储级上组织这些数据，如何实现数据之间的联系。数据组织和存储的基本目标是提高存储空间利用率，提供多种存取方法(如索引查找、Hash 查找、顺序查找等)来提高存取效率。

3) 数据操纵功能

DBMS 还提供数据操纵语言(Data Manipulation Language，DML)，用户可以利用 DML 操纵数据，实现对数据库中数据的基本操作，如查询、插入、删除、修改等。

4) 数据库的事务管理和运行管理

数据库在建立、运用和维护时由数据库管理系统统一管理、统一控制，以保证数据的安全性、完整性、多用户对数据的并发使用及发生故障后的系统恢复。

5) 数据库的建立和维护功能

包括：数据库初始数据的输入、转换功能，数据库的转储、恢复功能，数据库的重组功能和性能监视、分析功能等。这些功能通常是由一些实用程序或管理工具完成的。

6) 其他功能

包括：DBMS 与网络中其他软件系统的通信功能；一个 DBMS 与另一个 DBMS 或文件系统的数据转换功能；异构数据库之间的互访和互操作功能等。

数据库管理系统是数据库系统的一个重要组成部分。常见的数据库管理系统有 MySQL、SQL Server、Oracle、DB2 等。

3. 数据库应用系统

凡是使用数据库技术管理其数据的系统都称为数据库应用系统。数据库应用系统的应用非常广泛，可用于事务管理、计算机辅助设计、计算机图形分析和处理以及人工智能等系统中。

4. 人员

(1) 终端用户：数据库的使用者，通过应用程序与数据库进行交互。他们不需要具有数据库的专业知识，只是通过应用程序的用户接口存取数据库的数据，使用数据库来完成其业务活动，直观地显示和使用数据。

(2) 应用程序员：负责分析、设计、开发、维护数据库系统中的各类应用程序，数据库系统一般需要一个以上的应用程序员在开发周期内完成数据库结构设计、应用程序开发等任务，在后期管理应用程序，保证在使用周期中对应用程序的功能及性能方面的维护、修改工作。

(3) 数据库管理员：数据库管理员的职能是管理、监督、维护数据库系统的正常运行，负责全面管理和控制数据库系统。数据库管理员的主要职责包括设计与定义数据库系统、帮助最终用户使用数据库系统、监督与控制数据库系统的使用和运行、改进和重组数据库系统、优化数据库系统的性能、定义数据的安全性和完整性约束、备份与恢复数据库等。

2.2.2 数据库的体系结构

虽然现在 DBMS 的产品多种多样，在不同的操作系统支持下工作，但是大多数系统在体系结构上都具有三级模式的结构特征。

1. 数据库的三级模式结构

为了保障数据与程序之间的独立性，使用户能以简单的逻辑结构操作数据而无须考虑数据的物理结构，简化应用程序的编制和减轻程序员的负担，增强系统的可靠性，通常 DBMS 将数据库的体系结构分为三级模式，即外模式、模式、内模式。三级模式结构如图 2-5 所示。

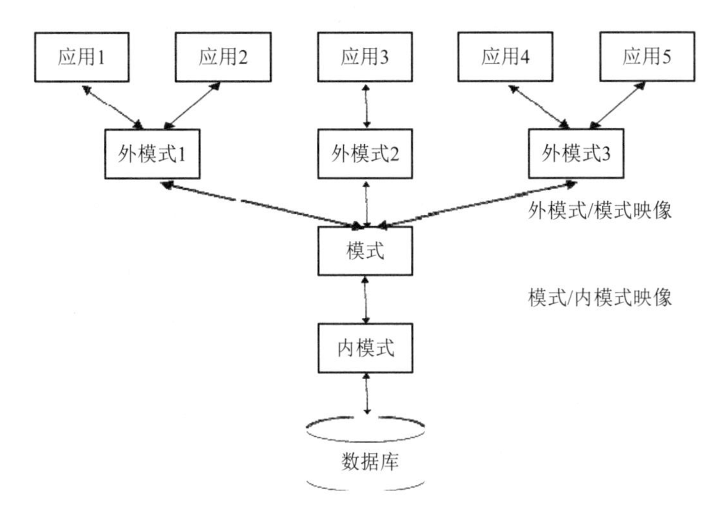

图 2-5　数据库系统的三级模式结构

1)　外模式

外模式对应用户级数据库。外模式也称子模式或用户模式，它是对数据库用户能够看见和使用的局部数据的逻辑结构和特征的描述。外模式通常是模式的子集，一个数据库可以有多个外模式，但一个应用程序只能使用同一个外模式。外模式是保证数据库安全性的一个有效措施，每个用户只能看见或访问所对应的外模式中的数据，数据库中的其余数据是不可见的。数据库管理系统提供外模式描述语言来定义外模式。

2)　模式

模式对应概念级数据库，介于用户级数据库和物理级数据库之间。模式也称为概念模式或逻辑模式，是对数据库中全部数据的逻辑结构的特征描述，是所有用户的公共数据视图。一个数据库只有一个模式，通常以某种数据模式为基础，统一综合地考虑所有用户的需求，并将这些需求有机地结合成一个逻辑整体。在定义模式时不仅要定义数据的逻辑结构，如数据记录由哪些数据项构成，数据项的名称、类型、取值范围等，还要定义数据项之间的联系，定义不同记录之间的联系，以及定义与数据有关的完整性、安全性等要求。数据库管理系统提供模式描述语言来定义模式。

3)　内模式

内模式对应物理级数据库。内模式也称存储模式或物理模式，是对数据物理结构和存储方式的描述，是数据在数据库内部的表示方式，一个数据库只有一个内模式。例如，记录的存储方式是顺序存储、按照 B+树结构存储还是按 Hash 方法存储；索引按照什么方式组织；数据是否压缩存储、是否加密等。数据库管理系统提供内模式描述语言来定义内模式。

2. 数据库的两级映像

数据库的三级模式结构是数据的 3 个抽象级别，它将数据的具体组织留给 DBMS 去做，用户只要抽象地处理数据，而不必关心数据在计算机中的表示和存储，这样就减轻了用户使用系统的负担。

三级模式结构之间的差别往往很大，为了实现这 3 个抽象级别的联系和转换，DBMS 在三级模式结构之间提供了两级映像，即外模式/模式映像和模式/内模式映像。

1) 外模式/模式映像

模式描述的是数据的全局逻辑结构，外模式描述的是数据的局部逻辑结构，对应于同一个模式可以有任意多个外模式。对于每个外模式，数据库系统都有一个外模式/模式映像，它定义了该外模式与模式之间的对应关系。这些映像定义通常包含在各自外模式的描述中。当模式改变时(如增加新的关系、新的属性，改变属性的数据类型等)，由数据库管理员对各个外模式/模式映像做相应改变，可以使外模式保持不变。应用程序是依据数据的外模式编写的，因而应用程序不必修改，保证了数据与程序的逻辑独立性，简称逻辑数据独立性。

2) 模式/内模式映像

在数据库中只有一个模式，也只有一个内模式，所以模式/内模式映像是唯一的，它定义了数据库全局逻辑结构与存储结构之间的对应关系。例如，说明逻辑记录和字段在内部是如何表示的。该映像定义通常包含在模式描述中。当数据库的存储结构改变时(如选用了另一种存储结构)，由数据库管理员对模式/内模式映像做相应改变，可以保证模式不变，因而应用程序也不必改变。这保证了数据与程序的物理独立性，简称物理数据独立性。

数据与程序之间的独立性使数据的定义和描述可以从应用程序中分离出去。另外，由于数据的存取由 DBMS 管理，用户不必考虑存取路径等细节，从而简化了应用程序的编写，大大减少了对应用程序的维护和修改。

2.3 数据模型

2.3 数据模型.avi

计算机不能直接处理现实世界中的具体事务，所以人们必须事先将具体事务转换成计算机能够处理的数据，这就是数据库的数据模式。

2.3.1 信息世界

计算机信息处理的对象是现实生活中的客观事物，在对客观事物实施处理的过程中，首先要经历了解、熟悉的过程，从观测中抽象出大量描述客观事物的信息，再对这些信息进行整理、分类和规范，进而将规范化的信息数据化，最终由数据库系统存放、处理。在这一过程中涉及 3 个世界，即现实世界、概念世界和机器世界，经历了两次抽象和转换。

1. 现实世界

现实世界就是人们所能看到的、接触到的世界，是存在于人脑之外的客观世界。现实世界当中的事物是客观存在的，事物与事物之间的关系也是客观存在的。

客观事物及其相互联系就处于现实世界中，客观事物可以用对象和性质来描述。

2. 概念世界

概念世界就是现实世界在人们头脑中的反映，又称信息世界。客观事物在概念世界中称为实体，反映事物间联系的是实体模型(又称概念模型)。现实世界是物质的，相对而言概念世界是抽象的。

3. 机器世界

机器世界又叫数据世界，就是概念世界中的信息数据化后对应的产物。现实世界中的客观事物及其联系在机器世界中以数据模型描述。相对于抽象的概念世界，机器世界是量化的、物化的。

在数据库技术中通过用数据模型对现实世界数据特征进行抽象来描述数据库的结构与语义。不同的数据模型是提供人们模型化数据和信息的不同工具。根据模型应用的不同目的可以将模型分为两类，即概念模型和数据模型。概念模型是按用户的观点对数据和信息建模，数据模型是按计算机系统的观点对数据建模。

2.3.2　概念模型

概念模型是现实世界的抽象反映，它表示实体类型及实体间的联系，是独立于计算机系统的模型，是现实世界到机器世界的一个中间层次。

1. 基本概念

1)　实体

实体(Entity)是客观存在并可以相互区分的事物，从具体的人、物、事件到抽象的状态与概念都可以用实体抽象地表示。实体不仅可指事物本身，也可指事物之间的具体联系。例如，在学校里一名学生、一名教师、一门课程、一次会议等都称为实体。

2)　属性

属性(Attribute)是实体所具有的某些特性。实体是由属性组成的，通过属性对实体进行描述。一个实体本身具有许多属性，如学生实体可以由学号、姓名、性别、年龄、系、专业等组成，1801010101、秦建兴、男、19、计算机、软件工程这些属性组合起来就可以表示“秦建兴”这个学生。

3)　码

一个实体往往有多个属性，这些属性之间是有关系的，它们构成该实体的属性集合。如果其中有一个属性或属性集合能够唯一地标识每一个实体，则称该属性或属性集合为该实体的码(Key)。例如，学号是学生实体的码，每个学生都有一个属于自己的学号，通过学号可以唯一确定是哪位学生，在学校里不可能有两个学生具有相同的学号。需要注意的是，实体的属性集可能有多个码，每一个码都称为候选码。但一个实体只能确定其中一个候选码作为唯一标识。这个候选码一旦确定，就称其为该实体的主码。

4)　实体型

具有相同属性的实体必然具有共同的特征和性质，用实体名及其属性名集合来抽象和刻画同类实体称为实体型(Entity Type)。例如，学生(学号，姓名，性别，出生时间，系，专业)就是一个实体型。

5) 实体集

同型实体的集合称为实体集(Entity Set)。例如，全体学生就是一个学生实体集。

6) 联系

现实世界中的事物之间是有联系的，即各实体型之间是有联系的。例如，教师实体与学生实体之间存在教和学的关系，学生和课程之间存在选课关系，这种实体和实体之间的关系被抽象为联系(Relationship)。实体间的联系是错综复杂的，但对于两个实体型的联系来说主要有以下 3 种情况。

(1) 一对一联系(1∶1)：对于实体集 A 中的每一个实体，实体集 B 最多有一个实体与之对应，反之亦然，则称实体集 A 与实体集 B 具有一对一联系，记为 1∶1，如图 2-6 所示。例如，部门与经理之间的联系、学校与校长之间的联系等就是一对一的联系。

(2) 一对多联系(1∶*M*)：对于实体集 A 中的每一个实体，实体集 B 中有多个实体与之对应；反过来，对于实体集 B 中的每一个实体，实体集 A 中最多有一个实体与之对应，则称实体集 A 与实体集 B 具有一对多联系，记为 1∶*M*，如图 2-7 所示。例如，一个班可以有多个学生，但是一个学生只能属于一个班，班级与学生之间的联系就是一对多的联系。

(3) 多对多联系(*M*∶*N*)：对于实体集 A 中的每一个实体，实体集 B 中有多个实体与之对应；反过来，对于实体集 B 中的每一个实体，实体集 A 中也有多个实体与之对应，则称实体集 A 与实体集 B 具有多对多联系，记为 *M*∶*N*，如图 2-8 所示。例如，学生在选课时，一个学生可以选多门课程，一门课程也可以被多个学生选，则学生和课程之间具有多对多联系。

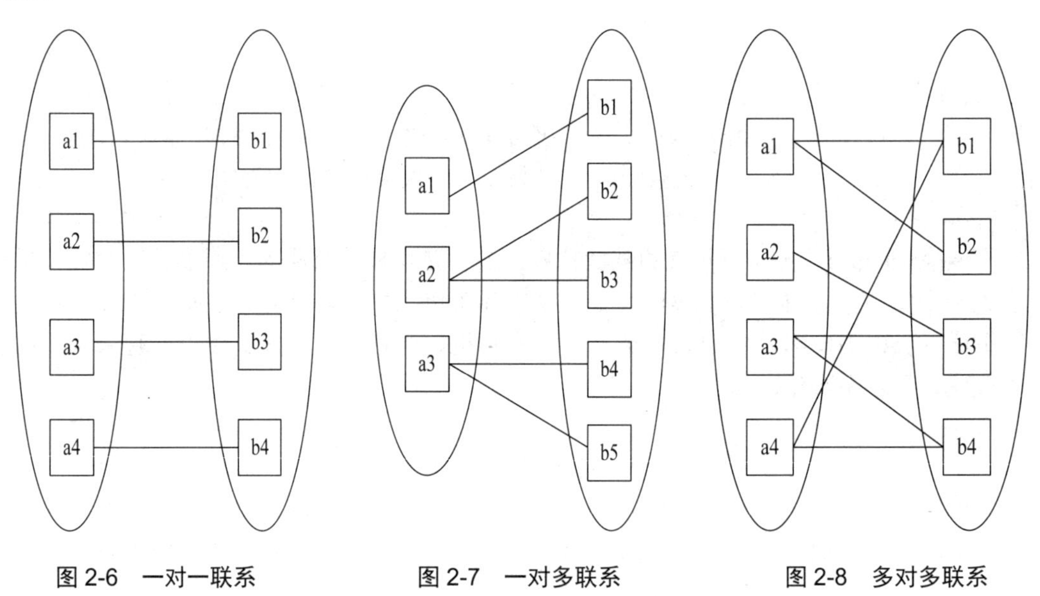

图 2-6 一对一联系　　图 2-7 一对多联系　　图 2-8 多对多联系

2. 实体-联系模型

概念模型的表示方法有很多，其中最为著名、使用最为广泛的是 P.P.Chen 于 1976 年提出的实体-联系(Entity-Relationship，E-R)模型。E-R 模型是直接从现实世界中抽象出实体类型及实体间的联系，是对现实世界的一种抽象，它的主要构成是实体、联系和属性。E-R 模型的图形表示称为 E-R 图。

E-R 图通用的表示方式如下：

(1) 用矩形表示实体，在矩形框内写实体名。

(2) 用椭圆形表示实体的属性，并用无向边把实体和属性连接起来。

(3) 用菱形表示实体间的联系，在菱形框内写上联系名，用无向边分别把菱形框与有关实体连接起来，在无向边旁注明联系的类型。如果实体间的联系也有属性，则把属性和菱形框也用无向边连接起来。下面用 E-R 图来表示学校教师授课情况的概念模型，如图 2-9 所示。

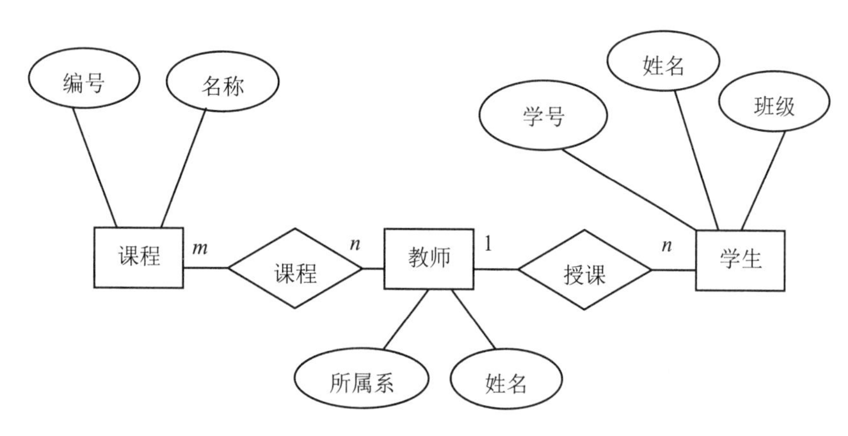

图 2-9　教师授课情况 E-R 图

① 教师属性有所属系、姓名等。

② 课程属性有编号、名称等。

③ 学生属性有学号、姓名、班级等。

E-R 图直观易懂，是系统开发人员和客户之间很好的沟通媒介。对于客户(系统应用方)来讲，它概括了设计过程、设计方式和各种联系；对于开发人员来讲，它从概念上描述了一个应用系统数据库的信息组织。所以如果能准确地画出应用系统的 E-R 图，就意味着彻底搞清了问题，以后就可以根据 E-R 图，结合具体的 DBMS 类型，把它演变为该 DBMS 所能支持的结构化数据模型，这种逐步推进的方法如今已经普遍用于数据库设计中，E-R 图成为数据库设计中的一个重要步骤。

【例 2-1】为某百货公司设计一个 E-R 模型。

百货公司管辖若干连锁商店，每家商店经营若干商品，每家商店有若干职工，但每个职工服务于一家商店。

商店的属性包括编号、店名、店址、店经理。

商品的属性包括编号、商品名、单价、产地。

职工的属性包括职工编号、职工姓名、性别、工资。

在联系中应反映出职工参加工作的时间，商店销售商品的月销售量等。某公司的商店、商品及职工构成的 E-R 图如图 2-10 所示。

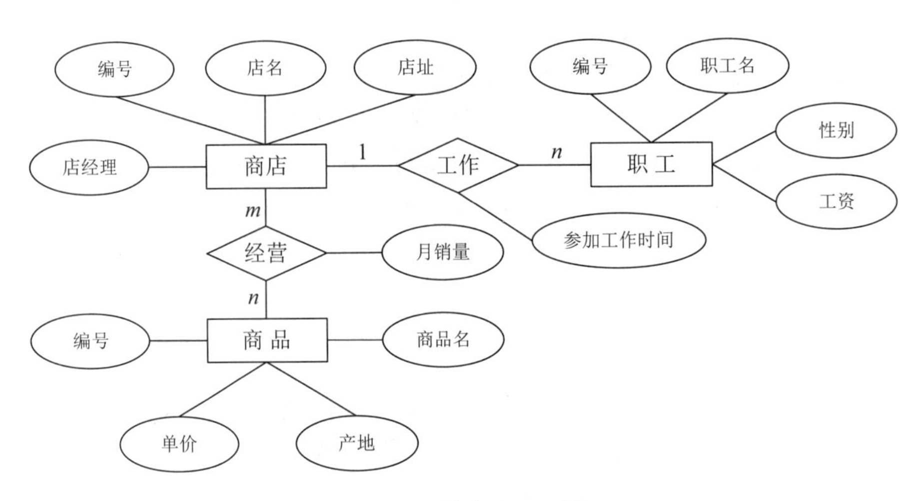

图 2-10　某公司 E-R 图

2.3.3　常见的 3 种数据模型

数据模型是对客观事物及联系的数据描述，是概念模型的数据化，即数据模型提供表示和组织数据的方法。一般来讲，数据模型是严格定义的概念的集合，这些概念精确地描述了系统的静态特性(数据结构)、动态特性(数据操作)和完整性约束条件，因此数据模型通常由数据结构、数据操作和数据的完整性约束三要素组成。

(1)　数据结构：数据结构是对计算机的数据组织方式和数据之间的联系进行框架性描述的集合，是对数据库静态特征的描述。它研究存储在数据库中的对象类型的集合，这些对象类型是数据库的组成部分。数据库系统是按数据结构的类型来组织数据的，因此数据库系统通常按照数据结构的类型来命名数据模型，如将层次结构、网状结构和关系结构的模型分别命名为层次模型、网状模型和关系模型，其中层次模型和网状模型统称为非关系模型。

(2)　数据操作：数据操作是指数据库中的各记录允许执行的操作集合，包括操作方法及有关的操作规则等，如插入、删除、修改、检索等操作，是对数据库动态特征的描述。数据模型要定义这些操作的确切含义、操作符号、操作规则以及实现操作的语言等。

(3)　数据的完整性约束：数据的约束条件是关于数据状态和状态变化的一组完整性约束规则的集合，以保证数据的正确性、有效性和一致性。数据模型中的数据及其联系都要遵循完整性规则的制约。例如，数据库的主码不允许取空值，性别的取值范围为“男”或“女”等。此外，数据模型应该提供定义完整性约束条件的机制，以反映某一个应用所涉及的数据必须遵守的特定的语义约束条件。

1. 层次模型

在层次模型中，每个节点表示一个记录类型，记录(类型)之间的联系用节点之间的连线(有向边)表示，这种联系是父子之间的一对多的联系。层次数据库系统只能处理一对多的实体联系。

层次模型的一个基本特点是，任何一个给定的记录值只有按其路径查看时，才能显示出它的全部意义，没有一个子女记录值能够脱离双亲记录值而独立存在，如图 2-11 所示。

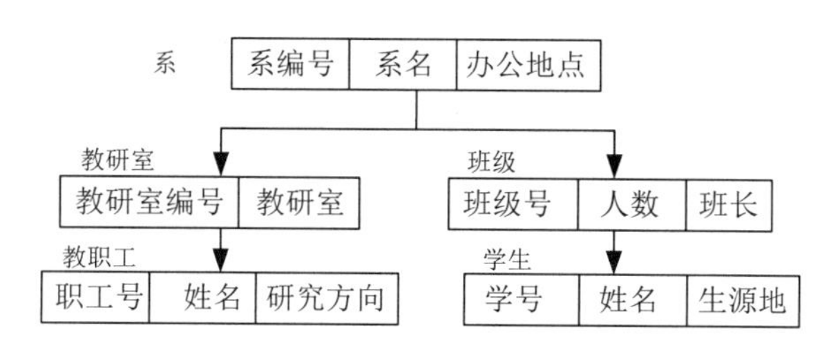

图 2-11　层次模型示例

层次模型反映实体间的一对多的联系。层次模型的优点是层次分明、结构清晰，适于描述客观事物中有主目、细目之分的结构关系；缺点是不能直接反映事物间多对多的联系，查询效率低。

2. 网状模型

现实世界中事物之间的联系更多的是非层次关系的，用层次模型表示这种关系很不直观，网状模型克服了这一弊病，可以清晰地表示这种非层次关系。

网状模型取消了层次模型的两个限制，两个或两个以上的节点都可以有多个双亲节点，此时有向树变成了有向图，该有向图描述了网状模型。

例如，学生、课程、教室和教师间的关系。一个学生可以选修多门课程，一门课程可以由多个学生选修。如图 2-12 所示为网状模型示例。

网状模型的优点是表达能力强，能更为直接地反映现实世界事物间多对多的联系；缺点是在概念上、结构上和使用上都比较复杂，数据独立性较差。

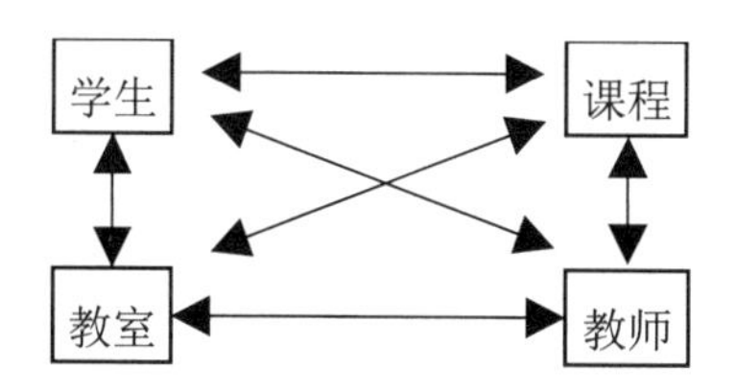

图 2-12　网状模型示例

3. 关系模型

关系数据模型是由 IBM 公司的 E.F.Codd 于 1970 年首次提出，以关系数据模型为基础的数据库管理系统，称为关系数据库管理系统(RDBMS)，目前被广泛使用。

关系模型是建立在数学概念上的，与层次模型、网状模型相比，关系模型是一种最重要的数据模型。它主要由关系数据结构、关系操作集合、关系完整性约束三部分组成。实际上，关系模型可以理解为用二维表格结构来表示实体及实体之间联系的模型，表格的列表示关系的属性，表格的行表示关系中的元组。

在日常生活中，我们经常会碰到像花名册、工资单和成绩单这样的二维表格，这些二维表格的共同特点是由许多行和列组成，列有列名、行有行号。

关系中每一行称为一个元组。例如，表 2-1 中，“1801010101，秦建兴，男，2000/5/5，……”是一个元组。

表 2-1 学生信息表

学号	姓名	性别	出生时间	出生地	联系电话	学分
1801010101	秦建兴	男	2000/5/5	北京市	18401101456	13
1801010102	张吉哲	男	2000/12/5	上海市	13802104456	13
1801010104	李楠楠	女	2000/8/25	重庆市	13902211423	4
1801010105	耿明	男	2000/7/15	北京市	18501174581	13
1801020101	贾志强	男	2000/4/29	天津市	15621010025	13
1801020102	朱凡	男	2000/5/1	石家庄市	13896308457	0
1801020103	沈柯辛	女	1999/12/31	哈尔滨市	13369989962	13
1801020105	王东东	男	1999/1/12	北京市	18810111256	13
1902030101	耿娇	女	2001/5/25	广州市	15621014488	10
1902030102	王向阳	男	2001/3/15	北京市	18810101014	10

(1) 关系：一个关系就是一张二维表，每个关系都有一个关系名，表 2-1 就是一个学生信息关系表。在计算机中，一个关系可以存储为一个文件。

(2) 元组：二维表的行称为元组，每一行是一个元组，元组对应存储文件中的一个记录，学生信息表中包括 10 个元组。

(3) 属性：二维表中的列称为属性，每一列有一个属性名，属性值是属性的具体值，属性对应存储文件中的一个字段。学生信息表中包括 7 个属性，属性名分别是学号、姓名、性别、出生时间、出生地、联系电话、学分，属性的具体值形成了表中的一个个元组。

(4) 域：域是属性的取值范围。例如，学生信息表中性别的取值范围只能是男或女，即性别的域为(男，女)。

(5) 关系模式：对关系的信息结构及语义限制的描述称为关系模式，用关系名和包含属性名的集合表示。例如，学生信息表的关系模式是：学生(学号，姓名，性别，出生时间，出生地，联系电话，学分)，属性间用逗号间隔。

(6) 关键字或码：在关系的属性中，能够用来唯一标识元组的属性或属性组合称为关键字或码(Key)。

(7) 候选关键字或候选码：如果在一个关系中存在多个属性或属性组合都能用来唯一标识该关系中的元组，这些属性或属性组合都称为该关系的候选关键字或候选码，候选码可以有多个。例如，在学生信息表中，如果没有重名的学生，则学号和姓名都是学生信息的候选码。

(8) 主键或主码：在一个关系的若干候选关键字中，被指定作为关键字的候选关键字称为该关系的主键或主码(Primary Key)。通常，我们习惯选择号码作为一个关系的主码，如学生信息表中，我们一般选择学号作为该关系的主码。当然在姓名也是候选码的情况下，也可以选择姓名作为该关系的主码。但是一个关系的主码在同一时刻只能有一个。

(9) 主属性和非主属性：在一个关系中，包含在任何候选关键字中的各个属性都称为主属性，不包含在任一候选关键字中的属性称为非主属性。例如，学生信息表中的学号和姓名是主属性，性别、出生时间、出生地等是非主属性。

(10) 外键或外码：一个关系的某个属性或属性组合不是该关系的主键或主键的一部分，

却是另一个关系的主键，则称这样的属性为该关系的外键或外码(Foreign Key)。外码是表与表联系的纽带。例如，表 2-2 所示员工信息表中的部门号并不是员工信息表的主码，却是表 2-3 所示的部门信息表的主码，因此部门号是员工信息表的外码，通过部门号可以将员工信息表与部门信息表建立联系。

表 2-2　员工信息表

工号	姓名	性别	部门号
10001	张勇	男	01
10003	王刚	男	01
20010	李红	女	02
30011	刘强	男	03

表 2-3　部门信息表

部门号	名称	经理
01	采购部	王刚
02	销售部	李红
03	办公室	刘强

对关系模型的操作主要有查询、插入、删除和修改数据，这些操作必须满足关系的完整性约束条件，使得关系数据库从一种一致性状态转变到另一种一致性状态。

关系模型中的数据操作是集合操作，操作对象和操作结果都是关系，而不像非关系模型中那样是单记录的操作方式。另外，关系模型对用户隐藏了存取路径，用户只要指出“干什么”或“找什么”，不必详细说明“怎么干”或“怎么找”。

关系模型的完整性规则也可称为关系的约束条件，它是对关系的一些限制和规定，通过这些限制保证数据库中数据的有效性、正确性和一致性。关系模型必须遵循实体完整性规则、参照完整性规则和用户定义完整性规则。

习题

1. 数据库技术的发展经历了哪几个阶段？各有什么特点？
2. 简述数据、数据库、数据库管理系统、数据库应用系统的概念。
3. 简述数据库管理系统的功能。
4. 简述数据库的三级模式和两级映像。
5. 如何理解内模式、模式和外模式？
6. 简述数据库的逻辑独立性和物理独立性。
7. 简述几种数据库新技术的特点。
8. 信息有哪 3 种世界？它们各有什么特点？它们之间有什么联系？
9. 什么是概念模型？什么是数据模型？
10. 什么是实体、属性、码、联系？实体的联系有哪 3 种？
11. 分析层次模型、网状模型和关系模型的特点。
12. 解释关系模型的基本概念：关系、元组、属性、域、关系模式、候选关键字、主键、外键、主属性。
13. 假设某工厂数据库中有 4 个实体集，一是“仓库”实体集，属性有仓库号、仓库面积等；二是“零件”实体集，属性有零件号、规格、单价等；三是“供应商”实体集，属性有供应商号、供应商名、地址等；四是“保管员”实体集，属性有职工号、姓名等。

设每个仓库可存放多种零件，每种零件可存放于多个仓库中，每个仓库存放每种零件要记录库存量；一个供应商可供应多种零件，每种零件也可由多个供应商提供，每个供应商每提供一种零件要记录供应量；一个仓库可以有多名保管员，但一名保管员只能在一个仓库工作。

试为该工厂的数据库设计一个 E-R 模型，要求标注联系类型。

14. 某网上订书系统涉及以下信息。

(1) 客户：客户号、姓名、地址、联系电话。

(2) 图书：书号、书名、出版社、单价。

(3) 订单：订单号、日期、付款方式、总金额。

其中，一份订单可以订购多种图书，每种图书可订购多本；一位客户可有多份订单，一份订单仅对应一位客户。根据以上叙述建立 E-R 模型，要求标注联系类型。

第3章 认识关系数据库

关系数据库系统是支持关系模型的数据库系统,它由关系数据结构、关系操作和关系完整性约束三要素组成。在关系数据库设计中,为使其数据模型合理可靠、简单实用,需要使用关系数据库的规范设计理论。

本章首先介绍关系数据库的基本概念,然后围绕关系数据模型的三要素展开,利用集合、代数等抽象的数学知识介绍关系数据结构、关系数据库操作及关系数据库完整性等内容;最后介绍如何对关系进行规范化。通过本章学习,需要掌握以下内容。

◎　关系和关系模式;

◎　关系完整性约束;

◎　关系运算;

◎　关系的规范化。

3.1 关系数据结构

3.1-2 关系数据结构和完整性约束.avi

关系模型的数据结构非常简单，只包含单一的数据结构——关系。在用户看来，关系模型中数据的逻辑结构是一张扁平的二维表。关系模型的数据结构虽然简单却能够表达丰富的语义，描述出现实世界的实体及实体间的各种联系。也就是说，在关系模型中，现实世界的实体以及实体间的联系均用单一的结构类型，即关系来表示。

3.1.1 关系的定义和性质

关系就是一张二维表格，但并不是任何二维表都叫关系，我们不能把日常生活中所用的任意表格都当成一个关系直接存放到数据库中。

1. 域

定义：域是一组具有相同数据类型的值的集合。

例如，自然数、整数、实数、长度为 10 个字节的字符串等，都可以是域。

2. 笛卡儿积

笛卡儿积是域上的一种集合运算。

定义：给定一组域 D_1，D_2，…，D_n，允许其中某些域是相同的，D_1，D_2，…，D_n 的笛卡儿积定义为 $D_1 \times D_2 \times \cdots \times D_n=\{(d_1, d_2, \cdots, d_n) | d_i \in D_i, i=1, 2, \cdots, n\}$。其中，每一个元素 $(d_1, d_2, \cdots, d_n)$叫做一个元组，元素中的每一个值 d_i 叫做一个分量。

例如有两个域，D_1=动物集合={猫，狗，猪}，D_2={食物集合}={鱼，骨头，白菜}，则 D_1 与 D_2 的笛卡儿积为 $D_1 \times D_2$={(猫，鱼)(狗，鱼)(猪，鱼)(猫，骨头)(狗，骨头)(猪，骨头)(猫，白菜)(狗，白菜)(猪，白菜)}。将这个笛卡儿积用二维表的形式表示，如表 3-1 所示。

取每种动物最喜欢的食物行数据形成动物食物表的子集，即动物食物关系表，如表 3-2 所示。

表 3-1　动物食物表

动物	食物	动物	食物
猫	鱼	猪	骨头
狗	鱼	猫	白菜
猪	鱼	狗	白菜
猫	骨头	猪	白菜
狗	骨头		

表 3-2　动物食物关系

动物	食物
猫	鱼
狗	骨头
猪	白菜

3. 关系

定义：$D_1 \times D_2 \times \cdots \times D_n$ 的子集叫做在域 D_1，D_2，…，D_n 上的关系，表示为 $R(D_1, D_2, \cdots, D_n)$。其中，R 为关系名，n 表示关系的目、度或元。

关系是笛卡儿积的有限子集，所以关系也是一张二维表，表的每行对应一个元组，表的每列对应一个域。由于域可以相同，为了加以区分，必须为每列起一个名字，称为属性。

4. 关系的性质

关系是一种规范化了的二维表中行的集合。为了使相应的数据操作简化，在关系模型中对关系进行了限制，因此关系具有以下六条性质。

(1) 列是同质的，即每一列中的分量是同一类型的数据，来自同一个域。

(2) 同一关系中的任意两个元组不能完全相同。

(3) 在同一关系中不同列的数据类型可以相同，但每个列必须赋予不同的属性名。

(4) 关系中列的顺序可以任意互换，不会改变关系的意义。

(5) 关系中行的次序和列的次序一样，也可以任意交换。

(6) 关系中每一个分量都必须是不可分的数据项，属性和元组分量具有原子性。

关系模型要求关系必须是规范化的，即要求关系必须满足一定的规范条件，这些规范条件中最基本的就是，关系的每个分量必须是一个不可分的数据项。

3.1.2 关系模式和关系数据库

1. 关系模式

在关系数据库中，关系模式(Relation Schema)是型、关系是值，关系模式是对关系的描述。因此关系模式必须指出这个元组集合的结构，即由哪些属性构成，这些属性来自哪些域，以及属性与域之间的映像关系。

一个关系模式应当是一个五元组，关系模式可以形式化地表示为 R(U，D，dom，F)，其中 R 是关系名，U 是组成该关系的属性名集合，D 是属性组 U 中属性所来自的域，dom 是属性向域的映像集合，F 是属性间的数据依赖关系集合。

关系模式通常可以简记为 R(U)或 R(A_1，A_2，…，A_n)。

其中，R 是关系名，A_1，A_2，…，A_n 为属性名；域名及属性向域的映像，常常直接说明为属性的类型和长度；省略属性间的数据依赖关系。

关系是关系模式在某一时刻的状态或内容。关系模式是静态的、稳定的，而关系是动态的、随时间不断变化的，因为关系操作在不断地更新着数据库中的数据。例如，学生关系模式在不同的学年，学生关系是不同的。

2. 关系数据库

在关系模型中，实体以及实体间的联系都是用关系来表示的。例如，学生实体、课程实体之间的多对多联系都可以分别用一个关系来表示。关系数据库也有型和值之分。关系数据库的型也称为关系数据库模式，是对关系数据库的描述。关系数据库模式包括若干域的定义，以及在这些域上定义的若干关系模式。关系数据库的值是这些关系模式在某一时刻对应值的集合，通常就称为关系数据库。

3.2 关系完整性

关系模型的完整性规则是对关系的某种约束条件。也就是说关系的值随着时间变化时应该满足一些约束条件。这些约束条件实际上是现实世界的要求。任何关系在任何时刻都要满足这些语义约束。

关系模型中有三类完整性约束：实体完整性(Entity Integrity)、参照完整性(Referential Integrity)和用户定义完整性(User-defined Integrity)。其中实体完整性和参照完整性是关系模型必须满足的完整性约束条件，被称作是关系的两个不变性，应该由关系系统自动支持。用户定义完整性是应用领域需要遵循的约束条件，体现了具体领域中的语义约束。

3.2.1 实体完整性

关系数据库中的每个元组应该是可区分的，是唯一的。这样的约束条件用实体完整性来保证。

实体完整性规则：若属性(指一个或一组属性)A 是基本关系 R 的主属性，则 A 不能取空值。所谓空值就是“不知道”或“不存在”或“无意义”的值。

例如，学生(学号，姓名，性别，专业，出生时间)关系中学号为主码，则学号不能取空值。

按照实体完整性规则的规定，如果主码由若干属性组成，则所有这些主属性都不能取空值。例如，选修(学号，课程号，成绩)关系中，“学号、课程号”为主码，则“学号”和“课程号”两个属性都不能取空值。

实体完整性规则的说明如下。

(1) 实体完整性规则是针对基本关系而言的。一个基本表通常对应现实世界的一个实体集。例如，学生关系对应于学生的集合。

(2) 现实世界中的实体是可区分的，即它们具有某种唯一性标识。例如，每个学生都是独立的个体，是不一样的。

(3) 相应地，关系模型中以主码作为唯一性标识。

(4) 主码中的属性即主属性不能取空值。如果主属性取空值，就说明存在某个不可标识的实体，即存在不可区分的实体，因此这个规则称为实体完整性。

3.2.2 参照完整性

现实世界中的实体之间往往存在某种联系，在关系模型中实体及实体间的联系都是用关系来描述的，这样就自然存在着关系与关系的引用。

【例 3-1】学生、课程、学生与课程之间的多对多联系可用如下三个关系表示：

学生(<u>学号</u>，姓名，性别，专业，出生时间)

课程(<u>课程号</u>，课程名，学时，学分)

选修(<u>学号，课程号</u>，成绩)

这三个关系之间也存在着属性的引用，即选修关系引用了学生关系的主码“学号”和课程关系的主码“课程号”。同样，选修关系中的“学号”值必须是确实存在的学生的学号，即学生关系中有该学生的记录；选修关系中的“课程号”值也必须是确实存在的课程的课程号，即课程关系中有该课程的记录。换句话说，选修关系中某些属性的取值需要参照其他关系的属性取值。

设F是基本关系R的一个或一组属性，但不是关系R的码，如果F与基本关系S的主码K相对应，则称F是基本关系R的外码(Foreign Key)，并称基本关系R为参照关系(Referencing Relation)，基本关系S为被参照关系(Referenced Relation)或目标关系(Target Relation)。关系R和S也可以是同一个关系，即自身参照。

目标关系S的主码K和参照关系的外码F可以不同名但必须定义在同一个(或一组)域上。参照完整性规则就是定义外码与主码之间的引用规则。

参照完整性规则： 若属性(或属性组)F是基本关系R的外码，它与基本关系S的主码K相对应(基本关系R和S也可能是同一个关系)，则R中每个元组在F上的值或者取空值(F的每个属性值均为空值)，或者等于S中某个元组的主码值。

对于例3-1，按照参照完整性规则，“学号”和“课程号”属性也可以取两类值：空值或目标关系中已经存在的值。但由于“学号”和“课程号”是选修关系中的主属性，按照实体完整性规则，它们均不能取空值，所以选修关系中的“学号”和“课程号”属性实际上只能取相应被参照关系中已经存在的主码值。

3.2.3 用户定义完整性

任何关系数据库系统都应该支持实体完整性和参照完整性。这是关系模型所要求的。除此之外，不同的关系数据库系统根据其应用环境的不同，往往还需要一些特殊的约束条件。用户定义的完整性就是针对某一具体关系数据库的约束条件，它反映某一具体应用所涉及的数据必须满足的语义要求。例如，某个属性必须取唯一值、某个非主属性不能取空值等。例如，在学生关系中，学生不能没有姓名，则可以定义姓名不能取空值，选修关系中的成绩属性的取值范围可以定义为0～100等。

关系模型应提供定义和检验这类完整性的机制，以便用统一的系统方法处理它们，而不需由应用程序承担这一功能。

数据完整性的作用是要保证数据库中的数据是正确的。通过在数据模型中定义实体完整性规则、参照完整性规则和用户定义完整性规则，数据库管理系统将检查和维护数据库中数据的完整性。

3.3 关系运算

3.3 关系运算.avi

关系代数是以关系为运算对象的一组高级运算的集合。关系代数是一种抽象的查询语言，是关系数据操作语言的一种传统表达方式，即代数方式的数据查询过程。关系代数的运算对象是关系，运算结果也是关系。

关系代数中的运算可以分为两类，一是传统的集合运算，包括并、交、差和广义笛卡儿积；二是专门的关系运算，包括选择、投影、连接和除等。

3.3.1 传统的集合运算

传统的集合运算，包括并、交、差、广义笛卡儿积四种运算。设关系R和关系S具有相同的目n(即两个关系都具有n个属性)，且相应的属性取自同一个域，如图3-1所示，则四种运算定义如下。

A	B	C
a1	b1	c1
a1	b2	c2
a2	b2	c1

关系 R

A	B	C
a1	b2	c2
a1	b3	c2
a2	b2	c1

关系 S

图 3-1　关系 R 和关系 S

1. 并

设关系 R 和 S 具有相同的关系模式，R 和 S 是 n 元关系，R 和 S 的并(Union)是由属于 R 或属于 S 的元组构成的集合，记为 R∪S。其形式定义如下：

$$R \cup S=\{t|t \in R \vee t \in S\}$$

其含义为任取元组 t，当且仅当 t 属于 R 或 t 属于 S 时，t 属于 R∪S。R∪S 是一个 n 元关系。关系的并操作对应于关系的插入或添加记录的操作，俗称“+”操作，这是关系代数的基本操作。

2. 交

设关系 R 和 S 具有相同的关系模式，R 和 S 是 n 元关系，R 和 S 的交(Intersection)是由属于 R 且属于 S 的元组构成的集合，记为 R∩S。其形式定义如下：

$$R \cap S=\{t|t \in R \wedge t \in S\}$$

其含义为任取元组 t，当且仅当 t 既属于 R 又属于 S 时，t 属于 R∩S。R∩S 也是一个 n 元关系。关系的交操作对应于寻找两个关系共有记录的操作，是一种关系查询操作。

3. 差

设关系 R 和 S 具有相同的关系模式，R 和 S 是 n 元关系，R 和 S 的差(Difference)是由属于 R 但不属于 S 的元组构成的集合，记作 R−S。其形式定义如下：

$$R-S=\{t|t \in R \wedge t \notin S\}$$

其含义为当且仅当 t 属于 R 并且不属于 S 时，t 属于 R−S。R−S 也是一个 n 元关系。

4. 广义笛卡儿积

两个分别为 n 目和 m 目的关系 R 和 S 的广义笛卡儿积是一个(n+m)列的元组的集合。元组的前 n 列是关系 R 的一个元组，后 m 列是关系 S 的一个元组。若 R 有 A1 个元组，S 有 A2 个元组，则关系 R 和关系 S 的广义笛卡儿积有 A1×A2 个元组，记作 R×S。

$$R \times S=\{t|t=<t^r，t^s> \wedge t^r \in R \wedge t^s \in S\}$$

【例 3-2】已知关系 R 和关系 S，如图 3-1 所示，求：R∪S，R∩S，R−S，R×S，结果如图 3-2 和图 3-3 所示。

A	B	C
a1	b1	c1
a1	b2	c2
a2	b2	c1
a1	b3	c2

R∪S

A	B	C
a1	b2	c2
a2	b2	c1

R∩S

A	B	C
a1	b1	c1

R−S

图 3-2　关系的并、交、差运算

RA	RB	RC	SA	SB	SC
a1	b1	c1	a1	b2	c2
a1	b1	c1	a1	b3	c2
a1	b1	c1	a2	b2	c1
a1	b2	c2	a1	b2	c2
a1	b2	c2	a1	b3	c2
a1	b2	c2	a2	b2	c1
a2	b2	c1	a1	b2	c2
a2	b2	c1	a1	b3	c2
a2	b2	c1	a2	b2	c1

图 3-3　关系的积 R×S

3.3.2　专门的关系运算

专门的关系运算包括选择、投影、连接、除等。

1. 选择

选择(Selection)运算是指在关系 R 中选择满足给定条件的诸元组，记作：

$$\sigma_F(R)=\{t|t\in R\wedge F(t)='真'\}$$

其中，F 表示选择条件，它是一个逻辑表达式，取逻辑值“真”或“假”；逻辑表达式 F 的基本形式为 $X_1\theta Y_1$。其中θ为比较运算符号，可以是>、>=、<、<=或<>；X_1、Y_1 是属性名、常量或简单函数等，属性名也可以用序号来代替。因此选择运算实际上是从关系 R 中选取使逻辑表达式 F 为真的元组，是从行的角度进行的运算。

设有一个学生-课程数据库，其中包括学生情况表 student、课程表 course 和成绩表 score，其内容如表 3-3、表 3-4 和表 3-5 所示。

表 3-3　student 表

学号	姓名	性别	出生时间	专业
1801010101	秦建兴	男	2000/5/5	计算机科学
1801010102	张吉哲	男	2000/12/5	计算机科学
1801010104	李楠楠	女	2000/8/25	计算机科学
1801010105	耿明	男	2000/7/15	计算机科学
1801020101	贾志强	男	2000/4/29	软件工程
1801020102	朱凡	男	2000/5/1	软件工程
1801020103	沈柯辛	女	1999/12/31	软件工程
1801020105	王东东	男	1999/1/12	软件工程

表 3-4　course 表

课程号	课程名	学时	学分
100101	马克思主义基本原理	50	3
200101	大学英语	50	3
010003	数据库原理	60	4
010004	操作系统原理	60	4

表 3-5　score 表

学号	课程号	成绩
1801010101	100101	89
1801010102	100101	75
1801020101	100101	77
1801010104	01003	61
1801010105	01003	86
1801020102	01004	56

【例 3-3】查询软件工程专业学生的信息。

$$\sigma_{专业=‘软件工程’}(\text{student}) \text{ 或 } \sigma_{5=‘软件工程’}(\text{student})$$

查询结果如表 3-6 所示。

2. 投影运算

关系 R 上的投影(Projection)是指从 R 中选出若干属性列组成新的关系，记作：

$$\Pi_A(R)=\{t[A]|t\in R\}$$

其中 A 为 R 的属性列。投影运算之后不仅取消了原关系中的某些列，还可能会取消某些元组，因为取消了某些属性列后可能出现重复行，应取消这些完全相同的行。这个操作是对一个关系进行垂直分割。

【例 3-4】查询学生情况表中的学号和姓名。

$$\Pi_{学号,姓名}(\text{student})或\Pi_{1,2}(\text{student})$$

查询结果如表 3-7 所示。

表 3-6　例 3-3 选择运算结果

学号	姓名	性别	出生时间	专业
1801020101	贾志强	男	2000/4/29	软件工程
1801020102	朱凡	男	2000/5/1	软件工程
1801020103	沈柯辛	女	1999/12/31	软件工程
1801020105	王东东	男	1999/1/12	软件工程

表 3-7　例 3-4 投影运算结果

学号	姓名
1801010101	秦建兴
1801010102	张吉哲
1801010104	李楠楠
1801010105	耿明
1801020101	贾志强
1801020102	朱凡
1801020103	沈柯辛
1801020105	王东东

3. 连接

1) 连接运算的含义

连接(Join)也称θ连接，是指从两个关系的笛卡儿积中选取满足某个规定条件的全体元组，形成一个新的关系，记作：

$$R \underset{A\theta B}{\bowtie} S=\sigma_{A\theta B}(R\times S)=\{t_r t_s | t_r\in R\wedge t_s\in S\wedge t_r[A]\theta t_s[B]\}$$

其中，A 是 R 的属性组(A_1，A_2，…，A_k)，B 是 S 的属性组(B_1，B_2，…，B_k)；AθB 的实际形式为 $A_1\theta B_1\wedge A_2\theta B_2\wedge\cdots\wedge A_k\theta B_k$，$A_i$ 和 B_i 不一定同名，但必须可比。

连接运算是二元关系运算，是从两个关系元组的所有组合中选取满足一定条件的元组，由这些元组形成连接运算的结果关系。

连接运算首先确定结果的属性列，然后确定参与比较的属性列，最后逐一取 R 中的元组分别和 S 中与其符合比较关系的元组进行拼接。

2) 常用的两种连接运算

(1) 等值连接：θ为“=”的连接运算称为等值连接，它是从两个关系 R 和 S 的笛卡儿积中选取 A、B 属性值相等的那些元组。等值连接记作：

$$R \underset{A=B}{\bowtie} S=\{t_r t_s | t_r\in R\wedge t_s\in S\wedge t_r[A]=t_s[B]\}$$

(2) 自然连接：自然连接是一种特殊的等值连接，即若 A、B 是相同的属性组，就可以在结果中把重复的属性去掉，这种去掉重复属性的等值连接称为自然连接。记作：

$$R\bowtie S=\{t_r t_s | t_r\in R\wedge t_s\in S\wedge t_r[B]=t_s[B]\}$$

两个关系 R 和 S 在做自然连接时，选择两个关系在公共属性上值相等的元组构成新的关系。此时，关系 R 中某些元组有可能在 S 中不存在公共属性上值相等的元组，从而造成 R 中这些元组在操作时被舍弃；同样，S 中某些元组也可能被舍弃。这些被舍弃的元组称为悬浮元组。如果把悬浮元组也保存在结果关系中，而在其他属性上填空值，那么这种连接就叫做外连接(Outer Join)；如果只保留左边关系 R 中的悬浮元组就叫左外连接；如果只保留右边关系 S 中的悬浮元组就叫右外连接。

4. 专门的关系运算操作实例

设教学数据库中有 3 个关系，学生关系 S(SNO，SN，AGE，SEX)，各属性的含义为学号、姓名、年龄、性别；学习关系 SC(SNO，CNO，SCORE)，各属性的含义为学号、课程号、成绩；课程关系 C(CNO，CN，CREDIT)，各属性含义为课程号、课程名、学分。

(1) 查询选修课程号为 C3 的学生的学号和成绩。

$$\Pi_{SNO,SCORE}(\sigma_{CNO='C3'}(SC))$$

(2) 查询选修课程号为 C4 的学生的学号和姓名。

$$\Pi_{SNO,SN}(\sigma_{CNO='C4'}(S\bowtie SC))$$

(3) 查询选修课程名为 Maths 的学生的学号和姓名。

$$\Pi_{SNO,SN}(\sigma_{CN='Maths'}(S\bowtie SC\bowtie C))$$

(4) 查询选修课程号为 C1 或 C3 的学生的学号。

$$\Pi_{SNO}(\sigma_{CNO='C1'\vee CNO='C3'}(SC))$$

(5) 查询没有选修课程号 C2 的学生的学号、姓名和年龄。

$$\Pi_{SNO,SN,AGE}(S)-\Pi_{SNO,SN,AGE}(\sigma_{CNO='C2'}(S \bowtie SC))$$

5. 除运算

给定关系 R(X,Y)和 S(Y,Z)，其中 X,Y,Z 为属性组。R 中的 Y 和 S 中的 Y 可以有不同的属性名，但必须出自相同的域集。R 与 S 的除运算得到一个新的关系 P(X)，P 是 R 中满足下列条件的元组在 X 属性列上的投影：元组在 X 上的分量值 x 的像集 Y_x 包含 S 在 Y 上投影的集合，即元组在 X 上的分量值所对应的 Y 值应包含关系 S 在 Y 上的值。

除运算是二元操作，并且关系 R 和 S 的除运算必须满足以下两个条件。

(1) 关系 R 中的属性包含关系 S 中的所有属性。

(2) 关系 R 中的一些属性不出现在关系 S 中。

除运算的运算步骤如下：

(1) 将被除关系的属性分为像集属性和结果属性两部分：与除关系相同的属性属于像集属性，不同的属于结果属性。

(2) 在除关系中，对与被除关系相同的属性进行投影，得到除目标数据集。

(3) 将被除关系分组，结果属性值一样的分为一组。

(4) 逐一考察每个组，如果它的像集属性值中包括除目标数据集，则对应的结果属性值应属于该除运算结果集。

【例 3-5】设有关系 R 和 S，如图 3-4 所示，求 R÷S 的值。

第一步，确定结果属性：A，B

第二步，确定目标数据集：{(c,d) (e,f)}

第三步，确定结果属性像集：

(a,b):{(c,d) (e,f) (h,k)}

(b,d):{ (e,f) (d,l)}

(c,k):{(c,d) (e,f) }

第四步，确定结果：(a,b) (c,k)，如图 3-5 所示。

R

A	B	C	D
a	b	c	d
a	b	e	f
a	b	h	k
b	d	e	f
b	d	d	l
c	k	c	d
c	k	e	f

S

C	D
c	d
e	f

图 3-4 R 和 S 除运算

A	B
a	b
c	k

图 3-5 R 和 S 除运算结果

3.4 关系规范化

3.4 关系规范化.avi

客观世界的实体间有着错综复杂的联系。实体的联系有两类，一类是实体与实体之间的联系；另一类是实体内部各属性间的联系。定义属性值间的相互关联(主要体现在值相等与否)，这就是数据依赖，它是数据库模式设计的关键。数据依赖是现实世界属性间相互联系的抽象，是世界内在的性质，是语义的体现。

为使数据库模式设计合理可靠、简单实用，长期以来形成了关系数据库设计理论，即规范化理论。它是根据现实世界存在的数据依赖而进行的关系模式的规范化处理，从而得到一个合理的数据库模式设计效果。

3.4.1 函数依赖

数据依赖共有 3 种，即函数依赖、多值依赖和连接依赖，其中最重要的是函数依赖，这里我们只介绍函数依赖。

1. 函数依赖的定义

函数依赖是关系模式中各属性之间的一种依赖关系，是规范化理论中的一个最重要、最基本的概念。

函数依赖：设 R(U)是一个关系模式，U 是 R 的属性集合，X 和 Y 是 U 的子集。对于 R(U)的任意一个可能的关系 r，如果 r 中不存在两个元组，它们在 X 上的属性值相同，而在 Y 上的属性值不同，则称“X 函数确定 Y”或“Y 函数依赖于 X”，记作 X→Y。

简单表述，如果属性 X 的值决定属性 Y 的值，那么属性 Y 函数依赖于属性 X；或者，如果知道 X 的值，就可以获得 Y 的值。

函数依赖和别的数据依赖一样是语义范畴的概念。只能根据语义来确定一个函数依赖。例如“姓名→年龄”这个函数依赖只有在该部门没有同名人的条件下成立。如果允许有同名人，则年龄就不再函数依赖于姓名了。

特别需要注意的是，函数依赖不是指关系模式 R 中某个或某些关系满足的约束条件，而是指 R 的一切关系均需满足的约束条件。函数依赖可以分为三种基本情形。

2. 平凡函数依赖与非平凡函数依赖

在关系模式 R(U)中，对于 U 的子集 X 和 Y，如果 X→Y，但 Y 不是 X 的子集，则称 X→Y 是非平凡函数依赖。若 Y 是 X 的子集，则称 X→Y 是平凡函数依赖。

对于任一关系模式，平凡函数依赖都是必然成立的，它不反映新语义，因此，若不特别声明，本书总是讨论非平凡函数依赖。

3. 完全函数依赖与部分函数依赖

在关系模式 R(U)中，如果 X→Y，并且对于 X 的任何一个真子集 X′，都有 $X' \nrightarrow Y$，即 X′→Y 不成立，则称 Y 完全函数依赖于 X，记作 $X \xrightarrow{f} Y$。若 X→Y，但 Y 不完全函数依赖于 X，称 Y 部分函数依赖于 X，记作 $X \xrightarrow{p} Y$。

例如，关系 SC(Sno，Cno，Grade)中，(Sno，Cno)→Grade，且 Sno $\nrightarrow$ Grade，Cno $\nrightarrow$ Grade。

因此，(Sno，Cno) $\xrightarrow{f}$ Grade。又如，关系 Student(Sno，Sname，Sdept，Mname，Cno，Course，Tname，Grade)中，(Sno，Cno)是码，(Sno，Cno)→Sdept，且 Sno→Sdept，因此(Sno，Cno) $\xrightarrow{p}$ Sdept。

如果 Y 对 X 部分函数依赖，X 中的“部分”就可以确定对 Y 的关联，从数据依赖的观点来看，X 存在冗余。

在前面我们已经给出了有关码的若干定义。这里用函数依赖的概念来定义码。设 K 为 R<U，F>中的属性或属性组合，若 K $\xrightarrow{f}$ U 则 K 为 R 的候选码。若候选码多于一个，则选定其中一个为主码(Primary Key)。包含在任何一个候选码中的属性称为主属性，不包含在任何码中的属性为非主属性或非码属性。最简单的情况，单个属性是码，如 S(Sno，Sname，Sdept)即有 Sno $\xrightarrow{f}$ S。而对于关系模式 SC(Sno，Cno，Grade)则是属性组合为码，即(Sno，Cno) $\xrightarrow{f}$ SC。

4. 传递函数依赖

在关系模式 R(U)中，如果 X→Y，Y→Z，且 Y→X 不成立，则称 Z 传递函数依赖于 X。

传递函数依赖定义中之所以要加上条件 Y→X 不成立，是因为如果 Y→X 成立，则 X 与 Y 存在互为函数依赖的关系，这实际上是 Z 直接依赖于 X，而不是传递函数依赖了。例如，关系 Student(Sno，Sname，Sdept，Mname，Cno，Course，Grade)中，Sno→Sdept，Sdept→Mname，因此有 Sno→Mname，此时称 Mname 传递函数依赖于 Sno。

按照函数依赖的定义，可以知道，如果 Z 传递依赖于 X，则 Z 必然函数依赖于 X；同时 Z 又函数依赖于 Y，说明 Z 是间接依赖于 X，从而表明 X 和 Z 之间的关联较弱，表现出间接的弱数据依赖，因而也是产生数据冗余的原因之一。

3.4.2 关系规范化的目的

设计一个描述学校的数据库，一个系有若干学生，一个学生只属于一个系；一个系只有一个系主任；一个学生可以选修多门课程，每门课程有若干学生选修；每个学生所学的每门课程都有一个成绩，如表 3-8 所示。

表 3-8 不规范关系示例表

学号	姓名	年龄	系别	系主任	课程号	成绩
S1	赵丽丽	20	计算机	张绍刚	C1	90
S1	赵丽丽	20	计算机	张绍刚	C2	85
S2	王明刚	18	会计	刘力男	C4	65
S2	王明刚	18	会计	刘力男	C5	71
S2	王明刚	18	会计	刘力男	C6	76
S2	王明刚	18	会计	刘力男	C1	61
S3	吴宇凡	19	中文	曲宏伟	C1	75
S3	吴宇凡	19	中文	曲宏伟	C4	87

则上述数据库对应的关系模式为学生信息表(学号，姓名，年龄，系别，系主任，课程号，成绩)，学号和课程号的组合为主码。

上述关系模式中存在以下问题。

(1) 数据冗余：数据在数据库中的重复存放称为数据冗余。冗余度大，不仅浪费存储空间，重要的是在对数据进行修改时易造成数据的不一致性。

(2) 更新异常：数据冗余，更新数据时维护数据完整性的代价大。如果某系更换系主任，必须修改与该系有关的每一个元组。

(3) 插入异常：无法插入某部分信息称为插入异常，该插的数据插入不进去。例如，一个系刚成立，尚无学生，我们就无法把这个系的信息存入数据库。因为学号和课程号是主码，而主码不能为空。

(4) 删除异常：不该删除的数据不得不删除。例如，某个系的学生全部毕业了，我们在删除该系学生信息的同时把这个系的信息也删除了。

上述关系模式设计不合理，不是一个好的关系模式，好的关系模式不会出现数据冗余、插入和删除异常以及更新异常等问题。其基本思想是消除数据依赖中的不合适部分，使各关系模式达到某种程度的分离，使一个关系描述一个概念、一个实体或实体间的一种联系。因此，规范化的实质是概念的单一化。

关系数据库中的关系必须满足一定的规范化要求，对于不同的规范化程度可用范式来衡量。范式(Normal Form)是符合某一种级别的关系模式的集合，是衡量关系模式规范化程度的标准，达到的关系才是规范化的关系。目前主要有 6 种范式，即第一范式、第二范式、第三范式、BC 范式、第四范式和第五范式。满足最低要求的叫第一范式，简称 1NF。在第一范式的基础上进一步满足一些要求的为第二范式，以此类推。因此各种范式之间存在的联系为 1NF⊆2NF⊆3NF⊆BCNF⊆4NF⊆5NF。通常把某一关系 R 属于第 n 范式记为 R∈nNF。

范式的概念最早是由 E.F.Codd 提出的。在 1971 年到 1972 年期间，他先后提出 1NF、2NF、3NF 的概念，讨论了规范化的问题。1974 年，Codd 和 Boyce 共同提出了一个新范式，即 BCNF。1976 年 Fagin 提出了 4NF，后来又有研究人员提出了 5NF。

3.4.3 关系规范化的过程

一个低一级范式的关系模式，通过模式分解可以转换为若干个高一级范式的关系模式的集合，这个过程称为规范化。在实际情况下，规范化到 3NF 就可以了。

1. 第一范式

设 R 是一个关系模式。如果 R 的每个属性的值域都是不可分的简单数据项的集合，则称这个关系模式属于第一范式，记为 R∈1NF。

也可以说，如果关系模式 R 的每一个属性都是不可分解的，则 R 为第一范式。1NF 是规范化最低的范式。在任何一个数据库系统中，关系至少应该是第一范式。

例如，表 3-9 所描述的课程信息就是不满足第一范式的非规范关系。

表 3-9 不满足第一范式关系

课　程	学　时	
	理论学时	实践学时
计算机基础	30	20
C 语言	32	18
数据结构	44	16

由于该表中的“学时”属性包括理论学时和实践学时两个部分，不满足每个属性不能分解的条件，不是第一范式。

2. 第二范式

如果关系模式 R 属于第一范式，且它的每个非主属性都完全函数依赖于码(候选码)，则称 R 为满足第二范式的关系模式，记为 R∈2NF。

在一个关系中，包含在任何候选码中的各个属性称为主属性，不包含在任何候选码中的属性称为非主属性。在规范化时，我们采用的是每个关系的最小函数依赖集，最小函数依赖集是符合以下条件的函数依赖集 F：

(1) F 中的任何一个函数依赖的右部仅包含一个属性。

(2) F 中的所有函数依赖的左部都没有冗余属性。

(3) F 中不存在冗余的函数依赖。

【例 3-6】在学生信息关系 S(学号，姓名，年龄，系别，系主任，课程号，成绩)中，学号和课程号的组合是主码，姓名、性别、成绩都为非主属性，关系 S 中的最小函数依赖集为学号→姓名，学号→性别，(学号，课程号)→成绩。实际上，函数依赖(学号，课程号)→姓名也成立，但这是一个冗余的函数依赖。

下面得出两个推论：

(1) 关系 R∈1NF 且其主码只有一个属性，则关系 R 一定属于第二范式。

(2) 主码是属性组合的关系，可能不属于第二范式。

3. 第三范式

如果关系模式 R 属于第二范式，且没有一个非主属性传递函数依赖于码，则称 R 为满足第三范式的关系模式，记为 R∈3NF。

【例 3-7】在学生信息关系 S(学号，姓名，年龄，系别，系主任，课程号，成绩)中，学号和课程号的组合是主码，姓名、系别、系主任为非主属性，其中包含最小函数依赖集学号→系别，系别→系主任，学号→系主任也成立，这里存在一个传递函数依赖，这是一个冗余的函数依赖。

推论：如果关系模式 R∈1NF，且它的每一个非主属性既不部分函数依赖于码，也不传递函数依赖于码，则 R∈3NF。

4. BC 范式

关系模式 R∈1NF，对任何非平凡的函数依赖 X→Y，X 均包含码，则 R∈BCNF。

BCNF 是从 1NF 直接定义而成的，可以证明，如果 R∈BCNF，则一定有 R∈3NF。由 BCNF 的定义可以看到，每个 BCNF 的关系模式都具有以下 3 个性质。

(1) 所有非主属性都完全函数依赖于每个候选码。

(2) 所有主属性都完全函数依赖于每个不包含它的候选码。

(3) 没有任何属性完全函数依赖于非码的任何一组属性。

如果关系模式 R∈BCNF，由定义可知，R 中不存在任何属性传递函数依赖或部分函数依赖于任何候选码，所以必定有 R∈3NF。

在信息系统的设计中普遍采用的是“基于 3NF 的系统设计”方法，由于 3NF 是无条件可以达到的，并且基本解决了各种异常问题，因此这种方法目前在信息系统的设计中仍然被广泛应用。

5. 关系规范化

(1) 对 1NF 关系进行投影，消除原关系中非主属性对码的部分函数依赖，从而产生若干个 2NF 关系。

(2) 对 2NF 关系进行投影，消除原关系中非主属性对码的传递函数依赖，从而产生若干个 3NF 关系。

(3) 对 3NF 关系进行投影，消除原关系中主属性对码的部分函数依赖和传递函数依赖，得到一组 BCNF 的关系。

总之，关系的规范化减少了冗余数据，节省了空间，避免了不合理的插入、修改和删除操作，保持了数据的一致性；但是也导致了一些缺点，如信息放在不同表中，在查询数据时可能需要把多个表连接在一起，增加了操作的时间和难度，因此关系模式要以实际需要为目的进行设计。

习题

1. 关系数据模型由哪 3 个要素组成？

2. 简述关系的性质。

3. 简述关系完整性。

4. 传统集合运算和专门关系运算有哪些？

5. 解释下列术语的含义：函数依赖、平凡函数依赖、非平凡函数依赖、部分函数依赖、完全函数依赖、传递函数依赖、范式。

6. 简述非规范化关系中存在的问题。

7. 简述关系模式规范化的目的。

8. 根据给定的关系模式进行查询。

设有学生-课程关系数据库，它由 3 个关系组成，它们的模式为学生 S(学号 S#，姓名 SN，所在系 SD，年龄 SA)、课程 C(课程号 C#，课程名 CN，先修课程号 PC#)、成绩 SC(学号 S#，课程号 C#，成绩 G)。请用关系代数分别写出下列查询。

(1) 检索年龄大于等于 20 岁的学生的姓名。

(2) 检索先修课程号为 C2 的课程号和课程名。

(3) 检索课程号 C1 的成绩为 90 分以上的所有学生的姓名。

(4) 检索 001 号学生选修的所有课程名及先修课程号。

(5) 检索计算机系学生所选修课程的课程号和课程名。

9. 建立关于系、学生、班级、研究会等信息的一个关系数据库，规定一个系有若干专业、每个专业每年只招一个班，每个班有若干学生，一个系的学生住在同一宿舍区；每个学生可参加若干研究会，每个研究会有若干学生；学生参加某研究会有一个入会时间。

描述学生的属性有学号、姓名、出生年月、系名、班号、宿舍区。

描述班级的属性有班号、专业名、系名、人数、入校年份。

描述系的属性有系号、系名、系办公室地点、人数。

描述研究会的属性有研究会名、成立时间、地点、人数。

试给出上述数据库的关系模式；写出每个关系的基本函数依赖集；指出是否存在传递函数依赖，并指出各关系的主码和外码。

10. 设有关系模式 R(运动员编号，姓名，性别，班级，班主任，项目号，项目名，成绩)，如果规定每名运动员只能代表一个班级参加比赛，每个班级只能有一个班主任；每名运动员可参加多个项目，每个项目也可有多名运动员参加；每个项目只能有一个项目名；每名运动员参加一个项目只能有一个成绩。根据上述语义解决下列问题:

(1) 写出关系模式 R 的主关键字。

(2) 分析 R 最高属于第几范式，说明理由。

(3) 若 R 不是 3NF，将其分解为 3NF。

第4章 数据库设计

合理的数据库结构是数据库应用系统性能良好的基础和保证，但数据库的设计和开发却是一项庞大而复杂的工程。从事数据库设计的人员不仅要具备数据库知识和数据库设计技术，还要有程序开发的实际经验，掌握软件工程的原理和方法；数据库设计人员必须深入应用开发，才能提高数据库设计的成功率。通过本章学习，需要掌握以下几方面内容。

◎ 数据库设计的步骤；

◎ 需求分析的方法；

◎ 概念结构设计的方法；

◎ 逻辑结构设计的方法；

◎ 物理结构设计的内容和方法；

◎ 数据库的实施和维护。

4.1 数据库设计概述

在数据库领域，通常把使用数据库的各类信息系统都称为数据库应用系统。数据库设计，广义地讲，是数据库及其应用系统的设计，即设计整个数据库应用系统；狭义地讲，是设计数据库本身，即设计数据库的各级模式并建立数据库，这是数据库应用系统设计的一部分。一般地说，数据库设计是指对于一个给定的应用环境，构造(设计)优化的数据库逻辑模式和物理结构，并据此建立数据库及其应用系统，使之能够有效地存储和管理数据，满足各种用户的应用需求，包括信息管理要求和数据操作要求。

数据库设计的目标是为用户和各种应用系统提供一个信息基础设施和高效的运行环境。高效的运行环境是指数据库数据的存取效率高、数据库存储空间的利用率高、数据库系统运行管理的效率高。

4.1.1 数据库设计的特点

大型数据库的设计和开发是一项庞大的工程，是涉及多学科的综合性技术。数据库建设是指数据库应用系统从设计、实施到运行与维护的全过程。数据库建设和一般的软件系统设计、开发及运行与维护有许多相同之处，更有其自身的特点。

1. 数据库建设的基本规律

“三分技术，七分管理，十二分基础数据”是数据库设计的特点之一。在数据库建设中不仅涉及技术，还涉及管理。要建设好一个数据库应用系统，开发技术固然重要，但是相比之下管理更加重要。这里的管理不仅仅包括数据库建设作为一个大型工程项目本身的项目管理，还包括该企业的业务管理。人们在数据库建设的长期实践中深刻认识到，一个企业数据库建设的过程是其管理模式的改革和提高的过程。只有把企业的管理创新做好，才能实现技术创新并建设好一个数据库应用系统。

“十二分基础数据”则强调了数据的收集、整理、组织和不断更新是数据库建设中的重要环节。基础数据的收集、入库是数据库建立初期工作量最大、最烦琐，也最细致的工作。在以后数据库的运行过程中需要不断地把新数据加入数据库中，把历史数据加入数据仓库中，以便进行分析挖掘，改进业务管理，提高企业竞争力。

2. 结构(数据)设计和行为(处理)设计相结合

数据库设计应该和应用系统设计相结合。也就是说，整个设计过程中要把数据库结构设计和对数据的处理设计密切结合起来。这是数据库设计的特点之二。

由于数据库设计有其专门的技术和理论，因此需要专门来讲解数据库设计。但这并不等于数据库设计和在数据库之上开发应用系统是相互分离的，相反，必须强调设计过程中数据库设计和应用系统设计的密切结合，并把它作为数据库设计的重要特点。

传统的软件工程忽视了对应用数据语义的分析和抽象。例如，结构化设计方法和逐步求精的方法着重于处理过程的特性，只要有可能就尽量推迟数据结构设计的决策。这种方法对于数据库应用系统的设计显然是不妥的。早期的数据库设计致力于数据模型和数据库建模方法的研究，注重结构特性的设计而忽视了行为设计对结构设计的影响，这种方法也是不完善的。因此要强调在数据库设计中将结构特性和行为特性结合起来。

4.1.2 数据库设计的方法

大型数据库设计既是涉及多学科的综合性技术，又是一项庞大的工程项目。它要求从事数据库设计的专业人员具备多方面的知识和技术，主要包括：

◎ 计算机基础知识。

◎ 软件工程的原理和方法。

◎ 程序设计的方法和技巧。

◎ 数据库基本知识。

◎ 数据库设计技术。

◎ 应用领域的知识。

这样才能设计出符合具体领域要求的数据库及其应用系统。

数据库工作者一直在研究和开发数据库设计工具。经过多年努力，数据库设计工具已经实用化和产品化。这些工具软件可以辅助设计人员完成数据库设计过程中的很多任务，已经普遍地应用于大型数据库设计之中。

4.1.3 数据库设计的基本步骤

数据库设计开始之前，首先必须选定参加设计的人员，包括系统分析人员、数据库设计人员、应用开发人员、数据库管理员和用户代表。系统分析和数据库设计人员是数据库设计的核心人员，将自始至终参与数据库设计，其水平决定了数据库系统的质量。按照结构化系统设计的方法，考虑数据库及其应用系统开发的全过程，将数据库设计分为以下 6 个阶段。

1. 需求分析阶段

进行数据库设计首先必须准确了解与分析用户需求。需求分析是整个设计过程的基础，是最困难和最耗费时间的一步。作为“地基”的需求分析是否做得充分与准确，决定了在其上构建数据库“大厦”的速度与质量。需求分析做得不好，可能会导致整个数据库设计返工重做。

2. 概念结构设计阶段

概念结构设计是整个数据库设计的关键，它通过对用户需求进行综合、归纳与抽象，形成一个独立于具体数据库管理系统的概念模型。

3. 逻辑结构设计阶段

逻辑结构设计是将概念结构转换为某个数据库管理系统所支持的数据模型，并对其进行优化。

4. 物理结构设计阶段

物理结构设计是为逻辑数据模型选取一个最适合应用环境的物理结构(包括存储结构和

存取方法)。

5. 数据库实施阶段

在数据库实施阶段，设计人员运用数据库管理系统提供的数据库语言及其宿主语言，根据逻辑设计和物理设计的结果建立数据库，编写与调度应用程序，组织数据入库，并进行试运行。

6. 数据库运行和维护阶段

数据库应用系统经过试运行后即可投入正式运行。在数据库系统运行过程中必须不断地对其进行评估、调整与修改。

需要指出的是，这个设计步骤既是数据库设计的过程，也包括了数据库应用系统的设计过程。在设计过程中把数据库的设计和对数据库中数据处理的设计紧密结合起来，将这两方面的需求分析、抽象、设计、实现在各个阶段同时进行，相互参照，相互补充，以完善两方面的设计。

4.2 需求分析

4.2 需求分析.avi

需求分析简单地说就是分析用户的要求。需求分析是设计数据库的起点，需求分析的结果是否准确反映用户的实际要求将直接影响后面各阶段的设计，并影响设计结果是否合理和实用。

4.2.1 需求分析的任务

需求分析的任务是通过详细调查现实世界要处理的对象(组织、部门、企业等)，充分了解原系统的工作概况，明确用户的各种需求，然后在此基础上确定新系统的功能。新系统必须充分考虑今后可能的扩充和改变，不能仅仅按当前应用需求来设计数据库。

调查的重点是“数据”和“处理”，通过调查、收集与分析，获得用户对数据库的如下要求：

(1) 信息要求。指用户需要从数据库中获得信息的内容与性质。由信息要求可以导出数据要求，即在数据库中需要存储哪些数据。

(2) 处理要求。指用户要完成的数据处理功能，对处理性能的要求。

(3) 安全性与完整性要求。

确定用户的最终需求是一件很困难的事，这是因为一方面用户缺少计算机知识，开始时无法确定计算机究竟能为自己做什么，不能做什么，因此往往不能准确地表达自己的需求，所提出的需求往往不断地变化。另一方面，设计人员缺少用户的专业知识，不易理解用户的真正需求，甚至会误解用户的需求。因此设计人员必须不断深入地与用户交流，才能逐步确定用户的实际需求。

4.2.2 需求分析的方法

进行需求分析首先是调查清楚用户的实际要求，与用户达成共识，然后分析与表达这些需求。

调查用户需求的具体步骤如下：

(1) 调查组织机构情况。包括了解该组织的部门组成情况、各部门的职责等，为分析信息流程做准备。

(2) 调查各部门的业务活动情况。包括了解各部门输入和使用什么数据，如何加工处理这些数据，输出什么信息，输出到什么部门，输出结果的格式是什么等，这是调查的重点。

(3) 在熟悉业务活动的基础上，协助用户明确对新系统的各种要求，包括信息要求、处理要求、安全性与完整性要求，这是调查的又一个重点。

(4) 确定新系统的边界。对前面调查的结果进行初步分析，确定哪些功能由计算机完成或将来准备由计算机完成，哪些活动由人工完成。由计算机完成的功能就是新系统应该实现的功能。

在调查过程中，可以根据不同的问题和条件使用不同的调查方法。常用的调查方法有：

(1) 跟班作业。通过亲身参加业务工作来了解业务活动的情况。

(2) 开调查会。通过与用户座谈来了解业务活动情况及用户需求。

(3) 请专人介绍。

(4) 询问。对某些调查中的问题可以找专人询问。

(5) 设计调查表请用户填写。如果调查表设计得合理，这种访求是很有效的。

(6) 查阅记录。查阅与原系统有关的数据记录。

做需求调查时往往需要同时采用上述多种方法，但无论使用何种调查方法，都必须有用户的积极参与和配合。

调查了解用户需求以后，还需要进一步分析和表达用户的需求。在众多分析方法中，结构化分析方法是一种简单实用的方法。结构化分析方法从最上层的系统组织机构入手，采用自顶向下、逐层分解的方式分析系统。

对用户需求进行分析与表达后，需求分析报告必须提交给用户，征得用户的认可。

4.2.3 数据字典

数据字典是进行详细的数据收集和数据分析所获得的主要成果。它是关于数据库中数据的描述，即元数据，而不是数据本身。数据字典是在需求分析阶段建立，在数据库设计过程中不断修改、充实、完善的。它在数据库设计中占有很重要的地位。

数据字典通常包括数据项、数据结构、数据流、数据存储和处理过程几部分。其中数据项是数据的最小组成单位，若干个数据项可以组成一个数据结构。数据字典通过对数据项和数据结构的定义来描述数据流、数据存储的逻辑内容。

1. 数据项

数据项是不可再分的数据单位。对数据项的描述通常包括以下内容：

数据项描述={数据项名，数据项含义说明，别名，数据类型，长度，取值范围，取值含义，与其他数据项的逻辑关系，数据项之间的联系}

其中，“取值范围”“与其他数据项的逻辑关系”定义了数据的完整性约束条件，可以用关系规范化理论为指导，用数据依赖的概念分析和表示数据项之间的联系。

2. 数据结构

数据结构反映了数据之间的组合关系。一个数据结构可以由若干个数据项组成，也可以由若干个数据结构组成，或由若干个数据项和数据结构混合组成。对数据结构的描述通常包括以下内容：

数据结构描述={数据结构名，含义说明，组成：{数据项或数据结构}}

3. 数据流

数据流是数据结构在系统内传输的路径。对数据流的描述通常包括以下内容：

数据流描述={数据流名，说明，数据流来源，数据流去向，组成：{数据结构}，平均流量，高峰期流量}

其中，“数据流来源”是说明该数据流来自哪个过程；“数据流去向”是说明该数据流将到哪个过程去；“平均流量”是指在单位时间里传输的次数；“高峰期流量”则是指在高峰时期的数据流量。

4. 数据存储

数据存储是数据结构停留或保存的地方，也是数据流的来源和去向之一。它可以是手工文档或手工凭单，也可以是计算机文档。对数据存储的描述通常包括以下内容：

数据存储描述={数据存储名，说明，编号，输入的数据流，输出的数据流，组成：{数据结构}，数据量，存取频度，存取方式}

其中，“存取频度”是指每小时、每天或每周的存取次数及每次存取的数据量等信息；“存取方式”是指采用批处理还是联机处理、检索还是更新、顺序检索还是随机检索等。另外，“输入的数据流”要指出其来源；“输出的数据流”要指出其去向。

5. 处理过程

处理过程的具体处理逻辑一般用判定表或判定树来描述。数据字典中只需要描述处理过程的说明性信息即可，通常包括以下内容：

处理过程描述={处理过程名，说明，输入：{数据流}，输出：{数据流}，处理：{简要说明}}

其中，“简要说明”主要说明该处理过程的功能及处理要求。功能是指该处理过程用来做什么；处理要求是指处理频度要求，如单位时间里处理多少事务、多少数据量及响应时间要求等。这些处理要求是后面物理设计的输入及性能评价的标准。

明确地把需求收集和分析作为数据库设计的第一阶段是十分重要的。这一阶段收集到的基础数据(用数据字典来表达)是下一步进行概念设计的基础。

强调两点：

(1) 需求分析阶段的一个重要而困难的任务是收集将来应用所涉及的数据，设计人员应充分考虑可能的扩充和改变，使设计易于更改、系统易于扩充。

(2) 必须强调用户的参与，这是数据库应用系统设计的特点。数据库应用系统和广泛的用户有密切的联系，许多人要使用数据库，数据库的设计和建议又可能对更多人的工作环境产生重要的影响。因此，用户的参与是数据库设计不可分割的一部分。

4.2.4 学生成绩管理系统数据字典

学生成绩管理系统提供了学生成绩管理功能，方便对学生成绩进行添加、修改、删除、查询等操作，下面以学生成绩管理为例说明数据字典的定义。

1. 数据项

以“学号”为例。

数据项名：学号；

数据项含义：唯一标识每个学生；

别名：学生编号；

数据类型：字符型；

长度：10；

取值范围：10 位数字；

取值含义：1～2 位为年级号，3～4 位为系部号，5～6 位为专业号，7～8 位为班级顺序号，9～10 位为班内顺序号；

与其他数据项的逻辑关系：无。

2. 数据结构

以“学生”为例。

数据结构名：学生；

含义说明：成绩管理系统的主体数据结构，定义学生的有关信息；

组成：学号，姓名，性别，出生时间，专业，生源地，总学分。

3. 数据流

以“选课信息”为例。

数据流名：选课信息；

说明：学生所选课程信息；

数据流来源：学生选课处理；

数据流去向：学生选课存储；

组成：学号，课程号；

平均流量：每天 50 个；

高峰期流量：每天 1000 个。

4. 数据存储

以“学生选课”为例。

数据存储名：学生选课；

说明：记录学生所选课程成绩；

流入的数据流：学生选课信息，成绩信息；

流出的数据流：学生选课信息，成绩信息；

组成：学号，课程号，成绩；

数据量：500000 个记录；

存取方式：随机存取。

5. 处理过程

以“学生选课”为例。

处理过程名：学生选课；

说明：学生从可修读的课程中选出课程；

输入数据流：学生，课程；

输出数据流：学生选课。

处理：每学期学生从可修读课程中选修课程，选课时按选修要求，保证选修课程的上课时间和所选课程的数量要求。

4.3 概念结构设计

4.3 概念结构设计和逻辑结构设计.avi

系统需求分析报告反映了用户的需求，但只是现实世界的具体要求，这是远远不够的。我们还要将其转换为信息世界的结构，这就是概念结构设计阶段所要完成的任务。数据库的概念结构设计是整个数据库设计的关键，此阶段要做的工作不是直接将需求分析得到的数据格式转换成 DBMS 能处理的数据模型，而是将需求分析所得到的用户需求抽象为反映用户观点的概念模型。以此作为各种数据模型的共同基础，从而能更好、更准确地用某 DBMS 实现这些需求。

描述概念结构的模型应具有以下几个特点。

(1) 有丰富的语义表达能力：能表达用户的各种需求，反映现实世界的各种数据及其复杂的联系，以及用户对数据的处理要求等。

(2) 易于交流和理解：概念模型是系统分析师、数据库设计人员和用户之间主要的交流工具。

(3) 易于修改：概念模型能灵活地加以改变，以反映用户需求和环境的变化。

(4) 易于向各种数据模型转换：设计概念模型的最终目的是向某种 DBMS 支持的数据模型转换，建立数据库应用系统。

人们提出了多种概念模型设计的表达工具，其中最常用、最有名的是 E-R 模型。

4.3.1 概念结构设计的方法

概括起来，设计概念模型的总体策略和方法可以归纳为下面 4 种。

(1) 自顶向下法：首先认定用户关心的实体及实体间的联系，建立一个初步的概念模型框架，即全局 E-R 模型，然后再逐步细化，加上必要的描述属性，得到局部 E-R 模型。

(2) 自底向上法：又称属性综合法，先将需求分析说明书中的数据元素作为基本输入，通过对这些数据元素的分析把它们综合成相应的实体和联系，得到局部 E-R 模型，然后在此基础上进一步综合成全局 E-R 模型。

(3) 逐步扩张法：先定义最重要的核心概念 E-R 模型，然后向外扩充，以滚雪球的方法逐步生成其他概念模型。

(4) 混合策略：将单位的应用划分为不同的功能，每一种功能相对独立，针对各个功能设计相应的局部 E-R 模型，最后通过归纳合并消去冗余与不一致，形成全局 E-R 模型。

其中最常用的策略是自底向上法，即先进行自顶向下的需求分析，再进行自底向上的概念结构设计。

4.3.2 概念结构设计的步骤

概念结构设计可以分为两步：进行数据抽象，设计局部 E-R 模型，即设计局部视图；集成各局部 E-R 模型，形成全局 E-R 模型，即视图的集成。

1. 设计局部 E-R 模型

局部 E-R 模型的设计步骤包括以下 4 步。

(1) 确定局部 E-R 图描述的范围：根据需求分析所产生的文档可以确定每个局部 E-R 图描述的范围。通常采用的方法是将单位功能划分为几个系统，将每个系统又分为几个子系统。设计局部 E-R 模型的每一步就是划分适当的系统或子系统，划分得过细或过粗都不太合适，划分得过细将造成大量的数据冗余和不一致，过粗有可能漏掉某些实体。

用户一般可以遵循以下两条原则进行功能的划分。

◎ 独立性原则：划分在一个范围内的应用功能具有独立性与完整性，与其他范围内的应用有最少的联系。

◎ 规模适度原则：局部 E-R 图的规模应适度，一般以 6 个左右的实体为宜。

(2) 确定局部 E-R 图的实体：根据需求分析说明书将用户的数据需求和处理需求中涉及的数据对象进行归类，指明对象的身份是实体、联系还是属性。

(3) 定义实体的属性：根据上述实体的描述信息来确定其属性。

(4) 定义实体间的联系：在确定了实体及其属性后就可以定义实体间的联系了。实体间的联系按其特点可分为 3 种，即存在性联系(如学生所属专业)、功能性联系(如教师教授课程)、事件性联系(如学生借阅图书)。实体间的联系方式分为一对一、一对多和多对多 3 种。

在设计完成某一局部结构的 E-R 模型后，看还有没有其他的局部 E-R 模型，有则转到第 2 步继续，直到所有的局部 E-R 模型都设计完成为止。

2. 局部 E-R 模型的集成

由于局部 E-R 模型反映的只是单位局部子功能对应的数据视图，可能存在不一致的地方，还不能作为逻辑设计的依据，这时可以去掉不一致和重复的地方，将各个局部视图合并成全局视图，即局部 E-R 模型的集成。

一般来说，视图集成有两种方式：第一种是多个分 E-R 图一次集成；第二种是逐步集成，用累加的方式一次集成两个分图。第一种方式比较复杂，做起来难度较大；第二种方式每次只集成两个分 E-R 图，可以降低复杂度。

无论采用哪种集成方法，每一次集成都分为两步：第一步是合并，以消除各局部 E-R 图之间不一致的情况，生成初步的 E-R 图；第二步是优化，消除不必要的数据冗余，包括冗余的数据和实体间冗余的联系，生成全局 E-R 图。

4.4 逻辑结构设计

数据库概念设计阶段得到的数据模式是用户需求的形式化，它独立于具体的计算机系统和 DBMS。为了建立用户所要求的数据库，必须把上述数据模式转换成某个具体的 DBMS 所支持的数据模式，并以此为基础建立相应的外模式，这是数据库逻辑设计的任务，是数据库结构设计的重要阶段。

逻辑设计的主要目标是产生一个 DBMS 可处理的数据模型和数据库模式。该模型必须满足数据库的存取、一致性及运行等各方面的用户需求。

逻辑结构设计阶段一般要分 3 步进行：将 E-R 图转换为关系数据模型、关系模式优化、设计用户外模式。

4.4.1 将 E-R 图转换为关系数据模型

关系数据模型是一组关系模式的集合，而 E-R 图是由实体、属性和实体间的联系三要素组成的，所以将 E-R 图转换为关系数据模型实际上是将实体、属性和实体间的联系转换为关系模式。在转换过程中要遵循以下原则。

1. 实体的转换

一个实体转换为一个关系模式，实体的属性就是该关系模式的属性，实体的主码就是该关系模式的主码。

2. 实体间联系的转换

在 E-R 图中，用菱形表示实体间的联系，用无向边分别把菱形与有关实体连接起来，并在无向边旁标明联系的类型。而在关系数据模型中，实体和联系都用关系来表示，所以需要把联系转换到关系模式中。

(1) 两个实体间的 1∶1 联系可以转换为一个独立的关系模式，也可以与任意一端对应的关系模式合并。如果转换为一个独立的关系模式，则与该联系相连的各实体的码以及联系本身的属性均转换为关系的属性，每个实体的码均是该关系的候选码。如果与某一端实体对应的关系模式合并，则需要在该关系模式的属性中加入另一个关系模式的码和联系本身的属性。

【例 4-1】 在图 4-1 所示 E-R 图中，班级和班长两个实体是 1∶1 联系，将实体间联系转换为关系模式。

班级(<u>班号</u>，系别，入学时间，班主任)

班长(<u>学号</u>，姓名，性别，年龄)

可以采用 3 种转换形式。

① 转换为一个独立的关系模式

班级-班长(<u>班号</u>，<u>学号</u>，任职时间)

② 可以与班级关系合并

班级(<u>班号</u>，系别，入学时间，学号，任职时间)

③可以与班长关系合并

班长(学号，姓名，性别，班号，任职时间)

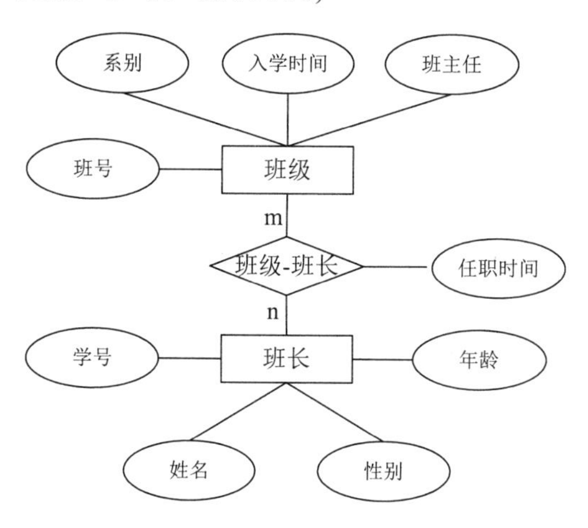

图 4-1　1∶1 联系的 E-R 图

(2)　两个实体间 1∶n 联系可以转换为一个独立的关系模式，也可以与 n 端对应的关系合并。如果转换为一个独立的关系模式，则与该联系相连的各实体的码以及联系本身的属性均转换为关系的属性，而关系的码为 n 端实体的码。

【例 4-2】 在图 4-2 所示的 E-R 图中，系部和教师两个实体是 1∶n 联系，将实体间联系转换为关系模式。

系部(系号，系名，系主任)

教师(教师号，姓名，性别，职称)

可以采用 2 种转换形式。

①转换为一个独立的关系模式

工作(系号，教师号，入职时间)

②可以与 n 端关系教师关系合并

教师(教师号，姓名，性别，职称，系号，入职时间)

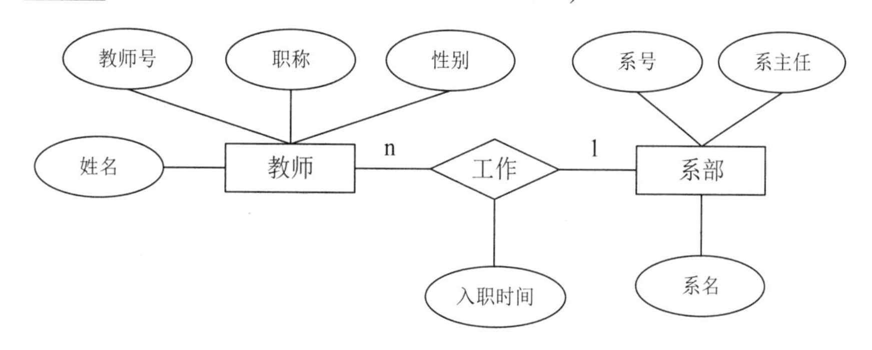

图 4-2　1∶n 联系的 E-R 图

注意：在实际应用中，两个实体的 1∶1 和 1∶n 联系通常都采用合并的方法进行转换，以减少关系模式，因为多一个关系模式就意味着在查询过程中要进行连接运算，从而降低了查询的效率。

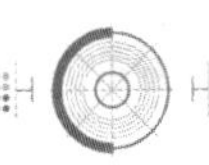

(3) 两个实体间的 m∶n 联系，必须为联系生成一个新的关系模式，在该关系模式中至少包含被它所联系的双方实体的主码，若联系中有属性，也要并入该关系模式中，各实体的码组成关系的码或关系码的一部分。

【例 4-3】在图 4-3 所示的 E-R 图中，教师与课程两个实体是 m∶n 联系，将实体间联系转换为关系模式。

教师(教师号，姓名，性别，职称)

课程(课程号，课程名，学时，学分)

教师-课程(教师号，课程号，授课班级，授课时间)

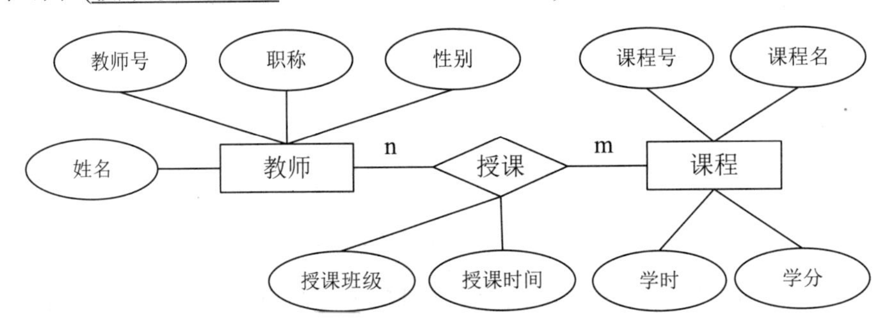

图 4-3　n∶m 联系的 E-R 图

(4) 三个或三个以上实体间的一个多元联系可以转换为一个关系模式。与该多元联系相连的各实体的码以及联系本身的属性均转换为关系的属性，各实体的码组成关系的码或关系码的一部分。

4.4.2　关系模式优化

通常情况下，数据库逻辑设计的结果不是唯一的。为了进一步提高数据库应用系统的性能，还应努力减少关系模式中存在的各种异常，改善完整性、一致性和存储效率。规范化理论是数据库逻辑设计的重要理论基础和进行关系模式优化的有力工具，规范化的具体过程前面已经学习过。

为了提高数据库应用系统的性能，对规范化后的关系模式还需要进行修改、调整结构，这就是关系模式的进一步优化，通常采用合并或分解的方法。比如两个或多个关系经常进行连接查询，在确定不会造成数据操作异常的前提下可以对它们的关系模式进行合并；又比如一个包含数据记录非常多的关系，可以将其关系模式进行横向分解，将旧数据和新数据分别存储；再如一个包含属性非常多的关系，可以将其关系模式进行纵向分解，将常用属性和不常用属性分别存储。

关系模式优化的方法如下：

(1) 确定函数依赖。

(2) 对各个关系模式之间的函数依赖进行极小化处理，消除冗余的联系。

(3) 按照函数依赖的理论对关系模式逐一分析，考查是否存在部分函数依赖和传递函数依赖等，确定各关系模式分别属于第几范式，对不符合规范的关系模式进行规范化。

(4) 按照需求分析阶段得到的各种应用对数据处理的要求，分析对于这样的应用环境这些模式是否合适，确定是否要对它们进行合并或分解。

(5) 对关系模式进行必要的合并或分解。

规范化理论为数据库设计人员判断关系模式的优劣提供了理论标准，可用来预测关系模式可能出现的问题，使数据库设计工作有了严格的理论基础。

4.4.3 设计用户外模式

外模式也叫子模式，是用户可直接访问的数据模式。在同一系统中，不同用户可以有不同的外模式。外模式来自逻辑模式，但在结构和形式上可以不同于逻辑模式，所以它不是逻辑模式简单的子集。

外模式的作用为：通过外模式对逻辑模式屏蔽，为应用程序提供一定的逻辑独立性；可以更好地适应不同用户对数据的需求；为用户划定了访问数据的范围，有利于数据的保密等。

定义数据库全局模式主要是从系统的时间效率、空间效率、易维护等角度出发。由于外模式与模式是相对独立的，因此在定义用户外模式时要注意考虑用户的习惯与方便。这些习惯与方便如下：

(1) 使用符合用户习惯的别名。

(2) 可以对不同级别的用户定义不同的外模式，以保证系统的安全性。

(3) 简化用户对系统数据的使用。

如果某些局部应用中经常要使用一些很复杂的查询，为了方便用户，可以将这些复杂的查询定义为外模式，这样用户就可以每次只对定义好的外模式进行查询，从而大大方便了用户的使用。

4.5 物理结构设计

数据库最终要存储在物理设备上，将逻辑结构设计中产生的数据库逻辑模型结合指定的 DBMS 设计出最适合应用环境的物理结构的过程称为数据库的物理结构设计。

为了设计数据库的物理结构，设计人员必须充分了解所用 DBMS 的内部特征；充分了解数据系统的实际应用环境，特别是数据应用处理的频率和响应时间的要求；充分了解外存储设备的特性。

数据库的物理结构设计分为下面两个步骤：

(1) 确定数据库的物理结构。

(2) 对所设计的物理结构进行评价。

如果所设计的物理结构的评价结果满足原设计要求则可进入物理实施阶段，否则需要重新设计或修改物理结构，有时甚至要返回逻辑设计阶段修改数据模型。

4.5.1 确定数据库的物理结构

数据库的物理设计内容包括确定数据的存储结构、设计数据的存取路径、确定数据的存放位置和确定系统配置。

1. 确定数据的存储结构

在确定数据库的存储结构时要综合考虑存取时间、存储空间利用率和维护代价三个方面的因素。这三个方面常常是相互矛盾的，如消除一切冗余数据虽然能够节约存储空间，但往往会导致检索代价的增加，因此必须进行权衡，选择一个折中方案。通常，确定数据的存储结构包括为各行记录分配连续或不连续的物理块等。

2. 设计数据的存取路径

DBMS 常用的存取方法有索引方法(目前主要是 B+树索引方法)、聚簇(CLUSTER)方法和 HASH(哈希)方法。

1) 索引方法

在关系数据库中，选择存取路径主要是指确定如何建立索引。例如，应把哪些域作为次码建立次索引，是建立单码索引还是组合索引，建立多少个索引合适，是否建立聚集索引等。

2) 聚簇方法

为了提高某个属性(或属性组)的查询速度，把这个或这些属性(称为聚簇码)上具有相同值的元组集中存放在连续的物理块上称为聚簇。

聚簇的用途：大大提高按聚簇属性进行查询的效率；聚簇功能不仅适用于单个关系，也适用于多个关系，假设用户经常要按专业查询学生成绩单，这一查询涉及学生关系和选修关系的连接操作，即需要按学号连接这两个关系，为了提高连接操作的效率，可以把具有相同学号值的学生元组和选修元组在物理上聚簇在一起，这就相当于把多个关系按预连接的形式存放，从而大大提高连接操作的效率。

3) HASH 方法

有些数据库管理系统提供了 HASH 存取方法。如果一个关系的属性主要出现在等值连接条件中或主要出现在相等比较选择条件中，而且满足下列两个条件之一，则此关系可以选择 HASH 存取方法。

(1) 该关系的属性主要出现在等值连接条件中或相等比较选择条件中。

(2) 该关系的大小可预知且关系的大小不变，或该关系的大小动态改变但所选用的 DBMS 提供了动态 HASH 存取方法。

3. 确定数据的存放位置

为了提高系统性能，用户应该把数据根据应用情况将易变部分与稳定部分分磁盘存放、把经常存取部分和存取频率较低部分分磁盘存放，以及把数据表和索引分磁盘存放、把数据和日志分磁盘存放等。

4. 确定系统配置

DBMS 产品一般都提供了一些存储分配参数，供设计人员和 DBA 对数据库进行物理优化。在初始情况下，系统都为这些变量赋予了合理的默认值，但是这些值不一定适合每一种应用环境。

对于系统配置的参数，如同时使用数据库的用户数、同时打开的数据库对象数、缓冲区分配参数、物理块装填因子、数据库的大小、锁的数目等，在进行物理设计时应根据应用环境确定这些参数值，以使系统的性能最佳。

4.5.2 评价物理结构

在数据库物理设计过程中需要对时间效率、空间效率、维护代价和各种用户要求进行权衡，可能产生多种方案，数据库设计人员必须对这些方案进行细致的评价，从中选择一个较优的方案作为数据库的物理结构。

评价物理数据库的方法完全依赖于所选用的 DBMS，主要是从定量估算各种方案的存储空间、存取时间和维护代价入手对估算结果进行权衡、比较，选择一个较优的、合理的物理结构。如果该结构不符合用户要求，则需要修改设计。

4.6 数据库的实施、运行与维护

在数据库正式投入运行之前还需要完成很多工作，如在模式和子模式中加入对数据库安全性、完整性的描述，完成应用程序和加载程序的设计，数据库系统的试运行，并在试运行中对系统进行评价。如果评价结果不能满足用户要求，还需要对数据库进行修正设计，直到用户满意为止。数据库正式投入使用并不意味着数据库设计生命周期的结束，而是数据库维护阶段的开始。

4.6.1 数据库的实施

根据逻辑和物理设计的结果，在计算机上建立起实际的数据库结构并装入数据、进行试运行和评价的过程叫数据库的实施或实现。

1. 建立实际的数据库结构

用 DBMS 提供的数据定义语言(DDL)编写描述逻辑设计和物理设计结果的程序(一般称为数据库脚本程序)，经计算机编译处理和执行后就生成了实际的数据库结构。

2. 数据的加载

数据库应用程序的设计应该与数据库设计同时进行。通常，应用程序的设计应该包括数据库加载程序的设计。在数据加载前必须对数据进行整理。由于用户缺乏计算机应用背景的知识，常常不了解数据的准确性对数据库系统正常运行的重要性，因而未对提供的数据做严格的检查。所以在数据加载前要建立严格的数据登录、录入和校验规范，设计完善的数据校验与校正程序，排除不合格的数据。

3. 数据库的试运行和评价

在加载了部分必需的数据和应用程序之后，就可以开始对数据库系统进行联合调度了，称为数据库的试运行。一般将数据库的试运行和评价结合起来，目的如下：

(1) 测试应用程序的功能。

(2) 测试数据库的运行效率是否达到设计目标，是否为用户所容忍。

测试的目的是发现问题，而不是为了说明能实现哪些功能，所以在测试中一定要有非设计人员参与。

对于数据库系统的评价比较困难，需要估算不同存取方法的 CPU 服务时间及 I/O 服务时间。为此，一般从实际试运行中进行评价，确认其功能和性能是否满足设计要求，对空间占用率和时间响应是否满意等。

4.6.2 数据库的运行与维护

数据库试运行的结果符合设计目标之后，数据库就可以真正投入运行了。数据库投放运行标志着开发任务的基本完成和维护工作的开始。对数据库设计进行评价、调整、修改等维护工作是一个长期的任务，也是设计工作的继续和提高。

概括起来，维护工作包括数据库的转储和恢复；数据库的安全性和完整性控制；数据库性能的监督、分析和改造；数据库的重组织和重构造。

4.7 数据库设计实例

下面以图书借阅管理系统设计为例，介绍需求分析、概念结构设计、逻辑结构设计等的具体实现方法。

1. 需求分析

与用户协商，了解用户的需求，了解需要哪些数据和操作，确定系统中应包含的书籍、员工、部门和出版社实体。

书籍的属性确定为图书号、分类、书名、作者、单价、数量；员工的属性确定为工号、姓名、性别、出生年月；部门的属性确定为部门号、部门名、电话；出版社的属性确定为出版社名、地址、电话、联系人。

其中，每个员工可以借阅多本书，每本书也可以由多个员工借阅，每个员工每借一本书都有一个借阅日期和应还时间；每个员工只属于一个部门；每本图书只能由一个出版社出版。

2. 概念结构设计

根据需求分析，可以得到图书借阅系统的 E-R 图，如图 4-4 所示。

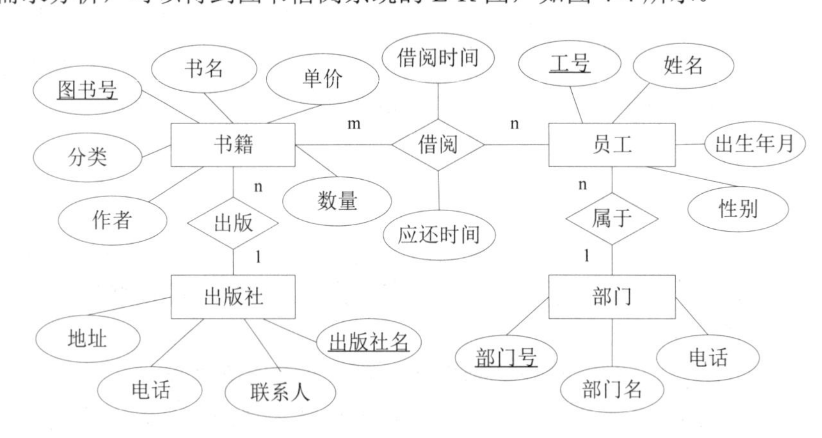

图 4-4 图书借阅管理系统的 E-R 图

3. 逻辑结构设计

根据E-R图，结合表的转换原则，可以得到图书借阅系统的关系模式如下：

书籍(图书号，分类，书名，作者，出版社名，单价，数量)

员工(工号，部门号，姓名，性别，出生年月)

部门(部门号，部门名，电话)

出版社(出版社名，地址，电话，联系人)

借阅(工号，图书号，借阅日期，应还日期)

各个表的具体结构设计如表4-1～表4-5所示。

表4-1　书籍表的结构

属性名	类型	宽度	主外键	取值范围
图书号	字符型	15	主键	
分类	字符型	10		
书名	字符型	30		
作者	字符型	10		
出版社名	字符型	20	外键	参照出版社表
单价	实型			0.00～999.99
数量	整型			

表4-2　员工表的结构

属性名	类型	宽度	主外键	取值范围
工号	字符型	5	主键	
部门号	字符型	4	外键	参照部门表
姓名	字符型	10		
性别	字符型	2		(男，女)
出生年月	日期型			1950年～2050年

表4-3　部门表的结构

属性名	类型	宽度	主外键	取值范围
部门号	字符型	4	主键	
部门名	字符型	20		
电话	字符型	11		数字字符

表4-4　出版社表的结构

属性名	类型	宽度	主外键	取值范围
出版社名	字符型	20		
地址	字符型	40		
电话	字符型	11		
联系人	字符型	10		

表 4-5 借阅表的结构

属性名	类型	宽度	主外键	取值范围
工号	字符型	5	联合主键(外键)	参照员工表
图书号	字符型	15	联合主键(外键)	参照图书表
借阅日期	日期型			
应还日期	日期型			

4. 物理结构设计

根据查询需求设计每个关系的索引文件。

习题

1. 简述数据库设计的过程。

2. 简述数据库的特点。

3. 简述数据库概念结构设计的重要性和设计步骤。

4. 什么是数据库的逻辑结构设计？试述其设计步骤。

5. E-R 图转换为关系模式有哪些规则？

6. 在一个设备销售管理系统中，设备实体包含设备编号、设备名称、型号规格、数量属性；部门实体包含部门编号、部门名称、部门经理、电话属性；客户实体包含客户编号、客户名称、地址、电话属性。其中，任何设备都可以销售给多个客户，每个客户购买任何一种设备都要登记购买数量；一个部门可以管理多种设备，一种设备仅由一个部门来管理。

根据以上情况完成以下设计:

(1) 设计系统的 E-R 图；

(2) 将 E-R 图转换为关系模式，标出每个关系模式的主码。

7. 某电子商务网站要求可随时查询库存中现有物品的名称、数量和单价，所有物品均应由物品编号唯一标识；可随时查询顾客订货情况，包括顾客号、顾客名、所订物品编号、订购数量、联系方式、交货地点，所有顾客编号不重复；当需要时，可通过数据库中保存的供应商名称、电话、邮编与地址信息向相应供应商订货，一个编号的货物只由一个供应商供货。

根据以上要求完成以下任务:

(1) 设计系统的 E-R 图；

(2) 将 E-R 图转换为一组等价的关系模式，并标出每个关系模式的主码及外码。

学习情境二

数据库技术准备

第5章 认识MySQL

MySQL 是一个小型关系数据库管理系统，真正的多用户、多线程的 SQL 数据库服务器。由于 MySQL 体积小、速度快、总体拥有成本低，尤其是开放源码这一特点，目前已被广泛地应用于 Internet 上的中小型网站。

本章首先介绍了 SQL 语言的特点及组成，引出支持 SQL 标准的 MySQL 数据库，然后介绍了其特点、安装与配置及 MySQL 服务启动和停止的方法，并同时介绍了 MySQL 字符集、字符序及系统变量的查看及设置。通过本章学习，需要掌握以下内容。

◎　SQL 的特点及组成；

◎　MySQL 的安装与配置；

◎　MySQL 服务的启动和停止；

◎　MySQL 字符集的设置；

◎　系统变量的查看与设置。

5.1 SQL 语言

SQL(Structured Query Language，结构化查询语言)是用于关系数据库查询的结构化语言，于 1974 年由 Boyce 和 Chamberlin 提出，并首先在 IBM 公司研制的关系数据库系统 SystemR 上实现。由于它具有功能丰富、使用方便灵活、语言简洁易学等突出的优点，深受计算机工业界和计算机用户的欢迎。1980 年 10 月，经美国国家标准局(ANSI)的数据库委员会 X3H2 批准，将 SQL 作为关系数据库语言的美国标准，同年公布了标准 SQL，此后不久，国际标准化组织(ISO)也作出了同样的决定。

SQL 的功能包括数据定义、数据操纵和数据控制三部分。

(1) SQL 数据定义功能：能够定义数据库的三级模式结构，即外模式、全局模式和内模式结构。在 SQL 中，外模式又叫做视图(View)，全局模式简称模式(Schema)，内模式由系统根据数据库模式自动实现，一般无须用户过问。

(2) SQL 数据操纵功能：包括对基本表和视图的数据插入、删除和修改，特别是具有很强的数据查询功能。

(3) SQL 数据控制功能：主要是对用户的访问权限加以控制，以保证系统的安全性。

DBA 可通过 DBMS 发送 SQL 命令，命令执行结果在 DBMS 界面上显示。用户通过应用程序界面表达如何操作数据库，应用程序把其转换为 SQL 命令发送给 DBMS，再将操作结果在应用程序界面上显示出来。

5.1.1 SQL 的特点

SQL 的核心部分相当于关系代数，但又具有关系代数所没有的许多特点，如聚集、数据库更新等。它是一个综合的、通用的、功能极强的关系数据库语言，具有以下五种特点。

1) 风格统一

SQL 可以独立完成数据库生命周期中的全部活动，包括定义关系模式、录入数据、建立数据库、查询、更新、维护、数据库重构、数据库安全性控制等一系列操作，这就为数据库应用系统开发提供了良好的环境，在数据库投入运行后，还可根据需要随时逐步修改模式，且不影响数据库的运行，从而使系统具有良好的可扩充性。

2) 高度非过程化

非关系数据模型的数据操纵语言是面向过程的语言，用其完成用户请求时，必须指定存取路径。而用 SQL 进行数据操作，用户只需提出“做什么”，而不必指明“怎么做”，因此用户无须了解存取路径，存取路径的选择以及 SQL 语句的操作过程由系统自动完成。这不但大大减轻了用户负担，而且有利于提高数据独立性。

3) 面向集合的操作方式

SQL 采用集合操作方式，不仅查找结果可以是元组的集合，而且插入、删除、更新操作的对象也可以是元组的集合。

4) 以同一种语法结构提供两种使用方式

SQL 既是自含式语言，又是嵌入式语言。作为自含式语言，它能够独立地用于联机交互的使用方式，用户可以在终端键盘上直接输入 SQL 命令对数据库进行操作。作为嵌入式语言，SQL 语句能够嵌入高级语言(如 C、C#、Java)程序中，供程序员设计程序时使用。而在两种不同的使用方式下，SQL 的语法结构基本上是一致的。以统一的语法结构提供两种不同的操作方式，可以为用户带来极大的灵活性与方便性。

5) 语言简洁，易学易用

SQL 的功能极强，但由于设计巧妙，语言十分简洁，所以完成数据定义、数据操纵、数据控制的核心功能只用了 9 个动词：CREATE、ALTER、DROP、SELECT、INSERT、UPDATE、DELETE、GRANT、REVOKE。并且 SQL 语言的语法简单，接近英语口语，因此容易学习，也容易使用。

5.1.2 SQL 语言的组成

SQL 语言包含以下六个部分。

(1) 数据查询语言(Data Query Language，DQL)：其语句也称为“数据检索语句”，用以从表中获得数据，确定数据怎样在应用程序中给出。保留字 SELECT 是 DQL，同时也是所有 SQL 用得最多的动词，其他 DQL 常用的保留字有 WHERE、ORDER BY、GROUP BY 和 HAVING。这些 DQL 保留字常与其他类型的 SQL 语句一起使用。

(2) 数据操作语言(Data Manipulation Language，DML)：其语句包括动词 INSERT、UPDATE 和 DELETE。它们分别用于添加、修改和删除。

(3) 事务控制语言(TCL)：其语句能确保被 DML 语句影响的表的所有行及时得以更新，包括 COMMIT(提交)命令、SAVEPOINT(保存点)命令、ROLLBACK(回滚)命令。

(4) 数据控制语言(DCL)：其语句通过 GRANT 或 REVOKE 实现权限控制，确定单个用户和用户组对数据库对象的访问。某些 RDBMS 可用 GRANT 或 REVOKE 控制对表单各列的访问。

(5) 数据定义语言(DDL)：其语句包括动词 CREATE、ALTER 和 DROP，可以在数据库中创建新表或修改、删除表(CREAT TABLE 或 DROP TABLE)，为表加入索引等。

(6) 指针控制语言(CCL)：其语句包括 DECLARE CURSOR、FETCH INTO 和 UPDATE WHERE CURRENT，用于对一个或多个表单独行的操作。

5.2 MySQL 数据库

5.2.1 概述

MySQL 是一个小型关系数据库管理系统，开发者为瑞典 MySQL AB 公司。在 2008 年 1 月 16 日被 Sun 公司收购，而 2009 年 Sun 又被 Oracle 收购。MySQL 是一个真正的多用户、多线程的 SQL 数据库服务器。它以客户机/服务器结构实现，由一个服务器守护程序 mysqld 和很多不同的客户程序及库组成。它能够快捷、有效和安全地处理大量的数据。

由于 MySQL 体积小、速度快、总体拥有成本低，尤其是开放源码这一特点，许多中小型网站为了降低网站总体拥有成本而选择 MySQL 作为网站数据库。

MySQL 数据库的特点主要有以下几个方面。

(1) 使用核心线程的完全多线程服务，这意味着可以采用多 CPU 体系结构。

(2) 可运行在不同平台。

(3) 使用 C 和 C++编写，并使用多种编译器进行测试，保证了源代码的可移植性。

(4) 支持 AIX、FreeBSD、HP-UX、Linux、Mac OS、Novell Netware、OpenBSD、OS/2 Wrap、Solaris、Windows 等多种操作系统。

(5) 为多种编程语言提供了 API。这些编程语言包括 C、C++、Eiffel、Java、Perl、PHP、Python、Ruby 和 Tcl 等。

(6) 优化的 SQL 查询算法，可有效地提高查询速度。

(7) 既能够作为一个单独的应用程序应用在客户端/服务器网络环境中，也能够作为一个库嵌入其他的软件中提供多语言支持，常见的编码如中文 GB2312、BIG5，日文 Shift_JIS 等都可用作数据库的表名和列名。

(8) 提供 TCP/IP、ODBC 和 JDBC 等多种数据库连接途径。

(9) 提供可用于管理、检查、优化数据库操作的管理工具。

(10) 能够处理拥有上千万条记录的大型数据库。

历经多个公司的兼并过程，MySQL 的功能越来越完善，版本不断升级，本教材操作平台是 MySQL 8.0.19。MySQL 支持 SQL 标准，但也进行了相应的扩展。

5.2.2 MySQL 的安装与配置

5.2.2 MySQL 的安装与配置.avi

下面以在 Windows 7(64 位)操作系统上安装 MySQL 8.0.19 为例进行介绍，安装步骤如下。

(1) MySQL 的安装包可从 http://dev.mysql.com/downloads/上免费下载，下载得到的安装包名为 mysql-installer-community-8.0.19.0.msi。

(2) 在安装此版本的 MySQL 之前，需要提前安装 Microsoft.NET Framework 4.5.2，否则也会出现提示。到 Microsoft 官方网站下载.NET Framework 4.5.2，页面上有语言选择，可以选择 Chinese(Simplified)，得到的安装包名为 NDP452-KB2901907-x86-x64-AllOS-ENU.exe，双击先进行文件解压，选择已阅读并接受许可条款后进行安装，几分钟后，Microsoft.NET Framework 4.5.2 安装完毕。

(3) 现在开始进行 MySQL 的安装，双击 mysql-installer-community-8.0.19.0.msi，进入 Choosing a Setup Type(安装类型选择)界面，如图 5-1 所示。其中各选项以及说明如下。

◎ Developer Default：默认安装类型(MySQL 开发必要的组件)。

◎ Server only：只安装服务器。

◎ Client only：只安装客户端，不包括服务器。

◎ Full：完全安装类型。

◎ Custom：自定义安装类型。

(4) 选中图 5-1 中的 Custom(自定义安装类型)单选按钮，该种方式可以设置安装位置和选择安装所需的组件，然后单击 Next 按钮。弹出 Select Products and Features(选择安装项目)界面，如图 5-2 所示，左侧框 Available Products 中列出了可安装的项目，右侧框 Products/Features To Be Installed 是用户选定的将要安装的项目。可安装的项目主要分为以下四大类。

◎ MySQL Servers：MySQL 提供服务的程序。

◎ Applications：为 MySQL 提供的应用程序，如 MySQL Workbench 数据库建模工具等。

◎ MySQL Connectors：连接器，当用不同的客户端程序连接 MySQL 时需要用到的驱动程序，比如 odbc、C++、.net 等。

◎ Documentation：为用户提供使用说明和可供作为参考模板的实例程序。

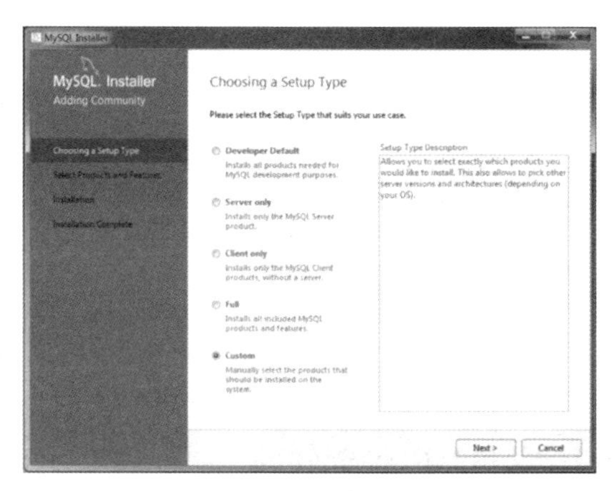

图 5-1 设置安装类型

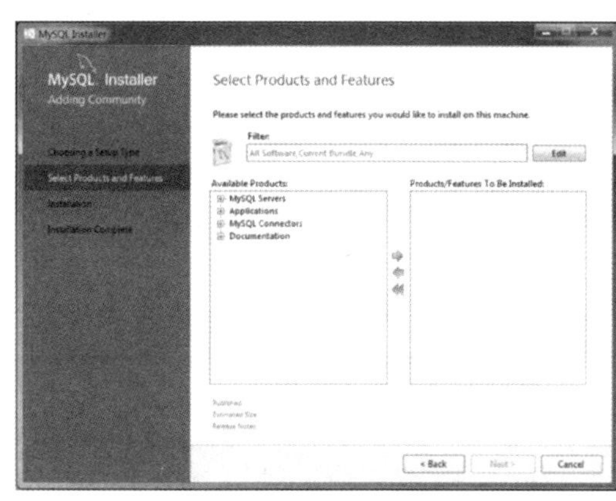

图 5-2 选择安装项目

这里我们只选择安装 MySQL 服务程序 MySQL Server 8.0.19，依次展开左侧框 MySQL Servers—>MySQL Server—>MySQL Server 8.0，选中 MySQL Server 8.0.19 -X64，单击➡加入右侧框 Products/Features To Be Installed 中，如图 5-3 所示。

(5) 选中右侧框 Products/Features To Be Installed 里将要安装的项目 MySQL Server 8.0.19-X64 后，出现 Advanced Options(高级选项)链接，单击该链接，弹出如图 5-4 所示的设置安装位置对话框，设置完毕后，单击 OK 按钮。

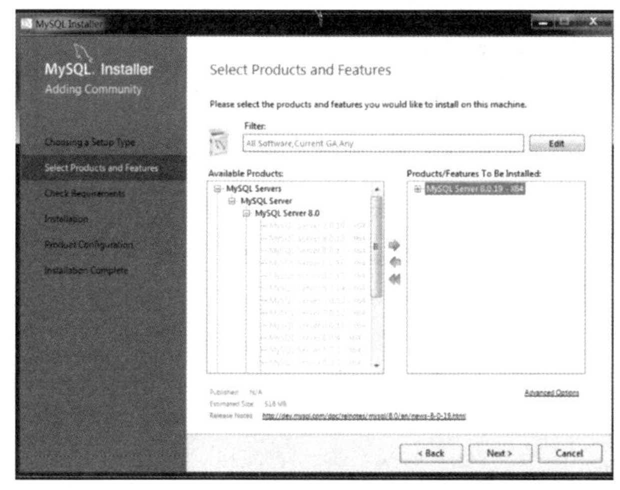

图 5-3 选择安装 MySQL Server

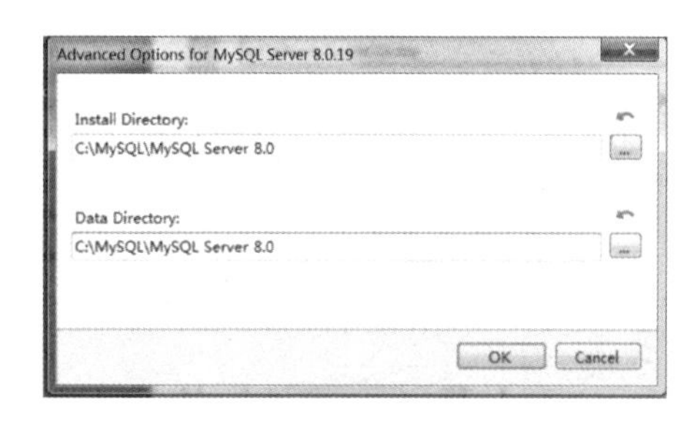

图 5-4 设置安装位置对话框

(6) 单击 Next 按钮，出现 Check Requirements(检查要求)界面，提示需要安装插件 Microsoft Visual C++ 2019 Redistributable Package (x64)的对话框，如图 5-5 所示。

(7) 此时若保持联网状态，单击 Execute 按钮会自动下载所需插件并进行安装，也可以提前下载，这里是提前下载好的 Microsoft Visual C 2019/VC_redist.x64.exe，双击运行，同意许可条款，进行安装即可，如图 5-6 所示。

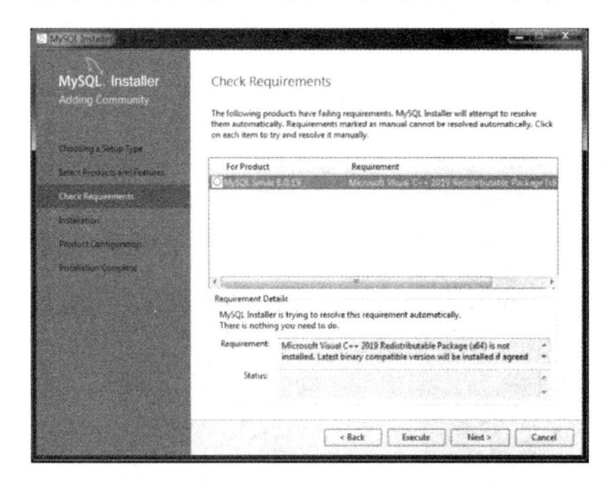

图 5-5 检查要求页面

图 5-6 安装插件对话框

(8) 安装完插件后，单击图 5-5 中的 Execute，再单击 Next 按钮，进入如图 5-7 所示安装界面，单击 Execute 按钮，直到安装成功。

(9) 单击 Next 按钮进入 Product Configuration(服务器配置)界面，如图 5-8 所示。

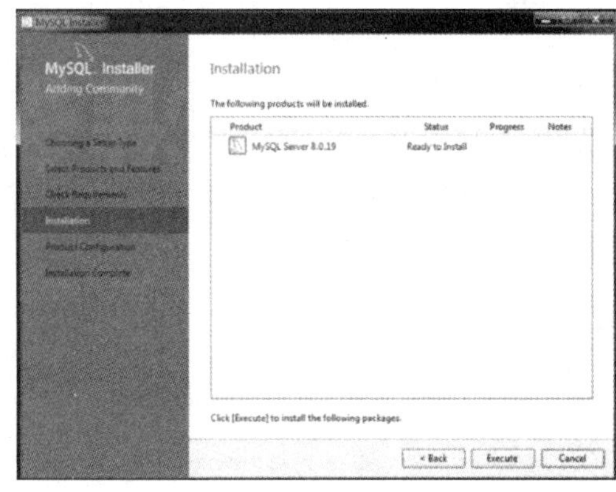

图 5-7 安装界面

图 5-8 准备配置界面

(10) 单击 Next 按钮，在 MySQL 配置的 High Availability 界面选择默认值，单击 Next 按钮，进入 Type and Networking 界面，此界面用来配置 MySQL 服务器运行的参数，如图 5-9 所示。

其中需要说明的如下。

① Config Type 下拉列表项用来配置当前服务器的类型，可以选择如下所示的 3 种服务器类型。

Development Computer(开发者机器)：将 MySQL 服务器配置成使用最少的系统资源。

Server Computer(服务器)：将 MySQL 服务器配置成使用适当比例的系统资源。

Dedicated MySQL Server Computer(专用 MySQL 服务器)：将 MySQL 服务器配置成使用所有可用系统资源。

作为初学者，选择 Development Computer(开发者机器)就可以了。

② Connectivity 下包含连接 MySQL 的参数。

默认情况启用 TCP/IP 网络；默认端口为 3306(该端口号不能被占用)；打开通过网络存取数据库防火墙功能。

同时不选命名管道和共享内存功能。

③ 高级配置。选择 Show Advanced Options 选项时，可以打开高级配置界面，对于初学者默认配置即可。单击 Next 按钮，进入下一个界面。

(11) 系统显示 Authentication Method(身份验证方法)的设置界面，采用默认值即使用强密码加密进行身份验证，单击 Next 按钮，进入 Accounts and Roles(账户和角色)设置界面，如图 5-10 所示。

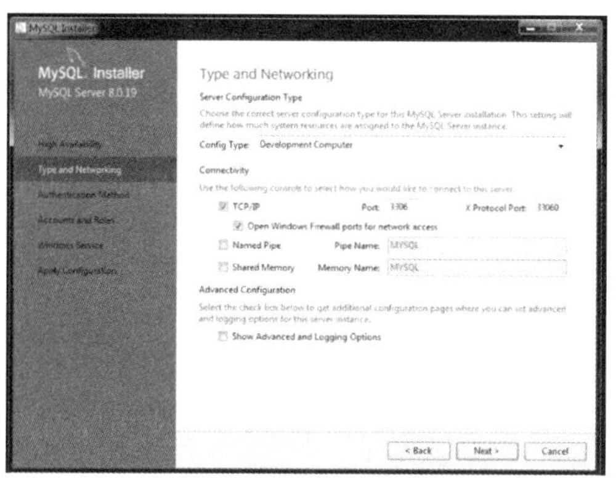
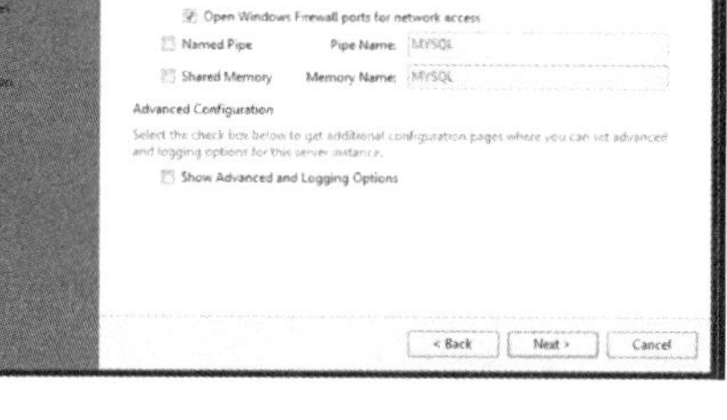

图 5-9 配置 MySQL 服务器

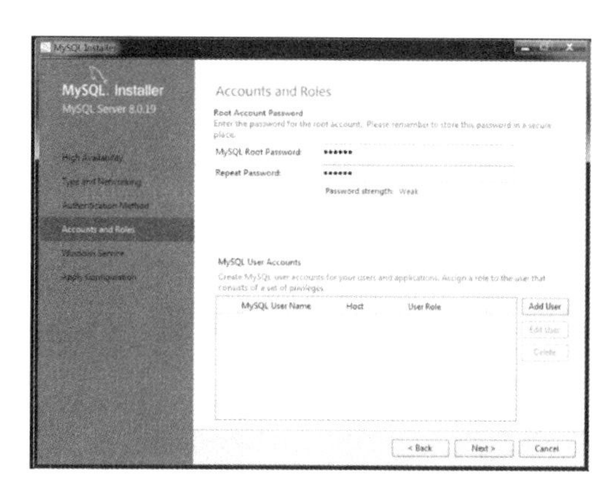

图 5-10 设置 Root 账户和角色

设置 Root 用户的密码，在 MySQL Root Password(输入新密码)和 Repeat Password(确认密码)两个文本框内输入期望的密码。这里我们设置密码为 123456，需要记牢。也可以单击下面的 Add User 按钮创建新的用户，设置有关角色。单击 Next 按钮进入下一个页面。

(12) 系统显示 Windows Service 界面，配置 Windows 程序运行参数，如图 5-11 所示。系统默认 Windows 启动时自动启动 MySQL 程序，进程名为 MySQL80。Windows 启动时采用标准账户。保留默认值即可。单击 Next 按钮，进入下一个界面。

(13) 系统显示 Apply Configuration 应用服务配置过程界面，如图 5-12 所示。单击 Execute 按钮，应用所有配置信息，之后，单击 Finish 按钮完成配置。

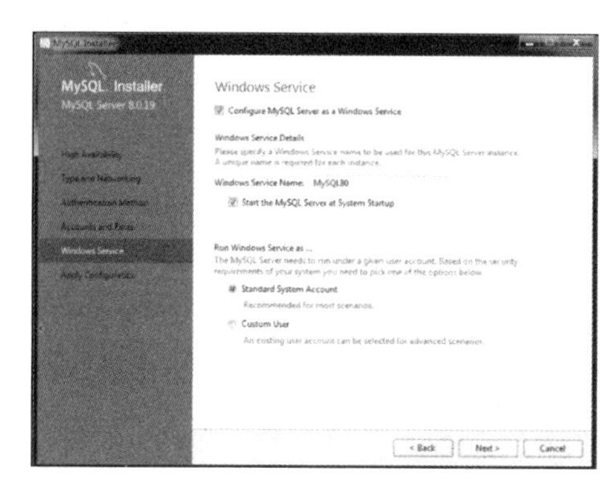

图 5-11 配置 Windows 程序运行参数

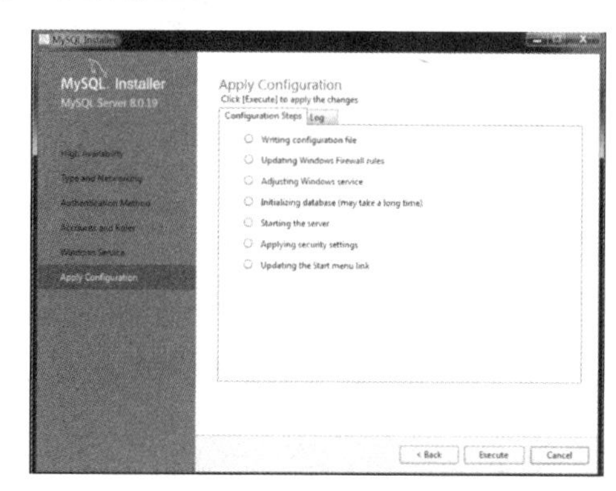

图 5-12 应用配置信息

(14) 再单击 Next 按钮，回到上一级菜单，如图 5-13 所示，显示 MySQL 安装和配置完毕。

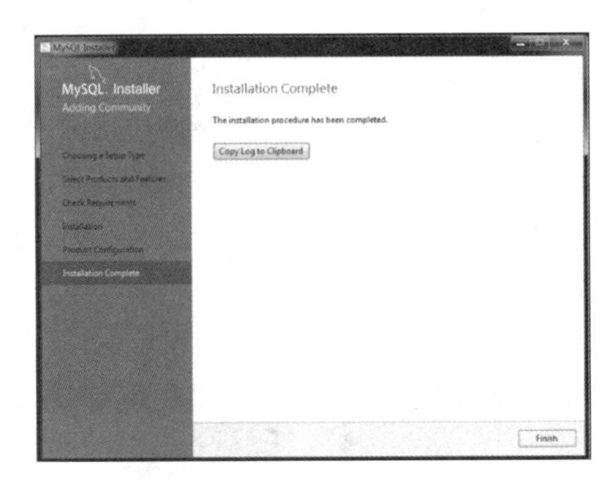

图 5-13　MySQL 安装和配置完成

验证 MySQL 是否安装成功，使用 Windows+r 快捷键打开运行命令，输入“cmd”进入 Windows 命令行，通过输入“cd C:\MySQL\MySQL 8.0\bin”命令进入 MySQL 可执行程序目录，再输入“mysql -u root -p”，按 Enter 键后，按提示输入密码 123456(读者必须输入之前在安装时设置的 root 密码)，显示如图 5-14 所示的成功登录 MySQL 的欢迎信息。

图 5-14 显示的就是 MySQL 的命令行模式，在命令提示符“mysql>”后输入“select version();”回车执行，就会显示 MySQL 版本信息，输入“quit”可退出命令行，如图 5-15 所示。后面章节介绍的所有 MySQL 语句都需要在命令提示符后书写并以分号结束，回车进行执行。

```
C:\Windows\system32\cmd.exe - mysql -u root -p
Microsoft Windows [版本 6.1.7601]
版权所有 (c) 2009 Microsoft Corporation。保留所有权利。

C:\Users\Slash>cd C:\mysql\mysql Server 8.0\bin

C:\MySQL\MySQL Server 8.0\bin>mysql -u root -p
Enter password: ******
Welcome to the MySQL monitor.  Commands end with ; or \g.
Your MySQL connection id is 8
Server version: 8.0.19 MySQL Community Server - GPL

Copyright (c) 2000, 2020, Oracle and/or its affiliates. All rights reserved.

Oracle is a registered trademark of Oracle Corporation and/or its
affiliates. Other names may be trademarks of their respective
owners.

Type 'help;' or '\h' for help. Type '\c' to clear the current input statement.

mysql> _
```

图 5-14　MySQL 成功登录

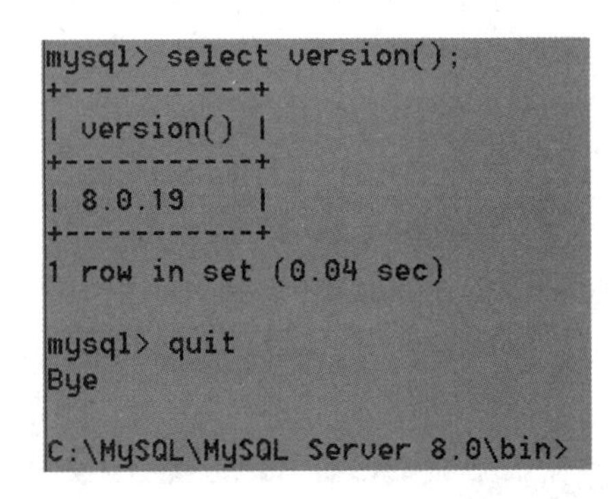

图 5-15　MySQL 显示版本信息及退出命令行

5.2.3　启动与停止 MySQL 服务

通过 Windows 服务管理器和命令提示符(DOS)都可以启动、连接和关闭 MySQL，操作非常简单。下面以 Windows 10 操作系统为例，讲解其具体的操作流程。注意，我们建议通常情况下不要停止 MySQL 服务器，否则数据库将无法使用。

1. 通过 Windows 服务管理器启动和停止 MySQL 服务

使用 Windows+r 快捷键打开运行命令，并输入 services.msc，按回车键执行输入，此时将会打开 Windows 的本地服务对话窗口，在右侧的众多服务中找到 MySQL 开头的服务，服务名称是 MySQL80，如图 5-16 所示。双击该服务，打开 MySQL80 的属性对话框，如图 5-17 所示，在该对话框可以启动和停止 MySQL 服务，启动类型的选项有以下三种。

(1) 自动：通常与系统有紧密关联的服务才必须设置为自动，使其随系统一起启动。

(2) 手动：服务不会随系统一起启动，直到需要时才会被激活。

(3) 已禁用：服务将不再启动，即使需要它时，也不会被启动，除非修改为上面两种类型。

针对上述三种情况，初学者可以根据实际需求进行选择，在此建议选择“自动”或者“手动”。

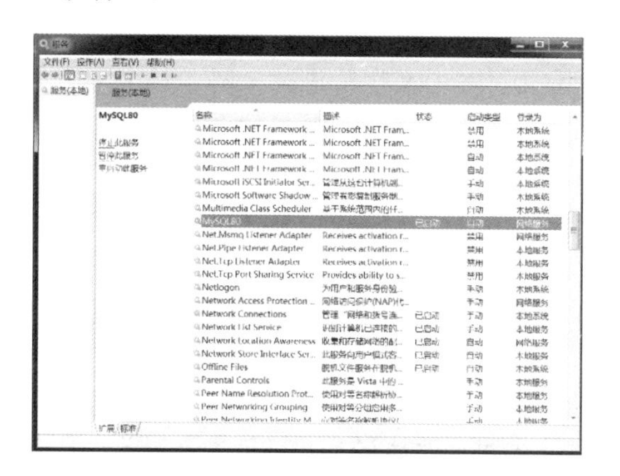

图 5-16 Windows 本地服务窗口

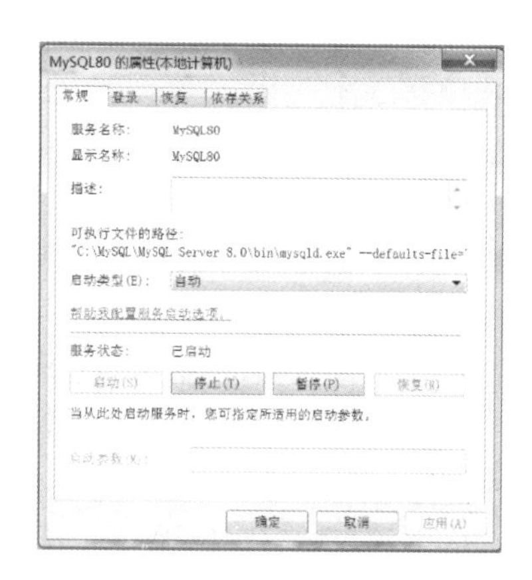

图 5-17 MySQL 服务启动和停止对话框

2. 通过 DOS 命令启动和停止 MySQL 服务

MySQL 服务不仅可以通过 Windows 服务管理器启动，还可以通过 DOS 命令来启动，但必须以管理员身份运行 DOS 命令，依次选择“开始”—>“所有程序”—>“附件”命令，然后右击“命令提示符”，在弹出的快捷菜单中选择“以管理员身份运行”命令。

启动服务：

输入 net start mysql80 启动 MySQL80 服务(MySQL80 是服务进程的名称)

停止服务：

输入 net stop mysql80 停止 MySQL80 服务。使用 DOS 命令启动和停止 MySQL 服务如图 5-18 所示。

图 5-18 启动和停止 MySQL 服务

5.3 字符集以及字符序的设置

5.3.1 字符集与字符序的概念

字符(Character)是各种文字和符号的总称，包括各国家文字、标点符号、图形符号、数字等。字符集(Character Set)是多个字符的集合，字符集的种类较多，每个字符集包含的字符个数不同，常见字符集有 ASCII 字符集、GB2312 字符集、BIG5 字符集、Unicode 字符集等。计算机要准确地处理各种字符集文字，就需要进行字符编码，以便计算机能够识别和存储各种文字。中文文字数目大，而且还分为简体中文和繁体中文两种不同书写规则的文字，而计算机最初是按英语单字节字符设计的，因此，对中文字符进行编码，是中文信息交流的技术基础。

ASCII(American Standard Code for Information Interchange，美国信息互换标准编码)是基于罗马字母表的一套电脑编码系统，包含回车键、退格、换行键等控制字符和英文大小写字符、阿拉伯数字和西文符号。

GB2312 是中国国家标准的简体中文字符集。它所收录的汉字已经覆盖 99.75%的使用频率，基本满足了汉字的计算机处理需要。在中国大陆和新加坡获广泛使用。

BIG5 字符集共收录 13053 个中文繁体字，该字符集在中国台湾使用。

Unicode 字符集编码支持现今世界各种不同语言的书面文本的交换、处理及显示，它为每种语言中的每个字符设定了统一并且唯一的二进制编码，以满足跨语言、跨平台进行文本转换、处理的要求。UTF-32、UTF-16 和 UTF-8 是 Unicode 字符集的不同编码方案，UTF 表示 Unicode Transformation Format。UTF-8 使用可变长度字节来存储 Unicode 字符，便于不同的计算机之间使用网络传输不同语言和编码的文字。

字符序(Collation)也叫做校对规则，是一组在指定字符集中进行字符比较的规则，比如是否忽略大小写，是否按二进制比较字符。只有确定字符序后，才能在一个字符集上定义什么是等价的字符，以及字符之间的大小关系。

5.3.2 MySQL 字符集与字符序

MySQL 字符集是一套符号和编码，字符序(Collation)是在字符集内用于比较字符的一套规则，即字符集的排序规则，也叫做校对规则或者校验规则，MySQL 就使用字符集和字符序来组织字符。

MySQL 服务器可以支持多种字符集，在同一台服务器、同一个数据库，甚至同一个表的不同字段都可以指定使用不同的字符集，相比 Oracle 等其他数据库管理系统在同一个数据库中只能使用相同的字符集，MySQL 明显具有更大的灵活性。

1. 查看 MySQL 服务器支持的字符集

使用如下两条语句均可查看 MySQL 服务器支持的字符集：

```
show character set;
select * from information_schema.character_sets;
```

在 MySQL 的命令提示符“mysql>”后输入“show character set;”，注意语句以分号结束，回车执行后显示如图 5-19 所示界面，列出了 MySQL 服务器支持的字符集和其默认的字符序规则。

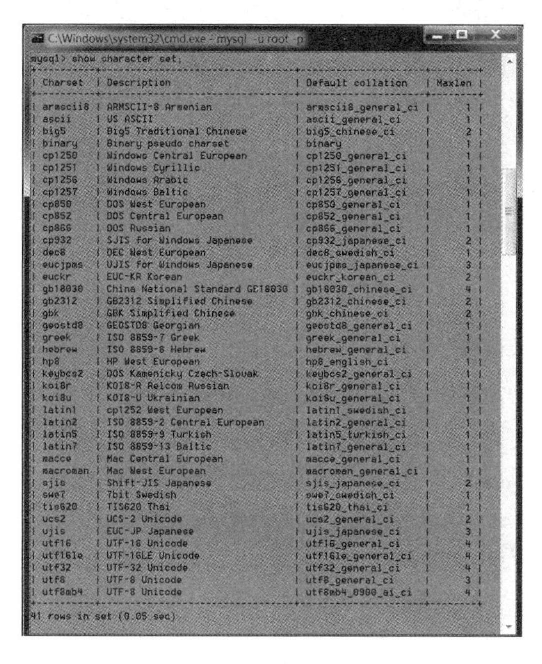

C:\Windows\system32\cmd.exe - mysql -u root -p

mysql> show character set;

Charset	Description	Default collation	Maxlen
armscii8	ARMSCII-8 Armenian	armscii8_general_ci	1
ascii	US ASCII	ascii_general_ci	1
big5	Big5 Traditional Chinese	big5_chinese_ci	2
binary	Binary pseudo charset	binary	1
cp1250	Windows Central European	cp1250_general_ci	1
cp1251	Windows Cyrillic	cp1251_general_ci	1
cp1256	Windows Arabic	cp1256_general_ci	1
cp1257	Windows Baltic	cp1257_general_ci	1
cp850	DOS West European	cp850_general_ci	1
cp852	DOS Central European	cp852_general_ci	1
cp866	DOS Russian	cp866_general_ci	1
cp932	SJIS for Windows Japanese	cp932_japanese_ci	2
dec8	DEC West European	dec8_swedish_ci	1
eucjpms	UJIS for Windows Japanese	eucjpms_japanese_ci	3
euckr	EUC-KR Korean	euckr_korean_ci	2
gb18030	China National Standard GB18030	gb18030_chinese_ci	4
gb2312	GB2312 Simplified Chinese	gb2312_chinese_ci	2
gbk	GBK Simplified Chinese	gbk_chinese_ci	2
geostd8	GEOSTD8 Georgian	geostd8_general_ci	1
greek	ISO 8859-7 Greek	greek_general_ci	1
hebrew	ISO 8859-8 Hebrew	hebrew_general_ci	1
hp8	HP West European	hp8_english_ci	1
keybcs2	DOS Kamenicky Czech-Slovak	keybcs2_general_ci	1
koi8r	KOI8-R Relcom Russian	koi8r_general_ci	1
koi8u	KOI8-U Ukrainian	koi8u_general_ci	1
latin1	cp1252 West European	latin1_swedish_ci	1
latin2	ISO 8859-2 Central European	latin2_general_ci	1
latin5	ISO 8859-9 Turkish	latin5_turkish_ci	1
latin7	ISO 8859-13 Baltic	latin7_general_ci	1
macce	Mac Central European	macce_general_ci	1
macroman	Mac West European	macroman_general_ci	1
sjis	Shift-JIS Japanese	sjis_japanese_ci	2
swe7	7bit Swedish	swe7_swedish_ci	1
tis620	TIS620 Thai	tis620_thai_ci	1
ucs2	UCS-2 Unicode	ucs2_general_ci	2
ujis	EUC-JP Japanese	ujis_japanese_ci	3
utf16	UTF-16 Unicode	utf16_general_ci	4
utf16le	UTF-16LE Unicode	utf16le_general_ci	4
utf32	UTF-32 Unicode	utf32_general_ci	4
utf8	UTF-8 Unicode	utf8_general_ci	3
utf8mb4	UTF-8 Unicode	utf8mb4_0900_ai_ci	4

41 rows in set (0.05 sec)

图 5-19　MySQL 服务器支持的字符集

上面第二条语句中的 information_schema 数据库是 MySQL 自带的，确切地说是信息数据库，其中保存着关于 MySQL 服务器维护的所有其他数据库的信息，如数据库名、数据库的表、表栏的数据类型与访问权限，这些信息也称为数据库元数据。在 information_schema 中，有数个只读表。它们实际上是视图，而不是基本表，因此，你将无法看到与之相关的任何文件。其中的字符集表 character_sets 提供了 MySQL 实例可用字符集的信息，该表包含以下列：character_set_name 字符集名、default_collate_name 默认排序规则(即字符序)、description 描述信息和 maxlen 单个字符最大占用字节数。

2. 查看字符集的校对规则

使用如下两条语句均可查看字符集的校对规则，即字符序：

```
show collation;
select * from information_schema.collations;
```

3. 查看当前数据库的字符集

使用如下语句可以查看当前数据库的字符集，如图 5-20 所示。

```
show variables like 'character%';
```

图中各变量所代表的含义如下所示。

character_set_client：客户端请求数据的字符集。

character_set_connection：客户机/服务器连接的字符集。

character_set_database：默认数据库的字符集，无论默认数据库如何改变，都是这个字符集；如果没有默认数据库，那就使用 character_set_server 指定的字符集，这个变量建议由系统自己管理，不要人为定义。

```
mysql> show variables like 'character%';
+--------------------------+---------------------------------------+
| Variable_name            | Value                                 |
+--------------------------+---------------------------------------+
| character_set_client     | gbk                                   |
| character_set_connection | gbk                                   |
| character_set_database   | utf8mb4                               |
| character_set_filesystem | binary                                |
| character_set_results    | gbk                                   |
| character_set_server     | utf8mb4                               |
| character_set_system     | utf8                                  |
| character_sets_dir       | C:\MySQL\MySQL Server 8.0\share\charsets\ |
+--------------------------+---------------------------------------+
8 rows in set, 1 warning (0.03 sec)

mysql> _
```

图 5-20　当前数据库的字符集

character_set_filesystem：把操作系统上文件名转换成此字符集，即把 character_set_client 转换成 character_set_filesystem，默认 binary 是不做任何转换的。

character_set_results：结果集，返回给客户端的字符集。

character_set_server：数据库服务器的默认字符集。

character_set_system：系统字符集，这个值总是 utf8，不需要设置。这个字符集用于数据库对象(如表和列)的名字，也用于存储目录表中的函数的名字。

4. 查看当前数据库的校对规则

使用如下语句可以查看当前数据库的校对规则，如图 5-21 所示。

show variables like 'collation%';

```
mysql>  show variables like 'collation%';
+----------------------+--------------------+
| Variable_name        | Value              |
+----------------------+--------------------+
| collation_connection | gbk_chinese_ci     |
| collation_database   | utf8mb4_0900_ai_ci |
| collation_server     | utf8mb4_0900_ai_ci |
+----------------------+--------------------+
3 rows in set, 1 warning (0.00 sec)

mysql> _
```

图 5-21　当前数据库的校对规则

图中各变量名所代表的含义如下所示。

collation_connection：当前连接字符集的默认校对规则。

collation_database：当前数据库的默认校对规则。每次用 USE 语句“跳转”到另一个数据库的时候，这个变量的值就会改变。如果没有当前数据库，这个变量的值就是 collation_server 变量的值。

collation_server：服务器的默认校对规则。

排序方式的命名规则为：字符集名字_语言_后缀，其中各个典型后缀的含义如下所示。

(1)　_ci：不区分大小写的排序方式。

(2)　_cs：区分大小写的排序方式。

(3)　_bin：二进制排序方式，大小比较将根据字符编码，不涉及人类语言，因此_bin 的排序方式不包含人类语言。

5.3.3 MySQL 字符集的设置

为了让 MySQL 数据库能够支持中文，必须设置系统字符集编码。图 5-20 显示了当前数据库的字符集，为了让整个 MySQL 系统彻底支持中文汉字字符，需要将数据库和服务器的字符集均设置为 gbk(中文)。输入如下语句进行设置并查看，如图 5-22 所示。

set character_set_database='gbk';

set character_set_server='gbk';

status;

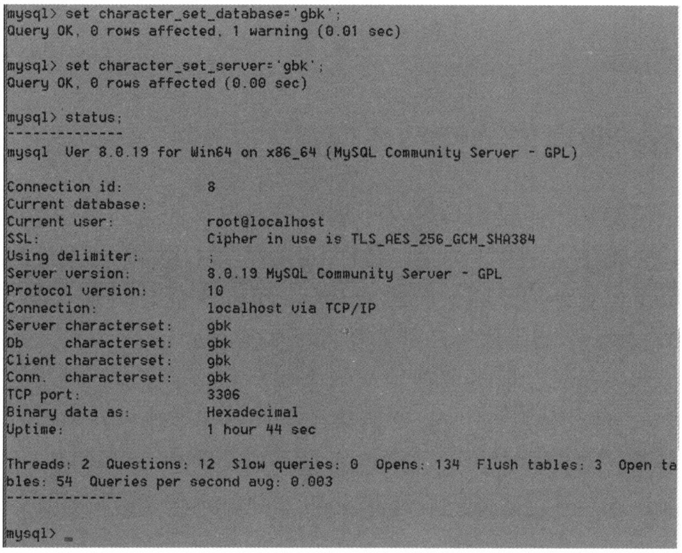

```
mysql> set character_set_database='gbk';
Query OK, 0 rows affected, 1 warning (0.01 sec)

mysql> set character_set_server='gbk';
Query OK, 0 rows affected (0.00 sec)

mysql> status;
--------------
mysql  Ver 8.0.19 for Win64 on x86_64 (MySQL Community Server - GPL)

Connection id:          8
Current database:
Current user:           root@localhost
SSL:                    Cipher in use is TLS_AES_256_GCM_SHA384
Using delimiter:        ;
Server version:         8.0.19 MySQL Community Server - GPL
Protocol version:       10
Connection:             localhost via TCP/IP
Server characterset:    gbk
Db     characterset:    gbk
Client characterset:    gbk
Conn.  characterset:    gbk
TCP port:               3306
Binary data as:         Hexadecimal
Uptime:                 1 hour 44 sec

Threads: 2  Questions: 12  Slow queries: 0  Opens: 134  Flush tables: 3  Open ta
bles: 54  Queries per second avg: 0.003
--------------

mysql> _
```

图 5-22　查看当前系统字符集

从图中可见，系统的 Server(服务器)、Db(数据库)、Client(客户端)及 Conn.(连接)的字符集都改为了“gbk”。这样，整个 MySQL 系统就彻底支持中文汉字字符了。

5.3.4 SQL 脚本文件

1. 创建数据库时，设置数据库的编码方式

```
drop database if exists dbtest;
create database dbtest character set utf8 collate utf8_general_ci;
```

2. 修改数据库编码

```
alter database dbtest character set gbk collate gbk_chinese_ci;
alter database dbtest character set utf8 collate utf8_general_ci;
```

3. 创建表时，设置表、字段编码

```
use dbtest;
drop table if exists tbtest;
create table tbtest(
id int(10) auto_increment,
```

```
user_name varchar(60) character set gbk collate gbk_chinese_ci,
email varchar(60),
primary key(id)
)character set utf8 collate utf8_general_ci;
```

4. 修改表编码

```
alter table tbtest character set utf8 collate utf8_general_ci;
```

5. 修改字段编码

```
alter table tbtest modify email varchar(60) character set utf8 collate
utf8_general_ci;
```

5.4 系统变量

5.4.1 全局系统变量与会话系统变量

系统变量由系统定义，不是用户定义，属于服务器层面，系统变量包含全局系统变量和会话系统变量。全局系统变量针对所有会话(连接)有效，影响服务器的全局操作，但不能跨重启，因为当服务器重新启动时，会将所有全局变量初始化为默认值。会话系统变量针对当前会话(连接)有效，影响具体客户端连接的相关操作。

当客户端连接服务器时，服务器使用相应全局系统变量的当前值对客户端会话系统变量进行初始化。客户可以更改自己的会话系统变量，不需要特殊权限。

任何访问全局系统变量的客户端都可以看见全局系统变量的更改，但这个更改只影响在更改后连接的客户端，不会影响已经连接上的客户端的会话系统变量。

5.4.2 查看系统变量值

全局系统变量需要添加 global 关键字，会话系统变量需要添加 session 关键字，如果不写关键字，默认为会话系统变量。

1. 查看所有的系统变量值

查看所有的全局系统变量值的语法如下：

```
show global variables;
```

查看所有的会话系统变量值的语法如下：

```
show session variables;
```

2. 查看满足条件的系统变量值

查看全局系统变量名中含有字符 character 的变量值的语法如下：

```
show global variables like '%character%';
```

查看会话系统变量名中含有字符 character 的变量值的语法如下：

```
show session variables like '% character%';
```

3. 查看指定的系统变量值

查看指定的全局系统变量值的语法如下：

```
select @@global.系统变量名;
```

查看指定的会话系统变量值的语法如下：

```
select @@session.系统变量名;
```

如：

```
select @@global.autocommit;
select @@session.autocommit;
```

5.4.3 设置系统变量值

为系统变量赋值有以下两种方式。

第一种方式：

```
set global 系统变量名=值;
set session 系统变量名=值;
```

第二种方式：

```
set @@global.系统变量名=值;
set @@session.系统变量名=值;
```

如：

```
set session autocommit=0;
set @@session.autocommit=0;
```

查看和设置系统变量如图 5-23 所示。

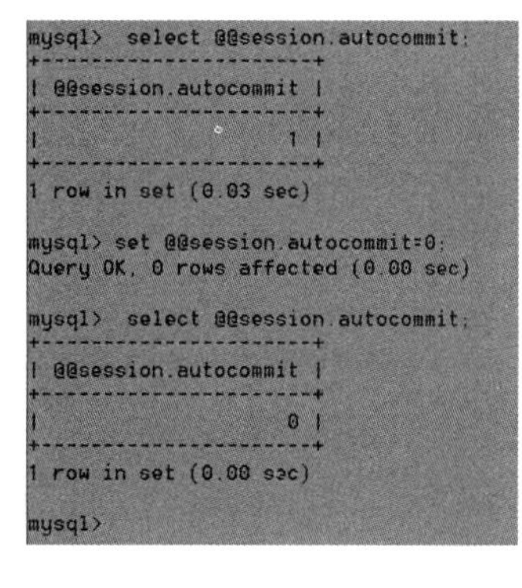
```
mysql> select @@session.autocommit;
+----------------------+
| @@session.autocommit |
+----------------------+
|                    1 |
+----------------------+
1 row in set (0.03 sec)

mysql> set @@session.autocommit=0;
Query OK, 0 rows affected (0.00 sec)

mysql> select @@session.autocommit;
+----------------------+
| @@session.autocommit |
+----------------------+
|                    0 |
+----------------------+
1 row in set (0.00 sec)

mysql>
```

图 5-23 查看和设置系统变量

习题

1. 简述 SQL 语言的特点。
2. 简述 SQL 语言的组成部分。
3. 写出启动和停止 MySQL 服务的命令行语句。
4. 为了让整个 MySQL 系统彻底支持中文汉字字符，需要怎样设置字符集？
5. 写出查看当前数据库的字符集及校验规则的语句。
6. MySQL 数据库的系统变量包括哪两种，主要区别是什么？
7. 写出设置全局系统变量值的两种方式。

第6章 MySQL数据库

MySQL 数据库是所涉及的对象以及数据的集合。它不仅反映数据本身的内容，而且反映对象和数据之间的联系。对数据库的操作是开发人员的一项重要工作。本章主要介绍 MySQL 数据库的基本概念，以及创建、删除、修改数据库等基本操作。通过学习本章，需要掌握以下内容：

◎ 了解数据库及其对象；

◎ 熟练掌握创建/删除、备份/恢复数据库的方法。

6.1 MySQL 数据库管理

6.1 MySQL 数据库管理.avi

数据库是存放有组织的数据集合的容器，以操作系统文件的形式存储在磁盘上，由数据库系统进行管理和维护。数据库中的数据和日志信息分别保存在不同的文件中。MySQL 数据库的管理主要包括数据库的创建、查看数据库、显示数据库结构、选择当前操作的数据库以及删除数据库等操作。

6.1.1 创建数据库

MySQL 安装完成之后，将会在其 data 目录下自动创建几个必需的数据库，可以使用 SHOW DATABASES 语句来查看当前存在的所有数据库，输入语句如图 6-1 所示。可以看到，数据库列表中包含 5 个数据库，其中 jwgl 是本书建立的用户实例数据库，其他 4 个数据库是 MySQL 提供的系统数据库。

```
mysql> show databases;
+--------------------+
| Database           |
+--------------------+
| information_schema |
| jwgl               |
| mysql              |
| performance_schema |
| sys                |
+--------------------+
5 rows in set (0.00 sec)
```

图 6-1　查看数据库

创建数据库就是将系统磁盘上的一块区域用于数据的存储和管理。MySQL 中创建数据库的基本 SQL 语法格式如下：

```
CREATE database <数据库名>;
```

【例 6-1】创建测试数据库 temptest，输入语句如下。

```
CREATE database temptest;
```

注意数据库名称不能与已经存在的数据库重名。默认安装 MySQL，创建 Temptest 数据库后，MySQL 服务实例自动在“C:\Program File\MySQL\MySQL Server 8.0\data\”目录中创建 temptest 目录，temptest 目录称为 temptest 的数据库目录。

在 my.ini 配置文件的[mysqld]选项组中，参数 datadir 配置了 MySQL 数据库文件存放的路径，本书将该路径称为“MySQL 数据库根目录”，使用命令“show variables like 'datadir';”可以查看参数 datadir 的值，如图 6-2 所示。默认安装 MySQL 后，数据库根目录 datadir 的值为“C:\Program Files\MySQL\MySQL Server 8.0\data”。

```
mysql> show variables like 'datadir';
+---------------+---------------------------------------------+
| Variable_name | Value                                       |
+---------------+---------------------------------------------+
| datadir       | C:\Program Files\MySQL\MySQL Server 8.0\data\ |
+---------------+---------------------------------------------+
1 row in set, 1 warning (0.00 sec)
```

图 6-2　查看数据库存放路径

6.1.2 查看数据库

一个 MySQL 服务实例可以同时承载多个数据库，使用 MySQL 命令“show databases;”即可查看当前 MySQL 服务实例上所有的数据库，如图 6-3 所示。

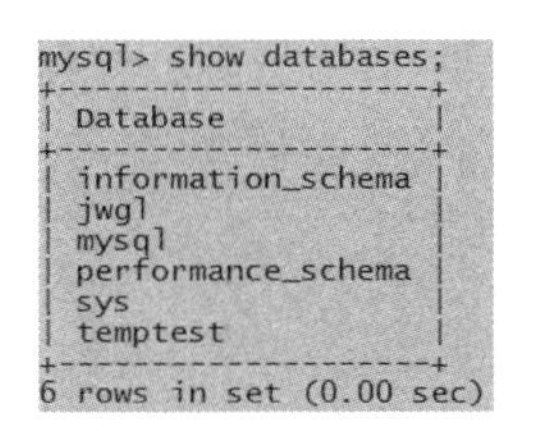

```
mysql> show databases;
+--------------------+
| Database           |
+--------------------+
| information_schema |
| jwgl               |
| mysql              |
| performance_schema |
| sys                |
| temptest           |
+--------------------+
6 rows in set (0.00 sec)
```

图 6.3　查看数据库

在图 6-3 所示的几个数据库中，information_schema、performance_

schema、sys 以及 mysql 数据库为系统数据库，temptest 数据库为刚刚新建的数据库。

其中，mysql 系统数据库记录了 MySQL 的账户信息以及 MySQL 账户的访问权限，进而实现 MySQL 账户的身份认证以及权限验证，避免非法用户“越权”执行非法的操作，确保了数据安全。performance_schema 系统数据库用于收集 MySQL 服务器的性能参数，以便数据库管理员了解产生性能瓶颈的原因。information_schema 系统数据库定义了所有数据库对象的元数据信息，如所有数据库、表、字段、索引、约束、权限、存储引擎、字符集和触发器等信息都存储在 information_schema 数据库中。sys 数据库是一组帮助 DBA 和开发人员解释性能模式收集的数据对象。系统数据库由 MySQL 服务实例进程自动维护，普通用户建议不要修改系统数据库的信息。

这里的数据库管理员指的是能够对数据库服务器进行安装、配置、变更、调优、备份、恢复、故障处理、监控等日常维护的数据库管理人员。

元数据是用于定义数据的数据(也叫数据字典)，它的作用有点儿类似于《现代汉语词典》。例如，一本内容涉及几十万字的中文简体书籍，每一个汉字都可以在《现代汉语词典》中查到，若某个字查不到，则这个字就有可能是“错别字”。同样的道理，元数据定义了数据库中使用的字段名、字段类型等信息，对数据库中的数据起着约束作用，避免数据库出现“错别字”现象。

6.1.3 显示数据库结构

使用 MySQL 命令“SHOW CREATE DATABASE database_name;”可以查看名为 database_name 的数据库的结构，如使用 MySQL 命令“SHOW CREATE DATABASE temptest;”可以查看 temptest 数据库的相关信息，如图 6-4 所示。

```
mysql> show create database temptest;
+----------+-----------------------------------------------------------------------+
| Database | Create Database                                                       |
+----------+-----------------------------------------------------------------------+
| temptest | CREATE DATABASE `temptest` /*!40100 DEFAULT CHARACTER SET utf8 */     |
+----------+-----------------------------------------------------------------------+
1 row in set (0.00 sec)
```

图 6-4　显示数据库的结构

6.1.4 选择当前操作的数据库

在进行数据库操作之前，必须指定操作的是哪个数据库，即需要指定哪一个数据库为当前操作的数据库。在 MySQL 命令提示符窗口中，使用 USE 命令即可指定当前操作的数据库。其命令格式如下。

```
USE database_name;
```

其中，database_name 为要操作的数据库名。例如，执行“USE temptest;”命令后，后续的 MySQL 命令以及 SQL 语句将默认操作 temptest 数据库中的对象。

6.1.5 删除数据库

使用 SQL 语句 DROP DATABASE 即可删除名为 database_name 的数据库。其命令格式如下。

```
DROP DATABASE database_name;
```

其中，database_name 为要删除的数据库名。例如，删除 temptest 数据库，使用 SQL 语句“DROP DATABASE temptest;”即可。删除 temptest 数据库后，MySQL 服务实例会自动删除 temptest 数据库目录及该目录中的所有文件。数据库一旦删除，保存在该数据库中的数据将全部丢失。

6.2 MySQL 数据库的备份和恢复

尽管系统中采取了各种措施来保证数据库的安全性和完整性，但硬件故障、软件错误、病毒、误操作或故意破坏仍有可能发生。这些故障会造成运行事务的异常中断，影响数据正确性，甚至会破坏数据库，使数据库中的数据部分或全部丢失。因此 DBMS 提供了把数据库从错误状态恢复到某一正确状态的功能，这种功能称为恢复。拥有能够恢复的数据对于数据库系统来说是非常重要的。MySQL 有三种保证数据安全的方法。

(1) 数据库备份：通过导出数据或者表文件的拷贝来保护数据。

(2) 二进制日志文件：保存更新数据的所有语句。

(3) 数据库复制：MySQL 内部复制功能建立在两个或两个以上服务器之间，其中一个作为主服务器，其他的作为从服务器。

这里我们主要介绍数据库的备份与恢复。数据库恢复就是当数据库出现故障时，将备份的数据库加载到系统，从而使数据库恢复到备份时的正确状态。恢复是与备份相对应的系统维护和管理操作，系统进行恢复操作时，先执行一些系统安全性检查，包括检查所要恢复的数据库是否存在、数据库是否变化及数据库文件是否兼容等，然后根据所采用的数据库备份类型采取相应的恢复措施。

6.2.1 导出或导入表数据

6.2-1 导入导出表数据.avi

用户可以使用 SELECT INTO…OUTFILE 语句将表数据导出到一个文本文件中，并用 LOAD DATA…INFILE 语句恢复数据。但是这种方法只能导出或导入数据的内容，不包括表的结构。如果表的结构文件损坏，则必须先恢复原来表的结构。

1. 导出表数据

导出表数据的语法格式如下：

```
SELECT * INTO OUTFILE '文件名 1'
  [FIELDS
[TERMINATED BY 'string']
```

```
[[OPTIONALLY] ENCLOSED BY 'char']
[ESCAPED BY 'char']
]
[LINES TERMINATED BY 'string']
|DUMPFILE '文件名2'
```

功能：将表中SELECT语句选中的行写入一个文件中。文件默认在服务器主机上创建，并且文件存在位置的原文件将被覆盖。如果要将该文件写入一个特定位置，则要在文件名前加上具体的路径。在文件中，数据行以一定的形式存放，空值用“\N”表示。

使用OUTFILE时，可以加入两个自选的子句，它们的作用是决定数据行在文件中存放的格式。

(1) FIELDS子句：至少需要下列三个指令中的一个。

① TERMINATED BY：指定字段值之间的符号，例如，“TERMINATED BY ','”指定了逗号作为两个字段值之间的标志。

② ENCLOSED BY：指定包裹文件中字符值的符号，例如，“ENCLOSED BY ' " '”表示文件中的字符值放在双引号之间，若加上关键字OPTIONALLY则表示所有的值都放在双引号之间。

③ ESCAPED BY：指定转义字符，例如，“ESCAPED BY '*'”将“*”指定为转义字符，取代“\”，如空格将表示为“*N”。

(2) LINES子句：使用TERMINATED BY指定一行结束的标志，如“LINES TERMINATED BY '?'”表示一行以“?”作为结束标志。

如果FIELDS和LINES子句都不指定，则默认声明以下子句：

```
FIELDS TERMINATED BY '\t' ENCLOSED BY '' ESCAPED BY '\\'
LINES TERMINATED BY '\n'
```

如果使用DUMPFILE而不是使用OUTFILE，则导出的文件里所有的行都彼此紧挨着放置，值和行之间没有任何标志，成了一个长长的值。

2. 导入表数据

导出的一个文件中的数据可导入数据库中。

导入表数据的语法格式如下：

```
LOAD DATA [LOW_PRIORITY|CONCURRENT] [LOCAL] INFILE '文件名.txt'
  [REPLACE|IGNORE]
  INTO TABLE 表名
  [FIELDS
[TERMINATED BY 'string']
[[OPTIONALLY] ENCLOSED BY 'char']
[ESCAPED BY 'char']
    ]
    [LINES
      [STARTINT BY 'string']
      [TERMINATED BY 'string']
    ]
    [IGNORE number LINES]
    [(列名或用户变量,…)]
```

```
[SET 列名=表达式,…]
```

说明如下：

LOW_PRIORITY|CONCURRENT：若指定 LOW_PRIORITY，则延迟语句的执行。若指定 CONCURRENT，则当 LOAD DATA 执行的时候，其他线程也可以同时使用该表的数据。

LOCAL：文件会被客户端读取，并被发送到服务器。文件必须包含完整的路径名称，以指定确切的位置。如果给定的是一个相对路径，则此名称会被认为是相对于启动客户端时所在的目录。若未指定 LOCAL，则文件必须位于服务器主机上，并且被服务器直接读取。

文件名.txt：该文件中保存了待存入数据库的数据行，它由 SELECT INTO…OUTFILE 命令导出产生。载入文件时可以指定文件的绝对路径，若不指定路径，则服务器在数据库默认目录中读取。

表名：该表在数据库中必须存在，表结构必须与导入文件的数据行一致。

REPLACE | IGNORE：如果指定了 REPLACE，则当文件中出现与原有行相同的唯一关键字值时，输入行会替换原有行，如果指定了 IGNORE，则把与原有行有相同的唯一关键字值的输入行跳过。

FIELDS 子句：和 SELECT INTO…OUTFILE 语句类似。用于判断字段之间和数据行之间的符号。

LINES 子句：TERMINATED BY 指定一行结束的标志。STARTINT BY 指定一个前缀，导入数据行时，忽略行中的该前缀和前缀之前的内容。如果某行不包括该前缀，则整个行被跳过。

IGNORE number LINES：这个选项可以用于忽略文件的前几行。行数由 number 指定。

列名或用户变量：如果需要载入一个表的部分列或文件中字段值的顺序与表中列的顺序不同，就必须指定一个列清单。

SET 子句：可以在导入数据时修改表中列的值。

【例 6-2】备份 jwgl 数据库中 course 表中的数据到 D 盘的 data 目录中(操作前须先在 D 盘创建 data 目录)，要求字段值如果是字符就用双引号标注，字段值之间用逗号隔开，每行以“?”为结束标志。最后将备份后的数据导入一个和 course 表结构相同的 kc 表中。

```
USE jwgl;
SELECT * FROM course
  INTO OUTFILE 'D:/data/myfile.txt'
    FIELDS TERMINATED BY ',' OPTIONALLY ENCLOSED BY '"'
    LINES TERMINATED BY '?';
```

导出成功后可以查看 myfile.txt 文件，文件的内容如图 6-5 所示。

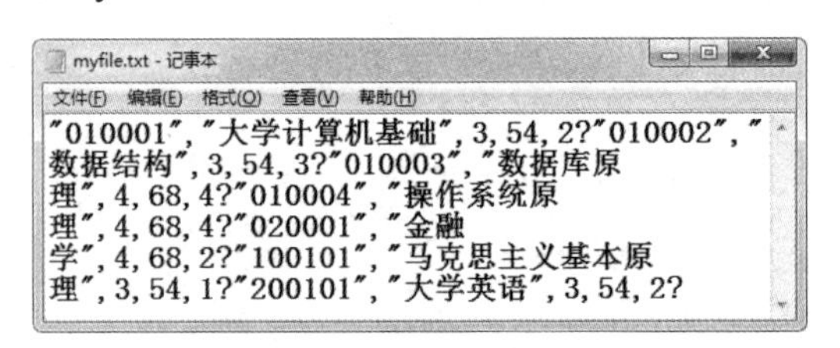

图 6-5　备份数据文件的内容

文件备份完成后可以将文件中的数据导入 kc 表中，使用以下命令。

```
LOAD DATA INFILE 'D:/data/myfile.txt'
    INTO TABLE kc
      FIELDS TERMINATED BY ',' OPTIONALLY ENCLOSED BY '"'
      LINES TERMINATED BY '?';
```

注意：命令中的路径使用斜杠“/”，而不是通常的反斜杠；在导入数据之前必须保证 kc 表存在，并且与 course 表结构相同。

因为 MySQL 表保存为文件形式，所以备份很容易。但是在多个用户使用 MySQL 的情况下，为得到一个一致的备份，在相关的表上需要做一个读锁定，防止在备份过程中表被更新；当恢复数据时，需要一个写锁定，以避免冲突。

6.2.2 备份与恢复数据库

6.2-2 备份恢复数据库.avi

MySQL 提供了很多免费的客户端程序和实用工具，不同的 MySQL 客户端程序可以连接服务器以访问数据库或执行不同的管理任务。这些程序不与服务器进行通信，但可以执行 MySQL 相关操作。在 MySQL 目录下的 bin 目录中存储着这些客户端程序。这里我们介绍 mysqldump 程序。

使用客户端程序的方法如下。

打开命令行，输入下面命令进入 bin 目录：

```
cd C:\Program Files\MySQL\MySQL Server 8.0\bin
```

后面介绍的客户端命令都在此状态下输入执行，如图 6-6 所示。

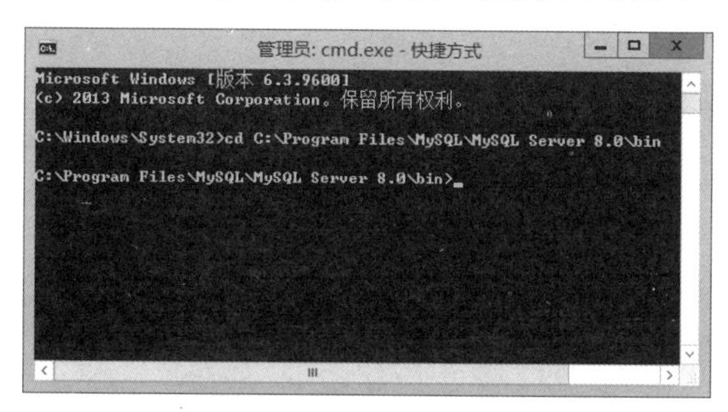

图 6-6 客户端程序运行环境

mysqldump 客户端也可用于备份数据，与 SQL 语句比较 mysqldump 可以在导出文件中包含创建表结构的 SQL 语句。因此可以备份数据库表的结构，而且可以备份一个数据库，甚至整个数据库系统。

1. 备份表

备份表的命令格式如下：

```
mysqldump [OPTIONS] 数据库名 [表名…] > 备份文件名
```

其中 OPTIONS 是 mysqldump 命令支持的选项，可以通过执行 mysqldump –help 命令得到帮助信息，这里不详细列出。如果该语句中有多个表，则都保存在备份文件中，文件默认的保存地址是 MySQL 的 bin 目录。如果要保存在特定位置，可以指定其具体路径。

同其他客户端程序一样，备份数据时需要使用一个用户账号连接到服务器，这需要用户手工提供参数或在选项文件中修改有关值。参考格式为：

-h [主机名] –u[用户名] –p[密码]

【例 6-3】使用 mysqldump 命令备份 student 表和 course 表。

```
mysqldump -h localhost -u root -p123456 jwgl student course > table.sql
```

如果在命令中没有表名，则备份整个数据库。注意-p 与密码之间不可以有空格。

2. 备份数据库

mysqldump 程序还可以将一个或多个数据库备份到一个文件中。

备份数据库的命令格式如下：

```
mysqldump [OPTIONS] --databases [OPTIONS] 数据库名… > 备份文件名
```

【例 6-4】使用 mysqldump 命令备份 MySQL 服务器上的所有数据库。

```
mysqldump -u root -p123456 --all-databases > all.sql
```

3. 恢复数据库

mysqldump 程序备份的文件中存储的是 SQL 语句的集合，用户可以将这些语句还原到服务器中以恢复一个损坏的数据库。恢复数据库的命令如下：

```
mysql [OPTIONS] --databases [OPTIONS] 数据库名… < 备份文件名
```

【例 6-5】假设 jwgl 数据库损坏，用备份文件将其恢复。

备份 jwgl 数据库的命令如下：

```
mysqldump -u root -p123456 jwgl>d:/data/jwgl.sql
```

恢复命令如下：

```
mysql -u root -p123456 jwgl<d:/data/jwgl.sql
```

注意，在恢复数据库时必须保证服务器中有名为 jwgl 的数据库存在，如果是在其他服务器上进行恢复，则需要先创建数据库。

6.2.3 直接复制

根据前面的介绍，由于 MySQL 的数据库和表是直接通过目录和表文件实现的，因此可以通过直接复制文件的方法来备份数据库。不过，直接复制文件不能移植到其他服务器上，除非要复制的表使用 MyISAM 存储格式。

如果要把 MyISAM 类型的表直接复制到另一个服务器使用，首先要求两个服务器必须使用相同的 MySQL 版本，而且硬件结构必须相同或相似。在复制之前要保证数据表不被使用。保证复制完整性的最好方法是关闭服务器，复制数据库下的所有表文件，然后重启服务器。文件复制出来后，可以将文件放到另外一个服务器的数据库目录下，这样另外一个服务器就可以正常使用这张表了。

习题

1. MySQL 的系统数据库有哪些？这些系统数据库有什么作用？
2. 为什么要在 MySQL 中设置备份与恢复功能？
3. 客户端备份恢复与服务器端备份恢复有什么不同？
4. 数据库恢复要执行哪些操作？

学习情境三

数据库实施

第 7 章

MySQL 数据库表操作

在数据库中，表是存储数据的容器，是最重要的数据库对象。一个完整的表包括表结构和表数据(也叫记录)两部分内容。表结构的操作包括定义表的字段、约束条件、存储引擎及字符集、索引等；表记录的操作包括记录的增、删、改、查等。通过学习本章，需要掌握以下内容：

◎ 创建数据库表的方法；

◎ 维护数据库表的方法；

◎ 对表数据进行操作的方法。

7.1 MySQL 数据类型

7.1-1 MySQL 数据类型（整数、小数、字符串、日期）.avi

创建表时，为每张表的每个字段选择合适的数据类型不仅可以有效地节省存储空间，同时还可以有效地提升数据的计算性能。MySQL 提供的数据类型包括数值类型、字符串类型、日期类型、二进制类型以及复合类型。

7.1.1 MySQL 整数类型

MySQL 支持 5 种整数类型：tinyint、smallint、mediumint、int 和 bigint，如表 7-1 所示。这些整数类型的取值范围依次递增，且默认情况下，既可以表示正整数，又可以表示负整数。如果只希望表示 0 和正整数，可以使用无符号关键字“unsigned”对整数类型进行修饰。例如，学生的成绩定义为无符号整数，可以使用“score tinyint unsigned”来进行字段定义描述。

表 7-1　5 种整数类型的取值范围

类型	字节数	范围(有符号)	范围(无符号)
tinyint	1 字节	-128～127	0～255
smallint	2 字节	-32 768～32 767	0～65 535
mediumint	3 字节	-8 388 608～8 388 607	0～16 777 215
int	4 字节	-2 147 483 648～2 147 483 647	0～4 294 967 295
bigint	8 字节	-9 233 372 036 854 775 808～ 9 233 372 036 854 775 807	0～18 446 744 073 709 551 615

7.1.2 MySQL 小数类型

MySQL 支持两种小数类型：精确小数类型 decimal 和浮点类型。其中，浮点类型包括单精度浮点数与双精度浮点数，float 用于表示单精度浮点数，double 用于表示双精度浮点数，双精度浮点数类型的小数取值范围和精度远远大于单精度浮点数类型的小数，见表 7-2，但同时也会耗费更多的存储空间，降低数据的计算性能。

表 7-2　单精度浮点数与双精度浮点数的取值范围

类型	字节数	负数取值范围	非负数取值范围
float	4 字节	−3.402 823 466E+38～ −1.175 494 351E-38	0 和 1.175 494 351E-38～ 3.402 823 466E+38
double	8 字节	−1.797 693 134 862 3157E+308～ −2.225 073 858 507 2014E−308	0 和 2.225 073 858 507 201 4E-308～ 1.797 693 134 862 315 7E+308

Decimal(length,precision)用于表示精度确定(小数点后数字位数确定)的小数类型，length 决定该数的最大位数，precision 用于设置精度(小数点后数字的位数)。无符号关键字 unsigned 也可用于修饰小数。

在表 7-2 中，float 类型与 double 类型的取值范围只是理论值，如果不指定精度，由于精度与操作系统以及硬件的配置有一定关系，不同的操作系统与硬件可能会使这一取值范围有所不同。因此，使用浮点数时不利于数据库的移植。考虑到数据库的移植，应尽量使用 decimal 数据类型。

7.1.3 MySQL 字符串类型

MySQL 主要支持 6 种字符串类型：char、varchar、tinytext、text、mediumtext 和 longtext，如表 7-3 所示。字符串类型的数据要使用英文单引号括起来，如学生姓名'张三'、课程名'Java 程序设计'等。

char(n)为定长字符串类型，表示占用 n 个字符(注意不是字节)的存储空间，n 的最大值为 255。例如，对于中文简体字符集 GBK 的字符串而言，char(255)表示可以存储 255 个汉字，而每个汉字占用两个字节的存储空间；对于 UTF8 字符集的字符串而言，char(255)表示可以存储 255 个汉字，而每个汉字占用 3 个字节的存储空间。

varchar(n)为变长字符串类型，这就意味着此类字符串占用的存储空间就是字符串自身占用的存储空间，与 n 无关，这与 char(n)不同。例如，对于中文简体字符集 GBK 的字符串而言，varchar(255)表示可以存储 255 个汉字，而每个汉字占用两个字节的存储空间。假如这个字符串没有那么多汉字，如仅包含两个字'中国'，那么 varchar(255)仅仅占用 1 个字符(两个字节)的存储空间(如果不考虑其他开销)；而 char(255)则必须占用 255 个字符长度的存储空间，哪怕里面只存储一个汉字。

除了 varchar(n)以外，tinytext、text、mediumtext 和 longtext 等数据类型也都是变长字符串类型。变长字符串类型的共同特点是最多容纳的字符数(即 n 的最大值)与字符集的设置有直接联系。例如，对于西文字符集 latin1 的字符串而言，varchar(n)中 n 的最大取值为 65535(因为需要别的开销，实际取值为 65532)；对于中文简体字符集 GBK 的字符串而言，varchar(n)中 n 的最大取值为 32767；其他字符集以此类推。

表 7-3 字符串类型占用的存储空间

类型	最多容纳字符数	占用字节数	说明
char(n)	255	单个字符占用字节数*n	n 的取值与字符集无关
varchar(n)	n 的取值与字符集有关	字符串占用实际字节数	字符集是 GBK 时，n 的最大值为 65535/2=32767。字符集是 UTF8 时，n 的最大值为 65535/3=21845
tinytext	容量与字符集有关	字符串占用实际字节数	字符集是 GBK 时，最多容纳 255/2=127 个字符。字符集是 UTF8 时，最多容纳 255/3=85 个字符
text	容量与字符集有关	字符串占用实际字节数	字符集是GBK时，最多容纳65535/2=32767 个字符。字符集是 UTF8 时，最多容纳 65535/3=21845 个字符
mediumtext	容量与字符集有关	字符串占用实际字节数	字符集是 GBK 时，最多容纳 167772150/2=83886075 个字符。字符集是 UTF8 时，最多容纳 167772150/3=55924050 个字符

续表

类型	最多容纳字符数	占用字节数	说明
longtext	容量与字符集有关	字符串占用实际字节数	字符集是 GBK 时，最多容纳 4294967295/2=2147483647 个字符。字符集是 UTF8 时，最多容纳 4294967295/3=1431655765 个字符

7.1.4 MySQL 日期类型

MySQL 主要支持 5 种日期类型：date、time、year、datetime 和 timestamp。其中，date 表示日期，默认格式为'YYYY-MM-DD'；time 表示时间，默认格式为'HH:ii:ss'；year 表示年份；datetime 与 timestamp 是日期和时间的混合类型，默认格式为'YYYY-MM-DD HH:ii:ss'，如表 7-4 所示。外观上，MySQL 日期类型的表示方法与字符串的表示方法相同(使用单引号括起来)；本质上，MySQL 日期类型的数据是一个数值类型，可以参与简单的加、减法运算。

表 7-4 MySQL 日期类型的书写格式

类型	字节数	取值范围	格式
date	3 字节	'1000-01-01'～'9999-12-31'	YYYY-MM-DD
time	3 字节	'-838:59:59'～'838:59:59'	HH:ii:ss
year	1 字节	'1901'～'2155'	YYYY
datetime	8 字节	'1000-01-01 00:00:00'～'9999-12-31 23:59:59'	YYYY-MM-DD HH:ii:ss
timestamp	8 字节	'1970-01-01 00:00:00'～'2137'	YYYY-MM-DD HH:ii:ss

datetime 与 timestamp 都是日期和时间的混合类型，它们之间的区别如下。

① 表示的取值范围不同，datetime 的取值范围远远大于 timestamp 的取值范围。

② 将 NULL 插入 timestamp 字段后，该字段的值实际上是 MySQL 服务器当前的日期和时间。

③ 对于同一个 timestamp 类型的日期或时间，不同的时区显示结果不同。使用 MySQL 命令“show variables like 'time_zone';”可以查看当前 MySQL 服务实例的时区。

④ 当对包含 timestamp 数据的记录进行修改时，timestamp 数据将自动更新为 MySQL 服务器当前的日期和时间。

【例 7-1】datetime 与 timestamp 的区别。

由于系统变量 time_zone 是会话变量，因此，下述 MySQL 代码要求在同一个 MySQL 会话中执行。

步骤 1：首先在 temptest 数据库中创建表 today(图 7-1)，命令如下：

```
USE temptest;
CREATE TABLE today(
t1 datetime,
t2 timestamp);
```

```
mysql> USE temptest;
Database changed
mysql> CREATE TABLE today(
    -> t1 datetime,
    -> t2 timestamp);
Query OK, 0 rows affected (3.53 sec)
```

图 7-1 创建 today 表

步骤 2：向 today 表中插入两条记录，命令如下：

```
INSERT INTO today VALUES(now(),now());
INSERT INTO today VALUES(null,null);
```

步骤 3：在下面的 MySQL 代码中，首先查看当前 MySQL 服务实例的时区；然后使用“SELECT 语句”查询 today 表的所有记录；接着使用“set time_zone='+12:00';”命令“临时地”将时区设置为新西兰时区，即东 12 时区(+12:00)；再次查看当前 MySQL 服务实例的时区；最后使用 SELECT 语句再次查询 today 表的所有记录，执行结果如图 7-2 所示。

```
SHOW variables LIKE 'time_zone';
SELECT * FROM today;
SET time_zone='+12:00';
SHOW variables LIKE 'time_zone';
SELECT * FROM today;
```

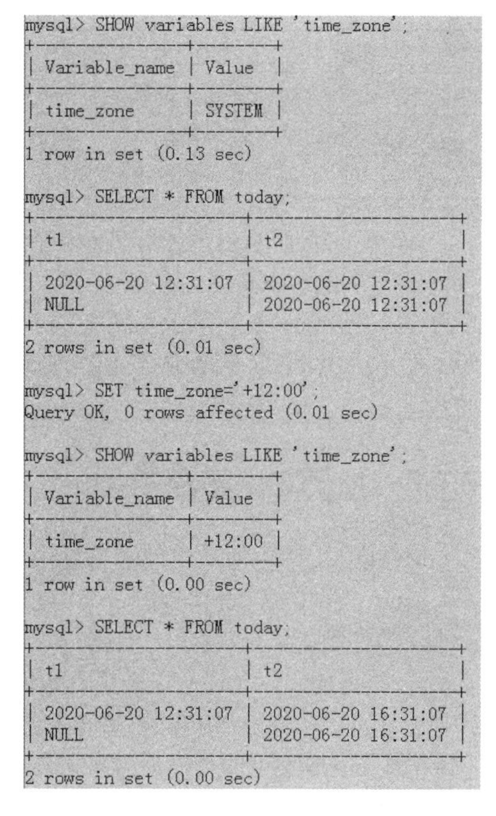

图 7-2　datetime 与 timestamp 的区别

从执行结果可以看出，在 datetime 字段中插入 NULL 值后，该字段的值就是 NULL 值；在 timestamp 字段中插入 NULL 值后，该字段的值是 MySQL 服务器当前的日期。时区修改前后，t1 字段的时间没有发生变化，然而 t2 字段的时间增加了 4 小时。也就是说，datetime 字段的值不受时区的影响，而 timestamp 字段的值受时区的影响。

7.1.5　MySQL 二进制类型

7.1-2 MySQL 数据类型(二进制、复合类型等).avi

MySQL 主要支持 7 种二进制类型：binary、varbinary、bit、tinyblob、blob、mediumblob 和 longblob。每种二进制类型占用的存储空间如表 7-5 所示。二进制类型的字段主要用于存储由'0'和'1'组成的字符串。从某种意义上讲，二进制类型的数据是一种特殊格式的字符串。二进制类型与字符串类型的区别在于，字符串类型的数据以字符为单位进行存储，因此存在多种字符集、多种字符序；除了 bit 数据类型以位为单位进行存储外，其他二进制类型的数据都以字节为单位进行存储，仅存在二进制字符集 binary。

表 7-5　二进制类型占用的存储空间

类型	占用空间	取值范围	用途
binary(n)	n 个字节	0～255	较短的二进制数
varbinary(n)	实际占用的字节	0～65 535	较长的二进制数
bit	n 个位	0～64	短二进制数
tinyblob	实际占用的字节	0～255	较短的二进制数

续表

类型	占用空间	取值范围	用途
blob	实际占用的字节	0～65 535	图片、声音等文件
mediumblob	实际占用的字节	0～16 777 215	图片、声音、视频等文件
longblob	实际占用的字节	0～4 294 967 295	图片、声音、视频等文件

text 和 blob 都可以用来存储长字符串，text 主要用来存储文本字符串，如新闻内容、博客日志等；blob 主要用来存储二进制数据，如图片、音频、视频等二进制数据。在真正的项目中，更多的时候需要将图片、音频、视频等二进制数据以文件的形式存储在操作系统的文件系统中，而不会存储在数据库表中。毕竟，处理二进制数据并不是数据库管理系统的强项。

7.1.6 MySQL 复合类型

MySQL 支持两种复合数据类型：enum 枚举类型和 set 集合类型。

enum 类型的字段只允许从一个集合中取得某一个值，类似于单选按钮的功能。例如，一个人的性别从集合{'男','女'}中取值，且只能取其中一个值。

set 类型的字段允许从一个集合中取得多个值，类似于复选框的功能。例如，一个人的兴趣爱好可以从集合{'听音乐','看电影','购物','旅游','游泳','游戏'}中取值，且可以取多个值。

一个 enum 类型的数据最多可以包含 65535 个元素，一个 set 类型的数据最多可以包含 64 个元素。

【例 7-2】创建一个 person 表，并插入一条记录，观察执行情况。

创建表 person，命令如下：

```
USE temptest;
CREATE TABLE person(
sex enum('男','女'),
interest set('听音乐','看电影','购物','旅游','游泳','游戏'));
```

向表中插入一条记录，命令如下：

```
INSERT INTO person VALUES('男','看电影,游泳,游戏');
```

执行情况如图 7-3 所示。

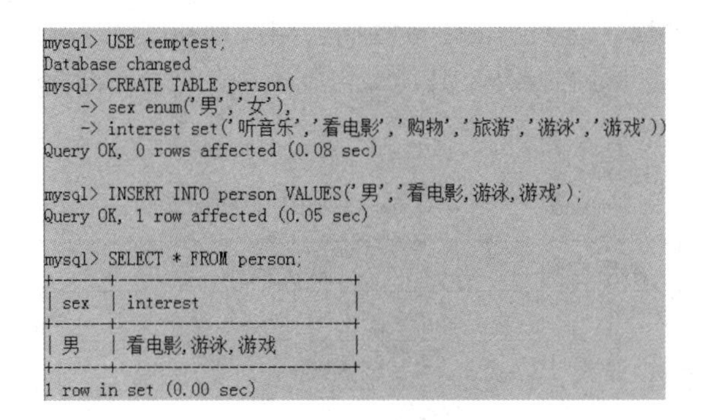

图 7-3 复合类型程序示例

在配置 MySQL 服务时，由于开启了 strict mode 选项(使用 MySQL 命令“set sql_mode='strict_trans_tables';”也可以开启该选项)，MySQL 模式为严格的 SQL 模式。此时，如果使用下面的 INSERT 语句向 person 表中添加一条记录，结果会失败。如果使用 MySQL 命令“set sql_mode='ansi';”“临时地”将 sql_ mode 值设置为 ansi 模式，该 INSERT 语句将成功执行。

从上述多个 INSERT 语句可以看出，复合数据类型 enum 和 set 存储的是字符串类型的数据，只不过取值范围受到某种约束而已。使用复合数据类型 enum 和 set 可以实现简单的字符串类型数据的检查约束。

7.1.7 选择合适的数据类型

MySQL 支持各种各样的数据类型，为字段或者变量选择合适的数据类型，不仅可以有效地节省存储空间，还可以有效地提升数据的计算性能。通常来说，数据类型的选择遵循以下原则。

(1) 在符合应用要求(取值范围、精度)的前提下，尽量使用“短”数据类型。“短”数据类型的数据在外存(如硬盘)、内存和缓存中需要更少的存储空间，查询连接的效率更高，计算速度更快。例如，对于存储字符串数据的字段，建议优先选用 char(n)和 varchar(n)，长度不够时选用 text 数据类型。

(2) 数据类型越简单越好。与字符串相比，整数处理开销更小，因此尽量使用整数代替字符串。例如，字符串数据'12345'的存储共占 5 个字节，整数 smallint 数据 12345 的存储只占 2 个字节，可以看出，字符串数据类型的存储较为复杂。

(3) 尽量采用精确小数类型(如 decimal)，而不采用浮点数类型。使用精确小数类型不仅能够保证数据计算更为精确，还可以节省储存空间，如百分比使用 decimal(4,2)即可。

(4) 在 MySQL 中，应该用内置的日期和时间数据类型，而不是用字符串来存储日期和时间。

(5) 尽量避免 NULL 字段，建议将字段指定为 not null 约束。这是由于在 MySQL 中，含有空值的列很难进行查询优化，null 值会使索引的统计信息以及比较运算变得更加复杂。推荐使用 0、一个特殊的值或者一个空字符串代替 null 值。

7.2 MySQL 表操作

表是数据库的数据对象，是用于存储和操作数据的一种逻辑结构，是若干列的集合。在为一个数据库设计表之前，应该完成需求分析，确定概念模型，将概念模型转换为关系模型。关系模型中的一个关系对应数据库中的一个表。

7.2.1 创建表

7.2-1-创建表.avi

1. 创建全新表

创建一个全新的表，使用 CREATE TABLE 命令。命令的语法格式如下：

```
CREATE TABLE [IF NOT EXISTS] 表名
  ( [列定义] …
| [表索引定义]
)
[表选项] [SELECT 语句];
```

其中：

列定义：包括列名、数据类型，还可以包含空值声明和完整性约束。各个列定义之间用逗号分隔，一个列定义的各个选项之间用空格分隔。

表索引定义主要定义表的索引、主键、外键等，具体内容将在第 8 章中介绍。

SELECT 语句用于在一个已有表的基础上创建表。

【例 7-3】 在 jwgl 数据库中创建学生表 student。

```
USE jwgl;
CREATE TABLE student
(stu_no char(10) primary key,
stu_name char(10) not null,
stu_sex enum('男', '女') not null,
stu_birth date not null,
stu_source varchar(16),
class_no char(8),
stu_tel char(11),
credit smallint default 0,
stu_picture varchar(30),
stu_remark text,
stu_pwd  Char(6) not null);
```

各字段在第 1 章中的表 1-1 中有详细说明。

2. 复制已有表

如果创建的表与已有表相似，用户可以直接复制数据库中已有表的结构和数据，然后对表进行修改。复制表的语法格式如下：

```
CREATE TABLE [IF NOT EXISTS] 表名
  [LIKE 已有表名]
  |[AS (复制表记录)];
```

其中：

LIKE 关键字后的表名应该是已经存在的表。

AS 后为可以复制的表内容。例如，可以是一条 SELECT 语句，SELECT 语句为查询表记录。注意，索引和完整性约束是不会复制的。

【例 7-4】 在 temptest 数据库中，用复制的方式创建一个名为 new_person 的表，表结构直接取自 person 表；再另外创建一个名为 copy_person 的表，其结构和数据都取自 person 表。

```
USE temptest;
CREATE TABLE new_person LIKE person;
CREATE TABLE copy_person AS (SELECT * FROM person);
```

执行过程及结果如图 7-4 所示。

```
mysql> USE temptest;
Database changed
mysql> CREATE TABLE new_person LIKE person;
Query OK, 0 rows affected (0.22 sec)

mysql> CREATE TABLE copy_person AS (SELECT * FROM person);
Query OK, 1 row affected (0.15 sec)
Records: 1  Duplicates: 0  Warnings: 0

mysql> SHOW TABLES;
+--------------------+
| Tables_in_temptest |
+--------------------+
| copy_person        |
| new_person         |
| person             |
| today              |
+--------------------+
4 rows in set (0.05 sec)
```

图 7-4　用复制方式创建表

3. 查看表和表结构

表创建完成后，可以使用 SHOW TABLES 命令查看数据库中有哪些表，还可以使用 DESCRIBE 命令显示表的结构。

【例 7-5】查看 jwgl 数据库中包含的表，并显示 student 的结构。

```
USE jwgl;
SHOW TABLES;
DESCRIBE student;
```

执行过程及结果如图 7-5 所示。

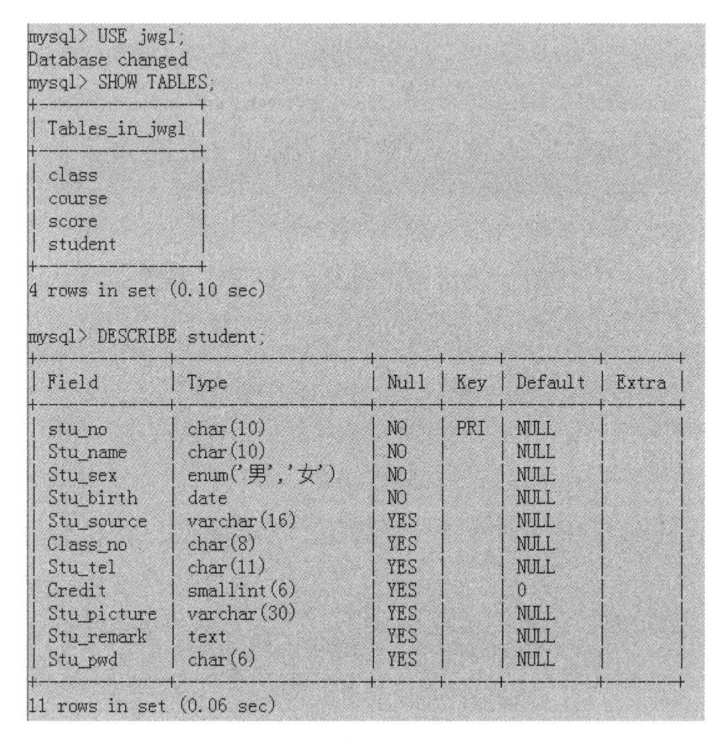

```
mysql> USE jwgl;
Database changed
mysql> SHOW TABLES;
+----------------+
| Tables_in_jwgl |
+----------------+
| class          |
| course         |
| score          |
| student        |
+----------------+
4 rows in set (0.10 sec)

mysql> DESCRIBE student;
+-------------+------------------+------+-----+---------+-------+
| Field       | Type             | Null | Key | Default | Extra |
+-------------+------------------+------+-----+---------+-------+
| stu_no      | char(10)         | NO   | PRI | NULL    |       |
| Stu_name    | char(10)         | NO   |     | NULL    |       |
| Stu_sex     | enum('男','女')  | NO   |     | NULL    |       |
| Stu_birth   | date             | NO   |     | NULL    |       |
| Stu_source  | varchar(16)      | YES  |     | NULL    |       |
| Class_no    | char(8)          | YES  |     | NULL    |       |
| Stu_tel     | char(11)         | YES  |     | NULL    |       |
| Credit      | smallint(6)      | YES  |     | 0       |       |
| Stu_picture | varchar(30)      | YES  |     | NULL    |       |
| Stu_remark  | text             | YES  |     | NULL    |       |
| Stu_pwd     | char(6)          | YES  |     | NULL    |       |
+-------------+------------------+------+-----+---------+-------+
11 rows in set (0.06 sec)
```

图 7-5　查看表并显示表结构

7.2.2 修改表

7.2-2 修改删除表.avi

1. 修改表结构

ALTER TABLE 用于更改表的结构，可以增加或删除列、创建或取消索引、更改原有列的数据类型、重新命名列或表，还可以更改表的批注和表的类型。

```
ALTER TABLE 表名
  ADD 列定义[FIRST|AFTER 列名]
      |MODIFY 列定义
  |ALTER 列名 {SET DEFAULT 值|DROP DEFAULT}
      |CHANGE 列名 原列名
  |DROP 列名
  |RENAME [TO] 新表名
```

其中各项介绍如下。

ADD 子句：向表中增加新列。通过“FIRST | AFTER 列名”指定增加列的位置，否则加在最后一列。

例如，在 person 表中增加一列 sex，命令如下：

```
USE temptest;
ALTER TABLE person ADD sex char(1) null;
```

MODIFY 子句：修改指定列的数据类型。

例如，要把一个列的数据类型修改为 enum，命令如下：

```
ALTER TABLE person MODIFY sex enum('男','女') not null;
```

注意：若表中该列已有的数据类型与要修改的数据类型冲突，则发生错误。

ALTER 子句：修改表中指定列的默认值，或者删除列的默认值。

CHANGE 子句：修改列的名称。

DROP 子句：删除列或约束。

【例 7-6】在 jwgl 数据库的 student 表中增加 email 列，并将 stu_pwd 列删除。

```
USE jwgl;
ALTER TABLE student
     ADD email varchar(20) null,
  DROP stu_pwd;
```

2. 更改表名

除了上面的 ALTER TABLE 命令，还可以直接用 RENAME TABLE 语句来更改表的名称。命令格式如下：

```
RENAME TABLE 原表名 TO 新表名;
```

【例 7-7】将 temptest 数据库中的表 new_person 更名为 copy_person2，copy_person 更名为 copy_person1。

```
RENAME TABLE new_person TO copy_person2;
Alter table copy_person RENAME TO copy_person1;
```

7.2.3 删除表

需要删除一个表时可以使用 DROP TABLE 语句，其语法格式如下：

```
DROP TABLE [IF EXISTS] 表名…
```

这个命令将表的描述、表的完整性约束、索引及和表相关的权限等一并删除。

【例 7-8】删除表 copy_person2。

```
DROP TABLE IF EXISTS copy_person2;
```

7.3 表记录操作

7.3-1 表记录操作-插入记录.avi

表创建以后，往往只是一个没有数据的空表。因此，向表中输入数据应当是创建表之后首先要执行的操作。无论表中是否有数据，都可以根据需要向表中添加数据，如果表中的数据不再需要，则可以删除这些数据。本节将详细描述如何添加、更新、删除表中的数据。

7.3.1 插入记录

一旦创建了数据库表，就要向表中插入数据。通过 INSERT 或 REPLACE 语句可以向表中插入一行或多行记录。

1. 插入新记录

使用 INSERT 语句可以向表中插入一行记录，也可以插入多行记录，插入的行可以给出每列的值，也可以只给出部分值，还可以向表中插入其他表的数据。其基本的语法格式如下：

```
INSERT [INTO] 表名
      [(列名,…)] VALUES({expr|DEFAULT},…)
      |SET 列名={expr|DEFAULT},…
```

其中各项介绍如下。

列名：需要插入数据的列名。如果要给全部列插入数据，列名可以省略。

VALUES 子句：包含各列需要插入的数据清单，数据的顺序要与列的顺序相对应。若没有给出列名，则要在 VALUES 子句中给出每一列的值。如果列值为空，则值必须设置为 NULL，否则会出错。VALUES 子句中的值有如下两个。

◎ expr：可以是一个常量、变量或一个表达式，也可以是空值，其值的数据类型要与列的数据类型一致。当数据为字符型时要用单引号括起来。

◎ DEFAULT：指定为该列的默认值。前提是该列之前已被指定了默认值。如果列清单和 VALUES 清单都为空，则 INSERT 会创建一行，每个列都设置成默认值。

SET 子句：用于给列指定值。要插入数据的列名在 SET 子句中指定，其后面为给定的具体数据。未指定的列，列值为默认值。

【例 7-9】向 jwgl 数据库的 student 表中插入一行数据，除 stu_no、stu_name、stu_sex、stu_birth 列以外，其他列为空值。

```
USE jwgl;
INSERT INTO student
  VALUES('1801010101','秦建兴','男','2000-05-05',
null,null,null,null,null,null,null);
```

也可以使用下面的命令：

```
INSERT INTO student(stu_no,stu_name,stu_sex,stu_birth)
  VALUES('1801010101','秦建兴','男','2000-05-05');
```

还可以使用下面的命令：

```
INSERT INTO student
  SET stu_no='1801010101',
SET stu_name='秦建兴',
SET stu_sex='男',
SET stu_birth='2000-05-05';
```

注意：若原有数据中存在 PRIMARY KEY 或 UNIQUE KEY，而插入的数据行中含有与原有行中 PRIMARY KEY 或 UNIQUE KEY 相同的列值，则 INSERT 语句无法插入此行。

2. 从已有表中插入新记录

使用 INSERT INTO…SELECT…语句可以快速地从一个或多个已有的表记录向表中插入多个行，其语法格式如下：

```
INSERT [INTO] 表名[(列名,…)]
  SELECT 语句
```

SELECT 语句中返回的是一个查询到的结果集，INSERT 语句将这个结果集插入指定表中，但结果集中每行数据的字段数、字段的数据类型要与被操作的表完全一致。有关 SELECT 语句会在第 9 章具体介绍。

【例 7-10】 在 jwgl 数据库中由 student 表复制一个表 xs，并将 student 表中的数据插入 xs 表中。

```
USE jwgl
CREATE TABLE xs LIKE student;
INSERT INTO xs SELECT * FROM student;
```

3. 插入图片

MySQL 还支持插入图片，图片一般要以路径的形式来存储，即可以采用插入图片的存储路径的方式来操作。当然也可以直接插入图片，只要用 LOAD_FILE 函数即可。

【例 7-11】 向 student 表中插入一行数据，除包含非空列外还包含 stu_picture 列。

```
INSERT INTO student(stu_no,stu_name,stu_sex,stu_birth,stu_picture)
VALUES('1801010102','张吉哲','男','2000-12-05','D:\IMAGE\02.jpg');
```

7.3.2 修改记录

7.3.2 修改删除记录.avi

1. 替换旧记录

REPLACE 语句可以在插入数据之前将与新记录冲突的旧记录删除，从而使新记录能够替换旧记录，正常插入。REPLACE 语句的格式与 INSERT 相同。其语法格式如下。

```
REPLACE [INTO] 表名
      [(列名,…)] VALUES({expr|DEFAULT},…)
      |SET 列名={expr|DEFAULT},…
```

【例 7-12】若上例中的记录行已经插入，其中学号 stu_no 为主键，现在想再插入下面的记录则会出错，如图 7-6 所示。

```
INSERT INTO student(stu_no,stu_name,stu_sex,stu_birth)
 VALUES('1801010102','王胜男','女','1999-11-08');
```

```
mysql> INSERT INTO student(stu_no,stu_name,stu_sex,stu_birth)
    -> VALUES('1801010102','王胜男','女','1999-11-08');
ERROR 1062 (23000): Duplicate entry '1801010102' for key 'PRIMARY'
```

图 7-6　错误插入重复主键值

使用 REPLACE 语句，则可以成功插入，如图 7-7 所示。

```
REPLACE INTO student(stu_no,stu_name,stu_sex,stu_birth)
 VALUES('1801010102','王胜男','女','1999-11-08');
```

```
mysql> REPLACE INTO student(stu_no,stu_name,stu_sex,stu_birth)
    ->   VALUES('1801010102','王胜男','女','1999-11-08');
Query OK, 2 rows affected (0.11 sec)
```

图 7-7　成功插入记录

要修改表中的一行记录，使用 UPDATE 语句，UPDATE 语句可用来修改一个表，也可以修改多个表。

2. 修改单个表

修改单个表的语法格式如下：

```
UPDATE 表名
      SET 列名 1=expr1 [列名 2=expr2,…]
      [WHERE 条件]
```

若语句中不设定 WHERE 子句，则更新所有行。列名 1、列名 2…为要修改的列，列值为 expr，expr 可以是常量、变量、列名或表达式。可以同时修改所在数据行的多个列值，中间用逗号分隔。

WHERE 子句：指定的修改记录条件。如果省略则修改表中的所有行。

【例 7-13】修改 jwgl 数据库中 student 表中的秦建兴同学的数据，将备注修改为“辅修金融学专业”。

```
UPDATE student
  SET stu_remark='辅修金融学专业'
       WHERE stu_name='秦建兴';
```

执行过程及结果如图 7-8 所示。

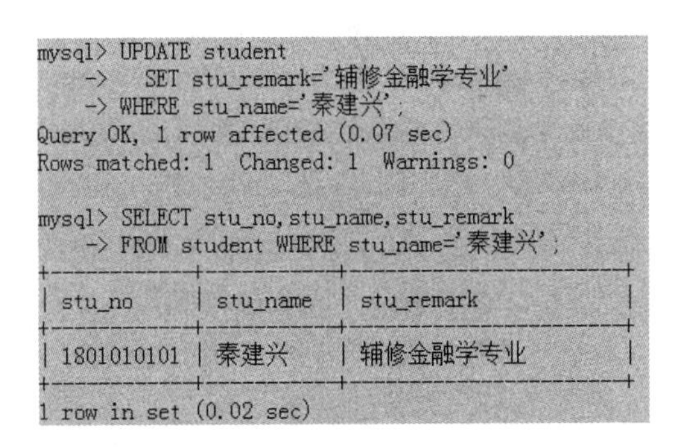

```
mysql> UPDATE student
    ->    SET stu_remark='辅修金融学专业'
    -> WHERE stu_name='秦建兴';
Query OK, 1 row affected (0.07 sec)
Rows matched: 1  Changed: 1  Warnings: 0

mysql> SELECT stu_no,stu_name,stu_remark
    -> FROM student WHERE stu_name='秦建兴';
+------------+----------+----------------+
| stu_no     | stu_name | stu_remark     |
+------------+----------+----------------+
| 1801010101 | 秦建兴   | 辅修金融学专业 |
+------------+----------+----------------+
1 row in set (0.02 sec)
```

图 7-8　修改表记录

3. 修改多个表

```
UPDATE 表名,表名…
     SET 列名1=expr1 [列名2=expr2,…]
     [WHERE 条件]
```

【例 7-14】修改 jwgl 数据库中的 student 表和 xs 表，将秦建兴同学的出生日期 stu_birth 修改为“1999 年 5 月 15 日”。

```
UPDATE student,xs
     SET student.stu_birth='1999-5-15',xs.stu_birth='1999-5-15'
     WHERE student.stu_no=xs.stu_no AND xs.stu_name='秦建兴';
```

在同时修改多个表时应注意对命令中列名的限定说明，如果一个列在多个表中均存在，则需在使用列时指定表名，形式为：表名.列名。上面例题操作后的结果是两个表中秦建兴同学的出生日期均修改为“1999 年 5 月 15 日”。

7.3.3　删除记录

DELETE 语句或 TRUNCUTE TABLE 语句可以用来删除表中的一行或多行记录。

1. 删除单个表中的行

使用 DELETE 语句可以删除数据表中的一行或多行记录。其基本语法格式如下。

```
DELETE FROM 表名 [WHERE 条件]
```

其中各项介绍如下。

FROM 子句：用于说明从何处删除数据，表名为要删除数据的表名。

WHERE 子句：指定删除记录的条件。如果省略 WHERE 子句则删除该表的所有行。

【例 7-15】删除 student 表中王胜男同学的记录。

```
USE jwgl
DELETE FROM student WHERE stu_name='王胜男';
```

2. 使用 TRUNCATE TABLE 清空数据表

清除表中所有记录也可以使用 TRUNCATE TABLE 语句。其语法格式如下：

```
TRUNCATE TABLE 表名
```

该语句的功能是删除表中的所有记录，与不带 WHERE 子句的 DELETE 语句功能相似。不同的是，DELETE 语句在删除每一行时都要把删除操作记录到日志中，而 TRUNCATE TABLE 语句则是通过释放表数据页面的方法来删除表中的数据，它只将对数据页面的释放操作记录到日志中，所以 TRUNCATE TABLE 语句的执行速度快，删除数据不可恢复，而 DELETE 语句的操作可以通过事务回滚来恢复数据。

习题

1. 如何理解表中记录和实体的对应关系？为什么说关系也是实体？
2. NUL 和 NULL 有什么区别？
3. DELETE 和 TRUNCATE 有什么区别？
4. INSERT 和 REPLACE 有什么区别？
5. 执行 DELETE 命令后表结构被删除了吗？使用什么命令可以删除表结构？
6. 请同学们完成以下操作。

(1) 创建 jwgl 数据库，并在数据库中创建 student、course 和 score 表，表结构如表 7-6、表 7-7、表 7-8 所示。

表 7-6 student 表的结构

列名	数据类型(宽度)	是否主外键	是否允许为空	字段说明
stu_no	char(10)	主键	否	学号
stu_name	char(10)		否	姓名
stu_sex	enum('男','女')		否	性别
stu_birth	date		否	出生日期
stu_source	varchar(16)		是	生源地
class_no	char(8)	外键		班级号
stu_tel	char(11)		是	电话
credit	smallint		是	学分
stu_picture	varchar(30)		是	照片(存放地址)
stu_remark	text		是	备注
stu_pwd(后增加的)	char(6)		否	密码

表 7-7 course 表的结构

列名	数据类型(宽度)	是否主外键	是否允许为空	字段说明
course_no	char(6)	主键		课程号
course_name	varchar(16)		否	课程名
course_credit	tinyint		否	学分
course_hour	smallint		否	学时
course_term	tinyint		否	开课学期

表 7-8　score 表的结构

列名	数据类型(宽度)	是否主外键	是否允许为空	字段说明
stu_no	char(10)	主键(外键)		学号
course_no	char(6)	主键(外键)		课程号
score	float		是	成绩

(2) 分别向 3 个表中插入相应的记录，记录内容如表 7-9、表 7-10、表 7-11 所示。

表 7-9　student 表的记录

学号	姓名	性别	出生时间	生源地	班级号	联系电话	密码
1801010101	秦建兴	男	2000-05-05	北京市	18010101	18401101456	111111
1801010102	张吉哲	男	2000-12-05	上海市	18010101	13802104456	111111
1801010103	王胜男	女	1999-11-08	广东省广州市	18010101	18624164512	111111
1801010104	李楠楠	女	2000-08-25	重庆市	18010101	13902211423	111111
1801010105	耿明	男	2000-7-15	北京市	18010101	18501174581	111111

表 7-10　course 表的记录

课程号	课程名	学分	学时	开课学期
100101	马克思主义基本原理	3	54	1
200101	大学英语	3	54	2
010001	大学计算机基础	3	54	2
010002	数据结构	3	54	3
010003	数据库原理	4	68	4
010004	操作系统原理	4	68	4
020001	金融学	4	68	2

表 7-11　score 表的记录

学号	课程号	成绩	学号	课程号	成绩
1801010101	100101	89	1801010101	200101	77
1801010102	100101	75	1801010102	200101	85
1801010103	100101	78	1801010103	200101	76
1801010104	100101	55	1801010104	200101	56
1801010105	100101	81	1801010105	200101	81

第8章 MySQL 索引与完整性约束

数据库中的索引与书的目录类似。在一本书中，利用目录可以快速找到所需信息，无须阅读整本书。在数据库中，使用索引无须对整个表进行扫描，就可以在其中找到所需数据。

在 MySQL 中，为防止不符合规范的数据进入数据库，MySQL 系统自动按一定的完整性约束条件对用户输入的数据进行监测，以确保数据库中存储的数据符合要求。

通过学习本章，需要掌握以下内容：

◎ 了解索引的概念和功能；

◎ 掌握创建、修改、删除索引的方法；

◎ 掌握完整性约束的实现方法。

8.1 MySQL 索引

8.1 索引概念、原则及分类.avi

书中的索引是一个词语列表，其中注明了各个词的页码。在数据库中，索引通过记录表中的关键值指向表中的记录，这样数据库引擎不用扫描整个表即可定位到相关的记录。

8.1.1 MySQL 索引概述

索引是对数据库表中一个或多个字段的值进行排序而创建的一种分散存储结构。索引是一个单独的、物理的数据库结构，它是某个表中一列或若干列值的集合和相应的指向表中物理标识这些值的数据页的逻辑指针清单。索引是依赖于表建立的，它提供了数据库中编排表中数据的内部方法。

合适的索引具有以下功能。

(1) 加快数据查询。在表中创建索引后，MySQL 将在数据表中为其建立索引页。每个索引页中的行都含有指向数据页的指针，当进行以索引为条件的数据查询时，将大大提高查询速度。也就是说，经常用来作为查询条件的列，应当建立索引；相反，不经常作为查询条件的列则可以不建索引。

(2) 加快表的连接、排序和分组工作。在进行表的连接或使用 ORDER BY 和 GROUP BY 子句检索数据时，都涉及数据的查询工作，建立索引后，可以显著减少表的连接及查询中分组和排序的时间。加速表与表之间的连接，在实现数据的参照完整性方面有特别的意义。但是，并不是在任何查询中都需要建立索引。索引带来的查找效率提高是有代价的，因为索引也要占用存储空间，而且为了维护索引的有效性，会使添加、修改和删除数据记录的速度变慢。所以，过多的索引不一定能提高数据库的性能，必须科学地设计索引，才能提高数据库的性能。

(3) 索引能提高 WHERE 语句的数据提取速度，也能提高更新和删除数据记录的速度。

(4) 确保数据的唯一性。当创建 PRIMARY KEY 和 UNIQUE 约束时，MySQL 会自动为其创建一个唯一的索引。而该唯一索引的用途就是确保数据的唯一性。当然，并非所有的索引都能确保数据的唯一性，只有唯一索引才能确保列的内容绝对不重复。如果索引只是为了提高访问的速度，而不需要进行唯一性检查，就没有必要建立唯一的索引，而只需创建一般的索引即可。

尽管索引存在许多优点，但并不是多多益善，如果不合理地运用索引，系统反而会付出一定的代价。因为创建和维护索引，系统会消耗时间，当对表进行增、删、查、改等操作时，索引要进行维护，否则索引的作用也会下降。另外，索引本身会占一定的物理空间，如果占用的物理空间过多，就会影响整个 MySQL 的性能。

8.1.2 创建索引的原则

到底怎样创建索引呢？到底应该创建多少索引才算合理呢？其实很难有一个确定的答案，这里提供几个创建索引的原则，仅供参考。

(1) PRIMARY KEY 约束所定义的作为主键的字段，主键可以快速定位到相应的记录。

(2) 应用 UNIQUE 约束的字段，唯一键可以加快定位到相应的记录，还能保证键的唯一性。

(3) FOREIGN KEY 约束所定义的作为外键的字段，因为外键通常用来做连接，在外键上建索引可以加快表间的连接。

(4) 在经常被用来搜索数据记录的字段上建立索引，键值就会排列有序，查找时就会加快查询速度。

(5) 对经常用来作为排序基准的字段建立索引。

除了上述情况外的字段，基本不建议创建索引。此外，对于很少或从来不在查询中引用的列，以及只有两个或很少几个值的列(如性别，只有两个值“男”和“女”)，以这样的列创建索引并不能得到建立索引的好处。数据行数很少的表一般没有必要创建索引。

8.1.3 索引的分类

索引是根据表中的一列或若干列按照一定顺序建立的列值与记录行之间的对应关系表。在列上创建索引之后，查找数据时可以直接根据该列上的索引找到对应行的位置，从而快速地找到数据。

例如，如果用户创建了 student 表中学号列的索引，MySQL 将在索引中排序学号列。对于索引中的每一项，MySQL 在内部为它保存一个数据文件中实际记录所在的位置“指针”。因此，如果要查找学号为“1801010105”的学生信息，MySQL 能在学号列的索引中找到“1801010105”的值，然后直接转到数据文件中相应的行，准确地返回该行的数据。在这个过程中，MySQL 只需处理一行就可以返回结果。如果没有学号列的索引，MySQL 则要扫描数据文件中的所有记录。

索引是存储在文件中的，所以索引也是要占用物理空间的，MySQL 将一个表的索引都保存在同一个索引文件中。如果更新表中的一个值或者向表中添加或删除一行，MySQL 会自动地更新索引，因此索引树总是和表的内容保持一致。

索引类型分成以下几种。

1) 普通索引

普通索引(INDEX)是最基本的索引类型，它没有唯一性之类的限制。创建普通索引的关键字是 INDEX。

2) 唯一性索引

唯一性索引和前面的普通索引基本相同，但有一个区别，索引列的所有值只能出现一次，即必须是唯一的。

3) 主键

主键(PRIMARY KEY)是一种唯一性索引。主键一般在创建表的时候指定，也可以通过修改表的方式加入主键。但是每个表只能有一个主键。

4) 全文索引(FULLTEXT)

MySQL 支持全文检索和全文索引。全文索引只能在 VARCHAR 或 TEXT 类型的列上创建。

关于索引还需要说明的有以下几点：

(1) 只有当表类型为 MyISAM、InnoDB 或 BDB 时，才可以向有 NULL、BLOB 或 TEXT

的列中添加索引。

(2) 一个表最多可以有 16 个索引。最大索引长度是 256 个字节。

(3) 对于 CHAR 和 VARCHAR 列，可以索引列的前缀。这样索引的速度更快并且比索引整个列需要较少的磁盘空间。

(4) MySQL 能在多个列上创建索引。索引可以由最多 15 个列组成。

8.2 MySQL 索引操作.avi

8.2 MySQL 索引操作

1. CREATE INDEX 语句创建

CREATE INDEX 语句可以在一个已有表上创建索引，一个表可以创建多个索引，其语法格式如下：

```
CREATE [UNIQUE|FULLTEXT|SPATIAL]
  INDEX 索引名 [索引类型] ON 表名(索引列名,…)
  [索引选项]…
```

其中索引列名的形式：列名[(长度)] [ASC|DESC]。

UNIQUE 表示创建的是唯一性索引；FULLTEXT 表示创建全文索引；SPATIAL 表示创建空间索引，可以用来索引几何数据类型的列。

索引名：索引在一个表中名称必须是唯一的。

索引类型：BTREE 和 HASH。BTREE 为采用二叉树方式，HASH 为采用哈希方式。

索引列名：创建索引的列名后的长度表示索引中关键字的长度。这可使索引文件的大大减小，从而节省磁盘空间。另外，还可以规定索引按升序(ASC)或降序(DESC)排列，默认为 ASC。

如果一个索引包含多个列，中间用逗号隔开，但它们属于同一个表，这样的索引叫做复合索引。

但是，CREATE INDEX 语句并不能创建主键。

【例 8-1】根据 student 表的学号列上的前 6 个字符建立一个升序索引 xh_index。在 Score 表上建立一个学号和课程号的复合索引 xh_kh。

```
USE jwgl;
CREATE INDEX xh_index ON student(stu_no(5) ASC);
CREATE INDEX xh_kh ON score(stu_no,course_no);
```

使用“SHOW INDEX FROM 表名”命令查看表的索引情况。

2. 在建立表时创建索引

```
CREATE TABLE [IF NOT EXISTS] 表名
  ( [列定义], …|[索引定义]
PRIMARY KEY(列名,…));
```

其中索引定义包含以下内容：

```
PRIMARY KEY(列名,…)                                  /*主键*/
|INDEX|KEY [索引名] [索引类型](索引列名,…)             /*普通索引*/
|UNIQUE [索引名](索引列名,…)                           /*唯一性索引*/
```

```
|FULLTEXT|SPATIAL [索引名](索引列名,…)                    /*全文索引*/
|FOREIGN KEY [索引名](索引列名,…) [参照性定义]             /*外键*/
```

其中：

KEY 通常是 INDEX 的同义词。在定义列的时候，也可以将某列定义为 PRIMARY KEY，但是当主键是由多个列组成的多列索引时，定义列时无法定义此主键，必须在语句最后加上一个 PRIMARY KEY(列名,…)子句。

CONSTRAINT[名称]为主键、UNIQUE 键和外键定义一个约束名。

【例 8-2】在 jwgl 数据库中，成绩表 score 的主键是学号 stu_no 和课程号 course_no 的联合主键，创建 score 表，并定义主键。

```
USE jwgl;
CREATE TABLE score
  (stu_no char(10) NOT NULL,
   course_no char(6) NOT NULL ,
   score float,
   Primary key(stu_no,course_no));
```

3. ALTER TABLE 语句创建索引

用户使用 ALTER TABLE 语句修改表，其中也包括向表中添加索引，其语法格式如下：

```
ALTER TABLE 表名
…
|ADD PRIMARY KEY(列名,…)                                 /*主键*/
|ADD INDEX|KEY [索引名] [索引类型](索引列名,…)            /*普通索引*/
|ADD UNIQUE [索引名](索引列名,…)                         /*唯一性索引*/
|ADD FOREIGN KEY [索引名](索引列名,…) [参照性定义]        /*外键*/
```

【例 8-3】通过修改表，在 student 表的 stu_name 列上创建一个普通索引，索引类型为 BTREE。

```
ALTER TABLE student
ADD INDEX xs_xm using BTREE(stu_name);
```

4. 删除索引

当一个索引不再需要时，可以用 DROP INDEX 语句或 ALTER TABLE 语句删除。

1)　使用 DROP INDEX 删除

语法格式如下：

```
DROP INDEX 索引名 ON 表名
```

2)　使用 ALTER TABLE 删除

语法格式如下：

```
ALTER TABLE 表名
…
DROP PRIMARY KEY
|DROP 索引名
|DROP FOREIGN KEY 外键标识
```

其中，DROP 子句可以删除各种类型的索引。用户在删除主键时不需要提供索引名称，因为一个表中只有一个主键。

【例 8-4】删除 student 表上的 xs_xm 索引。

方法一：

```
DROP INDEX xs_xm ON STUDENT;
```

方法二：

```
ALTER TABLE student DROP INDEX xs_xm;
```

如果从表中删除了列，索引可能会受影响。如果所删除的列为索引的组成部分，则该列也会从索引中删除。如果组成索引的所有列都被删除，则整个索引将被删除。

8.3 MySQL 数据完整性约束

8.3-1 MySQL 数据完整性约束.avi

MySQL 的数据完整性约束主要包括主键约束、外键约束、CHECK 约束等。一旦定义了完整性约束，MySQL 就会负责在每次更新时，测试新的数据内容是否符合相关的约束。

8.3.1 主键约束

主键就是表中的一列或多个列的组合，其值能唯一地标识表中的每一行，是实体完整性的具体实现。

(1) 通过定义 PRIMARY KEY 约束来创建主键，而且 PRIMARY KEY 约束中的列不能取空值。

(2) 当为表定义 PRIMARY KEY 约束时，MySQL 为主键列创建唯一性索引，实现数据的唯一性。

(3) 在查询中使用主键时，该索引可用来对数据进行快速访问。

(4) 如果 PRIMARY KEY 约束是由多列组合定义的，则某一列的值可以重复，但 PRIMARY KEY 约束定义中所有列的组合值必须唯一。

可以用两种方式定义主键，作为列或表的完整性约束。

(1) 作为列的完整性约束时，只需在列定义的时候加上关键字 PRIMARY KEY。

(2) 作为表的完整性约束时，需要在语句最后加上一条 PRIMARY KEY(列名,…)子句。

【例 8-5】创建 course 表，将 course_no 定义为主键。

```
CREATE TABLE course
(course_no char(6) primary key,
course_name varchar(16) not null,
course_credit tinyint not null,
course_hour smallint not null,
course_term tinyint not null);
```

【例 8-6】创建 score 表，将 stu_no 和 course_no 定义为复合主键。

```
CREATE TABLE score
(stu_no char(10),
```

```
course_no char(6),
score float,
PRIMARY KEY(stu_no,course_no));
```

主键定义后，MySQL 自动为主键创建一个索引。通常，这个索引名为 PRIMARY 当然，也可以重新为这个索引命名。例如，将上面例题中的复合主键索引名定义为 score_pri。

```
CREATE TABLE score
(stu_no char(10),
course_no char(6),
score float,
PRIMARY KEY score_pri(stu_no,course_no));
```

8.3.2 替代键约束

替代键约束像主键一样，是表的一列或多列，它们的值在任何时候都是唯一的。替代键是没有被选作主键的候选键。定义替代键的关键字是 UNIQUE。

【例 8-7】创建表 stu1，并将表中的姓名 stu_name 定义为替代键。

```
Create table stu1
(Stu_no char(10) primary key,
Stu_name char(10) not null UNIQUE,
Stu_sex enum('男', '女') not null,
Stu_birth date not null);
```

替代键还可以定义为表的完整性约束，所以上面的命令也可以这样定义：

```
Create table stu1
(Stu_no char(10)not null,
Stu_name char(10) not null,
Stu_sex enum('男', '女') not null,
Stu_birth date not null,
PRIMARY KEY(stu_no),
UNIQUE(stu_name));
```

在 MySQL 中，替代键和主键的区别主要有以下几点：

(1) 一个数据表只能有一个主键。但是一个表可以有若干个 UNIQUE 键，并且它们甚至可以重合。例如，在 C1 和 C2 列上定义了一个替代键，同时又在 C2 和 C3 列上定义了另一个替代键。

(2) 主键字段的值不允许为 NULL，而 UNIQUE 字段的值可以取 NULL，但是必须使用 NULL 或 NOT NULL 声明。

(3) 一般创建 PRIMARY KEY 约束时，系统会自动产生 PRIMARY KEY 索引。创建 UNIQUE 约束时，系统自动产生 UNIQUE 索引。

8.3.3 参照完整性约束

8.3-2 参照完整性、命名完整性、删除约束.avi

在本书示例的 jwgl 数据库中，有很多规则是和表之间的关系有关的。例如，存储在 score 表中的所有学号必须同时存在于 student 表的学号 stu_no

列中，score 表中的所有课程号 course_no 也必须出现在课程表 course 中的课程号 course_no 列中。这种类型的关系就是“参照完整性约束”。参照完整性约束是一种特殊的完整性约束，表现为一个外键。所以 score 表中的学号 stu_no 和课程号 course_no 都可以定义为外键。外键可以在创建表的时候定义，也可以在修改表的时候定义。

创建表时定义参照完整性的语法格式如下：

```
CREATE TABLE [IF NOT EXISTS] 表名
  ( [列定义], …|[索引定义]
PRIMARY KEY(列名,…));
  …
|FOREIGN KEY [索引名](索引列名) [参照性定义]
  REFERENCES 表名[(索引列名)]
  [ON DELETE {RESTRICT|CASCADE|SET NULL|NO ACTION}]
  [ON UPDATE {RESTRICT|CASCADE|SET NULL|NO ACTION}]
```

其中各项介绍如下。

FOREIGN KEY：称为外键，被定义为表的完整性约束。

REFERENCES：称为参照性，定义中包含外键所参照的表和列。这里的表叫被参照表，而外键表叫参照表。其中，列名是外键可以引用一个或多个列，外键中的所有列值在引用的列中必须全部存在。外键可以只引用主键或替代键。

ON DELETE| ON UPDATE：可以为每个外键定义参照动作。

参照动作包括两部分：

在第一部分中，指定这个参照动作应用哪一条语句，这里有两条相关语句，即 DELETE 和 UPDATE 语句。在第二部分中，指定采用哪个动作，可能采取的动作是 RESTRICT、CASCADE、SET NULL、NO ACTION 和 SET DEFAULT。

下面说明这些不同动作的含义。

(1) RESTRICT：当要删除或更新父表中被参照列上的在外键中出现的值时，拒绝对父表的删除或更新操作。

(2) CASCADE：当从父表删除或更新行时自动删除或更新子表中匹配的行。

(3) SET NULL：当从父表删除或更新行时，设置子表中与之对应的外键列为 NULL，如果外键列没有指定 NOT NULL 限定词，这就是合法的。

(4) NO ACTION：意味着不采取任何动作，就是如果有一个相关的外键值在被参考的表里，删除或更新父表中主键值的企图不被允许，与 RESTRICT 相同。

(5) SET DEFAULT：作用和 SET NULL 一样，只不过是指定子表中的外键列为默认值。

如果没有指定动作，两个参照动作就会默认使用 RESTRICT。

【例 8-8】创建 xs1 表，所有 student 表中的学生学号都必须出现在 xs1 表中，假设已经使用学号 stu_no 作为 student 表的主键。

```
CREATE TABLE xs1
(学号 char(10) primary key,
姓名 char(10) not null,
性别 enum('男', '女') not null,
出生时间 date not null,
FOREIGN KEY (学号) REFERENCES student(stu_no)
  ON DELETE RESTRICT
```

```
ON UPDATE RESTRICT);
```

在这条语句执行后，确保 MySQL 插入到外键表中的每一个非空值都已经在被参照表中作为主键出现。

这意味着对于 xs1 表中的每一个学号，都执行一次检查，看这个号码是否已经出现在 student 表的 stu_no 列中。如果情况不是这样，用户或应用程序会收到一条出错信息，并且更新被拒绝。这也适用于使用 UPDATE 语句更新 xs1 表中的学号列。即 MySQL 确保了 xs1 表中的学号列的内容总是 student 表中 stu_no 列的内容的一个子集。

当指定一个外键时，注意以下几点：

(1) 被参照表必须已经使用 CREATE TABLE 语句创建，或者必须是当前正在创建的表。在后一种情况下，参照表与被参照表是同一个表。

(2) 必须为被参照表定义主键。

(3) 必须在被参照表的表名后面指定列名或列名的组合。这个列或列的组合必须是这个表的主键或替代键。

(4) 尽管主键是不能包含空值的，但允许在外键中出现一个空值。这意味着，只要外键和每个非空值出现在指定的主键中，这个外键的内容就是正确的。

(5) 外键中的列的数目必须和被参照表的主键中的列的数目相同。

(6) 外键中的列的数据类型必须和被参照表的主键中列的数据类型对应相同。

如果外键相关的被参照表和参照表是同一个表，称为自参照表，这种结构称为自参照完整性。

【例 8-9】创建 score 表，将 stu_no 与 course_no 设置为组合主键，并分别将 stu_no 和 course_no 设置为外键。

```
CREATE TABLE score
(stu_no char(10),
course_no char(6),
score float,
PRIMARY KEY score_pri(stu_no,course_no),
FOREIGN KEY (stu_no) REFERENCES student(stu_no),
FOREIGN KEY (course_no) REFERENCES course(course_no)
);
```

8.3.4 命名完整性约束

如果一条 INSERT、UPDATE 或 DELETE 语句违反了完整性约束，则 MySQL 返回一条出错消息并且拒绝更新。一个更新可能会导致违反多个完整性约束。在这种情况下，应用程序会获取出错消息。为了确切地表示出是违反了哪一个完整性约束，可以为每个完整性约束分配一个名字，出错消息会包含这个名字，从而使得消息对于应用程序更有意义。CONSTRAINT 关键字用来指定完整性约束的名字，其语法格式如下：

```
CONSTRAINT [完整性约束名]
```

完整性约束名在完整性约束的前面被定义，在数据库里这个名字必须是唯一的。如果没有给出完整性约束名，则 MySQL 将自动创建这个名字。只能给表完整性约束指定约束名，而无法给列完整性约束指定名字。在定义完整性约束的时候应当尽可能地分配约束名，以便在删除完整性约束时可以更容易地引用它们。

【例 8-10】创建 xs2 表，包含学号、姓名、性别和出生时间，学号定义为主键约束 xs_pri。

```
CREATE TABLE xs2
(学号 char(10) not null,
姓名 char(10) not null,
性别 enum('男', '女') not null,
出生时间 date not null,
CONSTRAINT xs_pri PRIMARY KEY(学号));
```

8.3.5 删除约束

如果使用一条 DROP TABLE 语句删除一个表，则所有的完整性约束都会被自动删除，被参照表的所有外键也均被删除。使用 ALTER TABLE 语句，完整性约束可以单独被删除，而不必删除表。删除完整性约束的语法和删除索引的语法一样。

【例 8-11】删除 xs2 表的主键约束。

```
ALTER TABLE xs2 DROP PRIMARY KEY;
```

执行情况和删除前后的对比如图 8-1 所示。

```
mysql> DESC xs2;
+----------+----------------+------+-----+---------+-------+
| Field    | Type           | Null | Key | Default | Extra |
+----------+----------------+------+-----+---------+-------+
| 学号     | char(10)       | NO   | PRI | NULL    |       |
| 姓名     | char(10)       | NO   |     | NULL    |       |
| 性别     | enum('男','女') | NO   |     | NULL    |       |
| 出生时间 | date           | NO   |     | NULL    |       |
+----------+----------------+------+-----+---------+-------+
4 rows in set (0.65 sec)

mysql> ALTER TABLE xs2 DROP PRIMARY KEY;
Query OK, 0 rows affected (0.24 sec)
Records: 0  Duplicates: 0  Warnings: 0

mysql> DESC xs2;
+----------+----------------+------+-----+---------+-------+
| Field    | Type           | Null | Key | Default | Extra |
+----------+----------------+------+-----+---------+-------+
| 学号     | char(10)       | NO   |     | NULL    |       |
| 姓名     | char(10)       | NO   |     | NULL    |       |
| 性别     | enum('男','女') | NO   |     | NULL    |       |
| 出生时间 | date           | NO   |     | NULL    |       |
+----------+----------------+------+-----+---------+-------+
4 rows in set (0.02 sec)
```

图 8-1 删除主键约束前后的情况

8.3-3 pk-fk 例.avi

习题

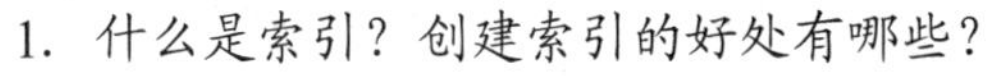

1. 什么是索引？创建索引的好处有哪些？

2. 索引可以分为哪几类？各有什么特点？

3. 复合索引适用于哪些情况?

4. PRIMARY KEY 和 UNIQUE 索引有什么不同?

5. 有几种方法可以创建索引?各有什么不同?

6. 简述完整性约束的分类及实现方法。

7. 简述什么是外键和参照表,以及它们之间的关系。

8. 操作题:按第 7 章习题 6 表中的要求,为 student、course 和 score 表设置主键和外键约束。

第 9 章 MySQL 查询与视图

数据查询是数据库系统应用的主要内容，保存数据就是为了使用，要使用数据就首先要查找到需要的数据。在 MySQL 中使用 SELECT 语句实现数据查询。通过 SELECT 语句可以从数据库中搜寻需要的数据，也可进行数据的统计汇总并返回给用户。SELECT 语句是数据库操作中使用频率最高的语句，是 SQL 语言的灵魂。

可以把经常查询的操作定义为视图，它相当于一个逻辑表，可以用操作表的方法操作视图。

通过学习本章，需要掌握以下内容：

◎ 各种查询方法的语法格式和应用，包括单表查询、单表多条件查询、多表多条件查询、嵌套查询，并能对查询结果进行排序、分组和汇总操作；

◎ 视图的建立、修改、使用和删除操作；并能通过视图查询数据、修改数据、更新数据和删除数据。

本章将以 jwgl 数据库为例，在 student、course 和 score 等表的基础上介绍有关数据查询和视图的技术。

9.1-1 数据查询.avi

9.1 数据查询

查询是指对数据库中的数据按特定的组合、条件或次序进行检索，从数据库中获取数据和操纵数据的过程。查询功能是数据库最基本也是最重要的功能。

数据查询命令是 SQL 中最常用的命令。由于查询要求的不同而有各种变化，因此查询命令也是最复杂的命令。其基本格式是由 SELECT 子句、FROM 子句和 WHERE 子句组成的。

SELECT 语句的完整语法格式如下：

```
SELECT [ALL|DISTINCT|DISTINCTROW] *|字段名列表
    FROM <表名/视图名>
    [WHERE 条件表达式]
    [GROUP BY 分组字段名]
    [HAVING 条件表达式]
[ORDER BY 排序字段[ASC|DESC]][,…n]
[LIMIT 记录数]
```

其中各子句说明如下。

(1) *| 段名列表。表示从表中查询的指定字段，*表示表中所有字段与字段名列表为互斥关系，任选其一；distinct 是可选参数，表示剔除查询结果中重复的数据。

(2) 字段名列表。所要查询的选项的集合，多个选项之间用逗号分隔。

(3) FROM 表名/视图名。表示结果集数据来源于哪些表或视图。

(4) WHERE 条件表达式。条件筛选，只有符合条件的行才会写入结果集中，不符合条件的行数据不会被使用。

(5) GROUP BY 分组字段名。根据分组字段列中的值将查询结果进行分组。

(6) HAVING 条件表达式。应用于结果集的附加筛选。从逻辑上讲，HAVING 子句在中间结果集中对行进行筛选，这些中间结果集是用 SELECT 语句中的 FROM、WHERE 或 GROUP BY 子句创建的。HAVING 子句通常与 GROUP BY 子句一起使用。

(7) ORDER BY 排序字段[ASC|DESC]。定义结果集中行排列的顺序。order_expression 指定组成排序列表的结果集的列。ASC 指定行按升序排序，DESC 指定行按降序排序。

(8) LIMIT 记录数。LIMIT 是可选参数，用于限制查询结果的数量。记录数表示返回查询记录的条数。

SELECT 语句可以完成以下工作。

◎ 投影：用来选择表中的列。

◎ 选择：用来选择表中的行。

◎ 连接：将两个关系拼接成一个关系。

SELECT 语句的功能为：从 FROM 列出的数据源表中，找出满足 WHERE 检索条件的记录，按 SELECT 子句的字段列表输出查询结果表，在查询结果表中可进行分组与排序。

说明： 在 SELECT 语句中，SELECT 子句与 FROM 子句是不可缺少的，其余的子句是可选的。

9.1.1　选择输出列

1. 查询表中若干列

在很多情况下，用户只对表中的一部分属性感兴趣，这时可以通过在 SELECT 子句的<字段列表>中指定要查询的属性。

【例 9-1】在数据库 jwgl 的学生表 student 中查询学生的学号及姓名。

```
USE jwgl;
SELECT stu_no,stu_name
    FROM student;
```

查询结果如图 9-1 所示。

2. 查询表中全部列

将表中的所有属性都选出来，可以有两种方法。一种方法是在 SELECT 命令后面列出所有列名；另一种方法是如果列的显示顺序与其在基表中的顺序相同，也可以简单地将<字段列表>简写为“*”。

【例 9-2】在数据库 jwgl 中，查询课程表 course 中的所有信息。

```
USE jwgl;
SELECT *
    FROM course;
```

查询结果如图 9-2 所示。

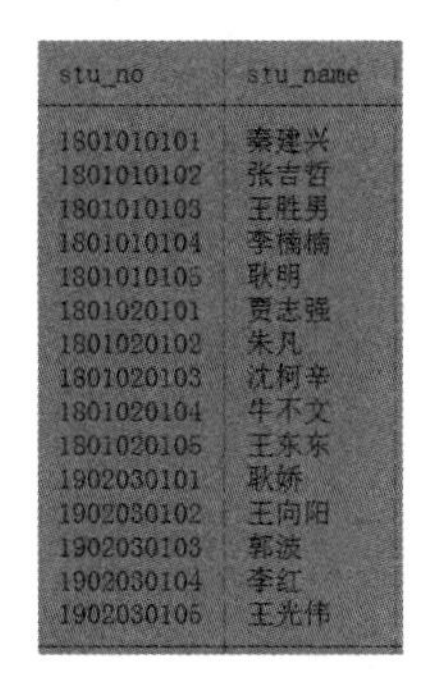

stu_no	stu_name
1801010101	秦建兴
1801010102	张吉哲
1801010103	王胜男
1801010104	李楠楠
1801010105	耿明
1801020101	贾志强
1801020102	朱凡
1801020103	沈柯辛
1801020104	牛不文
1801020105	王东东
1902030101	耿娇
1902030102	王向阳
1902030103	郭波
1902030104	李红
1902030105	王光伟

图 9-1　查询 student 表中指定列的结果

course_no	Course_name	Course_credit	Course_hour	Course_term
010001	大学计算机基础	3	54	2
010002	数据结构	3	54	3
010003	数据库原理	4	68	4
010004	操作系统原理	4	68	4
020001	金融学	4	68	2
100101	马克思主义基本原理	3	54	1
200101	大学英语	3	54	2

图 9-2　查询 course 表中的全部列

3. 设置字段别名

SQL 语言提供了在 SELECT 语句中操作别名的方法。用户可以根据实际需要对查询数据的列标题进行修改，或者为没有标题的列加上临时标题。其语法格式为：

```
列表达式 [as] 别名
```

【例 9-3】查询 jwgl 数据库的课程表 course，列出表中的所有记录，设置字段名称依次为课程编号、课程名称、课程学分及开课时间。

```
USE jwgl;
```

```
SELECT course_no AS 课程编号,course_name AS 课程名称,course_credit AS 课程学分,course_term AS 开课时间
    FROM course;
```

查询结果如图 9-3 所示。

课程编号	课程名称	课程学分	开课时间
010001	大学计算机基础	3	2
010002	数据结构	3	3
010003	数据库原理	4	4
010004	操作系统原理	4	4
020001	金融学	4	2
100101	马克思主义基本原理	3	1
200101	大学英语	3	2

图 9-3　显示字段别名

4. 查询经过计算的值

SELECT 子句中的<字段名列表>不仅可以是表中的属性列，也可以是表达式，包括字符串常量、函数等。其语法格式为：

```
计算字段名=表达式
```

【例 9-4】在数据库 jwgl 中，查询学生表 student 中所有学生的学号、姓名及年龄。

在本例的查询操作中应该使用 student 表中的 stu_birth 字段值计算得到，这里需要用到两个函数，一个是取得当前系统日期的函数 NOW( )，另一个是获取年份的函数 YEAR( )，通过年份的差值得到学生的年龄。

```
USE jwgl;
SELECT stu_no,stu_name,Year(now())-Year(stu_birth) as age
    FROM student;
```

查询结果如图 9-4 所示。

5. 返回全部记录

不使用 LIMIT 子句，则表示返回全部记录。

【例 9-5】在数据库 jwgl 中，查询学生表 student 中所有学生的班级代码。

```
USE jwgl;
SELECT class_no
    FROM student;
```

查询结果如图 9-5 所示。

6. 过滤重复记录

在例 9-5 的执行结果集中显示了重复行。如果让重复行只显示一次，需在 SELECT 子句中用过滤重复记录(DISTINCT)命令指定在结果集中只能显示唯一行。

【例 9-6】在数据库 jwgl 中，查询“学生信息”表中的学生所在班级有哪些(重复班级只显示一次)。

```
USE jwgl;
SELECT DISTINCT class_no
    FROM student;
```

查询结果如图 9-6 所示。

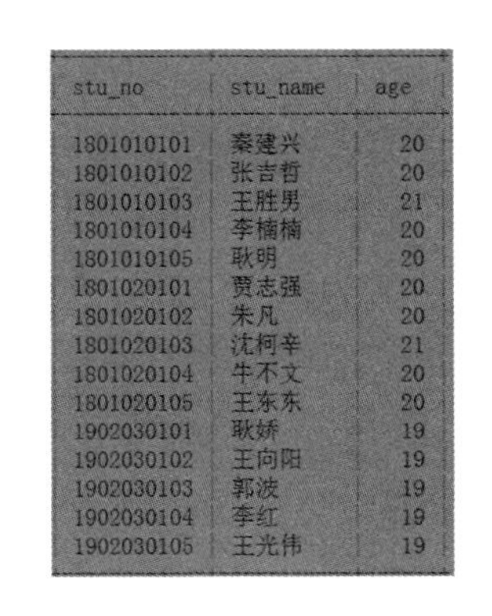

stu_no	stu_name	age
1801010101	秦建兴	20
1801010102	张吉哲	20
1801010103	王胜男	21
1801010104	李楠楠	20
1801010105	耿明	20
1801020101	贾志强	20
1801020102	朱凡	20
1801020103	沈柯辛	21
1801020104	牛不文	20
1801020105	王东东	20
1902030101	耿娇	19
1902030102	王向阳	19
1902030103	郭波	19
1902030104	李红	19
1902030105	王光伟	19

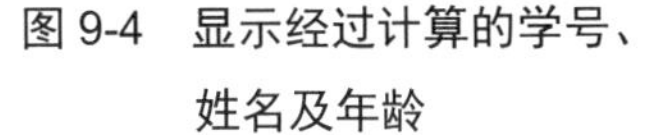

图 9-4　显示经过计算的学号、姓名及年龄

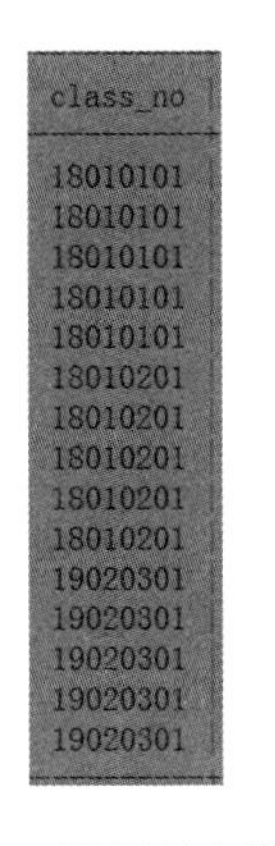

class_no
18010101
18010101
18010101
18010101
18010101
18010201
18010201
18010201
18010201
18010201
19020301
19020301
19020301
19020301
19020301

图 9-5　显示所有学生的班级代码

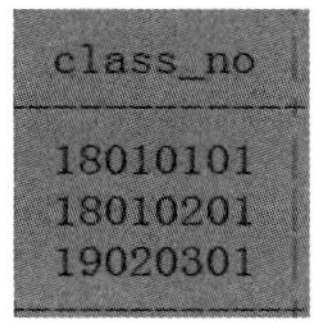

class_no
18010101
18010201
19020301

图 9-6　去掉重复值后的显示结果

注意：在使用 DISTINCT 关键字后，如果表中有多个为 NULL 的数据，服务器会把这些数据视为相同。

9.1.2　数据来源：FROM 子句

9.1-2 from 子句.avi

SELECT 语句中的 FROM 子句用于指明数据的来源。前面所介绍的查询都是针对一张表进行的，但在实际工作中，所查询的内容往往涉及多张表，需要从多个表中提取数据，组成一个结果集。如果一个查询需要对多个表进行操作，则将此查询称为连接查询。

连接查询是关系数据库中主要的查询方式。连接查询的目的是通过加载连接字段条件将多个表连接起来，以便从多个表中检索用户所需要的数据。在 MySQL 中连接查询类型分为内连接、外连接和自连接。连接查询就是关系运算的连接运算，它是从多个数据源中(FROM)查询满足一定条件的记录。

1. 内连接

内连接(Inner Join)也称自然连接，它是组合两个表的常用方法。内连接根据每个表共有列的值匹配两个表中的行。只有每个表中都存在相匹配列值的记录才出现在结果集中。在内连接中，所有表是平等的，没有主次之分。内连接是将交叉连接结果集按照连接条件进行过滤的结果。连接条件通常采用“主键=外键”的形式。内连接有以下两种语法格式：

```
SELECT 列名列表 FROM 表名 1 [INNER] JOIN 表名 2  ON 表名 1.列名=表名 2.列名
```

或

```
SELECT 列名列表 FROM 表名 1, 表名 2 WHERE 表名 1.列名<比较运算符>表名 2.列名
```

FROM 子句可以给数据源指定别名，指定别名的方法与 SELECT 子句中为字段指定别名的方法相同。

内连接分为等值和不等值连接。

等值连接：在连接条件中使用等于(=)运算符比较被连接列的列值，其查询结果中列出

被连接表中的所有列，包括其中的重复列。

不等值连接：在连接条件中使用等于以外的其他比较运算符比较被连接列的列值。这些运算符包括>、>=、<、<=、!>、!<、< >。

【例 9-7】分别用等值连接和自然连接方法连接学生表 student 和班级表 class。

(1) 等值连接方法代码如下：

```
USE jwgl;
SELECT A.stu_no,A.stu_name,A.class_no,B.class_name
FROM student A , class B
WHERE A.class_no=B.class_no;
```

(2) 自然连接方法代码如下：

```
SELECT A.stu_no,A.stu_name,A.class_no,B.class_name
    FROM student A INNER JOIN class B ON A.class_no=B.class_no
```

(3) 连接条件中的列名相同时，还可以使用下面的代码实现连接：

```
SELECT A.stu_no,A.stu_name,A.class_no,B.class_name
    FROM student A INNER JOIN class B USING(class_no);
```

查询结果如图 9-7 所示。自然连接是在等值连接的基础上去掉重复列。

stu_no	stu_name	class_no	class_name
1801010101	秦建兴	18010101	18级计算机科学与技术1班
1801010102	张吉哲	18010101	18级计算机科学与技术1班
1801010103	王胜男	18010101	18级计算机科学与技术1班
1801010104	李楠楠	18010101	18级计算机科学与技术1班
1801010105	耿明	18010101	18级计算机科学与技术1班
1801020101	贾志强	18010201	18级软件工程1班
1801020102	朱凡	18010201	18级软件工程1班
1801020103	沈柯辛	18010201	18级软件工程1班
1801020104	牛不文	18010201	18级软件工程1班
1801020105	王东东	18010201	18级软件工程1班
1902030101	耿娇	19020301	19级金融科技1班
1902030102	王向阳	19020301	19级金融科技1班
1902030103	郭波	19020301	19级金融科技1班
1902030104	李红	19020301	19级金融科技1班
1902030105	王光伟	19020301	19级金融科技1班

图 9-7　等值连接的查询结果

2. 外连接

在自然连接中，只有在两个表中均匹配的行才能在结果集中出现。而在外连接中可以只限制一个表，而对另一个表不加限制(即另一个表中的所有行都出现在结果集中)。

与内连接不同，参与外连接的表有主次之分。以主表中的每一行数据去匹配从表中的数据列，符合连接条件的数据将直接返回到结果集中，对那些不符合连接条件的列，将被填上 NULL 值后再返回到结果集中。

外连接分为左外连接、右外连接和全外连接。左外连接是对连接条件中左边的表不加限制；右外连接是对右边的表不加限制；全外连接则对两个表都不加限制，两个表中的所有行都会包含在结果集中。

1) 左外连接

主表在连接符的左边，从左侧引用左表的所有行后向外连接。结果集中除返回内部连接的记录以外，还在查询结果中返回左表中不符合条件的记录，并在右表的相应列中填上

NULL。左外连接的语法格式如下：

```
SELECT  列名列表 FROM  表名1 AS A LEFT [OUTER] JOIN  表名2 AS B ON A. 列名=B.
列名
```

【例 9-8】在 jwgl 数据库中，用左外连接方法连接班级表 class 与学生表 student。

```
USE jwgl;
SELECT A.class_no,A.class_name,A.dep_name,B.stu_no,B.stu_name
   FROM class A LEFT JOIN student B ON A.class_no=B.class_no;
```

查询结果如图 9-8 所示。

class_no	class_name	dep_name	stu_no	stu_name
18010101	18级计算机科学与技术1班	计算机系	1801010101	秦建兴
18010101	18级计算机科学与技术1班	计算机系	1801010102	张吉哲
18010101	18级计算机科学与技术1班	计算机系	1801010103	王胜男
18010101	18级计算机科学与技术1班	计算机系	1801010104	李楠楠
18010101	18级计算机科学与技术1班	计算机系	1801010105	耿明
18010201	18级软件工程1班	计算机系	1801020101	贾志强
18010201	18级软件工程1班	计算机系	1801020102	朱凡
18010201	18级软件工程1班	计算机系	1801020103	沈柯辛
18010201	18级软件工程1班	计算机系	1801020104	牛不文
18010201	18级软件工程1班	计算机系	1801020105	王东东
19020301	19级金融科技1班	金融系	1902030101	耿娇
19020301	19级金融科技1班	金融系	1902030102	王向阳
19020301	19级金融科技1班	金融系	1902030103	郭波
19020301	19级金融科技1班	金融系	1902030104	李红
19020301	19级金融科技1班	金融系	1902030105	王光伟
19020401	19级金融科技2班	金融系	NULL	NULL

图 9-8　左外连接查询结果

从结果中可以看到，19 级金融科技 2 班由于没有学生，因此各字段内容用 NULL 补充。

2)　右外连接

右外连接的结果表中包括右表所有的行和左表中满足连接条件的行。注意，右表中不满足条件的记录与左表记录拼接时，左表的相应列上填充 NULL 值。右外连接是将左表中的所有记录分别与右表中的每条记录进行组合，结果集中除返回内部连接的记录以外，还在查询结果中返回右表中不符合条件的记录，并在左表的相应列中填上 NULL。其语法格式如下。

```
SELECT  列名列表
   FROM  表名1 AS A RIGHT [OUTER] JOIN  表名2 AS B ON A.列名=B.列名
```

【例 9-9】在 jwgl 数据库中，用右外连接方法连接班级表 class 与学生表 student。

```
USE jwgl;
SELECT A.class_no,A.class_name,B.stu_no,B.stu_name
   FROM class A RIGHT JOIN student B ON A.class_no=B.class_no;
```

查询结果如图 9-9 所示。

class_no	class_name	stu_no	stu_name
18010101	18级计算机科学与技术1班	1801010101	秦建兴
18010101	18级计算机科学与技术1班	1801010102	张吉哲
18010101	18级计算机科学与技术1班	1801010103	王胜男
18010101	18级计算机科学与技术1班	1801010104	李楠楠
18010101	18级计算机科学与技术1班	1801010105	耿明
18010201	18级软件工程1班	1801020101	贾志强
18010201	18级软件工程1班	1801020102	朱凡
18010201	18级软件工程1班	1801020103	沈柯辛
18010201	18级软件工程1班	1801020104	牛不文
18010201	18级软件工程1班	1801020105	王东东
19020301	19级金融科技1班	1902030101	耿娇
19020301	19级金融科技1班	1902030102	王向阳
19020301	19级金融科技1班	1902030103	郭波
19020301	19级金融科技1班	1902030104	李红
19020301	19级金融科技1班	1902030105	王光伟

图 9-9　右外连接查询结果

从查询结果中可以看到，其中的 19 级金融科技 2 班由于没有学生，所以并未在查询结果中显示出来。

3. 自连接

如果在一个连接查询中，涉及的两个表是同一个表，这种查询称为自连接查询。自连接是一种特殊的内连接，它是指相互连接的表在物理上为同一张表，但可以在逻辑上分为两张表。自连接可以看作一张表的两个副本之间的连接，表名在 FROM 子句中出现两次。因此，必须为表指定不同的别名，在 SELECT 子句中引用的列名也要使用表的别名进行限定，使之在逻辑上成为两张表。

【例 9-10】在数据库 jwgl 的学生表 student 中查询和“朱凡”在同一个班的所有男生的信息。

```
USE jwgl;
SELECT B.*
    FROM student A,student B
    WHERE A.stu_name='朱凡' AND B.class_no=A.class_no AND B.stu_sex='男' AND
B.stu_name<>'朱凡';
```

查询结果如图 9-10 所示。

Stu_no	Stu_name	Stu_sex	Stu_birth	Stu_source	Class_no	Stu_tel	Credit	Stu_pic
1801020101	贾志强	男	2000-04-29	天津市	18010201	15621010025	13	NULL
1801020105	王东东	男	2000-03-05	北京市	18010201	18810111256	13	NULL

图 9-10　自连接的查询结果

9.1.3　查询条件：WHERE 子句

9.1-3 where 子句.avi

WHERE 子句获取 FROM 子句返回的值(在虚拟表中)，并且应用 WHERE 子句中定义的搜索条件。WHERE 子句相当于从 FROM 子句返回结果的筛选器，每一行都要根据搜索条件进行评估，评估为真的那些行，作为查询结果的一部分返回；评估为未知或假的那些行，将不出现在结果中。条件查询就是关系运算的选择运算，就是对数据源进行水平分割。

使用 WHERE 子句可以限制查询的记录范围。在使用时，WHERE 子句必须紧跟在 FROM 子句的后面。WHERE 子句中的条件是一个逻辑表达式，其中可以包含的运算符如表 9-1 所示。

表 9-1　查询条件中常用的运算符

运 算 符	用　途
=，<>，>，>=，<，<=，!=	比较大小
AND、OR、NOT	设置多重条件
BETWEEN …AND…	确定范围
IN、NOT IN、ANY | SOME、ALL	确定集合
LIKE	字符匹配，用于模糊查询
IS [NOT]NULL	测试空值

1. 比较表达式作为查询条件

比较表达式是逻辑表达式的一种，使用比较表达式作为查询条件的一般表达形式是：

```
表达式 1 比较运算符 表达式 2
```

其中，表达式为常量、变量和列表达式的任意有效组合。比较运算符包括=(等于)、<(小于)、>(大于)、<>(不等于)、!>(不大于)、!<(不小于)、>=(大于或等于)、<=(小于或等于)、!=(不等于)。

【例 9-11】查询年龄在 20 岁以下的学生。

```
USE jwgl;
SELECT stu_name,stu_sex, YEAR(now())-Year
(stu_birth) as age
     FROM student
     WHERE
(YEAR(now())-Year(stu_birth))<20;
```

查询结果如图 9-11 所示。

stu_name	stu_sex	age
耿娇	女	19
王向阳	男	19
郭波	女	19
李红	女	19
王光伟	男	19

图 9-11　查询年龄在 20 岁以下的学生结果

2. 逻辑表达式作为查询条件

使用逻辑表达式作为查询条件的一般表达形式如下：

```
表达式 1 AND|OR 表达式 2,或 NOT 表达式
```

【例 9-12】查询年龄为 20 岁的女生信息。

```
USE jwgl;
SELECT stu_name,stu_sex, YEAR(now())-Year(stu_
birth) as age
    FROM student
    WHERE (YEAR(now())-Year(stu_birth))<20
AND stu_sex ='女';
```

查询结果如图 9-12 所示。

stu_name	stu_sex	age
耿娇	女	19
郭波	女	19
李红	女	19

图 9-12　带有逻辑表达式的查询结果

3. (NOT)BETWEEN…AND…关键字

其语法格式如下：

```
表达式 [NOT] BETWEEN 表达式 1  AND 表达式 2
```

谓词可以用来查找属性值在(或不在)指定范围内的元组，其中 BETWEEN 后是范围的下限(即低值)，AND 后是范围的上限(即高值)。使用 BETWEEN 限制查询数据范围时同时包括边界值，而使用 NOT BETWEEN 进行查询时不包括边界值。

【例 9-13】查询年龄在 19～20 岁之间的女学生的姓名和年龄。

```
USE jwgl;
SELECT stu_name,stu_sex, YEAR(now())-Year
(stu_birth) as age
```

```
    FROM student
   WHERE YEAR(now())-Year(stu_birth) BETWEEN 
19 AND 20 AND stu_sex='女';
```

stu_name	stu_sex	age
李楠楠	女	20
牛不文	女	20
耿娇	女	19
郭波	女	19
李红	女	19

图 9-13　使用 BETWEEN…AND…关键字的查询结果

查询结果如图 9-13 所示。

4. IN 关键字

同 BETWEEN 关键字一样，IN 的引入也是为了更方便地限制检索数据的范围，灵活使用 IN 关键字，可以用简洁的语句实现结构复杂的查询。语法格式如下：

```
表达式 [NOT] IN (表达式 1, 表达式 2,…)
```

如果表达式的值是谓词 IN 后面括号中列出的表达式 1，表达式 2，……，表达式 n 中的一个值，则条件为真。

【例 9-14】查询选修了 010001 和 020001 两门课程的学生的学号。

```
USE jwgl;
SELECT DISTINCT stu_no
FROM score
      WHERE course_no  IN ('010001','020001');
```

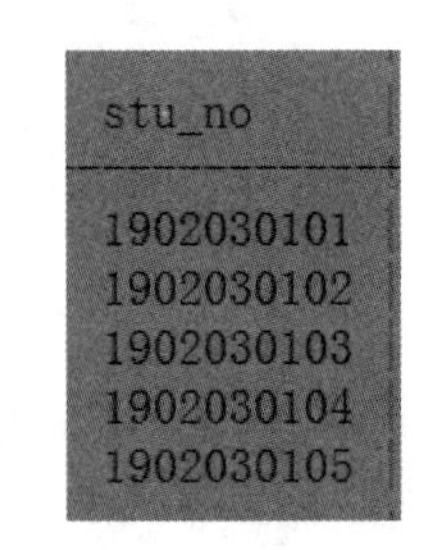

stu_no
1902030101
1902030102
1902030103
1902030104
1902030105

图 9-14　使用 IN 关键字的查询结果

查询结果如图 9-14 所示。

5. LIKE 关键字

在实际的应用中，用户不会总是能够给出精确的查询条件。因此，经常需要根据一些并不确切的线索来搜索信息，这就是所谓的模糊查询。MySQL 提供了 LIKE 子句来进行模糊查询。

语法格式：

```
表达式 [NOT] LIKE <匹配串>
```

LIKE 子句的含义是查找指定的属性列值与“匹配串”相匹配的元组。“匹配串”可以是一个完整的字符串，也可以含有通配符。MySQL 提供了以下 4 种通配符供用户灵活实现复杂的查询条件。

◎　%(百分号)：表示 0～n 个任意字符。

◎　_(下画线)：表示单个任意字符。

◎　[](封闭方括号)：表示方括号里列出的任意一个字符。

◎　[^]：任意一个没有在方括号里列出的字符。

需要注意的是，以上所有通配符都只有在 LIKE 子句中才有意义，否则通配符会被当作普通字符处理。

【例 9-15】查询“王”姓学生的学号及姓名。

```
USE jwgl;
SELECT stu_no,stu_name
    FROM student
    WHERE stu_name LIKE '王%';
```

stu_no	stu_name
1801010103	王胜男
1801020105	王东东
1902030102	王向阳
1902030105	王光伟

图 9-15　使用 LIKE 关键字的查询结果

查询结果如图 9-15 所示。

注意：通配符和字符串必须括在单引号中。要查找通配符本身时，需将它们用方括号括起来。例如，LIKE ' [[]'表示要匹配“[”。

6. 涉及空值的查询

对于空值(NULL)要用 IS 进行连接，不能用“=”代替。

【例 9-16】查询选修了课程却没有成绩的学生的学号。

```
USE jwgl;
GO
SELECT *
    FROM score
    WHERE score IS NULL
```

9.1.4　分组：GROUP BY 子句

9.1-4 group-order 子句.avi

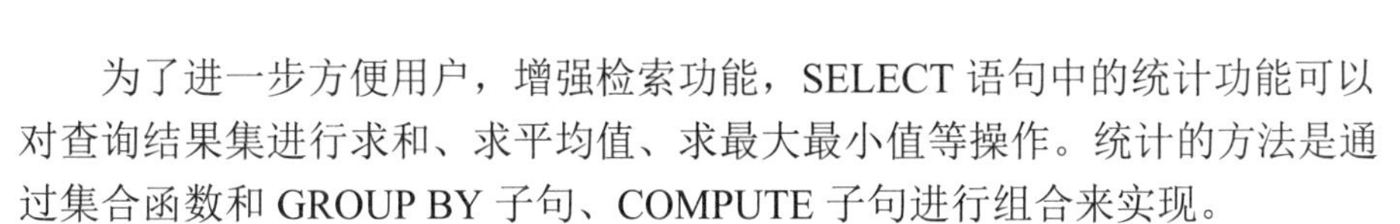

为了进一步方便用户，增强检索功能，SELECT 语句中的统计功能可以对查询结果集进行求和、求平均值、求最大最小值等操作。统计的方法是通过集合函数和 GROUP BY 子句、COMPUTE 子句进行组合来实现。

1. 集合函数

汇总查询是把存储在数据库中的数据作为一个整体，对查询结果得到的数据集合进行汇总或求平均值等各种运算。MySQL 提供了一系列统计函数，用于实现汇总查询。常用的统计函数如表 9-2 所示。

表 9-2　MySQL 的常用统计函数

函 数 名	功　能
SUM()	对数值型列或计算列求总和
AVG()	对数值型列或计算列求平均值
MIN()	返回一个数值列或数值表达式的最小值
MAX()	返回一个数值列或数值表达式的最大值
COUNT()	返回满足 SELECT 语句中指定条件的记录的个数
COUNT(*)	返回找到的行数

【例 9-17】查询学生总人数。

```
USE jwgl;
SELECT COUNT(*) as 学生总人数
    FROM student;
```

查询结果如图 9-16 所示。

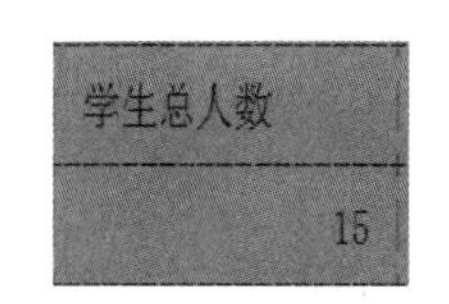

图 9-16　求学生总人数的查询结果

如果指定 DISTINCT 短语，则表示在计算时要取消指定列中的重复值。如果不指定 DISTINCT 短语或指定 ALL 短语(ALL 为缺省值)，则表示不取消重复值。

【例 9-18】查询选修 020001 课程的学生人数。

```
USE jwgl;
```

```
SELECT COUNT(DISTINCT stu_id) as 选课人数
    FROM score
    WHERE course_no='020001';
```

图 9-17　求选课人数的查询结果

查询结果如图 9-17 所示。

【例 9-19】查询选修 200101 课程的学生的最高分数。

```
USE jwgl;
SELECT MAX(score) AS 课程最高分
      FROM score
      WHERE course_no ='200101';
```

图 9-18　求选课学生最高分

查询结果如图 9-18 所示。

2. GROUP BY 子句

前面进行的统计都是针对整个查询结果集的，通常也会要求按照一定的条件对数据进行分组统计，如对每科考试成绩统计其平均分等。GROUP BY 子句就能够实现这种统计，它按照指定的列，对查询结果进行分组统计，该子句写在 WHERE 子句的后面。

注意：SELECT 子句中的选择列表中出现的列，或者包含在集合函数中，或者包含在 GROUP BY 子句中，否则，MySQL 将返回错误信息。其语法格式如下。

```
GROUP BY column_name
[HAVING search_condition]
```

【例 9-20】在数据库 jwgl 的学生表 student 中按班级统计出男生和女生的平均年龄及人数。

```
USE jwgl;
SELECT class_no,stu_sex,
  AVG(YEAR(now())-Year(stu_birth)) AS  平均年龄,
  COUNT(*) AS 人数
    FROM student
    GROUP BY class_no,stu_sex;
```

查询结果如图 9-19 所示。

class_no	stu_sex	平均年龄	人数
18010101	男	20.0000	3
18010101	女	20.5000	2
18010201	男	20.0000	3
18010201	女	20.5000	2
19020301	男	19.0000	2
19020301	女	19.0000	3

图 9-19　使用 GROUP BY 子句的查询结果

9.1.5　分组条件：HAVING 子句

HAVING 子句用于输出满足一定条件的分组，是对 GROUP BY 生成的组进行筛选。即当完成数据结果的查询和统计后，可以使用 HAVING 关键字对查询和统计的结果进行进一步的筛选。

【例 9-21】在数据库 jwgl 中，查询成绩表 score 中平均成绩大于或等于 80 分的学生的学号、平均分。

```
USE jwgl;
SELECT stu_no AS 学号, AVG(score) AS  平均成绩
    FROM score
    GROUP BY  stu_no
    HAVING AVG(score)>=80;
```

学号	平均成绩
1801010102	83
1801010105	82.75
1801020101	86.5
1801020104	87.5
1902030101	84.33333333333333
1902030103	82.33333333333333

图 9-20 使用 HAVING 关键字的查询结果

查询结果如图 9-20 所示。

注意：WHERE 子句是对表中的记录进行筛选，而 HAVING 子句是对组内的记录进行筛选，在 HAVING 子句中可以使用集合函数，并且其统计运算的集合是组内的所有列值，而 WHERE 子句中不能使用集合函数。

9.1.6 排序：ORDER BY 子句

查询结果集中记录的顺序是按它们在表中的顺序进行排列的，可以使用 ORDER BY 子句对查询结果重新进行排序，可以规定升序(从低到高或从小到大)或降序(从高到低或从大到小)。其语法格式如下：

```
ORDER BY 表达式 1 [ASC | DESC] [,…n]
```

其中，表达式给出排序依据，即按照表达式的值升序(ASC)或降序(DESC)排列查询结果。默认情况下，ORDER BY 按升序进行排列，即默认使用的是 ASC 关键字。如果用户特别要求按降序进行排列，必须使用 DESC 关键字。可以在 ORDER BY 子句中指定多个列，检索结果首先按第 1 列进行排序，第 1 列值相同的那些数据行，再按照第 2 列排序。ORDER BY 要写在 WHERE 子句的后面。

【例 9-22】按年龄从小到大的顺序显示女学生的姓名、性别及出生时间。

```
USE jwgl;
SELECT stu_name,stu_sex,stu_birth
    FROM student
    WHERE stu_sex='女'
    ORDER BY stu_birth DESC;
```

stu_name	stu_sex	stu_birth
郭波	女	2001-10-05
李红	女	2001-09-05
耿娇	女	2001-05-25
李楠楠	女	2000-08-25
牛不文	女	2000-02-14
沈柯辛	女	1999-12-31
王胜男	女	1999-11-08

图 9-21 使用 ORDER BY 子句的查询结果

查询结果如图 9-21 所示。

注意：对于空值，若按升序排，含空值的元组将最后显示。若按降序排，空值的元组将最先显示。

【例 9-23】查询成绩表 score 中平均成绩大于或等于 80 分的学生的学号、平均分，并按平均成绩升序排列。

```
USE jwgl;
SELECT stu_no AS 学号, AVG(score) AS  平均成绩
    FROM score
    GROUP BY  stu_no
    HAVING AVG(score)>=80
    ORDER BY 平均成绩;
```

学号	平均成绩
1902030103	82.33333333333333
1801010105	82.75
1801010102	83
1902030101	84.33333333333333
1801020101	86.5
1801020104	87.5

图 9-22 使用 HAVING 关键字的查询结果

查询结果如图 9-22 所示。

【例 9-24】查询课程表 course 中学时大于 52 的课程信息，先按学时降序排列，学时相

同的则按课程号升序排序。

```
USE jwgl;
SELECT *
    FROM course
    WHERE course_hour>52
    ORDER BY course_hour desc,course_no ;
```

查询结果如图 9-23 所示。

Course_no	Course_name	Course_credit	Course_hour	Course_term
010003	数据库原理	4	68	4
010004	操作系统原理	4	68	4
020001	金融学	4	68	2
010001	大学计算机基础	3	54	2
010002	数据结构	3	54	3
100101	马克思主义基本原理	3	54	1
200101	大学英语	3	54	2

图 9-23　使用 WHERE 子句的查询结果

9.1.7　行数限制：LIMIT 子句

9.1-5 LIMIT-UNION 子句.avi

使用 SELECT 语句时，经常需要返回前几条或者中间某几条记录，可以使用谓词关键字 LIMIT 实现。其语法格式如下：

```
SELECT 字段名列表
    FROM 表名/视图名
    LIMIT  [start,]length;
```

注意：LIMIT 接受一个或两个整数参数。start 表示从第几行记录开始检索，length 表示检索多少行记录。表中第一行记录的 start 值为 0(不是 1)。

【例 9-25】在数据库 jwgl 中，查询学生表 student 中前 10 条记录的学号、姓名、性别、生日和籍贯。

```
USE jwgl;
SELECT stu_no,stu_name,stu_sex,stu_birth,stu_source
    FROM student
    LIMIT 10;
```

查询结果如图 9-24 所示。

Stu_no	Stu_name	Stu_sex	Stu_birth	Stu_source
1801010101	秦建兴	男	2000-05-05	北京市
1801010102	张吉哲	男	2000-12-05	上海市
1801010103	王胜男	女	1999-11-08	广东省广州市
1801010104	李楠楠	女	2000-08-25	重庆市
1801010105	耿明	男	2000-07-15	北京市
1801020101	贾志强	男	2000-04-29	天津市
1801020102	朱凡	男	2000-05-01	河北省石家庄市
1801020103	沈柯辛	女	1999-12-31	黑龙江省哈尔滨市
1801020104	牛不文	女	2000-02-14	湖南省长沙市
1801020105	王东东	男	2000-03-05	北京市

图 9-24　显示 student 表中前 10 条记录

【例 9-26】在数据库 jwgl 中，查询学生表 student 中从第 2 条记录开始的 3 条记录信息。

```
USE jwgl;
SELECT *
```

```
    FROM student
    LIMIT 1,3;
```

查询结果如图 9-25 所示。

Stu_no	Stu_name	Stu_sex	Stu_birth	Stu_source	Class_no	Stu_tel	Credit	Stu_pi
1801010102	张吉哲	男	2000-12-05	上海市	18010101	13802104456	13	NULL
1801010103	王胜男	女	1999-11-08	广东省广州市	18010101	18624164512	13	NULL
1801010104	李楠楠	女	2000-08-25	重庆市	18010101	13902211423	4	NULL

图 9-25　显示 student 表中第 2～4 条记录

9.1.8　联合查询：UNION 语句

利用 UNION 关键字，可以给出多条 SELECT 语句，并将它们的结果组合成单个结果集。合并时，两个表对应的列数和数据类型必须相同。各个 SELECT 语句之间使用 UNION 或 UNION ALL 关键字分隔。

UNION 语句中若不使用关键字 ALL，执行的时候删除重复的记录，所有返回的行都是唯一的；使用关键字 ALL 的作用是不删除重复行也不对结果进行自动排序。其基本语法格式如下：

```
查询语句 1
UNION [ALL]
查询语句 2
```

注意：(1)　联合查询是将两个表(结果集)顺序连接。

(2)　UNION 中的每个查询所涉及的列必须具有相同的数目、相同位置的列的数据类型也要相同。若长度不同，以最长的字段作为输出字段的长度。

(3)　最后结果集中的列名来自第一个 SELECT 语句。

(4)　最后一个 SELECT 查询可以带 ORDER BY 子句，对整个 UNION 操作结果集起作用。且只能用第一个 SELECT 查询中的字段作排序列。

(5)　系统自动删除结果集中重复的记录，除非使用 ALL 关键字。

【例 9-27】在数据库 jwgl 中，查询成绩表 score 中成绩大于 85 分学生的学号信息，查询学生表中女同学的学号信息，使用 UNION 连接查询结果。

```
USE jwgl;
SELECT stu_no
   FROM score WHERE score>85
UNION
SELECT stu_no FROM student where stu_sex='女';
```

查询结果如图 9-26 所示。

【例 9-28】在数据库 jwgl 中，查询学生表 student 中女同学的学号、姓名、性别信息，查询学生表 student 中年龄为 19 岁的学生的学号、姓名、性别信息，使用 UNION 连接查询结果。

```
USE jwgl;
```

```
SELECT stu_no,stu_name,stu_sex
    FROM student WHERE stu_sex='女'
UNION
SELECT stu_no, stu_name,stu_sex
    FROM student where (Year(now())-Year(stu_birth))=19;
```

查询结果如图 9-27 所示。

stu_no
1801010101
1801010102
1801010105
1801020101
1801020103
1801020104
1902030103
1801010103
1801010104
1902030101
1902030104

图 9-26　联合查询结果 1

stu_no	stu_name	stu_sex
1801010103	王胜男	女
1801010104	李楠楠	女
1801020103	沈柯辛	女
1801020104	牛不文	女
1902030101	耿娇	女
1902030103	郭波	女
1902030104	李红	女
1902030102	王向阳	男
1902030105	王光伟	男

图 9-27　联合查询结果 2

9.1.9　子查询

9.1-6 子查询.avi

在 SQL 语言中，一个 SELECT…FROM…WHERE 语句称为一个查询块。将一个查询块嵌套在另一个查询块的 WHERE 子句或 HAVING 子句的条件中的查询称为子查询。子查询总是写在圆括号中，可以用在使用表达式的任何地方。上层的查询块称为外层查询或父查询，下层的查询块称为内查询或子查询。SQL 语言允许多层嵌套查询。即子查询中还可以嵌套其他子查询。

注意：子查询的 SELECT 语句中不能使用 ORDER BY 子句，ORDER BY 子句只能对最终查询结果排序。

1. 嵌套子查询

嵌套子查询的执行不依赖于外部嵌套。其一般的求解方法是由里向外处理。即每个子查询在上一级查询处理之前求解，子查询的结果用于建立其父查询的查找条件。

嵌套查询的执行过程是：首先执行子查询语句，得到的子查询结果集传递给外层主查询语句，作为外层查询语句中的查询项或查询条件使用。子查询也可以再嵌套子查询。

一些嵌套内层的子查询会产生一个值，也有一些子查询会返回一列值。由于子查询的结果必须适合外层查询语句，因此子查询不能返回带几行或几列的数据的表。

有了嵌套查询，可以用多个简单的查询构造复杂查询(嵌套不能超过 32 层)，提高了 SQL 语言的表达能力，以这样的方式来构造查询程序，层次清晰，易于实现。

嵌套查询是功能非常强大但也较复杂的查询，可用来解决一些难以使用连接查询完成多表连接查询的情况。某些嵌套查询可用连接运算替代，某些则不能。最终采用哪种方法，用户可根据实际情况确定。

2. 子查询的分类

根据查询方式的不同，子查询可以分为无关子查询和相关子查询两类。

1) 无关子查询

无关子查询由里向外逐层处理，即每个子查询在上一级查询处理之前求解，子查询的结果用于建立其父查询的查找条件。无关子查询的执行不依赖于外部查询。

2) 相关子查询

在相关子查询中，子查询的执行依赖于外部查询，多数情况下是子查询的 WHERE 子句中引用了外部查询的表。

相关子查询的执行过程与嵌套子查询完全不同，嵌套子查询中的子查询只执行一次，而相关子查询中的子查询需要重复执行。

相关子查询首先取外层查询中表的第一个元组，根据它与内层查询相关的属性值处理内层查询，若 WHERE 子句的返回值为真，则取此元组放入结果集中；然后再取外层表的下一个元组，重复这一过程，直至外层表全部检查完为止。

3. 比较测试中的子查询

比较测试中的子查询是指父查询与子查询之间用比较运算符进行连接。父查询通过比较运算符将父查询中的一个表达式与子查询返回的结果(单值)进行比较，如果为真，那么，父查询中的条件表达式返回真；否则返回假。返回的单个值被外部查询的比较操作(如=、!=、<、<=、>、>=)使用，该值可以是子查询中使用集合函数得到的值。

【例 9-29】在数据库 jwgl 中，查询选修了“操作系统原理”课程的学生的学号及姓名。

```
USE jwgl;
SELECT A.stu_no,stu_name
    FROM student A,score B
    WHERE A. stu_no =B. stu_no AND B.course_no=
    (SELECT course_no
        FROM course
        WHERE course_name='操作系统原理');
```

stu_no	stu_name
1801020101	贾志强
1801020102	朱凡
1801020103	沈柯辛
1801020104	牛不文
1801020105	王东东

图 9-28　比较测试中的子查询结果

查询结果如图 9-28 所示。

在例 9-10 中既可以用自连接查询方式进行查询，也可以用子查询的方式进行查询，见例 9-30。

【例 9-30】在数据库 jwgl 中，“学生信息”表中查询和“朱凡”在同一班级的所有男同学的信息。

```
USE jwgl;
SELECT *
    FROM student
    WHERE stu_sex='男' AND class_no=
        (SELECT class_no
         FROM student
         WHERE stu_name='朱凡')
         AND stu_name<>'朱凡';
```

4. 集合成员测试中的子查询

集合成员测试中的子查询是指将父查询与子查询之间用 IN 或 NOT IN 进行连接，用于判断某个属性列值是否在子查询的结果中，通常子查询的结果是一个集合。IN 表示属于，即外部查询中用于判断的表达式的值与子查询返回的值列表中的某一个值相等；NOT IN 表示不属于。

【例 9-31】 查询成绩大于 90 分的学生的学号及姓名。

```
USE jwgl;
SELECT DISTINCT  student.stu_no,stu_name
    FROM  student
    WHERE student.stu_no IN
    (SELECT stu_no FROM score WHERE score>90);
```

查询结果如图 9-29 所示。

stu_no	stu_name
1801020101	贾志强
1801020104	牛不文

图 9-29　集合成员测试中的子查询结果

5. 批量比较测试中的子查询

1)　使用 ANY 关键字的比较测试

用比较运算符将一个表达式的值或列值与子查询返回的一列值中的每个值进行比较，只要有一次比较的结果为 TRUE，则 ANY 测试返回 TRUE。

2)　使用 ALL 关键字的比较测试

用比较运算符将一个表达式的值或列值与子查询返回的一列值中的每个值进行比较，只要有一次比较的结果为 FALSE，则 ALL 测试返回 FALSE。

ANY 和 ALL 都用于一个值与一组值的比较。以“>”为例，ANY 表示大于一组值中的任意一个值，ALL 表示大于一组值中的每个值。比如，>ANY(1,2,3)表示大于 1；而>ALL(1,2,3)表示大于 3。

【例 9-32】 在数据库 jwgl 中，查询所有学生中年龄最大的学生的姓名和性别。

```
USE jwgl;
SELECT stu_name,stu_sex
    FROM student
    WHERE stu_birth<=ALL
        (SELECT stu_birth FROM student);
```

6. 相关子查询

所谓相关子查询，是指在子查询中，子查询的查询条件引用了外层查询表中的字段值。相关子查询的结果集取决于外部查询当前的数据行，这一点与嵌套子查询不同。嵌套子查询和相关子查询在执行方式上也不同。嵌套子查询的执行顺序是先内后外，即先执行子查询，然后将子查询的结果作为外层查询的查询条件的值。而在相关子查询中，首先选取外层查询表中的第一行记录，内层的子查询则利用此行中相关的字段值进行查询，然后外层查询根据子查询返回的结果判断此行是否满足查询条件。如果满足条件，则把该行放入外层查询结果集中。重复这一过程，直到处理完外层查询表中的每一行数据。通过对相关子查询执行过程的分析可知，相关子查询的执行次数是由外层查询的行数决定的。

相关子查询用关键字 EXISTS 或 NOT EXISTS 实现。相关子查询的执行过程如下：

(1) 外部查询每查询一行，子查询即引用外部查询的当前值完整地执行一遍。

(2) 如果子查询有结果行存在，则外部查询结果集中返回当前查询的记录行。

(3) 再回到(1)，直到处理完外部表的每一行。

相关子查询返回逻辑值 TRUE 或 FALSE，并不产生其他任何实际值。所以这种子查询的选择列表常采用“SELECT * ”格式。

【例 9-33】在数据库 jwgl 中，查询选修了“数据库原理”课程的学生的学号及姓名。

```
USE jwgl;
SELECT stu_no,stu_name
    FROM student
    WHERE EXISTS
        (SELECT *
            FROM score
            WHERE student.stu_no=score.stu_no AND course_no =
            (SELECT course_no FROM course WHERE course_name='数据库原理'));
```

查询结果如图 9-30 所示。

stu_no	stu_name
1801010101	秦建兴
1801010102	张吉哲
1801010103	王胜男
1801010104	李楠楠
1801010105	耿明

图 9-30　相关子查询

由 EXISTS 引出的子查询，其目标列表达式通常都用*表示，因为带 EXISTS 的子查询只返回真值或假值，给出列名无实际意义。

一些带 EXISTS 或 NOT EXISTS 谓词的子查询不能被其他形式的子查询等价替换，但所有带 IN 谓词、比较运算符、ANY 和 ALL 谓词的子查询都能用带 EXISTS 谓词的子查询等价替换。

【例 9-34】在数据库 jwgl 中，查询没有选修课程的学生的学号和姓名。

```
USE jwgl;
SELECT stu_no,stu_name FROM student
WHERE  NOT EXISTS
 (SELECT * FROM score WHERE student.stu_no=score.stu_no );
```

9.2 MySQL 视图

视图是数据库的重要组成部分，在大部分的事务和分析型数据库中，都有较多的应用。MySQL 为视图提供了多种重要的扩展特性。视图作为一种基本的数据库对象，是查询一个表或多个表的方法。通过将预先定义好的查询作为一个视图对象存储在数据库中，就可以像使用表一样在查询语句中使用视图。

9.2.1 视图的概念

9.2-1 视图的概念及创建视图.avi

视图是通过定义查询语句 SELECT 建立的虚拟表。在视图中被查询的表称为基表。

与普通的数据库表一样，视图由一组数据列、数据行构成。但是在数据库中不会为视图存储数据。视图中的数据在引用视图时动态生成。对视图所引用的基础表来说，视图的作用类似于筛选。

视图是关系数据库系统提供给用户以多种角度观察数据库中感兴趣的部分或全部数据的重要机制，视图是一个虚拟表，并不表示任何物理数据，只是用来查看数据的窗口，视图是从一个或几个表导出来的表，还可以在已经存在的视图的基础上定义。视图实际上是一个查询结果，视图的名字和视图对表的查询存储在数据字典中。当基本表中的数据发生变化时，从视图中查询出来的数据也随之改变。

定义视图的筛选可以来自数据库的一个或多个表，或者其他视图。分布式查询也可用于定义使用多个异类源数据的视图。如果有几台不同的服务器分别存储组织中不同地区的数据，而用户需要将这些服务器上相似结构的数据组合起来，这时视图就能发挥作用了。

由于视图返回的结果集与数据表有相同的形式，因此可以像数据表一样使用。在授权许可的情况下，用户还可以通过视图来插入、更改和删除数据。通过视图进行查询没有任何限制，但对视图的更新操作(增、删、改)即是对视图的基表的操作，因此有一定的限制条件。

使用视图将会带来许多好外，它可以帮助用户建立更加安全的数据库，管理使用者可操作的数据，简化查询过程，使用视图的优点主要表现在以下几个方面。

(1) 简化操作。可以把经常使用的多表查询操作定义成视图，从而使用户不用每次都要写复杂的查询语句，可以直接使用视图来方便地完成查询。

(2) 数据定制与保密。重新定制数据，使得数据便于共享；合并分割数据，有利于数据输出到应用程序中。视图机制能使不同的用户以不同的方式看待同一数据。对不同的用户定义不同的视图，使用户只能看到与自己有关的数据。同时简化了用户权限的管理，增加了安全性。

(3) 保证数据的逻辑独立性。对于视图的操作，如查询只依赖于视图的定义，当构成视图的基本表需要修改时，只需要修改视图定义中的子查询部分，而基于视图的查询不用修改。简化查询操作，屏蔽了数据库的复杂性。

9.2.2 创建视图

用户必须拥有数据库所有者授予的创建视图的权限才可以创建视图。同时，用户也必须对定义视图时所引用的表有适当的权限。

视图的命名必须遵循标识符规则，对每一个用户都是唯一的。视图名称不能和创建该视图的用户的其他任何一个表的名称相同。

创建视图的基本语法格式如下：

```
CREATE [OR REPLACE ] [ALGORITHM={ UNDEFINED | MERGE | TEMPTABLE }]
view 视图名[(column_list)]
AS
Select_statement
[WITH [ CASCADED | LOCAL ]CHECK OPTION]
```

语法中的各参数说明如下：

(1) CREATE 表示创建新的视图；REPLACE 表示替换已经创建的视图。

(2) ALGORITHM 表示视图选择的算法。ALGORITHM 的取值有 3 个，分别是UNDEFINED | MERGE|TEMPTABLE。UNDEFINED 表示 MySQL 将自动选择算法；MERGE

表示将使用的视图语句与视图定义合并起来，使得视图定义的某一部分取代语句对应的部分；TEMPTABLE 表示将视图的结果存入临时表，然后用临时表来执行语句。

(3) column_list 是用于指定视图中的字段名称。

(4) Select_statement 是用于创建视图的 SELECT 语句。

(5) WITH [CASCADED | LOCAL] CHECK OPTION 表示视图在更新时保证在视图的权限范围之内。CASCADED 与 LOCAL 为可选参数，CASCADED 为默认值，表示更新视图时要满足所有相关视图(级联视图)和表的条件；LOCAL 表示更新视图时满足该视图定义的条件即可。

创建视图时应该注意以下情况。

(1) 只能在当前数据库中创建视图，在视图中最多只能引用 1024 个列，视图中记录的数目由其基表中的记录数决定。

(2) 如果视图引用的基表或者视图被删除，则该视图不能再被使用，直到创建新的基表或者视图。

(3) 如果视图中的某一列与函数、数学表达式、常量或者来自多个表的列名相同，则必须为列定义名称。

(4) 视图的名称必须遵循标识符规则，且对每个用户必须是唯一的。此外，该名称不得与该用户拥有的任何表的名称相同。

【例 9-35】在 jwgl 数据库中由学生表 student、课程表 course、成绩表 score 三个表创建视图“学生成绩视图”stu_cour_score，包含的列有学号、姓名、性别、课程号、课程名称和成绩。代码如下。

```
USE jwgl;
CREATE VIEW stu_cour_score
AS
SELECT  student.stu_no AS 学号, stu_name AS 姓名, stu_sex AS 性别,
course.course_no AS 课程号, course_name AS 课程名称, score AS 成绩
FROM  score INNER JOIN course ON score.course_no =course.course_no
INNER JOIN student ON score.stu_no =student.stu_no;
```

以上代码执行后，通过查询命令查看视图 stu_cour_score 中的内容，如图 9-31 所示。

```
mysql> select * from stu_cour_score;
```

学号	姓名	性别	课程号	课程名称	成绩
1801010101	秦建兴	男	010002	数据结构	78
1801010101	秦建兴	男	010003	数据库原理	69
1801010101	秦建兴	男	100101	马克思主义基本原理	89
1801010101	秦建兴	男	200101	大学英语	77
1801010102	张吉哲	男	010002	数据结构	88
1801010102	张吉哲	男	010003	数据库原理	84
1801010102	张吉哲	男	100101	马克思主义基本原理	75
1801010102	张吉哲	男	200101	大学英语	85
1801010103	王胜男	女	010002	数据结构	75
1801010103	王胜男	女	010003	数据库原理	81
1801010103	王胜男	女	100101	马克思主义基本原理	78
1801010103	王胜男	女	200101	大学英语	76
1801010104	李楠楠	女	010002	数据结构	45

图 9-31　查看视图 stu_cour_score

数据库开发人员不仅可以通过视图检索数据，还可以通过视图修改数据。创建视图时，没有使用 WITH CHECK OPTION 子句的视图都是普通视图，例 9.35 就是一个普通视图。使

用 WITH CHECK OPTION 子句的视图称为检查视图。通过检查视图更新基表数据时，只有满足检查条件的更新语句才能成功执行。

【例 9-36】建立普通视图 VTEST，其包含成绩>85 分学生的学号、课程号和成绩，代码如下。

```
USE jwgl;
CREATE VIEW VTEST
AS
SELECT  stu_no AS 学号, course_no AS 课程号,score AS 成绩
   FROM score
   WHERE score>85;
```

以上代码执行后，使用 INSERT 语句通过 VTEST 视图向 score 表插入选课信息(成绩<85)，从执行结果可以看出，通过普通视图更新数据库表记录时，普通视图并没有对插入语句进行条件检查(成绩>85)，执行结果如图 9-32 所示。

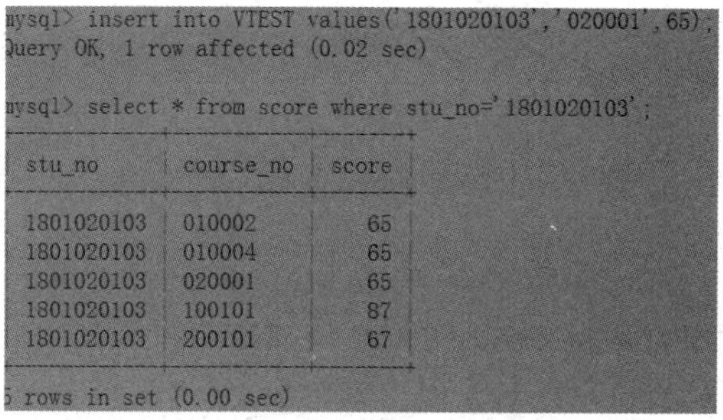

```
mysql> insert into VTEST values('1801020103','020001',65);
Query OK, 1 row affected (0.02 sec)

mysql> select * from score where stu_no='1801020103';
+------------+-----------+-------+
| stu_no     | course_no | score |
+------------+-----------+-------+
| 1801020103 | 010002    |    65 |
| 1801020103 | 010004    |    65 |
| 1801020103 | 020001    |    65 |
| 1801020103 | 100101    |    87 |
| 1801020103 | 200101    |    67 |
+------------+-----------+-------+
5 rows in set (0.00 sec)
```

图 9-32　通过普通视图 VTEST 插入数据

【例 9-37】建立检查视图 VWTEST，其包含学籍为“北京市”的学生的姓名、性别和学籍，代码如下。

```
USE jwgl;
CREATE VIEW VWTEST
AS
SELECT  stu_name AS 姓名, stu_sex AS 性别, stu_source AS 学籍
   FROM student
   WHERE stu_source='北京市'
   WITH  CHECK  OPTION;
```

以上代码执行后，使用 INSERT 语句通过 VWTEST 视图向 student 表插入学生信息时，检查视图更新数据库表记录时会进行条件检查，结果如图 9-33 所示。

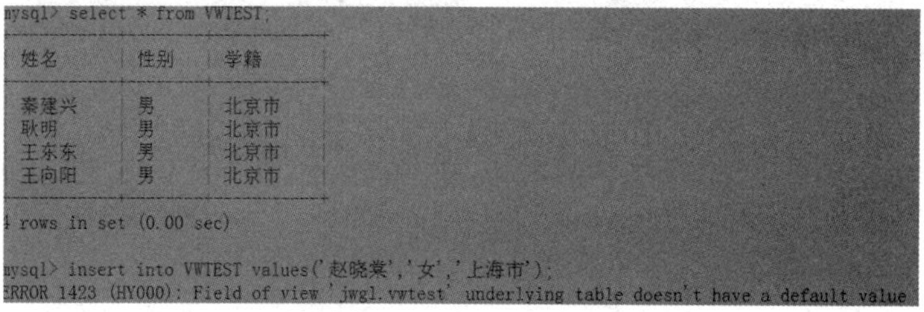

```
mysql> select * from VWTEST;
+--------+------+--------+
| 姓名   | 性别 | 学籍   |
+--------+------+--------+
| 秦建兴 | 男   | 北京市 |
| 耿明   | 男   | 北京市 |
| 王东东 | 男   | 北京市 |
| 王向阳 | 男   | 北京市 |
+--------+------+--------+
4 rows in set (0.00 sec)

mysql> insert into VWTEST values('赵晓棠','女','上海市');
ERROR 1423 (HY000): Field of view 'jwgl.vwtest' underlying table doesn't have a default value
```

图 9-33　通过检查视图 VWTEST 插入数据

9.2.3 查看视图

9.2-2 查看、更新、修改、删除视图.avi

查看视图是查看数据库中已存在的视图定义。查看视图必须要有SHOW VIEW权限，MySQL数据库下的user表中保存着这个信息。查看视图的方法包括：DESCRIBE、SHOW TABLE STATUS和SHOW CREATE VIEW，下面介绍查看视图的各种方法。

1. 使用DESCRIBE语句查看视图

用DESCRIBE查看视图的具体语法如下：

```
DESCRIBE 视图名;
```

【例9-38】 通过DESCRIBE语句查看视图VTEST的定义，代码如下。

```
USE jwgl;
DESCRIBE  VTEST;
```

代码执行结果如图9-34所示。

```
mysql> describe vtest;
| Field  | Type     | Null | Key | Default | Extra |
| 学号   | char(10) | NO   |     |         |       |
| 课程号 | char(6)  | NO   |     |         |       |
| 成绩   | float    | YES  |     | NULL    |       |
```

图9-34 通过DESCRIBE查看视图

2. 使用SHOW TABLE STATUS语句查看视图

查看视图的信息可以使用SHOW TABLE STATUS语句，具体语法如下：

```
SHOW TABLE STATUS  LIKE '视图名';
```

【例9-39】 通过SHOW TABLE STATUS语句查看视图VWTEST的定义，代码如下。

```
USE jwgl;
SHOW  TABLE  STATUS  LIKE  'VWTEST' ;
```

代码执行结果如图9-35所示。从查询结果来看，这里的信息包含存储引擎、创建时间等，其中Comment的值为VIEW，其他信息为NULL，说明这是一个虚表，该表为视图。若Comment的值为空，则说明其为表，如图9-36所示。

```
mysql> SHOW TABLE STATUS  LIKE  'VWTEST' \G
*************************** 1. row ***************************
           Name: vwtest
         Engine: NULL
        Version: NULL
     Row_format: NULL
           Rows: NULL
 Avg_row_length: NULL
    Data_length: NULL
Max_data_length: NULL
   Index_length: NULL
      Data_free: NULL
 Auto_increment: NULL
    Create_time: NULL
    Update_time: NULL
     Check_time: NULL
      Collation: NULL
       Checksum: NULL
 Create_options: NULL
        Comment: VIEW
1 row in set (0.02 sec)
```

图9-35 SHOW TABLE STATUS查看视图

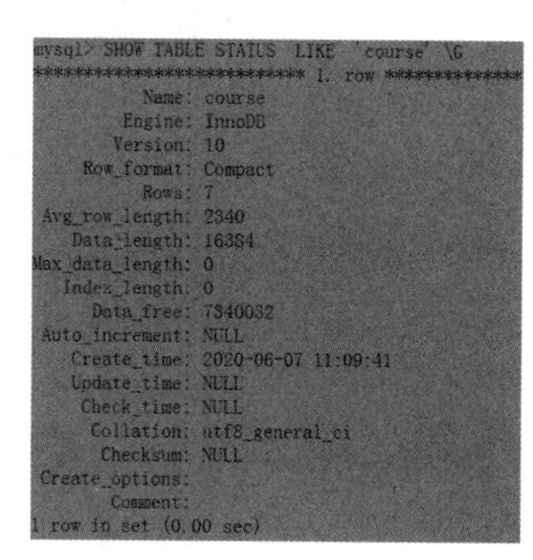

图9-36 SHOW TABLE STATUS查看course表

3. 使用 SHOW CREATE VIEW 语句查看视图

使用 SHOW CREATE VIEW 语句可以查看视图的详细定义，语法如下：

```
SHOW CREATE VIEW 视图名;
```

【例 9-40】通过 SHOW CREATE VIEW 语句查看视图 VWTEST 的定义，代码如下。

```
USE jwgl;
SHOW  CREATE  VIEW  VWTEST ;
```

代码执行结果如图 9-37 所示。执行结果显示视图的名称、创建视图的语句等信息。

```
ysql> SHOW  CREATE  VIEW  VWTEST \G
*************************** 1. row ***************************
                View: vwtest
         Create View: CREATE ALGORITHM=UNDEFINED DEFINER=`root`@`localhost` SQL SECURITY DEFINER VIEW `vwtest` AS select `student`.`Stu_name` AS `姓名
,`student`.`Stu_sex` AS `性别`,`student`.`Stu_source` AS `学籍` from `student` where (`student`.`Stu_source` = '北京市') WITH CASCADED CHECK OPTION
haracter_set_client: utf8
ollation_connection: utf8_general_ci
 row in set (0.00 sec)
```

图 9-37　通过 SHOW CREATE VIEW 查看视图

9.2.4　更新视图

更新视图是指通过视图来更新、插入、删除基本表中的数据。因为视图是一个虚拟表，其中没有数据，当通过视图更新数据时其实是在更新基本表中的数据。如果对视图中的数据进行增加或者删除操作，实际上就是在对其基本表中的数据进行增加或者删除操作。下面分别使用 UPDATE 、INSERT、DELETE 语句更新视图。

1. 使用 UPDATE 语句更新视图

在 MySQL 中，可以使用 UPDATE 语句对视图中原有的数据进行更新。

【例 9-41】更新视图 VWTEST 中学生“耿明”的性别为“女”，代码如下。

```
USE jwgl;
UPDATE  VWTEST  SET  性别='女' WHERE 姓名='耿明';
```

代码执行结果如图 9-38 所示。

```
mysql> UPDATE  VWTEST  SET  性别='女'  WHERE 姓名='耿明';
Query OK, 1 row affected (0.00 sec)
Rows matched: 1  Changed: 1  Warnings: 0

mysql> select * from VWTEST;
+--------+------+--------+
| 姓名   | 性别 | 学籍   |
+--------+------+--------+
| 秦建兴 | 男   | 北京市 |
| 耿明   | 女   | 北京市 |
| 王东东 | 男   | 北京市 |
| 王向阳 | 男   | 北京市 |
+--------+------+--------+
4 rows in set (0.00 sec)
```

图 9-38　通过 UPDATE 更新视图

2. 使用 INSERT 语句更新视图

在 MySQL 中，可以使用 INSERT 语句向视图中的插入一条记录。

【例 9-42】向视图 VTEST 中插入一条记录，代码如下。

```
USE jwgl;
INSERT  INTO  VTEST  VALUES('1902030103','010004', 93) ;
```

代码执行结果如图 9-39 所示。

```
mysql> insert into vtest values('1902030103','010004',93);
Query OK, 1 row affected (0.00 sec)

mysql> select * from vtest;
+------------+--------+------+
| 学号       | 课程号 | 成绩 |
+------------+--------+------+
| 1801010101 | 100101 |   89 |
| 1801010102 | 010002 |   88 |
| 1801010105 | 010003 |   86 |
| 1801020101 | 010002 |   91 |
| 1801020101 | 010004 |   91 |
| 1801020101 | 200101 |   87 |
| 1801020103 | 100101 |   87 |
| 1801020104 | 100101 |   92 |
| 1801020104 | 200101 |   90 |
| 1902030103 | 010004 |   93 |
| 1902030103 | 200101 |   89 |
+------------+--------+------+
11 rows in set (0.00 sec)
```

图 9-39　通过 INSERT 更新视图

3. 使用 DELETE 语句更新视图

在 MySQL 中，可以使用 DELETE 语句删除视图中的部分记录。

【例 9-43】删除视图 VTEST 中课程号为 100101 的记录，代码如下。

```
USE jwgl;
DELETE  FROM  VTEST  WHERE 课程号='100101';
```

由代码执行结果可见，删除语句已将视图 VTEST 及基本表 score 中的相应记录删除。这是因为视图中的删除操作最终是通过删除基本表中的相关记录实现的，如图 9-40 所示。

```
mysql> DELETE  FROM  VTEST  WHERE 课程号='100101';
Query OK, 3 rows affected (0.00 sec)

mysql> select * from vtest;
+------------+--------+------+
| 学号       | 课程号 | 成绩 |
+------------+--------+------+
| 1801010102 | 010002 |   88 |
| 1801010105 | 010003 |   86 |
| 1801020101 | 010002 |   91 |
| 1801020101 | 010004 |   91 |
| 1801020101 | 200101 |   87 |
| 1801020104 | 200101 |   90 |
| 1902030103 | 010004 |   93 |
| 1902030103 | 200101 |   89 |
+------------+--------+------+
8 rows in set (0.00 sec)

mysql> select * from score where stu_no='1801010101' and course_no='100101';
Empty set (0.00 sec)
```

图 9-40　通过 DELETE 更新视图

9.2.5　修改视图

修改视图是指修改数据库中存在的视图，当基本表中的某些字段发生变化的时候，可以通过修改视图来保持与基本表的一致性。MySQL 中通过 ALTER VIEW 语句来修改视图。其语法格式如下。

```
ALTER [ALGORITHM={ UNDEFINED | MERGE | TEMPTABLE }]
view 视图名[(column_list)]
AS
Select_statement
[WITH [ CASCADED | LOCAL ]CHECK OPTION]
```

可以看到，修改视图的语句结构与 CREATE VIEW 语句相同，其中各选项的含义也与 CREATE VIEW 语句相同。

【例 9-44】修改学生成绩视图 stu_cour_score，使其显示成绩在 80 分以上的学生的成绩信息。代码如下：

```
USE jwgl;
ALTER  VIEW  stu_cour_score
AS
SELECT  student.stu_no AS 学号, stu_name AS 姓名, stu_sex AS 性别,
course.course_no AS 课程号, course_name AS 课程名称, score AS 成绩
FROM  score INNER JOIN course ON score.course_no =course.course_no
INNER JOIN student ON score.stu_no =student.stu_no
   WHERE score>80;
```

9.2.6　删除视图

在不需要某个视图的时候或想清除某个视图的定义及与之相关联的权限时，可以删除该视图。视图的删除不会影响所依赖的基表的数据。删除一个或多个视图可以使用 DROP VIEW 语句，语法如下：

```
DROP VIEW [IF EXISTS]
view_name [,view_name]…
[RESTRICT | CASCADE];
```

其中，view_name 是要删除的视图名称，可以添加多个需要删除的视图名称，各个名称之间用逗号分隔开。删除视图必须拥有 DROP 权限。

【例 9-45】删除 stu_cour_score 视图。

```
DROP VIEW stu_cour_score;
```

执行语句后该视图被删除。使用 SHOW CREATE VIEW 语句查看操作结果，如图 9-41 所示。

```
mysql> DROP VIEW stu_cour_score;
Query OK, 0 rows affected (0.00 sec)

mysql> show create view stu_cour_score;
ERROR 1146 (42S02): Table 'jwgl.stu_cour_score' doesn't exist
```

图 9-41　使用 DROP VIEW 删除视图

习题

1. SELECT 语句由哪些子句构成？其作用是什么？

2. 在 SELECT 语句中，DISTINCT、LIMIT 各起什么作用？

3. 什么是子查询？与多表查询有何区别？与相关子查询有何区别？

4. 什么是连接查询？分为几类？

5. NULL 代表什么含义？将其与其他值进行比较会产生什么结果？如果数值型列中存在 NULL，会产生什么错误？

6. LIKE 匹配字符有哪几种？如果要检索的字符中包含匹配字符，该如何处理？

7. 在一个 SELECT 语句中，当 WHERE 子句、GROUP 子句和 HAVING 子句同时出现在一个查询中时，SQL 的执行顺序如何？

8. 什么是视图？使用视图的优点和缺点是什么？

9. 为什么说视图是虚表？视图的数据存在什么地方？

10. 修改视图中的数据会受到哪些限制？

11. 创建视图用 ___________ 语句，修改视图用___________ 语句，删除视图用语句。查看视图中的数据用__________ 语句。查看视图的依赖关系用__________ 存储过程，查看视图的定义信息用__________ 存储过程。

学习情境四

数据库程序设计

第10章 MySQL 编程基础

几乎所有的企业级关系型数据库管理系统都提供了程序设计结构，这些程序设计结构都对标准 SQL 进行了扩展。MySQL 也在常量、变量、运算符、表达式、流程控制以及函数等方面进行了扩展。

本章首先介绍 MySQL 中使用的常量和变量的类型和用法，其中包含常量、变量、运算符、表达式、BEGIN-END 语句块、条件控制语句、循环语句、重置命令结束标记等内容；接着介绍了 MySQL 中提供给用户的常用系统函数，包括数学函数、字符串函数、数据类型转换函数、条件控制函数、系统信息函数、日期和时间函数，以及一些其他的常用函数。通过学习本章，需要掌握以下内容：

◎ 常量和变量；

◎ 系统函数。

10.1-1 常量.avi

10.1 常量和变量

10.1.1 常量

MySQL 中的常量分为字符串常量、数值常量、日期时间常量、布尔值常量、二进制常量、十六进制常量以及 NULL。

1. 字符串常量

字符串常量是用单引号或者双引号引起来的字符序列。例如，“I love China”，'Hello,world'。

【例 10-1】字符串常量的使用。

```
SELECT "\"Welcome to our country\"" AS Rachel,"\"Thank you,I come FROM New York\"" AS Julie;
```

SELECT 语句的执行结果如图 10-1 所示。

Rachel	Julie
"Welcome to our country"	"Thank you,I come from New York"

图 10-1　例 10-1 运行结果

在 MySQL 中，字符串界定符和字符串中的内容如果有重复，需要添加“\”表示单引号或双引号是字符串中的一部分，而不是界定符。

如果将界定符与要输出的单引号或双引号区别开，就可以不使用转义字符的格式。因此，可以将例 10-1 中的语句更改为：

```
SELECT '"Welcome to New York"' as Rachel, '"Thank you,I come FROM New York"' as Julie;
```

运行结果与例 10-1 相同。

2. 数值常量

数值常量分为整型和实型。整型常量即十进制整数，实型常量分为小数表示和科学计数法。例如，3.14 和 1.234E-5(表示 $1.234*10^{-5}$)。

3. 日期时间常量

在处理数据的时候，经常会涉及日期和时间。例如，在学生表中，记录学生的出生日期、入学日期等；在电商平台的订单表中，要记录下订单的时间等。MySQL 中，日期时间常量是符合规定格式的字符串。格式为：YYYY-MM-DD HH:MM:SS。例如，'17:45:20'表示时间常量，'2020-05-09 17:47:00'表示日期时间常量。可以单独表示日期和时间，如'2020-05-09'、'12:31:30'。但是日期和时间要在合法数值范围内。例如，某年的 2 月 31 日，即使格式没有任何错误，也是非法的日期时间常量。

4. 布尔值常量

布尔值是用来表示对错的，常量为：true(正确)和 false(错误)。true 的值为 1，false 的值为 0。

5. 二进制常量

MySQL 中也有二进制，但与其他语言不同的是，这里的二进制不是用来表示数值型常量的，而是用来表示字符。二进制常量是在用 0 和 1 组成的一串字符串前面加字母 b，如 b'1100001'。在这个例子中，二进制 1100001，对应十进制是 97，在字符表中对应的字符是字母“a”。

【例 10-2】二进制常量的使用。

(1)　SELECT　b'1100010';

(2)　SELECT　b'0110000101100010';

二进制常量是将二进制转换为对应的字符再进行显示。如果想显示多个字符，需要每个二进制数占满八位，如'0110000101100010'，一共 16 位，分别为 97 和 98，例 10-2 的运行结果如图 10-2 和图 10-3 所示。

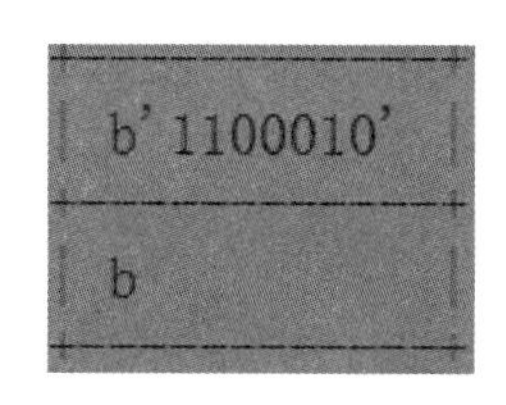

b'1100010'
b

图 10-2　例 10-2(1)运行结果

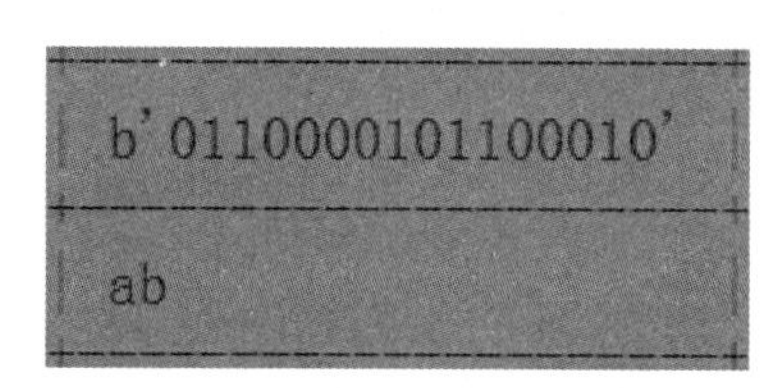

b'0110000101100010'
ab

图 10-3　例 10-2(2)运行结果

6. 十六进制常量

十六进制常量有两种表示方法。其中一种表示方法是用 x 或 X 开头，后跟十六进制符号组成的字符串，最高两位，如 x'61'或 X'61'；另一种表示方法是以 0x 开头的十六进制数，如 0x61。例如，'MySQL'对应的十六进制编码分别是：4D、79、53、51、4C，所以下面两个语句的执行结果相同，如图 10-4 所示。

【例 10-3】十六进制常量的使用。

```
SELECT  0x4D7953514C;
SELECT  x'4D7953514C';
```

例 10-3 的运行结果如图 10-4 所示。

0x4D7953514C
MySQL

图 10-4　例 10-3 运行结果

7. NULL 值

当表达式的运行结果不确定或没有值时，可以用 NULL 表示，它与任何类型都匹配。如果使用 NULL 作为运算量参与算术运算、逻辑运算时，运算结果依然是 NULL。

10.1.2　用户自定义变量

10.1-2 用户自定义变量.avi

MySQL 中的变量分为系统变量和用户变量。系统变量用于一些系统参数的设置，如系统使用的字符集用系统变量 character_set_server 和 collation_server 来设置。在这一部分，主要讲的是用户自定义变量及其使用方法。二进制常量是将二进制转换为对应的字符再进行显示。如果想显示多个字符，需要每个二进制数占满八位，如'0110000101100010'，一共 16 位，分别为 97 和 98，例 10-2 的运行结果如图 10-2 和图 10-3 所示。

用户自定义变量主要用于程序运行期间，保存各种临时结果，分为用户会话变量和局部变量。从使用方式上看，用户会话变量以@开头，而局部变量不以@开头，系统变量以@@开头。

注：MySQL 标识的命名规则规定，不加引号的标识符可以由大小写形式的字母 a～z、数字 0～9、美元符号、下画线，以及范围在 U+0080 到 U+FFFF 之间的 Unicode 扩展字符构成。

1. 用户会话变量

用户会话变量是指终端与服务器进行对话期间定义并一直存在的变量。每个服务器连接的终端拥有独立的、互不干扰的不同用户会话变量。当终端断开与服务器的连接时，这些变量就会释放，不再占用服务器的内存。需要注意的是，用户会话变量对大小写不敏感，命名中不可以用特殊符号，可以使用中文进行命名，但考虑到语句中的很多符号都需要用英文，来回切换容易产生错误，所以，一般情况下，变量不要用中文命名。

用户会话变量的定义与赋值是同时进行的，有两种方法，一种是使用 SET 命令，另一种是使用 SELECT 语句，同时定义、赋值和使用。

(1) 使用 SET 命令对用户会话变量定义并赋值。

语法格式：SET @用户会话变量=表达式|常量 [,…N]

以下语句是为学生的姓名和成绩赋值，然后使用 SELECT 语句进行输出，改变其值后，重新输出。

【例 10-4】使用 SET 命令对用户会话变量进行定义并使用。

(1) SET @stu_name = 'Tom';

```
SET @stu_score=99;
SELECT @stu_name , @stu_score;
```

(2) SET @stu_name='Jerry';

```
SET @stu_score=90;
SELECT @stu_name , @stu_score;
```

以上语句的运行结果如图 10-5、图 10-6 所示。

@stu_name	@stu_score
Tom	99

图 10-5 例 10-4 运行结果(1)

@stu_name	@stu_score
Jerry	90

图 10-6 例 10-4 运行结果(2)

(2) 使用 SELECT 语句定义用户会话变量并赋值。

使用 SELECT 语句有两种语法定义用户变量并赋值：

语法一：SELECT @用户会话变量:= 表达式|常量 [,…N]

语法二：SELECT 表达式|常量 INTO @用户会话变量 [,…N]

在语法一中，使用的赋值符号是“:=”，因为在 SELECT 语句中，“=”是关系运算符，表示比较。两者的区别还在于，在语法一中，SELECT 语句会产生结果集，而在语法二中，不会产生结果集。

将前面的SET语句改成SELECT语句，分别为：

语法一：

```
SELECT  @stu_name:='Tom',@stu_score:=99;
SELECT  @stu_name , @stu_score;
```

语法二：

```
SELECT  'Jerry' INTO @stu_name, 90  INTO  @stu_score;
SELECT  @stu_name , @stu_score;
```

2. 用户会话变量在MySQL语句中的应用

在数据库的使用过程中，经常遇到检索出的结果是单个的值，有时需要对这些值进行进一步的操作。此时，可以使用用户会话变量临时保存这些值，以便下一步的操作。

例如，在某个检索中，需要得到学生的总人数，可以进行如下操作。

方法一：不产生结果集

```
SET @stu_count := (SELECT count(*) FROM student);
```

方法二：产生结果集

```
SELECT @stu_count = (SELECT count(*) FROM student);
```

方法三：产生结果集

```
SELECT @stu_count := count(*) FROM student;
```

方法四：不产生结果集

```
SELECT count(*) INTO @stu_count FROM student;
```

方法五：不产生结果集

```
SELECT count(*) FROM student INTO @stu_count;
```

在有些情况下，是不能产生结果集的，因此在使用的时候需要注意。

会话变量可以直接嵌入SELECT、INSERT、UPDATE、DELETE语句的表达式中。例如，下面的MySQL代码执行结果：

```
SET @stu_no='20190001023';
SELECT * FROM student WHERE stu_no=@stu_no;
```

在这个命令中，MySQL解析器通过用户会话变量前面的@来区别字段名与用户会话变量。

3. 局部变量

10.1-3 局部变量.avi

局部变量是指定义在诸如函数、触发器、存储过程及事件等存储程序中的变量，这些变量的作用域范围仅限于所定义的存储程序。批处理结束后，存储在局部变量中的信息将丢失。

(1) 局部变量的定义。

局部变量必须用DECLARE命令定义后才可以使用，定义局部变量的语法形式如下：

```
DECLARE  变量名列表 数据类型 [DEFAULT 默认值]
```

变量的定义必须在存储过程的开头。

例如，以下语句声明了两个整型变量和一个字符型变量：

```
DECLARE n1,n2 int DEFAULT 0;
DECLARE s varchar(10);
```

(2) 局部变量的赋值方法。

使用 DECLARE 命令声明并创建局部变量之后，如果想要设定局部变量的值，必须使用 SET 命令或者 SELECT…INTO…语句。其语法格式如下：

```
SET 变量名=表达式 [,…N]
```

或者

```
SELECT 字段名列表 into 变量名列表 [FROM 表名 WHERE 条件 ]
```

SET 语句一次只能给一个局部变量赋值，SELECT 语句可以给一个或同时给多个变量赋值。如果 SELECT 语句返回了多个值，则这个局部变量将取得该语句返回的最后一个值。另外，使用 SELECT 语句赋值时，如果省略了赋值号及后面的表达式，则可以将局部变量值显示出来，起到与 PRINT 语句同样的作用。

【例 10-5】局部变量的定义与赋值。

```
DECLARE name varchar(10);
DECLARE tel varchar(11);
DECLARE n int;
SET n=0;
SELECT stu_name,stu_tel int name,tel FROM student WHERE stu_no='180101011';
```

这段语句定义了 name 和 tel 两个局部变量，从 student 表中检索学号为'180101011'的数据并为 name 和 tel 赋值。

4. 局部变量与用户会话变量

在使用过程中，局部变量与用户会话变量要分清楚，以免犯错。二者的区别主要有以下两点。

(1) 开头标志不同：用户会话变量是以@开头，而局部变量不以@开头。

(2) 作用域不同：用户会话变量的作用域是在本次会话期间一直有效，而局部变量是在所在的存储过程或函数块中有效。

10.1.3 运算符与表达式

10.1-4 运算符与表达式的使用、条件控制语句.avi

运算符是操作数据的符号，能够用来执行算术运算、字符串连接、赋值以及在字段、常量和变量之间进行比较。表达式用来表示某个求值规则，它由运算符和配对的圆括号将常量、变量、函数等操作数以合理的形式组合而成。每个表达式都产生唯一的值。表达式的类型由运算符的类型决定。从功能角度划分，MySQL 中的运算符分为算术运算符、比较运算符、逻辑运算符及位操作运算符。

1. 算术运算符与算术表达式

算术运算符包括加(+)、减(–)、乘(*)、除(/)、求余(%)和求商整数(div)。

如果在一个表达式中，出现多个算术运算符，则运算符的优先级顺序为：乘、除、求余及求商整数运算为同一优先级，加、减运算符的优先级较低。如果参与的运算量中有一个的值为NULL，则运算结果也是NULL。

【例 10-6】算术运算符的使用。

```
SELECT  5/4,5.0/4,10%3                        --运算结果为：1   1.250000   1
SELECT  25/(3*6), 25%(3*6)                    --运算结果为：1   7
```

【例 10-7】日期类型数据的加与减。

```
SELECT '2020-05-15' + interval '22' day, '2030-05-15'-interval '22' day
```

日期(时间)型数据本身是一个数值，可以进行简单的算术运算。interval 是关键字，后面的数字表示时间间隔。

如果操作数之一为字符串，系统尝试将其转变为整数，如果前几位是数字，而后面是非数字，系统将其转换为前几位表示的数字，否则，将被转换为 0。

2. 比较运算符与比较表达式

比较运算符用来对多个表达式进行比较，比较的结果用真(1)来表示比较的两个表达式值相同，用假(0)来表示两个表达式的结果不同，当比较的两个对象之一值为空时，除<=>之外，其他运算符用不确定(NULL)来表示结果，但<=>可以用真来表示比较的两个结果均为空。MySQL 中的比较运算符及含义如表 10-1 所示。

表 10-1　MySQL 中的比较运算符

运算符	含　义	运算符	含　义
=	等于	<=>	相等或都等于空
>	大于	in	是否是某个集合内的值
<	小于	like	匹配模式
>=	大于或等于	between…and…	是否在某个区间内
<=	小于或等于	is null	是否都为空
<>、!=	不等于	regexp	正则表达式匹配模式

比较表达式用于 WHERE 子句以及流程控制语句(如 IF 和 WHILE)中，过滤符合搜索条件的行。

【例 10-8】比较运算符的使用。

```
SELECT 'china ' = 'china', ' china' = 'china', 'b'>'a', NULL=NULL, NULL<=>NULL;
```

例 10-8 的运行结果如图 10-7 所示。仔细观察运算结果，会发现字符串在进行比较的时候，首先截掉字符串尾部的空格，再进行比较。

'china '='china'	' china'='china'	'b'>'a'	NULL=NULL	NULL<=>NULL
1	0	1	NULL	1

图 10-7　例 10-8 运行结果

3. 逻辑运算符与逻辑表达式

逻辑运算符用于检测特定的条件是否为真。逻辑运算符如表 10-2 所示。逻辑运算符与比较运算符相似，返回值为 TRUE 或者 FALSE 的布尔数据类型。

表 10-2　MySQL 中的逻辑运算符

运 算 符	含　义	运算规则
and 或&&	逻辑或	如果两个布尔表达式都为 TRUE，那么就为 TRUE
or 或||	逻辑与	如果两个布尔表达式中的一个为 TRUE，那么就为 TRUE
not 或!	逻辑非	对任何布尔运算符的值取反
xor	逻辑异或	当两个操作数值不同时值为 TRUE

【例 10-9】逻辑运算符的使用。

(1)　SELECT 1 and 2, 2 and 0, 2 and true, 0 or true, not 2，not false;

(2)　SELECT null and 2, 1 xor 2, 1 xor false;

程序执行结果如图 10-8 和图 10-9 所示。

1 and 2	2 and 0	2 and true	0 or true	not 2	not false
1	0	1	1	0	1

图 10-8　例 10-9 运行结果(1)

null and 2	1 xor 2	1 xor false
NULL	0	1

图 10-9　例 10-9 运行结果(2)

4. 位运算符与位表达式

位运算符可以对整型数据或二进制数据进行按位与(&)、按位或(|)、按位异或(^)、按位求反(~)、位左移(<<)、位右移(>>)等运算。位运算结果为二进制数，在输出结果时会变为十进制数。在运算时，位运算符首先将操作数转换为二进制数，然后再进行计算。求反运算符是一个单目运算符。

【例 10-10】位运算符的使用。

```
SELECT  10&20,10|20,10^20,~1;
```

整型数据占 8 个字节，64 位，因此~1 位运算的结果是 64 位整型数据。例 10-10 的运行结果如图 10-10 所示。

【例 10-11】<<和>>运算符。

```
SELECT 1<<2,128>>1;
```

对于二进制数据来说，左移一位，相当于乘 2，而右移一位，相当于整除 2，因此例 10-11 的运行结果如图 10-11 所示。

10&20	10|20	10^20	~1
0	30	30	18446744073709551614

图 10-10　例 10-10 运行结果

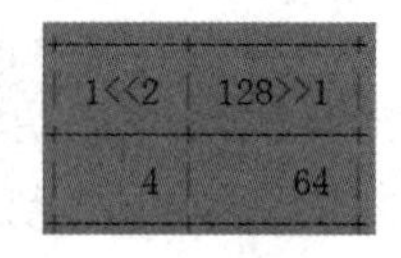

1<<2	128>>1
4	64

图 10-11　例 10-11 运行结果

5. 运算符的优先级

当一个复杂的表达式中包含多种运算符时，运算符的优先顺序将决定表达式的计算和比较顺序。在 MySQL 中，运算符的优先等级从高到低的顺序如下。

◎ +(正)、–(负)、~(位求反)

◎ *(乘)、/(除)、%(求余)、div(求商整数)

◎ +(加)、–(减)

◎ =、>、<、>=、<=、<>、!=、!>、!<比较运算符

◎ ^(位异或)、&(位与)、|(位或)

◎ NOT

◎ AND、BETWEEN…AND…、IN、LIKE、OR

◎ =(赋值)

如果表达式中有两个相同等级的运算符，将按它们在表达式中的位置由左到右计算。在表达式中还可以使用括号改变运算符的优先级。

10.1.4 BEGIN…END 语句块

BEGIN…END 语句用于将多条 SQL 语句组合成一个语句块，并将它们视为一个单一语句。在条件语句和循环语句等控制流程语句中，当符合特定条件需要执行两个或者多个语句时，就应该使用 BEGIN…END 语句将这些语句组合在一起。其语法格式如下：

```
[开始标签:] BEGIN
  [局部]变量的声明;
  错误触发条件的声明;
  游标的声明;
  错误处理程序的声明;
  业务逻辑代码;
END[结束标签];
```

局部变量的声明应该位于语句块开始的部分，在语句块内部声明的局部变量，作用域仅为该语句块。其中，开始标签与结束标签标记符号必须相同。在 MySQL 中，单独使用 BEGIN…END 语句没有意义，只有将 BEGIN…END 放在存储过程、函数、触发器以及事件等内部才有意义。

10.1.5 条件控制语句

MySQL 提供了简单的流程控制语句，其中包括条件控制语句以及循环语句，这些流程控制语句通常放在 BEGIN…END 语句块中使用。

条件控制语句分为两种，一种是 IF 语句，另一种是 CASE 语句。

1. IF 语句

IF 语句根据条件表达式的值确定执行不同的语句块，其语法格式如下：

```
IF 条件表达式 1 THEN 语句 1 或语句块 1;
[ELSEIF 条件表达式 2 THEN 语句 2 或语句块 2;]...
[ELSE 语句 N 或语句块 N;]
END IF;
```

如果条件表达式的条件成立(为 TRUE)，则执行语句 1 或语句块 1；否则(为 FALSE)，执行语句 2 或语句块 2，语句块要用 BEGIN 和 END 定义。如果没有 ELSE 部分，则当逻辑表达式不成立时，什么都不执行。

IF…ELSE 语句可以嵌套使用，而且嵌套层数没有限制。

【例 10-12】在“成绩”表中查询是否开过“数据结构”课，如果开过，计算该课的平均分。(这里假设已知数据结构的课程号为“010002”)

```
DELIMITER $$
CREATE FUNCTION find_course(cno char(6)) RETURNS FLOAT
READS SQL DATA
BEGIN
DECLARE num int;
DECLARE avg_score float;
SELECT count(*) into num FROM course WHERE WHERE course_id =cno;
IF(num>0)
   THEN
   SELECT avg(score) int avg_score FROM score WHERE couser_id=cno;
ELSE
  avg_score=0;
END IF;
RETURN avg_score;
END$$
DELIMITER ;
```

程序执行结果如图 10-12 所示。

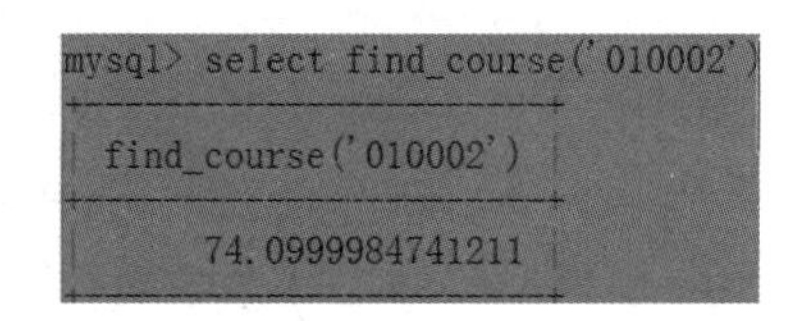

图 10-12　例 10-12 执行结果

在代码的开始使用了重置命令结束标记，这个内容将在 10.1.7 中讲解，在这里是为了避免语句中的分号使这段函数提前结束。使用这个命令之后，分号不再代表语句的结束，而是由“$$”表示语句的结束。

这段代码定义了一个函数，用函数参数 cno 来表示要查询的课程代码，如果此门课程已经开设过，则返回这门课程的平均分，否则返回 0。调用函数时，注意语法和参数格式。

2. CASE 语句

CASE 语句用于实现比 IF 语句分支更为复杂的条件判断，其语法格式如下：

```
CASE 表达式
     WHEN 值 1 THEN 语句块 1;
     WHEN 值 2 THEN 语句块 2;
```

```
    …
    ELSE 语句块N;
END CASE;
```

其中，测试表达式的值必须与测试值的数据类型相同，测试表达式可以是局部变量，也可以是表中的字段变量名，还可以是用运算符连接起来的表达式。

执行 CASE 表达式时，会按顺序将测试表达式的值与测试值逐个进行比较，只要发现一个相等，则执行相应的语句块，CASE 语句执行结束。否则，将执行 ELSE 中的语句，CASE 表达式执行结束。

在 CASE 表达式中，若同时有多个测试值与测试表达式的值相同，则只返回第一个与测试表达式值相同的 WHEN 子句后的结果。

【例 10-13】显示“成绩”表中的数据，并使用 CASE 语句将课程号替换为课程名。

```
DELIMITER $$
CREATE FUNCTION get_course_name(s_no char(10)) RETURNS varchar(16)
no sql
BEGIN
    DECLARE name varchar(16);
    CASE s_no
         WHEN '010001' THEN SET name='大学计算机基础';
         WHEN '010002' THEN SET name='数据结构';
         WHEN '010003' THEN SET name='数据库原理';
         WHEN '010004' THEN SET name='操作系统原理';
         ELSE SET name='非计算机专业课';
    END CASE;
    RETURN name;
END$$
DELIMITER ;
```

在客户端调用函数，执行的结果如图 10-13 所示。

```
mysql> select get_course_name('010001'),get_course_name('0100000');
+---------------------------+----------------------------+
| get_course_name('010001') | get_course_name('0100000') |
+---------------------------+----------------------------+
| 大学计算机基础            | 非计算机专业课             |
+---------------------------+----------------------------+
```

图 10-13　例 10-13 执行结果

10.1.6　循环语句

MySQL 中提供了三种循环语句：WHILE、REPEAT、LOOP。另外，在 MySQL 中还有 ITERATE 语句及 LEAVE 语句用于循环的内部控制。

1. WHILE 语句

利用循环语句 WHILE 可以有条件地重复执行一个 SQL 语句或语句块。其语法格式如下：

```
[循环标签:]WHILE 条件表达式 DO
```

```
循环体;
END WHILE[循环标签];
```

当 WHILE 后的条件表达式为真时，重复执行循环体；当逻辑表达式为假时，循环停止执行，直接执行 END WHILE 后面的语句。可以使用 LEAVE 语句跳出循环，ITERATE 语句结束本次循环。WHILE 语句可以嵌套使用。

【例 10-14】用 WHILE 语句计算 2 的 n 次方。

```
DELIMITER $$
CREATE FUNCTION pow_2(n int) RETURNS int
no sql
BEGIN
     DECLARE my_result int default 1;
     DECLARE start int default 0;
WHILE start<n do
    SET my_result=my_result*2;
    SET start=start+1;
END WHILE;
RETURN my_result;
END$$
DELIMITER;
```

调用函数，参数为 10，程序执行结果为 1024，如图 10-14 所示。

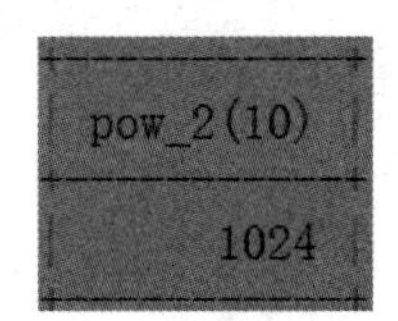

图 10-14　例 10-14 运行结果

【例 10-15】改写例 10-14，要求使用 ITERATE 和 LEAVE 语句。

```
DELIMITER $$
CREATE FUNCTION pow_2(n int) RETURNS  INT
NO SQL
BEGIN
     DECLARE my_result int default 1;
time_num:WHILE true do
        SET my_result=my_result*2;
        SET n=n-1;
        IF n>0 THEN
           ITERATE time_num;
        END IF;
        LEAVE time_num;
END WHILE time_num;
RETURN my_result;
END$$
DELIMITER ;
```

当函数参数为 10 时，程序执行结果为 1024。

2. REPEAT 语句

REPEAT 语句与 WHILE 语句的功能正好相反，当条件为假时反复执行循环体，直到条件为真时退出循环。语法如下：

```
[循环标签:]REPEAT
循环体
UNTIL 条件表达式
END REPEAT[循环标签];
```

【例 10-16】用 REPEAT 语句改写例 10-14。

```
DELIMITER $$
CREATE FUNCTION pow_2(n int) RETURNS int
NO SQL
BEGIN
     DECLARE my_result int default 1;
DECLARE start int default 0;
REPEAT
    SET my_result=my_result*2;
    SET start= start+1;
UNTIL start=n;
END REPEAT;
RETURN my_result;
END$$
DELIMITER;
```

参数为 10 时，程序执行结果为 1024。

3. LOOP 语句

LOOP 语句是一种特殊的循环，本身没有停止循环的语句。所以，LOOP 语句必须借助 LEAVE 语句跳出循环，语法格式如下：

```
[循环标签:]LOOP
循环体
IF 条件表达式 THEN
  LEAVE [循环标签];
END IF;
END LOOP;
```

【例 10-17】使用 LOOP 语句实现 2 的 n 次方的功能。

```
DELIMITER $$
CREATE FUNCTION pow_2(n int) RETURNS int
NO SQL
BEGIN
     DECLARE my_result int default 1;
DECLARE start int default 0;
time_2:LOOP
    SET my_result=my_result*2;
    SET start= start+1;
IF(start=n) THEN
   LEAVE time_2;
END IF;
END LOOP;
```

```
RETURN my_result;
END$$
DELIMITER ;
```

调用函数时，参数为 10 的运行结果是 1024。

10.1.7　重置命令结束标记

在前面的程序段中，不止一次使用了重置命令结束标记的语句。这是因为在语句块中，通常存在多条语句。MySQL 中分号是语句的结束标记，若整个语句块的结束标记也是分号，势必造成冲突，使得语句块被拆分。解决方法是设置一个不同的结束标记，在写语句块之前设置好，在语句块结束后，重新设置回来。语法格式如下：

```
DELIMITER 命令结束标记
```

常用的命令结束标记是：$$、;;、//。

例如在窗口中输入：

```
DELIMITER //
SELECT * FROM student WHERE stu_name like '张_' //
```

此时语句的结束标记变为“//”，而接下来的执行语句 FROM 可以将结束标记重新置为“;”。

```
DELIMITER ;
SELECT * FROM student WHERE stu_name like '张_' ;
```

10.2　系统函数

MySQL 提供了许多内置函数，可以在程序中使用这些内置函数方便地完成一些特殊的运算和操作。函数用函数名来标识，在函数名称之后有一对小括号，大部分函数需要给出一个或多个参数，这些函数无须定义即可直接使用。它们包括：数学函数、字符串函数、数据类型转换函数、条件控制函数、系统信息函数、日期和时间函数等。

10.2.1　数学函数

数学函数用来对数值型数据进行数学运算。表 10-3 给出了常用的数学函数。

表 10-3　常用数学函数

数学函数	功　能	示　例	运行结果(近似值)
abs(x)	返回 x 的绝对值(正值)	abs(-2)	2
acos(x)	返回浮点表达式 x 的反余弦值(值为弦度)	acos(1)	0
asin(x)	返回浮点表达式 x 的反正弦值(值为弦度)	asin(1)	1.57
atan(x)	返回浮点表达式 x 的反正切值(值为弦度)	atan(0.5)	0.56
bin(x)	返回浮点数或整数 x 的二进制数(浮点数取整数部分)	bin(3)	11
cos(x)	返回浮点表达式 x 的三角余弦	cos(1.04718753)	0.50

续表

数学函数	功　能	示　例	运行结果(近似值)
cot(x)	返回浮点表达式 x 的三角余切	cot(0.78539815)	1
ceil(x)	返回大于或等于数值表达式值 x 的最小整数	ceil(4.6)	5
degrees(x)	将弧度 x 转换为度	degree(1.04718753)	60
exp(x)	返回 e 的 x 次方	exp(1)	2.72
floor(x)	返回小于或等于数值表达式值 x 的最大整数，CEILING 的反函数	floor(4.5)	4
format(x,y)	返回小数点后保留 y 位的 x(进行四舍五入)	format(3.1415926,3)	3.142
hex(x)	返回 x 的十六进制数	hex(97)	61
oct(x)	返回 x 的八进制数	oct(97)	141
pi()	返回 π 的值 3.1415926535897931	pi()	3.1415926535897931
pow(x,y)	返回数值表达式 x 的指定次幂 y 的值	pow(2,10)	1024
radians(x)	将度 x 转换为弧度，degrees 的反函数	radians(60)	1.047
rand()	返回一个 0～1 之间的随机十进制数	rand()	小于 1 的随机小数
round(x,y)	将数值表达式 x 四舍五入为整型表达式 y 所给定的精度	round(pi(),1)	3.142
sin (x)	返回角(以弧度为单位)x 的三角正弦	sin(radians(30))	0.5
sqrt(x)	返回一个浮点表达式 x 的平方根	sqrt(2)	1.414
tan(x)	返回角(以弧度为单位)x 的三角正切	tan(radians(30))	0.577
truncate(x,y)	返回小数点后保留 y 位的 x(不进行四舍五入)	truncate(pi(),3)	3.141

【例 10-18】数学函数的使用。

```
SELECT round(exp(1),2) as e的1次幂约等于;
```

程序的执行结果如图 10-15 所示。

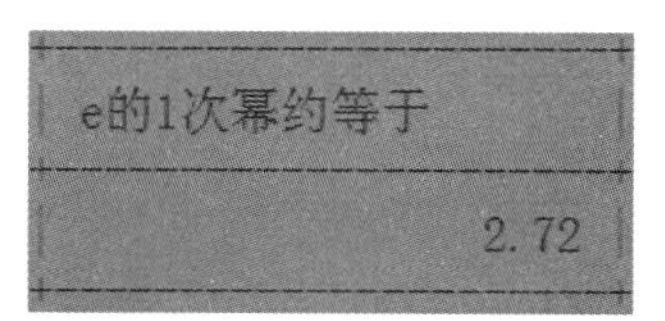

e的1次幂约等于
2.72

图 10-15　例 10-18 运行结果

【例 10-19】随机函数对结果集进行排序。

```
SELECT * FROM student ORDER BY rand();
```

程序运行结果如图 10-16 所示。由于排序的关键字是随机的，所以多次执行的顺序都是不同。

stu_no	course_no	score
1801020103	200101	67
1902030105	200101	62
1902030103	020001	79
1801010102	010003	84
1801010101	100101	89
1902030102	100101	66
1801020104	100101	92
1902030104	020001	49

图 10-16　例 10-19 运行结果

10.2.2　字符串函数

在数据库操作中，经常要对字符串类型的数据进行操作。在这些操作中，将常用的操作作为系统函数，给用户提供了很多方便。用户只要知道如何使用这些函数达到自己的要求即可。表 10-4 给出了常用的字符串函数。

表 10-4 常用字符串函数

字符串函数	功 能	示 例	结 果
encode(s,key)	使用密钥 key 对 s 进行加密，返回二进制数，返回值长度由 s 的字节长度决定，与 decode (pwd,key)配对使用	encode('s', 'a')	'N'
decode(pwd,key)	使用 key 对密码 pwd 进行解密	decode('N', 'a')	's'
aes_encrypt(s,key)	使用密钥 key 对 s 进行加密，返回 128 位二进制数	aes_encrypt('s', 'a')	加密后的字符串
aes_decrypt(pwd,key)	使用 key 对密码 pwd 进行解密，与 aes_encrypt(s,key)配对使用	aes_decrypt(aes_encrypt('s', 'a'), 'a')	's'
password(s)	返回对 s 字符串的加密字符串	password('s')	加密后的字符串
md5(s)	对 s 进行加密，返回 32 位加密字符串	md5('s')	加密后的字符串
charset(s)	返回字符串 s 的字符集	charset('s')	utf8
char_length(s)	返回字符表达式的字符(而不是字节)个数，不计算尾部的空格	char_length('china')	5
concat(s1,s2,…)	将若干函数连接在一起返回	concat('I', ' love', ' China')	'I love China'
concat_ws(s,s1,s2)	使用 s 将 s1、s2 等若干个字符串连接成一个新字符串	concat_ws(' love', 'I', ' China')	'I love China'
ltrim(s)	去掉字符表达式的前导空格	ltrim(' China')	'China'
rtrim(s)	去掉字符表达式的尾部空格	rtrim('China ')	'China'
lpad(str,len,padstr)	函数将字符串 s2 填充到 s1 的开始处，使字符串 s1 的长度达到 len	lpad('abc',6, 'hi, ')	'hi,abc'
rpad(str,len, padstr)	函数将字符串 s2 填充到 s1 的结尾处，使字符串 s1 的长度达到 len	rpad('hi, ',6, 'abc')	'hi,abc'
locate(s1,s2)	从字符串 s2 中查找是否包含字符串 s1，包含则返回开始位置，不包含时返回值小于 0	locate('Ch','I love China')	8
position(s1 in s2)	同 locate	position('Ch' in 'I love China')	8
instr(s1,s2)	从字符串 s1 中查找是否包含字符串 s2，包含则返回开始位置，不包含返回值小于 0	instr('I love China', 'Ch')	8
upper(s)	将字符表达式 s 的字母转换为大写字母	upper('I love China')	'I LOVE CHINA'
lower(s)	将字符表达式 s 的字母转换为小写字母	lower('I love China')	'I love china'

续表

字符串函数	功　能	示　例	结　果
insert(s1,start,len,s2)	将字符串 s1 中从 start 位置开始且长度为 len 的子字符串替换为 s2	insert('one world',5,5, 'dream')	'one dream'
replace(s1,s2,s3)	用字符串 s3 替换 s1 中出现的所有字符串 s2	replace('once world once dream', 'ce','e')	'one world one dream'
substring_index(s,FROM,count)	截取字符串 s 中出现 count 次 FROM 分隔符的子字符串。如果 count 大于 0，从左边截取；反之，从右边截取	substring_index('I love China',' ',2) substring_index('I love China',' ',-2)	'I love' 'love China'
substring(s,start,n)	返回字符串表达式中从“起始点”开始的 n 个字符	substring('I love China',3,4)	' love'
mid(s,start,len)	同 substring	mid('I love China',3,4)	' love'
reverse(s)	返回字符表达式 s 的逆序	reverse('China')	'anihC'
repeat(s,n)	将字符表达式 s 重复 n 次	repeat('ab',3)	'ababab'
place(n)	产生一个由 n 个空格组成的字符串	place(4)	
strcmp(s1,s2)	比较两个字符串 s1 和 s2，s1<s2，返回值小于 0，s1=s2，返回值为 0，s1>s2 返回值大于 0	strcmp('abc', 'd')	-1

数据库中的数据在很多时候是敏感的。作为存储数据的平台，如果被非法读取数据，也应该把损失降至最低。因此，针对敏感数据的存储，应该进行加密。从表 10-4 可知，加密方法有很多种，其中 password()和 md5()函数是不可逆加密。encode()和 decode()、aes_encrypt()和 aes_decrypt()两对函数配对使用。

【例 10-20】加密函数的使用。

(1)SELECT password('I love China');

password 加密后的密码是 4 位，运行结果如图 10-17 所示。

(2)SELECT md5('I love China');

md5 函数加密后密码是 32 位，运行结果如图 10-18 所示。

password('I love china')
*8C0F3769D54C8CFB82EF4889213A9480165B3BC8

图 10-17　例 10-20 执行结果(1)

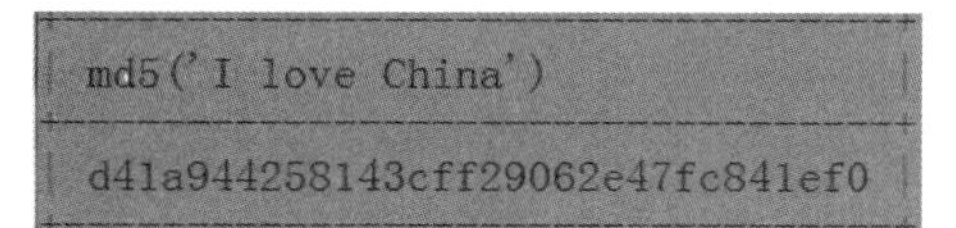

md5('I love China')
d41a944258143cff29062e47fc841ef0

图 10-18　例 10-20 执行结果(2)

10.2.3　数据类型转换函数

在现实生活中，人们从来不把数据分为各种类型，可以在需要的时候对数据做任何处理。但在计算机中，每种数据都有自己的类型，针对不同的类型，有不同的操作。但是这和现实中的情况又不同。例如，在某个表中，代表年龄的字段是用字符型存储的，在某次操作中，需要对年龄字段进行排序，但字符的排序和数字排序不同，所以排序结果不是我们想要的。这时候就需要用到数据类型转换函数将字符型的量转换为数值型来完成操作。在这里，主要介绍两个类型转换函数。

1. convert()函数

convert()是用来实现将一种类型的数据转换为指定类型数据的函数。它有两种使用方法，第一种格式如下：

```
convert(expr,type)
```

其中，type 代表数据类型合法的有以下几种，如表 10-5 所示。

表 10-5　type 数据类型的使用方法

类　型	说　明	示　例	结　果
BINARY[(N)]	二进制	CONVERT("abcde",BINARY(3))	abc
CHAR[(N)] [charset_info]	字符	CONVERT(123, CHAR(5))	'123　' 不足N位补空格
DATE	日期型	CONVERT("2017-08-29", DATE)	2017-08-29
DATETIME	日期时间型	CONVERT("2019-08-01",DATETIME)	2019-08-01 00:00:00
TIME	时间型	CONVERT("2017-08-01 01:01:01", TIME)	01:01:01
DECIMAL[(M[,D])]	小数，M 表示总位数，D 表示小数位数	CONVERT(9999.9999,DECIMAL(3,2))	9.99
SIGNED [INTEGER]	有符号整型	CONVERT(-9999.5099, SIGNED)	-10000
UNSIGNED [INTEGER]	无符号整型	CONVERT(9999.5099, UNSIGNED)	10000

另外一种使用方法的格式如下：

```
convert(str using charset)
```

这种使用方法是将字符串 str 转换为 charset 指定的字符集编码。

【例 10-21】使用 convert 转换字符集。

```
SELECT convert('abcde' using utf8);
SELECT convert('abcde' using ascii);
SELECT convert('中' using ascii);
```

前两个语句是将 abcde 使用 UTF8 码字符集编码和使用 ASCII 码字符集编码。由于 abcde 在这些字符集中的编码字符序是一样的，因此，字符集转换后的结果看起来没什么不同。但是第三条语句中，中文在 ASCII 中是不能表示的，所以转换的结果看起来是乱码。

2. unhex(x)函数

unhex(x)函数负责将十六进制字符串 x 转换为对应的编码。例如，10.1.1 节中提到的十六进制常量中，MySQL 对应的十六进制编码分别是：4D、79、53、51、4C。因此，unhex('4D7953514C')的结果是'MySQL'。

10.2.4 条件控制函数

条件控制函数的功能是根据条件表达的值返回不同的值。MySQL 中常用的条件控制函数有 IF()、IFnull()以及 CASE()。之前讲过 IF 和 CASE 控制语句，其关键字看起来和 IF()及 CASE()函数相似，但是作用完全不同。IF()函数与 CASE()函数无须定义，只要写好参数便可使用；可以在客户端直接调用，像其他函数一样直接使用在 MySQL 语句中。

1. IF()函数

IF()函数的格式如下：

```
IF(条件表达式,值 1,值 2)
```

当条件表达式为真时，IF()函数的返回值取值 1，否则为值 2。

【例 10-22】根据成绩确定是否及格。

```
SET @score=59;
SELECT IF(@score>=60, '及格', '不及格');
```

程序运行结果如图 10-19 所示。由于@score 的值为 59，因此表达式@score>=60 为假，所以函数取'不及格'为整个函数的返回值。

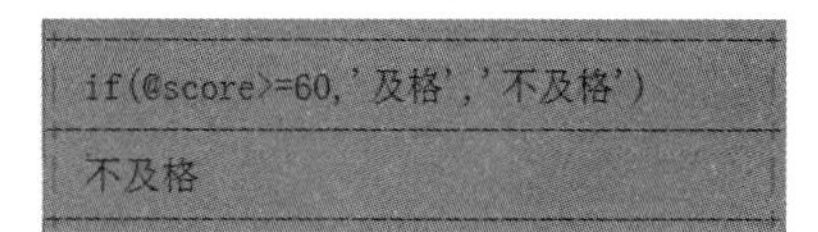

if(@score>=60,'及格','不及格')
不及格

图 10-19 例 10-22 运行结果

2. IFnull()函数

IFnull()函数的格式如下：

```
IFnull(值 1,值 2)
```

如果值 1 不为空，返回值 1，如果值 1 的值为空，则返回值 2。

【例 10-23】根据变量查看是否有成绩。

```
SET @score=59;
SELECT IFnull(@score, '没有成绩'),ifnull(@score1, '没有成绩');
```

运行结果如图 10-20 所示。由于不存在@score1 变量，因此查询的结果为没有成绩。

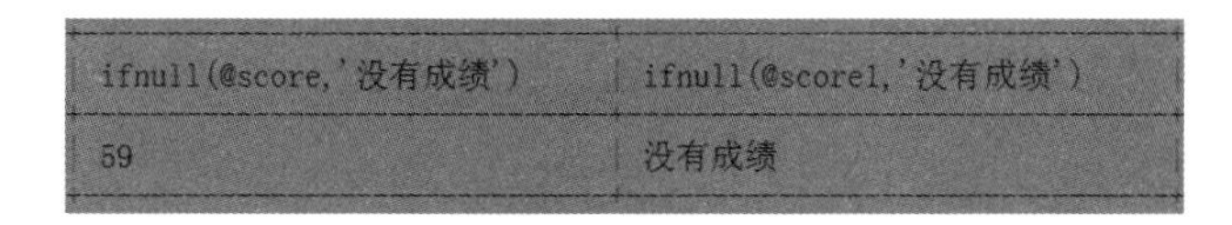

ifnull(@score,'没有成绩')	ifnull(@score1,'没有成绩')
59	没有成绩

图 10-20 例 10-23 运行结果

3. CASE()函数

CASE 表达式分为简单表达式和搜索表达式两种。实际上，CASE 语句与函数的语法并不完全相符，如 CASE()函数没有参数，称为表达式应该更合理一些。

(1) 简单表达式。

简单 CASE 表达式就是将一个测试表达式与一组简单表达式进行比较，如果某个简单表达式与测试表达式的值相等，则返回相应结果表达式的值。其语法格式如下：

```
CASE 测试表达式
```

```
    WHEN 测试值 1 THEN 结果表达式 1
    WHEN 测试值 2 THEN 结果表达式 2
    …
    [ELSE 结果表达式 n]
END
```

其中，测试表达式的值必须与测试值的数据类型相同。测试表达式可以是局部变量，也可以是表中的字段变量名，还可以是用运算符连接起来的表达式。

执行 CASE 表达式时，会按顺序将测试表达式的值与测试值逐个进行比较，只要发现一个相等，则返回相应结果表达式的值，CASE 表达式执行结束。否则，如果有 ELSE 子句则返回相应结果表达式的值；如果没有 ELSE 子句，则返回一个 NULL 值，CASE 表达式执行结束。

在 CASE 表达式中，若同时有多个测试值与测试表达式的值相同，则只返回第一个与测试表达式值相同的 WHEN 子句后的结果表达式的值。

【例 10-24】显示“成绩”表中的数据，并使用 CASE 语句将课程号替换为课程名。

```
SELECT stu_no as 学号,
      CASE course_no
           WHEN '010001' THEN '大学计算机基础'
           WHEN '010002' THEN '数据结构'
           WHEN '010003' THEN '数据库原理'
           WHEN '010004' THEN '操作系统原理'
           WHEN '020001' THEN '金融学'
           WHEN '100101' THEN '马克思主义基本原
理'
           WHEN '200101' THEN '大学英语'
         END
          score AS 成绩
FROM score;
```

学号	课程	成绩
1801010101	数据结构	78
1801010101	数据库原理	69
1801010101	马克思主义基本原理	89
1801010101	大学英语	77
1801010102	数据结构	88
1801010102	数据库原理	84
1801010102	马克思主义基本原理	75
1801010102	大学英语	85
1801010103	数据结构	75
1801010103	数据库原理	81
1801010103	马克思主义基本原理	78
1801010103	大学英语	76
1801010104	数据结构	45
1801010104	数据库原理	61
1801010104	马克思主义基本原理	55
1801010104	大学英语	56
1801010105	数据结构	83
1801010105	数据库原理	86
1801010105	马克思主义基本原理	81
1801010105	大学英语	81
1801020101	数据结构	91

图 10-21　例 10-24 运行部分结果

程序执行的部分结果如图 10-21 所示。

(2)　搜索表达式。

与简单表达式不同的是，在搜索表达式中，CASE 关键字后面不跟任何表达式。在每个 WHEN 关键字后面的都是逻辑表达式。其语法格式如下：

```
CASE
    WHEN 逻辑表达式 1 THEN 结果表达式 1
    WHEN 逻辑表达式 2 THEN 结果表达式 2
    …
    [ELSE 结果表达式 n]
END
```

执行 CASE 搜索表达式时，会按顺序测试每个 WHEN 子句后面的逻辑表达式，只要发现一个为 TRUE，则返回相应结果表达式的值，CASE 表达式执行结束。否则，如果有 ELSE 子句则返回相应结果表达式的值；如果没有 ELSE 子句，则返回一个 NULL 值，CASE 表达式执行结束。

在 CASE 表达式中，若同时有多个逻辑表达式的值为 TRUE，则只有第一个为 TRUE

的 WHEN 子句后的结果表达式值返回。

【例 10-25】 显示“成绩”表中的数据，并根据成绩输出考试等级。成绩大于或等于 90 分，输出“优”；成绩在 80～90 分之间，输出“良”；成绩在 70～80 分之间，输出“中”；成绩在 60～70 分之间，输出“及格”；成绩在 60 分以下，输出“不及格”。

```
SELECT stu_id as 学号,
       CASE course_no
            WHEN '010001' THEN '大学计算机基础'
            WHEN '010002' THEN '数据结构'
            WHEN '010003' THEN '数据库原理'
            WHEN '010004' THEN '操作系统原理'
            WHEN '020001' THEN '金融学'
            WHEN '100101' THEN '马克思主义基本原理'
            WHEN '200101' THEN '大学英语'
       END as 课程
     CASE
        WHEN score>=90 THEN '优'
        WHEN score>=80 THEN '良'
        WHEN score>=70 THEN '中'
        WHEN score>=60 THEN '及格'
        ELSE  '不及格'
   END as 成绩
FROM score;
```

程序执行的部分结果如图 10-22 所示。

学号	课程	成绩
1801010101	数据结构	中
1801010101	数据库原理	及格
1801010101	马克思主义基本原理	良
1801010101	大学英语	中
1801010102	数据结构	良
1801010102	数据库原理	良
1801010102	马克思主义基本原理	中
1801010102	大学英语	良
1801010103	数据结构	中
1801010103	数据库原理	良
1801010103	马克思主义基本原理	中
1801010103	大学英语	中
1801010104	数据结构	不及格
1801010104	数据库原理	及格
1801010104	马克思主义基本原理	不及格
1801010104	大学英语	不及格
1801010105	数据结构	良
1801010105	数据库原理	良
1801010105	马克思主义基本原理	良
1801010105	大学英语	良

图 10-22　例 10-25 运行结果

10.2.5　系统信息函数

系统信息函数主要用于获取 MySQL 服务实例、MySQL 服务器连接的相关信息。

1. version()函数

version()函数用于获取当前 MySQL 服务实例使用的 MySQL 版本号，该函数的返回值与@@version 静态变量的值相同。

2. connection_id()函数

connection_id()函数用于获取当前 MySQL 服务器的连接 ID，该函数的返回值与@@pseudo_thread_IF 系统变量的值相同。

【例 10-26】connection_id()函数的使用。

```
SELECT connection_id();
```

程序运行结果如图 10-23 所示。

```
+-----------------+
| connection_id() |
+-----------------+
|               2 |
+-----------------+
1 row in set (0.04 sec)
```

图 10-23　例 10-26 运行结果

3. database()与 schema()函数

database()与 schema()用于获取当前操作的数据库。

【例 10-27】database()与 schema()函数的使用。

(1)　SELECT database();，schema()

(2)　USE xs;

程序运行结果如图 10-24、图 10-25 所示。

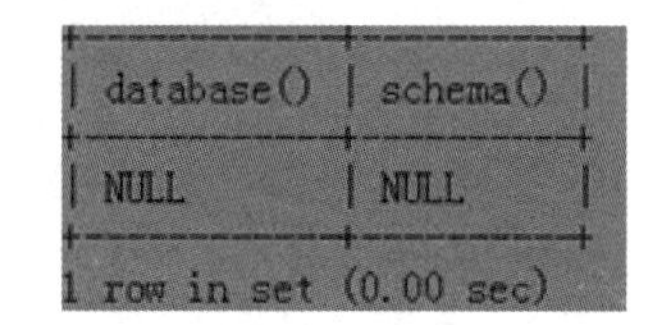

图 10-24　例 10-27(1)运行结果

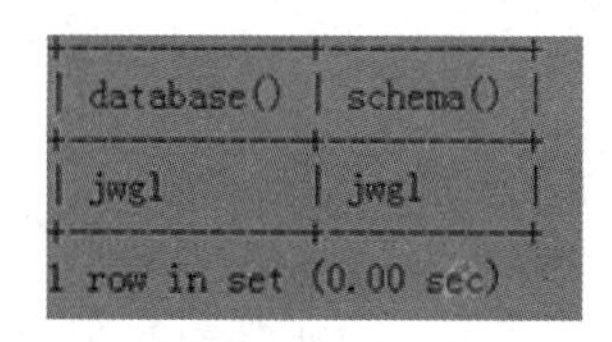

图 10-25　例 10-27(2)运行结果

4. user()、current_user()、system_user()、session_user()函数

这些函数用于获取关于用户的信息。user()函数用于获取通过哪个客户端登录主机、使用什么账号成功连接服务器。system_user()与 session_user()函数是 user()函数的别名。current_user 用于获取该账户名允许通过哪些登录主机连接 MySQL 服务器。

10.2.6　日期和时间函数

MySQL 提供了大量的日期和时间函数，功能非常强大。这些日期和时间函数大致可以归纳为：获取 MySQL 服务器当前时间或日期的函数；获取日期或时间的某一具体信息的函数；时间和秒数之间的转换函数；日期间隔、时间间隔函数；日期和时间格式化函数等。

表 10-6 给出了获取 MySQL 服务器当前时间或日期的函数。

表 10-6　获取 MySQL 服务器当前时间或日期的函数

日期函数	功　能
curdate() current_date()	获取 MySQL 服务器的当前日期
curtime()	获取 MySQL 服务器的当前时间

续表

日期函数	功　能
current_timestamp() now() locate_time() sysdate()	获取 MySQL 服务器的当前日期和时间
unix_timestamp() unix_timestamp(datetime) FROM_unixtime(timestamp)	获取 MySQL 服务器当前的 UNIX 时间戳(从 1970 年 1 月 1 日 UTC/GMT 的午夜开始所经过的秒数)
utc_date() utc_time()	获取 UTC 日期 获取 UTC 时间

注：UTC 时间是指导世界标准时间，中国大陆、中国香港、中国台湾、蒙古、新加坡、马来西亚、菲律宾、西澳大利亚州的时间与 UTC 的时差均为+8，即 UTC+8。因此，这些函数的返回值与时区的设置有关。

【例 10-28】获取 MySQL 服务器的当前时间或日期的函数的应用。

```
SELECT curdate(), current_date(), curtime(), current_timestamp(), now(),
locate_time(), sysdate() \G
```

程序运行结果如图 10-26 所示。

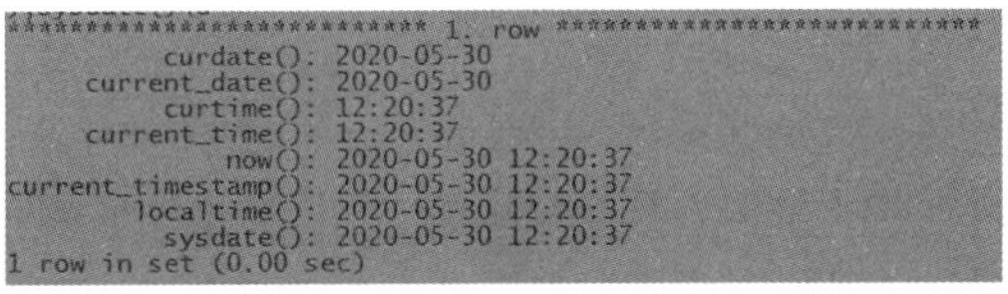

```
*************************** 1. row ***************************
          curdate(): 2020-05-30
     current_date(): 2020-05-30
          curtime(): 12:20:37
     current_time(): 12:20:37
              now(): 2020-05-30 12:20:37
current_timestamp(): 2020-05-30 12:20:37
        localtime(): 2020-05-30 12:20:37
          sysdate(): 2020-05-30 12:20:37
1 row in set (0.00 sec)
```

图 10-26　例 10-28 运行结果

【例 10-29】获取 MySQL 服务器的当前 UNIX 时间戳函数的应用。

程序运行结果如图 10-27 所示。

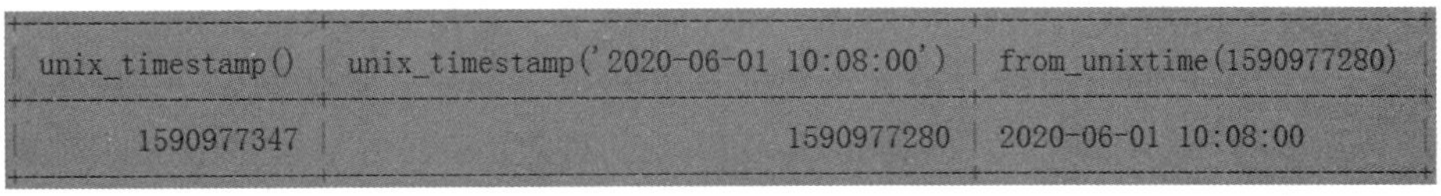

unix_timestamp()	unix_timestamp('2020-06-01 10:08:00')	from_unixtime(1590977280)
1590977347	1590977280	2020-06-01 10:08:00

图 10-27　例 10-29 运行结果

【例 10-30】获取 UTC 日期函数的应用。

```
SELECT curdate(),utc_date(),curtime(),utc_time();
```

程序运行结果如图 10-28 所示。对比一下，可以看出与 UTC 时间相差 8 小时。

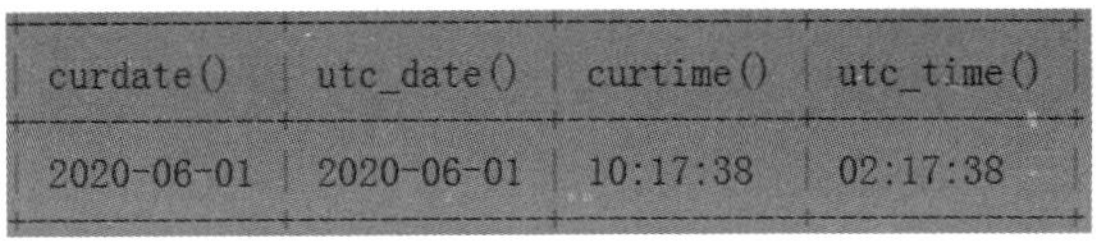

curdate()	utc_date()	curtime()	utc_time()
2020-06-01	2020-06-01	10:17:38	02:17:38

图 10-28　例 10-30 运行结果

还有一些函数可以获取日期或时间的某一具体信息，它们的具体使用方法、示例如

表 10-7 所示。

表 10-7　获取日期或时间具体信息的函数

日期函数	功能说明	示　例	结　果
year(datetime)	获取 datetime 类型参数的年份	year(now())	2020
month(datetime)	获取 datetime 类型参数的月份	month(now())	6
dayofmonth(datetime) day(datetime)	获取 datetime 类型参数的日期	day(now()) dayofmonth(now())	1
monthname(datetime)	获取 datetime 类型参数的月份名称	monthname(now())	June
dayname(datetime)	获取 datetime 类型参数的日期的星期英文名称	dayname(now())	Monday
dayofweek(datetime)	获取 datetime 类型参数的日期是本周的第几天	dayofweek(now())	2
week(datetime) weekofyear(datetime)	获取 datetime 类型参数的日期所在的星期是本年的第几个星期	week(now()) weekofyear(now())	22 23 注：二者返回值差 1
dayofyear(datetime)	获取 datetime 类型参数的日期在本年是第几天	dayofyear(now())	153
hour(datetime)	获取 datetime 类型参数的时	hour(now())	11
minute(datetime)	获取 datetime 类型参数的分	minute(now())	3
second(datetime)	获取 datetime 类型参数的秒	second(now())	0
quarter(datetime)	获取 datetime 类型参数所在日期在本年是第几个季度	quarter(now())	2
microsecond(datetime)	获取 datetime 类型参数的微秒	microsecond(now())	0

注：上表的例子中，假设 now()函数的返回时间是 2020-06-01 11:03:00。

除了以上有关时间日期的函数，还有时间和秒数之间的转换函数，分别是：time_to_sec(datetime)函数，用于获取参数中的时间在当天的秒数；sec_to_time(datetime)函数，用于获取当天的秒数对应的时间。

【例 10-31】时间和秒数之间的转换。

```
SELECT now(),time_to_sec(now()),sec_to_time(now());
```

运行结果如图 10-29 所示。

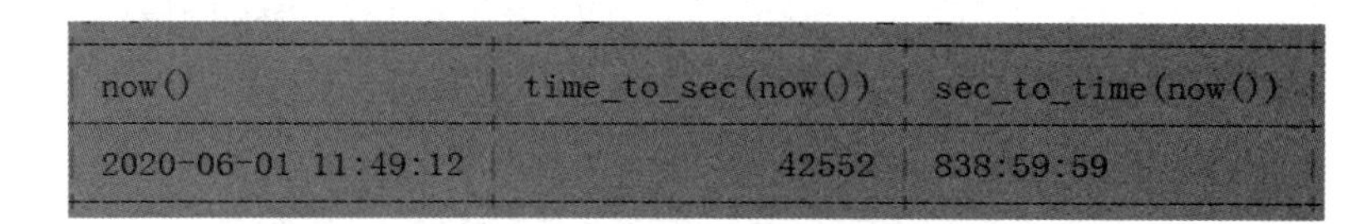

now()	time_to_sec(now())	sec_to_time(now())
2020-06-01 11:49:12	42552	838:59:59

图 10-29　例 10-31 运行结果

还有求日期间隔和时间间隔的函数，如表 10-8 所示。

表 10-8 日期间隔和时间间隔函数

日期函数	功能说明	示 例	结 果
to_days(datetime)	用于指定的日期类型的参数距离 0000 年 1 月 1 日的天数	to_days(now())	737943
from_days(integer)	用于计算从 0000 年 1 月 1 日开始指定参数 n 天后的日期	from_days(737943)	2020-06-01
datediff(datetime,datetime)	用于计算参数 t1 和 t2 之间相隔的天数	datediff(now(),'2020-05-28')	4
adddate(datetime,integer)	返回在指定的时间 t 上经过 n 天后的日期时间	adddate(now(),30)	2020-07-01 11：03：00
addtime(datetime,integer)	返回将参数中指定的时间加上指定的代表秒数的整型参数后的时间	addtime(now(),10)	2020-06-01 11：03：10
subtime(datetime,integer)	返回将参数中指定的时间减去指定的代表秒数的整型参数后的时间	subtime(now(),10)	2020-06-01 11：02：50

除以上函数外，date_add()函数的功能更强大，参数更加灵活同时也更复杂。格式如下：

```
date_add(日期, interval 表示间隔的常量 关键字表示间隔类型)
```

间隔类型是系统指定的，具体类型如表 10-9 所示。

表 10-9 时间、日期间隔类型

间隔类型	说 明	格 式
microsecond	微秒	间隔微秒数
second	秒	间隔秒数
minute	分钟	间隔分钟数
hour	小时	间隔小时数
day	天	间隔天数
week	星期	间隔星期数
month	月	间隔月数
quarter	季度	间隔季度数
year	年	间隔年数

续表

间隔类型	说　明	格　式
second_microsecond	秒和微秒	秒.微秒
minute_second	分钟和秒	分钟：秒
hour_second	小时到秒	小时：分钟：秒
hour_minute	小时到分钟	小时：分钟
day_microsecond	日期和微秒	天 小时：分钟：秒 微秒
day_second	日期和秒	天 小时：分钟：秒
day_minute	日期和分钟	天 小时：分钟
day_hour	日期和小时	天 小时
year_month	年和月	年_月

【例 10-32】date_add 函数的使用。

```
SELECT date_add(now(),interval '-5' day),date_add(now(),interval '5' day),
date_add( now(),interval '2_2', year_month) \G
```

程序的运行结果如图 10-30 所示，now()的返回值是'2020-06-01 14:32:38'，负数表示在原来日期时间的基础上减去指定的数量。

```
*************************** 1. row ***************************
        date_add(now(),interval '-5' day): 2020-05-27 14:32:38
         date_add(now(),interval '5' day): 2020-06-06 14:32:38
date_add(now(),interval '2_2' year_month): 2022-08-01 14:32:38
```

图 10-30　例 10-32 运行结果

另外，MySQL 还为用户提供了日期和时间格式化的函数。time_format(time,format)函数按照表达式 format 的给定格式显示指定的时间；date_format(date,format)函数按照指定格式显示指定日期。其中，时间格式和日期格式有不同的规定，时间、日期格式如表 10-10 所示。

表 10-10　时间、日期格式

时间格式	说　明	日期格式	说　明
%H	小时(00,…,23)	%W	星期名字(Sunday,…,Saturday)
%k	小时(0,…,23)	%D	有英语后缀的月份的日期(例 1st,2nd,3rd 等)
%h/%I	小时(01,…,12)	%Y	年，数字，4 位
%l	小时(1,…,12)	%y	年，数字，两位
%i	分钟，数字(00,59)	%a	缩写的星期名字(Sun,…,Sat)
%r	时间，12 小时(hh:ii:ss[A|P]M)	%d	%d 月份中的天数，数字(00,…,31)
%T	时间，24 小时(hh:ii:ss)	%e	%e 月份中的天数，数字(0,…,31)
%S	秒(00,…,59)	%m	月份，数字(01,…,12)
%s	秒(00,…,59)	%c	月份，数字(1,…,12)
%p	AM 或 PM	%b	缩写的月份名字(Jan,…,Dec)

续表

时间格式	说　明	日期格式	说　明
		%j	一年中的日的序数(001,…,366)
		%w	一个星期中的天数(0=Sunday,…,6=Saturday)
		%U/%u	一个星期中的天数(0,…,52)
		%%	%字符本身

【例 10-33】设置日期时间格式。

(1) SELECT time_format(now(),'%k 时%i 分%s 秒 %p %h:%i:%S');

(2) SELECT date_format(now(),'%Y 年%m 月%d 日 %W %y 年中第%j 天');

运行结果如图 10-31 和图 10-32 所示。

time_format(now(),'%k时%i分%s秒 %p %h:%i:%S ')
16时51分36秒 PM 04:51:36

图 10-31　例 10-33 运行结果(1)

date_format(now(),'%Y年%m月%d日 %W %y年中第%j天')
2020年06月01日 Monday 20年中第153天

图 10-32　例 10-33 运行结果(2)

10.2.7　其他函数

1. 获得当前 MySQL 会话最后一次自增字段值函数

last_insert_id()函数返回当前 MySQL 会话最后一次 insert 或 update 语句设置的自增字段值。例如，下面的 SQL 语句中首先使用一条 insert 语句向 new_class 表插入两条记录，紧接着调用 last_insert_id()函数，获取最后一次 insert 或 update 语句设置的自增字段值。

last_insert_id()函数的返回结果遵循一定的原则。

(1) last_insert_id()函数仅仅用于获取当前 MySQL 会话中 insert 或 update 语句设置的自增字段值，该函数的返回值与系统会话变量@@last_insert_id 的值一致。

(2) 如果自增字段值是数据库用户自己指定，而不是自动生成的，那么 last_insert_id()函数的返回值为 0。

(3) 假如使用一条 insert 语句插入多行记录，last_insert_id()函数只返回第一条记录的自增字段值。

(4) last_insert_id()函数与表无关。如果向表 A 插入数据后再向表 B 插入数据，则 last_insert_id()函数返回表 B 的自增字段值。

2. IP 地址与整数相互转换函数

inet_aton(ip)函数用于将 IP 地址(字符串数据)转换为整数；inet_ntoa(n)函数用于将整数转换为 IP 地址(字符串数据)。

【例 10-34】IP 地址与整数互相转换。

```
SELECT inet_aton('192.168.0.1'),inet_ntoa(3232235521);
```

运行结果如图 10-33 所示。IP 地址是 32 位二进制数组成的，如 192.168.0.1 对应的二进制数为：11000000(192)10101000(168)00000000(0)00000001(1)，对应的十进制数为 3232235521。

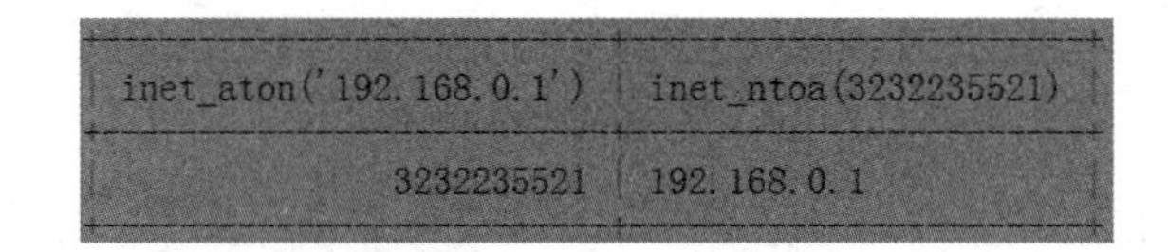

图 10-33　例 10-34 运行结果

3. 基准值函数

基准测试是一种方便有效的、掌握系统在给定的工作负载下会发生什么的方法。基准测试可以观察系统在不同压力下的行为，评估系统的容量，掌握哪些是重要的变化，或者观察系统如何处理不同的数据。

benchmark(n,expression)函数的功能是将表达式 expression 重复执行 n 次，返回结果为 0，但是我们可以从运行时间上估算系统的负荷情况。

【例 10-35】测试 md5 运行时间。

```
SELECT benchmark(10000000,md5('test'));
```

在这次的实验环境下，重复执行 10000000 次 md5 函数，用时 4.35 秒，如图 10-34 所示。参数 expression 不能是 SQL 语句，只能是表达式、函数或存储过程。

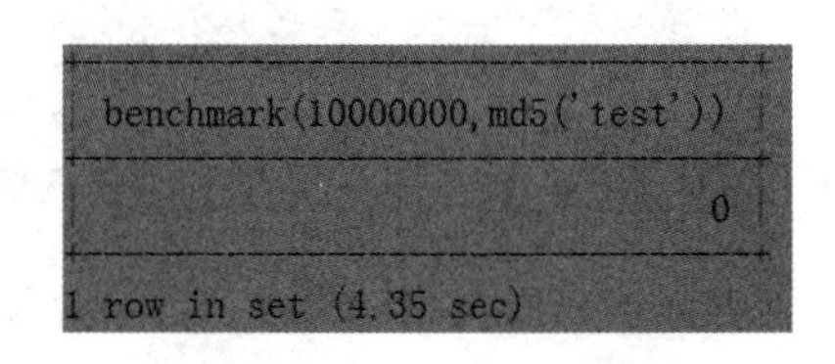

图 10-34　例 10-35 运行结果

4. uuid()函数

uuid()函数可以生成一个 128 位的通用唯一识别码 UUID(Universally Unique IdentIFier)。UUID 码由 5 个域构成，其中前 3 个域与服务器主机的时间有关(精确到微秒)；第 4 个域是一个随机数，在不重启服务的情况下，在当前的 MySQL 服务实例中该随机数不会变化；第 5 个域是通过网卡 MAC 地址转换得到的，同一台 MySQL 服务器运行多个 MySQL 服务实例时，该值相等。

5. isnull()函数

isnull(value)函数用于判断 value 的值是否为 NULL，如果为 NULL，函数返回 1，否则返回 0。

【例 10-36】isnull()函数的应用。

```
SELECT isnull(null),isnull(0);
```

运行结果如图 10-35 所示。

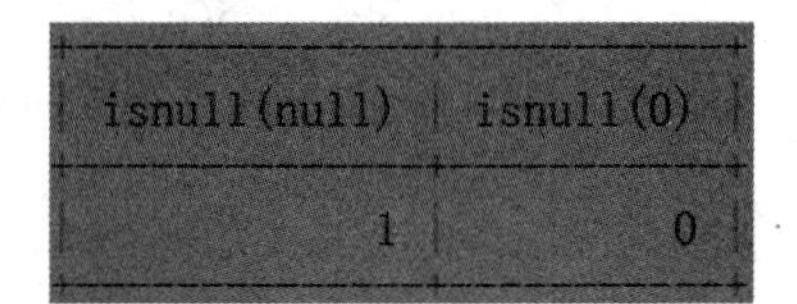

图 10-35　例 10-36 运行结果

习题

1. 用户会话变量与局部变量有什么区别？

2. 定义用户变量 today，分别使用 SET 语句和 SELECT 语句为它赋值。

3. 定义两个用户变量 s1 和 s2，并赋值，将两个字符串进行连接运算、比较大小、转换为大写字母及小写字母、查找 s2 是否包含在 s1 中等操作。

4. 读下面程序，分析函数的功能，创建该函数，并调用。

```
DELIMITER //
CREATE FUNCTION row_no() RETURNS INT
NO SQL
BEGIN
    SET @row_no=@row_no+1;
    RETURN @row_no;
END;
//
DELIMITER ;
```

5. 使用随机函数产生1～10之间的随机数。
6. 根据学生出生日期，查询学生的年龄。
7. 查询当前日期时间，并显示当前是第几季度、星期几。

第11章 MySQL 过程式数据库对象

MySQL 中的编程语言是一种非过程化的语言，用户或应用程序都是通过它来操作数据库的。当要执行的任务不能由单个 SQL 语句来完成时，也可以通过某种方式将多条 SQL 语句组织到一起，来共同完成一项任务。本章主要介绍函数、存储过程、存储函数、触发器和事件功能的实现。通过学习本章，应掌握以下内容:

◎ 自定义函数的创建及调用方法;

◎ 存储过程的创建及调用方法;

◎ 错误触发条件和错误处理;

◎ 触发器的功能及应用。

11.1 自定义函数

11.1 自定义函数.avi

MySQL 提供了丰富的系统函数，并且允许数据库开发人员根据业务逻辑的需要自定义函数，系统函数无须定义可以直接使用，而自定义函数则是根据用户的具体需要由数据库开发人员定义后方可使用的。

11.1.1 函数的创建与调用

创建自定义函数时，数据库开发人员需要提供函数名、函数的参数、函数体(一系列操作)以及返回值等信息。创建自定义函数的语法格式如下：

```
CREATE FUNCTION 函数名(参数 1,参数 2,…) RETURNS 返回值的数据类型
[函数选项]
BEGIN
[函数体]
RETURN 语句
END;
```

创建函数需要注意以下几点：

(1) 自定义函数是数据库的对象，因此，创建自定义函数时，需要指定该自定义函数隶属于哪个数据库。

(2) 同一个数据库内，自定义函数名不能与已有的函数名(包括系统函数名)重名。建议在自定义函数名中统一添加“fn_”前缀或“_fn”后缀。

(3) 函数的参数无须使用 DECLARE 命令定义，但它仍然是局部变量，且必须提供参数的数据类型。自定义函数如果没有参数，则使用空参数“( )”即可。

(4) 函数必须指定返回值数据类型，且须与 RETURN 语句中的返回值的数据类型相近(长度可以不同)。

函数选项是由以下一种或几种选项组合而成的。

```
language sql
|[not] deterministic
|{contains sql|no sql|reads sql data|modifies sql data}
|sql security {definer|invoker}
|comment '注释'
```

函数选项说明：

language sql：默认选项，用于说明函数体使用 SQL 语言编写。

deterministic(确定性)：当函数返回不确定值时，该选项是为了防止“复制”时的不一致性。如果函数总是对同样的输入参数产生同样的结果，则它被认为是“确定的”，否则就是“不确定”的。例如，函数返回系统当前的时间，返回值是不确定的。如果既没有给定 deterministic，也没有给定 not deterministic，默认就是不确定的。

◎ contains sql：表示函数体中不包含读或写数据的语句。

◎ no sql：表示函数体中不包含 SQL 语句。

◎ reads sql data：表示函数体中包含 SELECT 查询语句，但不包含更新语句。

◎ modifies sql data：表示函数体中包含更新语句。如果上述选项没有明确指定，默认是 contains sql。

◎ sql security：用于指定函数的执行许可。

◎ definer：表示该函数只能由创建者调用。

◎ invoker：表示该函数可以被其他数据库用户调用，默认是 definer。

◎ comment：为函数添加功能说明等注释信息。

【例 11-1】在 jwgl 数据库中，创建一个计算学生年龄的函数。该函数接收学生的学号，通过查询 student 表返回该学生的年龄。

```
USE jwgl;
DELIMITER $$
CREATE FUNCTION fn_age(XH CHAR(10))  RETURNS INT
 Reads sql data
 BEGIN
   DECLARE age int;
SELECT YEAR(now())-YEAR(stu_birth) INTO age
FROM student WHERE stu_no=XH;
   RETURN age;
 END$$
DELIMITER ;
```

此处函数选项设置为“Reads sql data”，是因为在函数中使用了一条 SELECT 语句。由于 MySQL 局部变量前面没有“@”符号，在命令局部变量时注意要与字段名称区别开。另外，自定义函数的函数体使用 SELECT 语句不能产生结果集，否则将产生错误。

使用下面命令调用上面函数后，执行结果如图 11-1 所示。

```
SELECT fn_age('1801010101') AS 年龄;
```

【例 11-2】定义一个函数 getAverScore()，可以根据学生的姓名计算出学生的平均成绩。

```
USE jwgl;
DELIMITER $$
CREATE FUNCTION getAverScore(s_name varchar(10))
RETURNS int
Reads sql data
BEGIN
       DECLARE averScore int;
       SELECT avg(score) INTO averScore FROM score
       GROUP BY stu_no
       HAVING stu_no=
(SELECT stu_no  FROM  student WHERE  stu_name=s_name);
       RETURN averScore;
END$$
DELIMITER ;
```

使用下面命令调用上面函数后，执行结果如图 11-2 所示。

```
SELECT getAverScore('秦建兴') AS '秦建兴同学平均成绩';
```

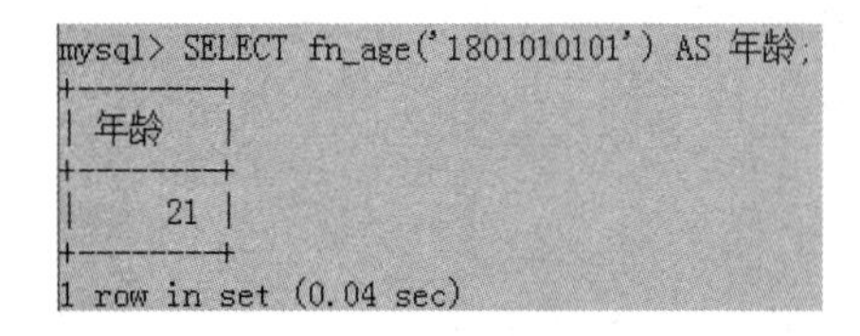

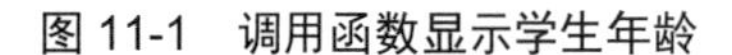
图 11-1 调用函数显示学生年龄

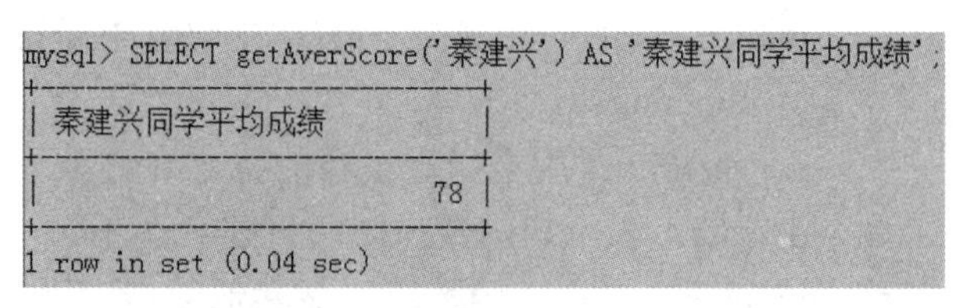

图 11-2 调用函数显示学生平均成绩

11.1.2 函数的维护

函数的维护包括查看函数的定义、修改函数定义和删除函数定义等内容。

1. 查看函数的定义

(1) 查看当前数据库中所有的自定义函数的信息，可以使用命令"show function status"。如果自定义函数较多，可以使用"show function status like…"模式，进行模糊查询。

(2) 查看指定数据库中的所有自定义函数名，可以使用下面的 SQL 语句：

```
SELECT name FROM mysql.proc WHERE db='数据库名' AND type='function'
```

(3) 使用命令"show create function 函数名;"可以查看指定函数的详细信息。例如，查看例 11-1"fn_age"函数的详细信息，如图 11-3 所示。

```
mysql> SHOW CREATE FUNCTION fn_age\G;
*************************** 1. row ***************************
            Function: fn_age
            sql_mode: STRICT_TRANS_TABLES,NO_AUTO_CREATE_USER,NO_ENGINE_SUBSTITU
TION
     Create Function: CREATE DEFINER=`root`@`localhost` FUNCTION `fn_age`(XH CHA
R(10)) RETURNS int(11)
    READS SQL DATA
BEGIN
    DECLARE age int;
SELECT YEAR(now())-YEAR(stu_birth) INTO age
FROM student WHERE stu_no=XH;
    RETURN age;
  END
character_set_client: utf8
collation_connection: utf8_general_ci
  Database Collation: utf8_general_ci
1 row in set (0.00 sec)
```

图 11-3 查看函数 fn_age 的定义信息

(4) 函数的信息都保存在 information_schema 数据库中的 routines 表中，可以使用 SELECT 语句检索 routines 表，查询函数的相关信息。

2. 函数定义的修改

由于函数保存的仅仅是函数体，而函数体实际上是一些 MySQL 表达式，因此函数自身不保存任何用户数据。当函数的函数体需要更改时，可以使用 DROP FUNCTION 语句暂时将函数的定义删除，然后再使用 CREATE FUNCTION 语句重新创建相同名字的函数即可。这种方法对于存储过程、视图、触发器的修改同样适用。

3. 函数定义的删除

使用 MySQL 命令 DROP FUNCTION 删除函数的定义，其语法格式如下：

```
DROP FUNCTION 函数名, …;
```

11.2 存储过程

11.2 存储过程.avi

在 MySQL 中，可以定义一段程序存放在数据库中，这样的程序称为存储过程，它是最重要的数据库对象之一。存储过程实质上就是一段代码，它可以由声明式 SQL 语句和过程式 SQL 语句组成。存储过程可以由程序、触发器或者另一个存储过程调用，从而激活它。

存储过程的优点如下。

(1) 存储过程在服务器端运行，执行速度快。

(2) 存储过程执行一次后，其执行规划就驻留在高速缓冲存储器，在以后的操作中，只需从高速缓存中调用已编译好的二进制代码执行，提高了系统性能。

(3) 确保数据库安全性。使用存储过程可以完成所有数据库操作，并可通过编程方式控制对数据库信息的访问。

11.2.1 创建存储过程

创建存储过程命令格式如下：

```
CREATE PROCEDURE 存储过程名(参数 1,参数 2, …)
[存储过程选项]
BEGIN
存储过程语句块;
END;
```

存储过程选项可能由以下一种或几种存储过程选项组合而成。有关存储过程选项的说明参看自定义函数语法格式中的说明，这里不再赘述。

存储过程选项由以下一种或几种组合而成。

```
language sql
|[not] deterministic
|{contains sql|no sql|reads sql data|modifies sql data}
|sql security {definer|invoker}
|comment '注释'
```

创建存储过程需要注意以下几点：

(1) 存储过程中数据库的对象。在创建存储过程时，需要指定该存储过程隶属于哪个数据库。同一个数据库内，存储过程名不能与已经存在的存储过程重名，建议在存储过程名中统一添加前缀“proc_”或后缀“_proc”。

(2) 与函数相同之处在于，存储过程的参数也是局部变量，也需要提供参数的数据类型；与函数不同的是，存储过程有 3 种类型的参数：IN 参数、OUT 参数以及 INOUT 参数。其中 IN 代表输入参数(默认情况下为 IN 参数)，表示该参数的值必须由调用程序指定；OUT 代表输出参数，表示该参数的值经存储过程计算后，将 OUT 参数的计算结果返回给调用程序；INOUT 参数代表既是输入参数，又是输出参数，表示该参数可以由调用程序指定，又可以将参数的计算结果返回给调用程序。

(3) 存储过程如果没有参数，使用空参数“( )”即可。

【例 11-3】创建不带参数的存储过程，从 jwgl 数据库的 student、course、score 三个表中查询，返回学生的学号、姓名、课程名和成绩。该存储过程实际上只返回一个查询信息。

```
USE jwgl;
DELIMITER $$
CREATE  PROCEDURE  stu_cj()
Reads sql data
BEGIN
SELECT  student.stu_no AS 学号,stu_name AS 姓名,course_name AS 课程名,score AS
成绩  FROM student INNER JOIN  score
ON  student.stu_no=score.stu_no INNER  JOIN  course
ON  score.course_no=course.course_no;
END$$
DELIMITER ;
```

使用 CALL stu-cj 调用执行存储过程，部分结果如图 11-4 所示。

mysql> CALL stu_cj;

学号	姓名	课程名	成绩
1801010101	秦建兴	数据结构	78
1801010101	秦建兴	数据库原理	69
1801010101	秦建兴	马克思主义基本原理	89
1801010101	秦建兴	大学英语	77
1801010102	张吉哲	数据结构	88
1801010102	张吉哲	数据库原理	84
1801010102	张吉哲	马克思主义基本原理	75
1801010102	张吉哲	大学英语	85
1801010103	王胜男	数据结构	75
1801010103	王胜男	数据库原理	81
1801010103	王胜男	马克思主义基本原理	78
1801010103	王胜男	大学英语	76
1801010104	李楠楠	数据结构	45
1801010104	李楠楠	数据库原理	61
1801010104	李楠楠	马克思主义基本原理	55
1801010104	李楠楠	大学英语	56
1801010105	耿明	数据结构	83
1801010105	耿明	数据库原理	86
1801010105	耿明	马克思主义基本原理	81
1801010105	耿明	大学英语	81
1801020101	贾志强	数据结构	91

图 11-4　无参数存储过程执行结果

【例 11-4】创建带输入参数的存储过程。从 jwgl 数据库的 student、course、score 三个表中查询任一同学指定课程的成绩。

```
USE jwgl;
DELIMITER $$
CREATE  PROCEDURE  proc_stu_cj1(IN sname char(10),IN cname char(16))
Reads sql data
BEGIN
SELECT student.stu_no,stu_name,course_name,score
  FROM student INNER JOIN  score
ON  student.stu_no=score.stu_no INNER  JOIN course
ON  score.course_no=course.course_no
  WHERE student.stu_name=sname  AND course.course_name=cname;
END$$
DELIMITER ;
```

【例 11-5】创建带输出参数的存储过程。在 jwgl 数据库中创建一个存储过程用于计算指定学生(姓名)各科成绩的平均分，存储过程中使用了一个输入参数和一个输出参数。

```
USE jwgl;
DELIMITER $$
CREATE  PROCEDURE  proc_avg_score(IN sname char(10),OUT avg_cj float)
Reads sql data
BEGIN
SELECT avg(score) INTO avg_cj
  FROM student,score
  WHERE stu_name=sname  AND student.stu_no=score.stu_no
  GROUP  BY  score.stu_no;
END$$
DELIMITER ;
```

11.2.2　存储过程的调用、查看和删除

调用存储过程需使用 CALL 命令。另外，还要向存储过程传递 IN 参数、OUT 参数或者 INOUT 参数。

1. 带输入参数存储过程的调用

调用 proc_stu_cj 存储过程的命令如下，执行结果如图 11-5 所示。

方法一：

```
SET @sname='秦建兴';
SET @cname='数据结构';
CALL proc_stu_cj1(@sname,@cname);
```

方法二：

```
CALL proc_stu_cj1('秦建兴','数据结构');
```

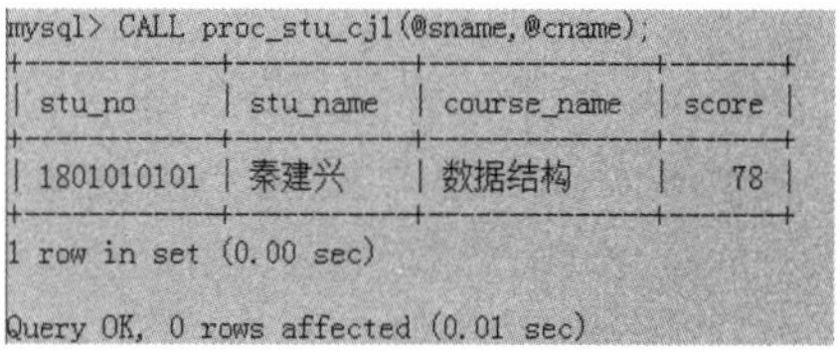

```
mysql> CALL proc_stu_cj1(@sname,@cname);
+------------+----------+-------------+-------+
| stu_no     | stu_name | course_name | score |
+------------+----------+-------------+-------+
| 1801010101 | 秦建兴   | 数据结构    |    78 |
+------------+----------+-------------+-------+
1 row in set (0.00 sec)

Query OK, 0 rows affected (0.01 sec)
```

图 11-5　带输入参数存储过程执行结果

2. 带输出参数存储过程的调用

调用 proc_avg_score 存储过程的命令如下，执行结果如图 11-6 所示。

```
SET @sname='秦建兴';
SET @avg_cj=0;
CALL proc_avg_score(@sname,@avg_cj);
SELECT @avg_cj;
```

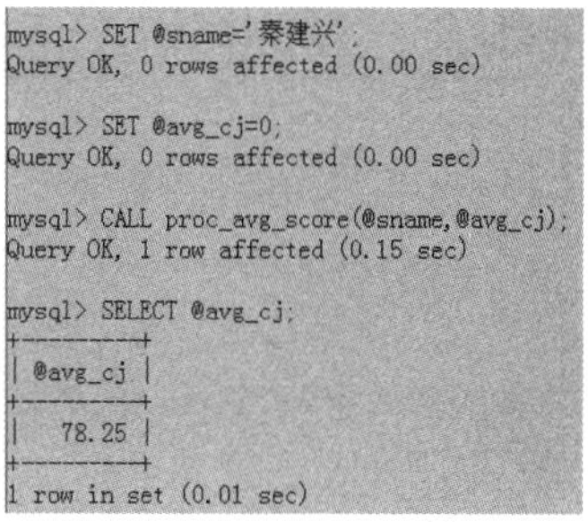

```
mysql> SET @sname='秦建兴';
Query OK, 0 rows affected (0.00 sec)

mysql> SET @avg_cj=0;
Query OK, 0 rows affected (0.00 sec)

mysql> CALL proc_avg_score(@sname,@avg_cj);
Query OK, 1 row affected (0.15 sec)

mysql> SELECT @avg_cj;
+---------+
| @avg_cj |
+---------+
|   78.25 |
+---------+
1 row in set (0.01 sec)
```

图 11-6　带输入、输出参数存储过程执行结果

3. 查看存储过程的定义

可以使用下面 4 种方法查看存储过程的定义、权限、字符集等信息。

(1)　使用 show procedure status 命令查看存储过程的定义。例如，使用“show procedure status\G;”命令可以查看所有存储过程的信息。如果存储过程较多，可以使用“show procedure status like 模式\G;”命令查看与模式模糊匹配的存储过程的定义。

(2)　查看某个数据库中的所有存储过程名，可以使用下面的 SQL 语句，如图 11-7 所示。

```
SELECT name FROM mysql.proc WHERE db='jwgl' AND type='procedure';
```

```
mysql> SELECT name FROM mysql.proc WHERE db='jwgl' AND type='procedure';
+----------------+
| name           |
+----------------+
| proc_avg_score |
| proc_stu_cj1   |
| stu_cj         |
+----------------+
3 rows in set (0.02 sec)
```

图 11-7　查看 jwgl 数据库中的存储过程名

(3) 使用命令“show create procedure 存储过程名;”可以查看指定数据库的指定存储过程的详细信息。例如，查看 stu_cj 存储过程的详细信息，可以使用“show create procedure stu_cj\G;”，如图 11-8 所示。

```
mysql> show create procedure stu_cj\G;
*************************** 1. row ***************************
           Procedure: stu_cj
            sql_mode: STRICT_TRANS_TABLES,NO_AUTO_CREATE_USER,NO_ENGINE_SUBSTITU
TION
    Create Procedure: CREATE DEFINER=`root`@`localhost` PROCEDURE `stu_cj`()
    READS SQL DATA
BEGIN
SELECT  student.stu_no AS 学号,stu_name AS 姓名,course_name AS 课程名,score AS
成绩   FROM  student INNER  JOIN  score
ON  student.stu_no=score.stu_no INNER  JOIN  course
ON  score.course_no=course.course_no;
END
character_set_client: utf8
collation_connection: utf8_general_ci
  Database Collation: utf8_general_ci
1 row in set (0.00 sec)
```

图 11-8　查看指定存储过程的详细信息

(4) 存储过程的信息保存在 information_schema 数据库中的 routines 表中，可以使用 select 语句查询存储过程的相关信息。例如，下面的 SQL 语句查看的是 proc_avg_score 存储过程的相关信息，如图 11-9 所示。

```
SELECT * FROM information_schema.routines
WHERE routine_name='proc_avg_score'\G;
```

```
mysql> SELECT * FROM information_schema.routines WHERE routine_name='proc_avg_sc
ore'\G;
*************************** 1. row ***************************
           SPECIFIC_NAME: proc_avg_score
         ROUTINE_CATALOG: def
          ROUTINE_SCHEMA: jwgl
            ROUTINE_NAME: proc_avg_score
            ROUTINE_TYPE: PROCEDURE
               DATA_TYPE:
CHARACTER_MAXIMUM_LENGTH: NULL
  CHARACTER_OCTET_LENGTH: NULL
       NUMERIC_PRECISION: NULL
           NUMERIC_SCALE: NULL
      DATETIME_PRECISION: NULL
      CHARACTER_SET_NAME: NULL
          COLLATION_NAME: NULL
          DTD_IDENTIFIER: NULL
            ROUTINE_BODY: SQL
      ROUTINE_DEFINITION: BEGIN
SELECT avg(score) INTO avg_cj
  FROM student,score
  WHERE stu_name=sname  AND student.stu_no=score.stu_no
  GROUP  BY  score.stu_no;
END
           EXTERNAL_NAME: NULL
       EXTERNAL_LANGUAGE: NULL
         PARAMETER_STYLE: SQL
        IS_DETERMINISTIC: NO
         SQL_DATA_ACCESS: READS SQL DATA
                SQL_PATH: NULL
           SECURITY_TYPE: DEFINER
                 CREATED: 2020-06-23 23:56:39
            LAST_ALTERED: 2020-06-23 23:56:39
                SQL_MODE: STRICT_TRANS_TABLES,NO_AUTO_CREATE_USER,NO_ENGINE_SUBS
TITUTION
         ROUTINE_COMMENT:
                 DEFINER: root@localhost
    CHARACTER_SET_CLIENT: utf8
    COLLATION_CONNECTION: utf8_general_ci
      DATABASE_COLLATION: utf8_general_ci
1 row in set (0.02 sec)
```

图 11-9　使用 SELECT 命令查看指定存储过程的详细信息

4. 删除存储过程

如果某个存储过程不再使用，可以使用 drop procedure 语句将其删除，语法格式如下：

```
DROP PROCEDURE 存储过程名;
```

例如，要删除存储过程 stu_cj 可以直接使用命令“DROP PROCEDURE stu_cj;”。需要说明的是，由于存储过程保存的是一段存储程序，没有保存表数据。因此，当需要修改存储过程的定义时，可以使用 DROP PROCEDURE 语句将存储过程删除，然后再使用 CREATE PROCEDURE 语句重新创建相同名字的存储过程即可。

11.2.3 存储过程与函数的比较

MySQL 的存储过程和函数统称为 stored toutines，它们都可以看作是一个“加工作坊”。什么时候需要定义为函数，什么时候需要定义为存储过程，事实上没有严格的区分，不过一般而言，存储过程实现的功能要复杂一点，而函数实现的功能针对性更强一点。存储过程和函数之间的共同特点有如下几点。

(1) 应用程序调用存储过程或函数时，只需要提供存储过程名或者函数名，以及参数信息，无须将若干条 MySQL 语句发送到 MySQL 服务器上，从而节省了网络开销。

(2) 存储过程或者函数可以重复使用，从而可以减少数据库开发人员尤其是应用程序开发人员的工作量。

(3) 使用存储过程或者函数可以增强数据的安全访问控制。可以设定只有某些数据库用户才具有某些存储过程或者函数的执行权。

存储过程和函数也有一些不同之处，主要有以下几方面。

(1) 函数必须有且仅有一个返回值，且必须指定返回值的数据类型。存储过程可以没有返回值，也可以有返回值，甚至可以有多个返回值，所有的返回值需要使用 OUT 或者 INOUT 参数定义。

(2) 在函数体内可以使用 SELECT…INTO 语句为某个变量赋值，但不能使用 SELECT 语句返回结果或者结果集；存储过程则没有这方面的限制。

(3) 函数可以直接嵌入 SQL 语句或者 MySQL 表达式中，最重要的是函数可以用于扩展标准的 SQL 语句。存储过程一般需要单独调用，并不会嵌入 SQL 语句中使用，调用时需要使用 CALL 关键字。

(4) 函数中的函数体限制比较多，比如函数体内不能使用以显式或隐式方式打开、开始或结束事务的语句，不能在函数体内使用预处理 SQL 语句。存储过程的限制相对比较少，基本上所有的 SQL 语句或者 MySQL 命令都可以在存储过程中使用。

(5) 应用程序(如 Java、PHP 等)调用函数时，通常将函数封装到 SQL 字符串中进行调用；应用程序调用存储过程时，必须使用 CALL 关键字进行调用。如果应用程序希望获取存储过程的返回值，必须给存储过程的 OUT 参数或者 INOUT 参数传递 MySQL 会话变量，这样应用程序才能通过该会话变量获取存储过程的返回值。

11.3 错误触发条件和错误处理

11.3-1 错误触发条件和错误处理.avi

我们在执行 MySQL 命令语句时，难免会产生一些错误，比如向外键表 score 中插入学生成绩数据时，如果插入的 stu_no 值在主键表(被参照表) student 中不存在，则会产生违背外键约束的错误。如果是交互命令状态，可以很容易地对命令进行修改，但如果是函数或存储过程中的语句产生了错误，默认情况下，MySQL 将自动终止程序的执行。然而，数据库开发人员有时希望自己控制程序的运行流程，并不希望 MySQL 自动终止存储程序的执行。MySQL 的错误处理机制可以帮助数据库开发人员自行控制程序流程。

11.3.1 自定义错误处理程序

MySQL 支持错误处理机制。数据库开发人员可以自定义错误处理机制，使得存储程序在遇到警告或者错误时能够继续执行，这样就可以增强存储程序错误处理的能力。MySQL 存储程序运行期间发生错误时，MySQL 会将控制交由错误处理程序处理。自定义错误处理程序时需要使用 DECLARE 关键字，语法格式如下：

```
DECLARE 错误处理类型 HANDLER FOR 错误触发条件 自定义错误处理程序;
```

一般情况下，自定义错误处理程序置于存储程序(如存储过程或者函数)中才有意义。

错误处理程序的定义必须放在所有变量以及游标定义之后，并且放在其他所有 MySQL 表达式之前。错误处理类型取值要么是 continue，要么是 exit。当错误处理类型是 continue 时，表示错误发生后，MySQL 立即执行错误处理程序，然后忽略该错误继续执行其他 MySQL 语句。当错误处理类型是 exit 时，表示错误发生后，MySQL 立即执行自定义错误处理程序，然后立刻停止其他 MySQL 语句的执行。

错误触发条件，表示满足什么条件时，自定义错误处理程序开始运行，错误触发条件定义了自定义错误处理程序运行的时机。错误触发 3 种取值：MySQL 错误代码、ANSI 标准错误代码以及自定义错误触发条件。例如，1452 是 MySQL 错误代码，它对应于 ANSI 标准错误代码 23000，自定义错误触发条件稍后介绍。

自定义错误处理程序是当错误发生后，MySQL 会立即执行自定义错误处理程序中的 MySQL 语句，自定义错误处理程序也可以是一个 BEGIN-END 语句块。

【例 11-6】创建一个存储过程，向 student 表中插入数据，当插入重复的主键值(重复的学号 stu_no)时，程序继续执行。

```
USE jwgl;
DELIMITER $$
CREATE  PROCEDURE  proc_stu_insert(IN  xh  char(10),IN  xm  char(10),IN  xb
char(1),IN sr date,IN mi char(6))
Modifies sql data
BEGIN
DECLARE continue HANDLER FOR 1062
  BEGIN
   SELECT @error='不能插入重复主键值！';
```

```
  END;
INSERT INTO student(stu_no,stu_name,stu_sex,stu_birth,stu_pwd)
   VALUES(xh,xm,xb,sr,mi);
END$$
DELIMITER ;
```

使用下面语句插入一个重复的 stu_no 值“1801010101”，执行结果如图 11-10 所示。

```
CALL proc_stu_insert('1801010101','赵文丽','女','2000-1-1','111111');
```

```
mysql> CALL proc_stu_insert('1801010101','赵文丽','女','2000-1-1','111111');
+------------------------------------+
| @error='不能插入重复主键值!'        |
+------------------------------------+
|                               NULL |
+------------------------------------+
1 row in set (0.00 sec)

Query OK, 0 rows affected (0.01 sec)
```

图 11-10　带有错误处理程序的存储过程的插入重复主键值执行情况

当将上面命令中的 stu_no 修改为不重复值“9999”后，再次调用存储过程。

```
CALL proc_stu_insert('9999','赵文丽','女','2000-1-1','111111');
```

使用“SELECT * FROM student\G”查看 student 表，可以看到上面“赵文丽”同学的数据被正确插入。执行及查询结果如图 11-11 所示。

```
     stu_no: 9999
   Stu_name: 赵文丽
    Stu_sex: 女
  Stu_birth: 2000-01-01
 Stu_source: NULL
   Class_no: NULL
    Stu_tel: NULL
     Credit: 0
Stu_picture: NULL
 Stu_remark: NULL
    Stu_pwd: 111111
16 rows in set (0.00 sec)
```

图 11-11　带有错误处理程序的存储过程的正确插入数据执行情况

11.3.2　自定义错误触发条件

MySQL 为数据库开发人员提供了将近 500 个错误代码，如何记住并区别这些错误代码？最简单的方法就是为每个错误代码命名。这就好比打电话时，由于无法记住太多的电话号码，更多的时候通过姓名拨打电话。自定义错误触发条件允许数据库开发人员为MySQL 错误代码或者 ANSI 标准错误代码命名，语法格式如下：

```
DECLARE 错误触发条件 CONDITION FOR MySQL 错误代码|ANSI 标准错误代码;
```

【例 11-7】创建一个存储过程，实现向 score 表中插入学生成绩数据。要求违反外键约束的数据不能插入，但存储过程要继续执行。

```
USE jwgl;
DELIMITER $$
CREATE PROCEDURE proc_score_insert(IN xh char(10),IN kch char(6),IN cj float)
Modifies sql data
BEGIN
```

```
DECLARE foreign_key_error CONDITION FOR 1452;
  DECLARE continue HANDLER FOR foreign_key_error
  BEGIN
   SET @error='违反外键约束！';
  END;
INSERT INTO score(stu_no,course_no,score)
    VALUES(xh,kch,cj);
END$$
DELIMITER ;
```

使用下面语句调用存储过程，向 score 表插入一条数据“'8888'，'abcd'，100;”

```
CALL proc_score_insert('8888','abcd',100);
```

执行结果如图 11-12 所示，可以看到程序执行没有报错，但是数据并没有插入 score 表中。

```
mysql> CALL proc_score_insert('8888','abcd',100);
Query OK, 0 rows affected (0.16 sec)

mysql> SELECT * FROM score WHERE stu_no='8888';
Empty set (0.03 sec)
```

图 11-12　自定义错误触发条件的存储过程的执行情况

自定义错误触发条件以及自定义错误处理程序可以在触发器、函数以及存储过程中使用。

参与软件项目的多个数据库开发人员，如果每个人都自建一套错误触发条件以及错误处理程序，极易造成 MySQL 错误管理混乱。在实际开发过程中，建议数据库开发人员建立清晰的错误处理规范，必要时可以将自定义错误触发条件、自定义错误处理程序封装在一个存储过程中。

11.3.3　游标及其应用

11.3-2 游标及其使用.avi

数据库开发人员在编写存储过程(或者函数)等存储程序时，有时需要存储程序中的 MySQL 代码扫描 SELECT 结果集中的数据，并对结果集中的每条记录进行简单处理，通过 MySQL 的游标机制可以解决此类问题。

游标本质上是一种能从 SELECT 结果集中每次提取一条记录的机制，因此游标与 SELECT 息息相关。MySQL 支持简单的游标。游标一定要在存储过程或函数中使用，不能单独在查询中使用。使用一个游标需要用到 4 条特殊语句：DECLARE CURSOR(声明游标)、OPEN CURSOR(打开游标)、FETCH CURSOR(读取游标)和 CLOSE CURSOR(关闭游标)。

(1)　声明游标。

声明游标的语法格式如下：

```
DECLARE 游标名 CURSOR FOR select 语句
```

这个语句声明一个游标，也可以在存储过程中定义多个游标。但是一个块中的每个游标必须有唯一的名字。这里的 SELECT 语句不能有 INTO 子句。

(2)　打开游标。

声明游标后，要使用游标从中提取数据，就必须先打开游标。其语法格式如下：

```
OPEN 游标名
```

(3) 读取游标。

游标打开后，就可以使用 FETCH CURSOR 语句从中读取数据，其语法格式如下：

```
FETCH 游标名 INTO 变量名…
```

FETCH…INTO 语句与 SELECT…INTO 语句具有相同的意义，FETCH 语句是将游标指向的一行数据赋给一些变量，子句中变量的数目必须等于声明游标时 SELECT 子句中列的数目。变量名指定是存放数据的变量。

第一次执行 FETCH 语句时，从结果集中提取第一条记录，再次执行 FETCH 语句时，从结果集中提取第二条记录，……，依此类推。FETCH 语句每次从结果集中仅仅提取一条记录，因此，FETCH 语句需要循环语句配合，这样才能实现对整个结果集的遍历。

当使用 FETCH 语句从游标中提取最后一条记录后，再次执行 FETCH 语句时，将产生“error 1329:NO data to FETCH”错误信息，数据库开发人员可以针对 MySQL 错误代码 1329 自定义错误处理程序，以便结束游标对结果集的遍历。

游标的自定义错误处理程序应该放在声明游标语句之后。游标通常结合自定义错误处理程序一起使用。

(4) 关闭游标。

游标使用完后，要及时关闭游标。其语法格式如下：

```
CLOSE 游标名
```

【例 11-8】创建存储过程，使用游标在 score 表逐行检查某门课程的成绩，如果成绩在 55～59 之间，自动将成绩修改为 60。

```
USE jwgl;
DELIMITER $$
CREATE PROCEDURE proc_update_score(IN kch char(6))
Modifies sql data
BEGIN
DECLARE xh char(10);
DECLARE cj float;
DECLARE state char(10);
DECLARE update_cj_cursor CURSOR FOR
  SELECT stu_no,score FROM score WHERE course_no=kch;
DECLARE continue HANDLER FOR 1329 SET state='遍历完成';
  OPEN update_cj_cursor;
  REPEAT
    FETCH update_cj_cursor INTO xh,cj;
    IF (CJ>=55 AND CJ<60) THEN SET cj=60;
    END IF;
    UPDATE score SET score=cj WHERE stu_no=xh AND course_no=kch;
    UNTIL state='遍历完成'
  END REPEAT;
  CLOSE update_cj_cursor;
END$$
DELIMITER ;
```

调用存储过程对'100101'课程的成绩进行相应操作，操作前后对比结果如图 11-13 所示。

```
CALL proc_update_score('100101');
```

```
mysql> SELECT * FROM score WHERE course_no='100101' AND score<60;
+------------+-----------+-------+
| stu_no     | course_no | score |
+------------+-----------+-------+
| 1801010104 | 100101    |    55 |
| 1801020102 | 100101    |    45 |
| 1902030104 | 100101    |    49 |
+------------+-----------+-------+
3 rows in set (0.00 sec)

mysql> CALL proc_update_score('100101');
Query OK, 0 rows affected (0.46 sec)

mysql> SELECT * FROM score WHERE course_no='100101' AND score<60;
+------------+-----------+-------+
| stu_no     | course_no | score |
+------------+-----------+-------+
| 1801020102 | 100101    |    45 |
| 1902030104 | 100101    |    49 |
+------------+-----------+-------+
2 rows in set (0.00 sec)

mysql> SELECT * FROM score WHERE course_no='100101' AND stu_no='1801010104';
+------------+-----------+-------+
| stu_no     | course_no | score |
+------------+-----------+-------+
| 1801010104 | 100101    |    60 |
+------------+-----------+-------+
1 row in set (0.00 sec)
```

图 11-13　游标的存储过程执行情况

11.4 触发器

11.4-1 触发器的定义及其使用.avi

触发器是一个被指定关联到一个表的数据库对象，用于保护表中的数据。当有操作影响到触发器保护的数据时，触发器自动执行。触发器的代码也是由声明式和过程式的 SQL 语句组成，因此用在存储过程中的语句也可以用在触发器的定义中。

利用触发器可以方便地实现数据库中数据的完整性。例如，jwgl 数据库有 student、course 和 score 表，当要删除 student 表中一个学生的数据时，该学生在 score 表中对应的记录可以利用触发器进行相应的删除操作，这样就不会出现不一致的冗余数据，并保证参照完整性约束的正确性。

11.4.1 准备工作

使用 CREATE TRIGGER 语句可以创建触发器，语法格式如下：

```
CREATE TRIGGER 触发器名 触发时间 触发事件 ON 表名 for each row
BEGIN
触发程序
END;
```

关于触发器有以下几点说明：

(1) 触发器是数据库的对象，因此创建触发器时，需要指定该触发器隶属于哪个数据库。

(2) 触发器基于表(严格地说是基于表的记录)，这里的表是基表，不是临时表，也不是视图。

(3) MySQL 的触发事件有 3 种：insert、update 和 delete。

◎ insert：将新记录插入表时激活触发程序，例如，通过 insert、load data 和 replace 语句可以激活触发程序运行。

◎ update：更改某一行记录时激活触发程序，例如，通过 update 语句可以激活触发程序运行。

◎ delete：从表中删除某一行记录时激活触发程序，例如，通过 delete 和 replace 语句可以激活触发程序运行。

(4) 触发器的触发时间有 2 种：before 和 after。

before 表示在触发事件之前执行触发程序，after 表示在触发事件之后执行触发程序。因此，严格意义上讲，一个数据库表最多可以设置 6 种类型的触发器。

(5) for each row 表示行级触发器。

目前，MySQL 仅支持行级触发器，不支持语句级别的触发器。for each row 表示更新(insert、update 或者 delete)操作影响的每一条记录都会执行一次触发程序。

(6) 触发程序中的 SELECT 语句不能产生结果集(这一点与函数相同)。

(7) 触发程序中可以使用 old 关键字和 new 关键字。

当向表插入新记录时，在触发程序中可以使用 new 关键字表示新记录。当需要访问新记录的某个字段值时，可以使用“new.字段名”的方式访问。

当从表中删除某条旧记录时，在触发程序中可以使用 old 关键字表示旧记录。当需要访问旧记录的某个字段值时，可以使用“old.字段名”的方式访问。

当修改表的某条记录时，在触发程序中可以使用 old 关键字表示修改前的旧记录，使用 new 关键字表示修改后的新记录。当需要访问旧记录的某个字段值时，可以使用“old.字段名”的方式访问。当需要访问修改后的新记录的某个字段值时，可以使用“new.字段名”的方式访问。

old 记录是只读的，可以引用它，但不能更改它。在 before 触发程序中，可以使用“set new.col_name=values”更改 new 记录的值，但是在 after 触发程序中，不能使用“set new.col_name=values”更改 new 记录的值。

11.4.2 使用触发器实现检查约束

前面曾经提到，MySQL 可以使用复合数据类型 set 或者 enum 对字段的取值范围进行检查约束，也可以实现对离散的字符串数据的检查约束，对于数值型的数据不建议使用 set 或者 enum 实现检查约束，可以使用触发器实现。

【例 11-9】创建触发器实现向 score 表插入学生成绩值时，要求成绩在 0～100 之间(包括 0 和 100)。

```
USE jwgl;
DELIMITER $$
CREATE TRIGGER score_insert_before BEFORE insert ON score for each row
BEGIN
  IF new.score<0 OR new.score>100 THEN
    INSERT INTO mytable values(0);
```

```
  END IF;
END$$
DELIMITER ;
```

向 score 表插入两行数据，对上面的触发器进行测试。首先插入一行成绩值不符合要求的记录(成绩值为 150)，在执行 INSERT 语句时激活触发器，由于触发程序中条件 new.score>100 成立，因此执行触发程序中的“INSERT INTO mytable values(0);”语句的运行，由于数据库中并没有 mytable 表存在，因此触发程序被迫终止运行，避免了将错误的成绩值 150 插入 score 表中。第二行插入数据将成绩修改为 80，可以看到数据插入成功。执行情况如图 11-14 所示。

```
INSERT INTO score values('1801010101','010001',150);
INSERT INTO score values('1801010101','010001',80);
```

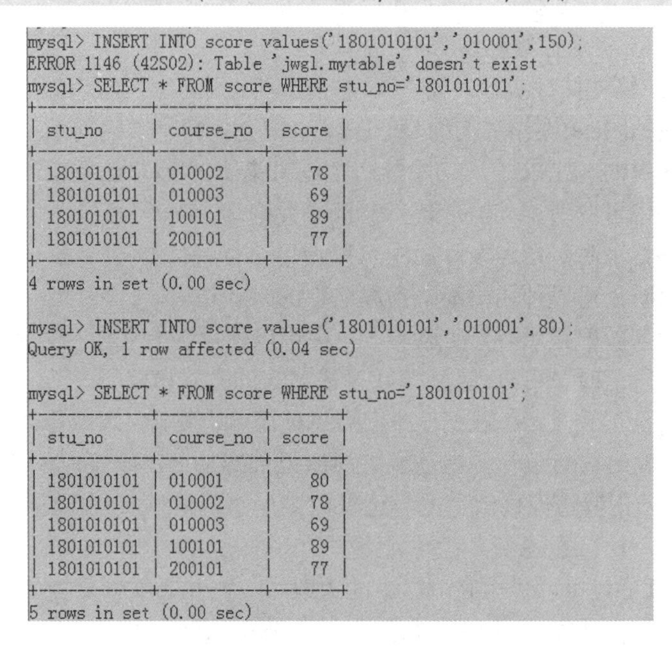

图 11-14　实现检查约束的触发器的执行情况

这个实例中描述分析触发器的触发时机非常重要，如果将触发时机 before 修改为 after，则无法实现 score 表中 score 字段的检查约束。

与其他数据库管理系统不同，使用触发器实现检查约束时，MySQL 触发器暂不支持撤销 undo、退出 exit 等操作，触发程序正常运行期间无法中断其正常执行。为了阻止触发程序继续执行，可以在触发程序中定义一条出错的语句或者不可能完成的 SQL 语句。

上述例题仅仅实现了“插入”检查，也可以参照上述例题创建针对“修改”操作的触发器，负责对 score 表的 update 操作进行检查。

11.4.3　使用触发器实现外键级联选项

11.4-2 使用触发器实现外键级联选项.avi

对于 InnoDB 存储引擎的表而言，由于支持外键约束，在定义外键约束时，通过设置外键的级联选项 cascade、set null 或者 no action，外键约束关

系可以交由 InnoDB 存储引擎自动维护。例如，如果由于某种原因要删除 student 表中的某个学生记录，那么由于 student 表对于 score 表而言是外键约束的被参照表，为了保证数据的一致性，应该同时将 score 表中该学生的成绩数据一并删除。这种操作可以通过创建外键时的级联删除选项实现，如果在外键约束中没有级联删除选项，也可以通过触发器实现。实际上，通常通过触发器实现级联删除操作。

【例 11-10】创建一个触发器，当从 student 表删除学生记录时，同时删除该学生在 score 表中的所有成绩记录。(为了实现这一操作，需要删除 score 表对于 student 的外键约束)

```
USE jwgl;
DELIMITER $$
CREATE TRIGGER student_delete_after AFTER delete ON student for each row
BEGIN
  DELETE FROM score WHERE stu_no=old.stu_no;
END$$
DELIMITER ;
```

为了测试上面的触发器，我们利用例 11-6 中存储过程插入的学生记录“'9999','赵文丽','女'”，向 score 表中插入一条该学生的成绩信息“'9999','010001',99”，如图 11-15 所示。

接下来，执行下面命令从 student 表中删除“'9999','赵文丽','女'”学生的信息，观察 score 表中该学生的成绩信息是否同时被删除。执行情况如图 11-16 所示。

```
DELETE FROM student WHERE stu_no='9999';
SELECT * FROM score WHERE stu_no='9999';
```

```
mysql> INSERT INTO score values('9999','010001',99);
Query OK, 1 row affected (0.04 sec)

mysql> SELECT * FROM score WHERE stu_no='9999';
+--------+-----------+-------+
| stu_no | course_no | score |
+--------+-----------+-------+
| 9999   | 010001    |    99 |
+--------+-----------+-------+
1 row in set (0.00 sec)
```

图 11-15　向 score 表插入成绩信息

```
mysql> alter table score drop foreign key  score_ibfk_1;
Query OK, 57 rows affected (0.28 sec)
Records: 57  Duplicates: 0  Warnings: 0

mysql> DELETE FROM student WHERE stu_no='9999';
Query OK, 1 row affected (0.05 sec)

mysql> SELECT * FROM score WHERE stu_no='9999';
Empty set (0.00 sec)
```

图 11-16　实现级联删除的触发器执行情况

从执行情况可以看到，当从 student 表中删除“'9999'”同学后，score 表中该同学的成绩记录也同时被删除，这样就保证了 score 表中学生对 student 表中学生数据的参照完整性。

触发器除了可以实现检查约束和级联删除操作外，很多时候还用来实现数据的级联修改操作。例如，在向 score 表中输入一条学生成绩记录后，如果学生的成绩在及格线以上，同时应当将该课程的学分累加到该学生的总学分字段上；再比如，对于一个销售管理系统，如果产生一个订单，那么首先应该检查商品的库存量是否满足订单需求，如果满足，订单可以生成，并应从库存信息中将该商品的库存量进行相应的减扣。

【例 11-11】创建触发器实现当向 score 表中插入一条成绩记录时，如果成绩及格，则在 student 表中该学生总学分字段 credit 上累加该成绩记录对应课程的学分数。

```
USE jwgl;
DELIMITER $$
CREATE TRIGGER score_insert_after AFTER insert ON score for each row
BEGIN
  DECLARE xf int;
```

```
  SELECT course_credit INTO xf FROM course WHERE course_no=new.course_no;
  IF new.score>=60 THEN
    UPDATE student SET credit=credit+xf WHERE stu_no=new.stu_no;
  END IF;
END$$
DELIMITER ;
```

为了验证触发器，我们需要向 score 表插入一条成绩数据“'1902030101','010001',99”。在插入数据之前先查询一下该学生的信息，主要观察他的学分 credit 值，再查询课程'010001'的学分值，如图 11-17 所示。

执行下面命令，向 score 表插入一条成绩数据后，再检查学生'1902030101'的学分值，执行结果如图 11-18 所示。

```
INSERT INTO score VALUES('1902030101','010001',99);
```

```
mysql> SELECT * FROM course WHERE course_no='010001'\G;
*************************** 1. row ***************************
    course_no: 010001
  Course_name: 大学计算机基础
Course_credit: 3
  Course_hour: 54
  course_term: 2
1 row in set (0.00 sec)

ERROR:
No query specified

mysql> SELECT * FROM student WHERE stu_no='1902030101'\G;
*************************** 1. row ***************************
      stu_no: 1902030101
    Stu_name: 耿娇
     Stu_sex: 女
   Stu_birth: 2001-05-25
  Stu_source: 广东省广州市
    Class_no: 19020301
     Stu_tel: 15621014488
      Credit: 10
Stu_picture: NULL
  Stu_remark:
     Stu_pwd: 111111
1 row in set (0.00 sec)
```

图 11-17　验证触发器执行前的数据查询情况

```
mysql> INSERT INTO score VALUES('1902030101','010001',99);
Query OK, 1 row affected (0.04 sec)

mysql> SELECT * FROM student WHERE stu_no='1902030101'\G;
*************************** 1. row ***************************
      stu_no: 1902030101
    Stu_name: 耿娇
     Stu_sex: 女
   Stu_birth: 2001-05-25
  Stu_source: 广东省广州市
    Class_no: 19020301
     Stu_tel: 15621014488
      Credit: 13
Stu_picture: NULL
  Stu_remark:
     Stu_pwd: 111111
1 row in set (0.00 sec)
```

图 11-18　验证级联修改触发器执行情况

从执行插入操作后的查询结果可以看到，向 score 表插入学生成绩数据后，相应地该学生的 student 表中的总学分 credit 值同时得到了修改，将课程的学分值累加到了学生的学分字段上。

11.4.4　触发器的查看和删除

11.4-3 触发器的查看和删除.avi

1. 查看触发器

查看触发器的定义是指查看数据库中已存在的触发器的定义、权限和字符集等信息，可以使用 4 种方法查看触发器的定义。

(1)　使用 show triggers 命令查看触发器的定义。例如，使用“show triggers\G;”命令可以查看所有触发器的信息。用这种方式查看触发器的定义时，可以查看当前数据库中所有触发器的定义。如果触发器较多，可以使用“show triggers like 模式\G;”命令查看与模式模糊匹配的触发器的定义信息。

(2)　通过查询 information_schema 数据库中的 triggers 表，可以查看触发器的定义。MySQL 中所有触发器的定义都存储在 information_schema 数据库中的 triggers 表中，查询

triggers 表时，可以查看数据库中所有触发器的详细信息，查询语句如下，执行结果如图 11-7 所示。

```
SELECT * FROM information_schema.triggers\G;
```

(3) 使用命令"show create trigger 触发器名;"可以查看指定数据库中指定触发器的详细信息。例如，查看 score_insert_before 触发器的详细信息，可以使用"show create trigger score_insert_before\G;"命令，如图 11-19 所示。

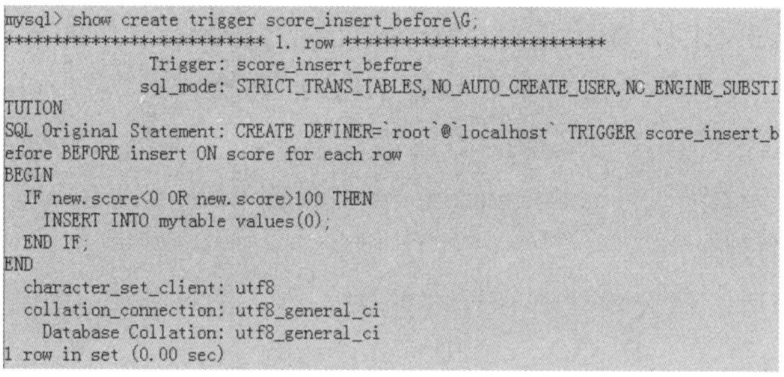

```
mysql> show create trigger score_insert_before\G;
*************************** 1. row ***************************
               Trigger: score_insert_before
              sql_mode: STRICT_TRANS_TABLES,NO_AUTO_CREATE_USER,NO_ENGINE_SUBSTI
TUTION
SQL Original Statement: CREATE DEFINER=`root`@`localhost` TRIGGER score_insert_b
efore BEFORE insert ON score for each row
BEGIN
  IF new.score<0 OR new.score>100 THEN
    INSERT INTO mytable values(0);
  END IF;
END
  character_set_client: utf8
  collation_connection: utf8_general_ci
    Database Collation: utf8_general_ci
1 row in set (0.00 sec)
```

图 11-19　查看指定触发器的详细信息

(4) 成功创建触发器后，MySQL 自动在数据库目录下创建 TRN 以及 TRG 触发器文件，以记事本方式打开这些文件，可以查看触发器的定义。

2. 删除触发器

如果某个触发器不再使用，则可以使用 drop trigger 语句将其删除，语法格式如下：

```
DROP TRIGGER 触发器名;
```

由于触发器保存的是一段触发程序，没有保存用户数据，当触发器的触发程序需要修改时，可以使用 drop trigger 语句暂时将该触发器删除，然后再使用 create trigger 语句重新创建触发器即可。

11.4.5　使用触发器的注意事项

MySQL 从 5.0 版本才开始支持触发器，与其他成熟的商业数据库管理系统相比，无论是功能还是性能，触发器在 MySQL 中的使用还有待完善。在 MySQL 中使用触发器有一些注意事项。

(1) 如果触发程序中包含 SELECT 语句，则该 SELECT 语句不能返回结果集。

(2) 同一个表不能创建两个相同触发时间、触发事件的触发器。

(3) 触发程序中不能使用以显式或隐式方式打开、开始或结束事务的语句。

(4) MySQL 触发器针对记录进行操作，当批量更新数据时，引入触发器会导致批量更新操作的性能降低。

(5) 在 MyISAM 存储引擎中，触发器不能保证原子性。例如，当使用一个更新语句更新一个表后，触发程序实现另一个表的更新，若触发程序执行失败，则不会回滚第一个表的更新。InnoDB 存储引擎支持事务，使用触发器可以保证更新操作与触发程序的原子性，此时触发程序和更新操作是在同一个事务中完成的，例如，如果 before 类型的触发器程序执行失败，那么更新语句不会执行；如果更新语句执行失败，那么 after 类型的触发器不会执行；如果 after 类型的触发器程序执行失败，那么更新语句执行后也会被撤销，以便保证事务的原子性。

(6) InnoDB 存储引擎实现外键约束关系时，建议使用级联选项维护外键数据；MyISAM 存储引擎虽然不支持外键约束关系，但可以使用触发器实现级联修改和级联删除，进而模拟维护外键数据，模拟实现外键约束关系。

(7) 使用触发器维护 InnoDB 外键约束的级联选项时，应该根据首先维护子表的数据，然后再维护父表数据的原则，确定选择 after 触发器还是 before 触发器。

(8) MySQL 的触发程序不能对本表执行 UPDATE 操作。触发程序中的 UPDATE 操作可以直接使用 SET 命令替代，否则可能出现错误信息，甚至陷入死循环。

(9) 在 before 触发程序中，auto_increment 字段的 new 值为 0，不是实际插入新记录时自动生成的自增型字段值。

(10) 添加触发器后，建议对其进行详细测试，测试通过后再决定是否使用触发器。

习题

1. 什么是存储过程？存储过程与函数的相同和不同之处有哪些？

2. 简述使用存储过程有哪些优缺点。

3. 说明存储过程的定义与调用方法。

4. 学生选课系统主要有学生表(学号，姓名，性别，专业，出生日期等)、选课表(学号，课程号，成绩)、课程表(课程号，课程名，学时，学分)。

要求创建如下存储过程:

(1) 能够根据给定的学生姓名，查询该学生选修的课程及相应的成绩。

(2) 能够根据给定的课程名，以输出参数的形式给出该课程的选课人数及平均分。

5. 简述数据完整性的用途。完整性有哪些类型？

6. 什么是触发器？触发事件、触发时间都有哪些？

7. 在 jwgl 数据库上创建一个包含游标的存储过程，要求实现按课程名称逐行统计课程的选修人数。

8. 为 jwgl 数据库中的 score 表创建一个触发器，当修改 score 表中学生成绩时，如果成绩大于等于 60 分，同时修改该学生的学分 credit 值。

9. 在 jwgl 数据库的 course 表上创建一个实现检查约束的触发器，要求课程的学时数不能大于 80 学时。

学习情境五

安全管理与维护

第12章 事务与并发控制

数据库是一个共享资源，可以供多个用户使用。在用户建立与数据库的会话后，用户就可以对数据库进行操作，而用户对数据库的操作是通过一个个事务来进行的。允许多个用户同时使用的数据库系统称为多用户数据库系统，如航空订票系统、银行系统等都是多用户数据库系统。在这样的系统中，在同一时刻并发运行的事务数可达数百甚至数千个。

对于多用户数据库系统而言，当多个用户并发操作时，会产生多个事务同时操作同一数据的情况。若对并发操作不加以控制，就可能发生读取和写入不正确数据的情况，从而破坏数据库的一致性，所以数据库管理系统必须提供并发控制机制。通过本章学习，需要掌握以下内容：

◎ 事务及事务的特性；

◎ 并发及并发引起的问题；

◎ 封锁和封锁协议；

◎ MySQL 的并发控制。

12.1 事务

12.1 事务的特性及控制语句.avi

事务通常包含一系列更新操作，这些更新操作是一个不可分割的逻辑工作单元。如果事务成功执行，那么该事务中所有的更新操作都会成功执行，并将执行结果提交到数据库文件中，成为数据库永久的组成部分。如果事务中某个更新操作执行失败，那么事务中的所有更新操作均被撤销。简言之，事务中的更新操作要么都执行，要么都不执行。

12.1.1 事务的 ACID 特性

为了保证事务对数据操作的完整性，对事务需要加以要求和限制，只有满足这些要求或限制才能使数据库在任何情况下都是正确有效的，这是 DBMS 的责任。DBMS 为了保证在并发访问时对数据库的保护，要求事务具有 4 个特性，即原子性(Atomicity)、一致性(Consistency)、隔离性(Isolation)和持久性(Durability)，简称 ACID 特性。

1. 原子性

事务的原子性是指事务中包含的所有操作要么全做，要么全不做，以保证数据是一致的。原子性用于标识事务是否完全地完成，一个事务的任何更新都要在系统上完全完成，如果由于某种原因出错，事务不能完成全部任务，系统将返回到事务开始前的状态。这一性质即使在系统崩溃之后仍能得到保证，在系统崩溃之后将进行数据库恢复，用来恢复和撤销系统崩溃时处于活动状态的事务对数据库的影响，从而保证事务的原子性。

2. 一致性

一致性要求事务执行完成后将数据库从一个一致状态转变到另一个一致状态。即在相关数据库中所有规则都必须应用于事务的修改，以保持所有数据的完整性，事务结束时所有的内部数据结构都必须是正确的。例如，在转账的操作中，各账户金额必须平衡，这一条规则对于程序员而言是一个强制的规定。

3. 隔离性

隔离性也称为独立性。是指并行事务的修改必须与其他并行事务的修改相对独立。保证事务查看数据时数据所处的状态，只能是另一并发事务修改它之前的状态或者是修改它之后的状态，而不能是中间状态。隔离性意味着一个事务的执行不能被其他事务干扰，即一个事务内部的操作及使用的数据对并发的其他事务是隔离的，并发执行的各个事务之间不能互相干扰。

4. 持久性

在事务完成提交之后会对系统产生持久的影响，即事务的操作将写入数据库中，无论发生何种机器和系统故障都不应该对其有任何影响。例如，自动柜员机在向客户支付一笔钱时就不用担心丢失客户的取款记录。事务的持久性保证事务对数据库的影响是持久的。

事务的这种机制保证了一个事务或者成功提交，或者失败回滚，二者必为其一。因此，整条对数据的修改具有可恢复性，即当事务失败时它对数据的修改都会恢复到该事务执行前的状态。

12.1.2 MySQL 事务控制语句

应用程序主要通过指定事务启动和结束的时间来控制事务。

1. 事务模式

MySQL 有 3 种事务模式，即自动提交事务模式、显式事务模式和隐性事务模式。

(1) 自动提交事务模式：每条单独的语句都是一个事务，是 MySQL 默认的事务管理模式。在此模式下，当一条语句成功执行后，它被自动提交(系统变量 AUTOCOMMIT 的值为 1)，而当它在执行过程中产生错误时被自动回滚。

(2) 显式事务模式：该模式允许用户定义事务的启动和结束。事务以 BEGIN WORK 或 START TRANSACTION 语句显式开始，以 COMMIT 或 ROLLBACK 语句显式结束。

(3) 隐性事务模式：在当前事务完成提交或回滚后，新事务自动启动。隐性事务不需要使用 BEGIN WORK 或 START TRANSACTION 语句标识事务的开始，但需要以 COMMIT 或 ROLLBACK 语句来提交或回滚事务。执行“SET @@AUTOCOMMIT=0;”语句可以使 MySQL 进入隐性事务模式。

2. 开始事务

MySQL 默认事务都是自动提交的，即执行 SQL 语句后系统会自动执行 COMMIT 操作。因此要显式地开始一个事务必须使用 START TRANSACTION 或 BEGIN WORK 语句。其语法形式如下：

```
START TRANSACTION
```

或

```
BEGIN WORK
```

说明：在存储过程中只能使用 START TRANSACTION 语句来开户一个事务，因为 MySQL 数据库分析器会自动将 BEGIN 识别为 BEGIN…END 语句。

3. 提交事务

COMMIT 语句用于结束一个用户定义的事务，保证对数据的修改已经成功地写入数据库，此时事务正常结束。其语法形式如下：

```
COMMIT [WORK] [AND[NO] CHAIN] [[NO] RELEASE]
```

说明：

(1) 提交事务的最简单形式，只需发出 COMMIT 命令，详细的写法是 COMMIT WORK。

(2) AND CHAIN 子句会在当前事务结束时立刻启动一个新事务，并且新事务与刚结束的事务有相同的隔离等级。

(3) RELEASE 子句在终止当前事务后，会让服务器断开与当前客户端的连接。

(4) NO 关键字可以抑制 CHAIN 或 RELEASE 的完成。

4. 回滚事务

回滚事务使用 ROLLBACK 语句，回滚会结束用户的事务，并撤销正在进行的所有未提交的修改。其语法形式如下：

```
ROLLBACK [WORK] [AND[NO] CHAIN] [[NO] RELEASE]
```

【例 12-1】 假设银行存在两个借记卡账户“李三”和“王五”，要求这两个借记卡账户不能用于透支，即两个账户的余额(Balance)不能小于 0。创建存储过程 tran_proc，实现两个账户的转账业务。

```
#建立 account 表
CREATE TABLE account(
Account_no INT PRIMARY KEY,
Account_name VARCHAR(10) NOT NULL,
Balance INT UNSIGNED);
#向 account 表插入记录
INSERT INTO account VALUES(1, '李三',1000);
INSERT INTO account VALUES(2, '王五',1000);
#创建存储过程 tran_proc 实现转账业务
DELIMITER $$
CREATE PROCEDURE tran_proc(IN out_account INT, IN in_account INT,IN money
INT)
  BEGIN
    DECLARE CONTINUE HANDLER FOR 1690
    BEGIN
      SELECT '余额小于 0' 信息;
      ROLLBACK;
    END;
    START TRANSACTION;
    UPDATE account SET balance=balance+money WHERE account_no=in_account;
    UPDATE account SET balance=balance-money WHERE account_no=out_account;
    COMMIT;
  END$$
DELIMITER ;
CALL tran_proc(1,2,800);
SELECT * FROM account;
```

第一次转账业务可以正确实现，结果如图 12-1 所示。

```
CALL tran_proc(1,2,500);
SELECT * FROM account;
```

第二次转账业务由于转账金额超过余额，因此未能正确实现，执行结果如图 12-2 所示。使用 SELECT 命令查询账户结果仍然是图 12-1 所示的账户情况。

Account_no	Account_name	Balance
1	李三	200
2	王五	1800

图 12-1　第一次转账业务执行结果

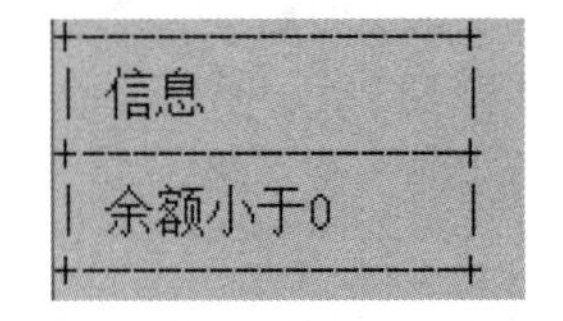

信息
余额小于0

图 12-2　第二次转账业务执行结果

5. 设置保存点

用户可以使用ROLLBACK TO语句使事务回滚到某个点，但事先需要使用SAVEPOINT语句创建一个保存点。在一个事务中可以有多个保存点。

保存点设置的语法形式如下：

```
SAVEPOINT 保存点名称;
```

回滚事务到保存点的命令语法形式如下：

```
ROLLBACK [WORK] TO SAVEPOINT 保存点名称;
```

【例 12-2】设置保存点示例。创建一个存储过程 save_proc，向表 account 中插入两个账号相同的账户信息，在两个插入语句中设置一个保存点 b，查看操作结果。

```
DELIMITER $$
CREATE PROCEDURE save_proc()
 BEGIN
   DECLARE CONTINUE HANDLER FOR 1062
   BEGIN
     ROLLBACK TO b;
   END;
   START TRANSACTION;
     INSERT INTO account VALUES(3,'赵四',1000);
     SAVEPOINT b;
     INSERT INTO account VALUES(3,'钱六',1000);
   COMMIT;
 END$$
DELIMITER ;
CALL save_proc();
```

由于设置了保存点，当向表中插入相同账号记录时，只提交了插入第一条记录的语句，撤销了第二条插入操作。执行结果如图 12-3 所示

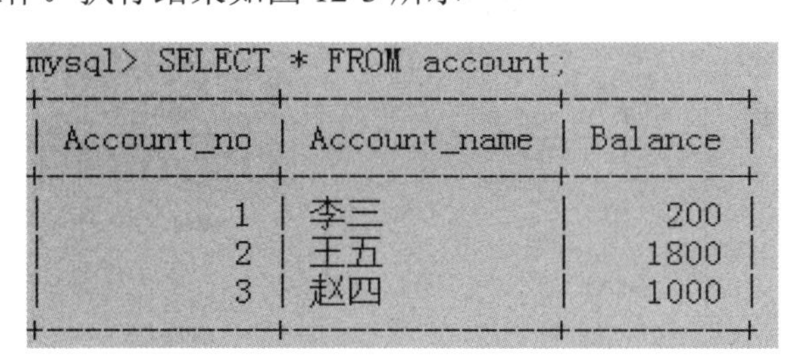
mysql> SELECT * FROM account;

Account_no	Account_name	Balance
1	李三	200
2	王五	1800
3	赵四	1000

图 12-3 带有检查点的插入操作执行结果

12.2 并发控制

12.2 并发控制.avi

12.2.1 事务并发

事务的串行执行：DBMS 按顺序一次执行一个事务，执行完一个事务后才开始另一事务的执行。类似于现实生活中的排队售票，卖完了一个顾客的票后再卖下一个顾客的票。

事务的串行执行容易控制，不易出错。

事务的并发执行：DBMS 同时执行多个事务对同一数据的操作，为此 DBMS 要对各事务中的操作顺序进行安排，以达到同时运行多个事务的目的。这里的并发是指在单处理器上利用分时方法实现多个事务同时操作。

并发执行的事务可能会同时存取(读/写)数据库中的同一数据，如果不加以控制，可能引起读/写数据的冲突，对数据库的一致性造成破坏。类似于多列火车需要经过同一段铁路线时，车站调度室需要安排多列火车通过同一段铁路的顺序，否则可能造成严重的火车撞车事故。

因此，DBMS 对事务并发执行的控制可归结为对数据访问冲突的控制，以确保并发事务间数据访问上的互不干扰，即保证事务的隔离性。

12.2.2 并发执行可能引起的问题

要对事务的并发执行进行控制，首先应了解事务的并发执行可能引起的问题，然后才可据此做出相应控制，以避免问题的出现，从而达到控制的目的。

事务中的操作归根结底就是读或写。两个事务之间的相互干扰就是其操作彼此冲突。因此，事务间的相互干扰问题可归纳为写-写、读-写和写-读 3 种冲突(读-读不冲突)，分别称为“丢失更新”“不可重复读”“读脏数据”问题。

1. 丢失更新

丢失更新又称为覆盖未提交的数据。也就是说，一个事务更新的数据尚未提交，另一事务又将该未提交的更新数据再次更新，使得前一个事务更新的数据丢失。

原因：由于两个(或多个)事务对同一数据并发地写入引起，称为写-写冲突。

结果：与串行地执行两个(或多个)事务的结果不一致。

图 12-4 说明了丢失更新的情况，其中图(a)为事务的执行顺序，图(b)为按此顺序执行的结果。其中，R(A)表示读取 A 的值，W(A)表示将值写入 A 中。

事务 T_1	事务 T_2
R(A)	
W(A)	
	W(A)
R(A)	
⋮	⋮

(a) 事务执行的顺序

事务 T_1	事务 T_2
R(A)：5	
W(A)：6→A	
	W(A)：7→A
R(A)：7	
⋮	⋮

(b) 事务执行结果

图 12-4

可以看出，事务 T_1 对 A 的更新值“6”被事务 T_2 对 A 的更新值“7”所覆盖，于是事务 T_1 的第 3 步 R(A)操作，读出来的值是“7”而不是“6”。因此，事务 T_1 的用户就会感到茫然，他不知道其事务 T_1 对 A 对象的更新值已被另外的事务更新所覆盖，从而使事务间产生了干扰，这实际上已违背了事务的隔离性。

【例 12-3】在表 12-1 中，数据库中 A 的初值是 100，事务 T_1 对 A 的值减 30，事务 T_2

对 A 的值增加一倍。如果执行顺序是先 T_1 后 T_2，那么结果 A 的值是 140；如果是先 T_2 后 T_1，那么 A 的值是 170。这两种情况都应该是正确的。但是按表 12-1 中的并发执行，结果 A 的值是 200，这个值肯定是错误的，因为在时间 t_0 丢失了事务 T_1 对数据库的更新操作。所以这个并发操作是不正确的。

表 12-1 丢失更新问题

时 间	事务 T_1	A 的值	事务 T_2
t_0	R(A)	100	
t_1		100	R(A)
t_2	A:=A-30		
t_3			A:=A*2
t_4	W(A)	70	
t_5		200	W(A)

2. 不可重复读

不可重复读也称为读值不可复现。由于另一事务对同一数据的写入，一个事务对该数据两次读到的值不一样。

原因：该问题因读-写冲突引起。

结果：第二次读的值与前次读的值不同。

图 12-5 说明了不可重复读的情况，其中图(a)为事务执行的顺序，图(b)为按此顺序执行的结果。

事务 T_1	事务 T_2
R(A)	
	W(A)
R(A)	
⋮	⋮

(a) 事务执行的顺序

事务 T_1	事务 T_2
R(A)：5	
	W(A)：6→A
R(A)：6	
⋮	⋮

(b) 事务执行结果

图 12-5

假定 T_1 先读得 A 的值“5”，T_2 接着将 A 的值修改为“6”，然后 T_1 又来读 A，这时读得的值为“6”，由于中间 T_1 未对 A 做过任何修改，导致在事务内部对象值的不一致，即重复读同一对象其值不同的问题。

【例 12-4】表 12-2 表示 T_1 需要两次读取同一数据项 A，但是在两次读取操作的间隔中，另一事务 T_2 改变了 A 的值。因此，T_1 在两次读同一数据项 A 时却读出不同的值。

表 12-2 不可重复读问题

时 间	事务 T_1	A 的值	事务 T_2
t_0	R(A)	100	
t_1		100	R(A)
t_2			A:=A*2

续表

时　间	事务 T_1	A 的值	事务 T_2
t_3		200	W(A)
t_4			COMMIT
t_5	R(A)	200	

3. 读脏数据

读脏数据也称为读未提交的数据。也就是说一个事务更新的数据尚未提交，被另一事务读到，如前一事务因故要回滚，则后一事务读到的数据已经是没有意义的数据了，即为脏数据。

原因：由于后一事务读了前一事务写了但尚未提交的数据引起，称为写-读冲突。

结果：读到有可能要回滚的更新数据。但如果前一事务不回滚，那么后一事务读到的数据仍然是有意义的。

图 12-6 说明了可能读到脏数据的情况。图(a)为事务执行的顺序，图(b)为按此顺序执行的结果。

事务 T_1	事务 T_2
R(A)	
W(A)	
	R(A)
ROLLBACK	
⋮	⋮

(a) 事务执行的顺序

事务 T_1	事务 T_2
R(A)：5	
W(A)：6→A	
	R(A)：6
ROLLBACK：5	
⋮	⋮

(b) 事务执行结果

图 12-6

假定 T_1 先将 A 的初值“5”改为“6”，T_2 从内存读得 A 的值为“6”，接着 T_1 由于某种原因回滚了，这时 A 的值又恢复为“5”，这样 T_2 刚刚读到的“6”就是一处脏数据(如果 T_2 不再重新读 A 的值)。

【例 12-5】表 12-3 中事务 T_1 把 A 的值修改为 70，但尚未提交(即未做 COMMIT 操作)，事务 T_2 紧跟着读未提交的 A 值 70。随后，事务 T_1 做了 ROLLBACK 操作，把 A 的值恢复为 100，而事务 T_2 仍在使用被撤销了的 A 值 70。

表 12-3　读“脏”数据问题

时　间	事务 T_1	A 的值	事务 T_2
t_0	R(A)	100	
t_1	A:=A-30		
t_2	W(A)	70	
t_3		70	R(A)
t_4	ROLLBACK	100	

产生上述 3 类数据不一致性的主要原因是并发操作破坏了事务的隔离性。并发控制就是要求 DBMS 提供并发控制功能，以正确的方式执行并发事务，避免并发事务之间相互干扰造成数据的不一致性，保证数据库的完整性和一致性。

12.2.3　事务的隔离级别

隔离性是事务最重要的基本特性之一，是解决事务并发执行时可能发生的相互干扰问题的基本技术。

隔离级别定义了一个事务与其他事务的隔离程序。为了更好地理解隔离级别，再来看并发事务对同一数据库进行访问可能发生的情况。在并发事务中，总的来说会发生以下 4 种异常情况。

(1)　丢失更新：丢失更新就是一个事务更新的数据尚未提交，另一事务又将该未提交的更新数据再次更新，使得前一个事务更新的数据丢失。

(2)　读脏数据：读脏数据就是当一个事务修改数据时，另一个事务读取了修改的数据，并且第一个事务由于某种原因取消了对数据的修改，使数据库回到原来的状态，这时第二个事务中读取的数据与数据库中的数据已经不相符。

(3)　不可重复读：不可重复读是指当一个事务读取数据库中的数据后，另一个事务更新了数据，当第一个事务再次读取该数据时，发现数据已经发生改变，导致一个事务前后两次读取的数据值不相同。

(4)　幻影读：同一个事务中，两条相同查询语句的查询结果应该相同。但是如果另一个事务同时提交了新数据，当本事务再更新时，就会惊奇地发现这些新数据，貌似之前读到的数据是“鬼影”一样的幻觉。

在事务中遇到这些类型的异常与事务的隔离级别的设置有关，事务的隔离级别限制越多，可消除的异常现象也就越多。隔离级别分为以下 4 级。

(1)　未提交读(READ UNCOMMITTED)：在此隔离级别下，用户可以对数据执行未提交读；在事务结束前可以更改数据内的数值，行也可以出现在数据集中或从数据集消失。它是 4 个级别中限制最小的级别。

(2)　提交读(READ COMMITTED)：此隔离级别不允许用户读一些未提交的数据，因此不会出现读脏数据的情况，但数据可以在事务结束前被修改，从而产生不可重复读或幻影数据。

(3)　可重复读(REPEATABLE READ)：此隔离级别保证在一个事务中重复读到的数据会保持同样的值，而不会出现读脏数据、不可重复读的问题。但允许其他用户将新的幻影行插入数据集，且幻影行包括在当前事务的后续读取中。

(4)　可串行读(SERIALIZABLE)：此隔离级别是 4 个隔离级别中限制最大的级别，不允许其他用户在事务完成之前更新数据集或将行插入数据集内。

表 12-4 是 4 种隔离级别允许的不同类型的行为。

表 12-4　事务的 4 种隔离级别

隔离级别	丢失更新	读脏数据	不可重复读	幻影读
未提交读(READ UNCOMMITTED)	是	是	是	是
提交读(READ COMMITTED)	否	否	是	是
可重复读(REPEATABLE READ)	否	否	否	是
可串行读(SERIALIZABLE)	否	否	否	否

12.2.4 MySQL 事务隔离级别设置

1. MySQL 隔离级别的设置

MySQL 支持上述 4 种隔离级别，定义事务的隔离级别可以使用 SET TRANSACTION 语句，其语法形式如下：

```
SET SESSION TRANSACTION ISOLATION LEVEL
  SERIALIZABLE
 |REPEATABLE READ
 |READ COMMITTED
 |READ UNCOMMITTED;
```

在系统变量@@TRANSACTION_ISOLATION 中存储了事务的隔离级别，用户可以使用 SELECT 语句查看当前会话的事务隔离级别。

2. READ UNCOMMITTED 隔离级别

设置 READ UNCOMMITTED(读取未提交数据)隔离级别，所有事务都可以看到其他未提交事务的执行结果。该隔离级别很少用于实际应用，因为它的性能不比其他级别好多少。读取未提交数据也被称为脏读。

3. READ COMMITTED 隔离级别

READ COMMITTED(读取提交数据)是大部分数据库系统的默认隔离级别，但不是 MySQL 默认的。它满足了隔离的简单定义：一个事务只能看见已提交事务所做的改变。这种隔离级别可以避免脏读现象，但可能出现不可重复读和幻影读，因为同一事务的其他实例在该实例处理期间可能会有新 COMMIT，所以同一查询可能返回不同的结果。

4. REPEATABLE READ 隔离级别

REPEATABLE READ(可重复读)是 MySQL 的默认事务隔离级别，它确保在同一事务内相同查询语句的执行结果一致。这种隔离级别可以避免脏读以及不可重复读的现象，但可能出现幻影读现象。

5. SERIALIZABLE 隔离级别

SERIALIZABLE 是最高的隔离级别，它通过强制事务排序，使之不可能相互冲突。简单来说，它是在每个读的数据行中加上共享锁。在这个级别中，可能会导致大量的锁等待现象。该隔离级别主要用于分布式事务。

SERIALIZABLE 隔离级别可以有效地避免幻影读现象，但是会降低 MySQL 的并发访问性能，因此不建议将事务的隔离级别设置为 SERIALIZABLE。

对于大部分应用来说，READ COMMITTTED 是最合适的隔离级别。虽然 READ COMMITTED 隔离级别存在不可重复读和幻影读现象，但是它能够提供较高的并发性。如果所处的数据库中具有大量的并发事务，并且对事务的处理和响应速度要求较高，使用 READ COMMITTED 隔离级别比较合适。

相应地，如果所连接的数据库用户比较少，多个事务并发地访问同一资源的概率比较小，并且用户的事务可能会执行很长一段时间，在这种情况下使用 REPEATABLE READ 和 SERIALIZABLE 隔离级别比较合适，因为它不会发生不可重复读和幻影读现象。

12.3 封锁

12.3 封锁.avi

封锁是实现并发控制的一个非常重要的技术。所谓封锁，就是事务 T 在对某个数据对象(如表、记录等)操作之前先向系统发出请求，对其加锁。加锁后事务 T 就对该数据对象有一定的控制，在事务 T 释放它之前，其他事务不能更新此数据对象。

12.3.1　锁

一个锁实质上就是允许(或阻止)一个事务对一个数据对象的存取特权。一个事务对一个对象加锁的结果是将别的事务封锁在该对象之外，特别是防止了其他事务对该对象的更改，而加锁的事务则可执行它所希望的处理，并维持该对象的正确状态。一个锁总是与某一事务的一个操作相联系的。

1. 基本锁

锁可以有多种不同的类型，最基本的有两种，即排他锁(Exclusive Locks)和共享锁(Share Locks)。

1)　排他锁(X 锁)

排他锁又称为写锁。若一个事务 T1 在数据对象 R 上获得了排他锁，则 T1 既可对 R 进行读操作，也可进行写操作。其他任何事务不能对 R 加任何锁，因而不能进行任何操作，直到 T1 释放了它对 R 加的锁。所以排他锁就是独占锁。

2)　共享锁(S 锁)

共享锁又称为读锁。若一个事务 T1 在数据对象 R 上获得了共享锁，则它能对 R 进行读操作，但不能写 R。其他事务可以也只能同时对 R 加共享锁。

显然，排他锁比共享锁更“强”，因为共享锁只禁止其他事务的写操作，而排他锁既禁止其他事务的写又禁止读。

2. 基本锁的相容矩阵

根据 X 锁、S 锁的定义，可以得出基本锁的相容矩阵，如表 12-5 所示。表中表明，当一个数据对象 R 已被事务持有一个锁，而另一事务又想在 R 上加一个锁时，只有两种锁同为共享型锁才有可能。如果要请求对 R 加一个排他锁，只有在 R 上无任何事务持有锁时才可以。

表 12-5　基本锁相容矩阵

持有锁	请求锁		
	S	X	--
S	Y	N	Y
X	N	N	Y
--	Y	Y	Y

注：

①　N=NO，不相容的请求；

Y=YES，相容的请求。

② X、S、--：分别表示 X 锁、S 锁、无锁。

③ 如果两个锁不相容，则后提出封锁的事务需等待。

3. 锁的粒度

封锁对象的大小称为封锁的粒度(Lock Granularity)。根据对数据的不同处理，封锁的对象可以是字段、记录、表、数据库等逻辑单元，也可以是页(数据页或索引页)、块等物理单元。

封锁粒度与系统的并发度和并发控制的开销密切相关。封锁粒度越小，系统中能够被封锁的对象就越多，但封锁机构复杂，系统开销也就越大。相反，封锁粒度越大，系统中能够被封锁的对象就越少，并发度越小，封锁机构简单，相应系统开销也就越小。

因此，在实际应用中选择封锁粒度应同时考虑封锁机构和并发度两个因素，对系统开销与并发度进行权衡，以求得最优的效果。一般来说，需要处理大量元组的用户事务可以以关系为封锁单元；而对于一个处理少量元组的用户事务，可以以元组为封锁单元，以提高并发度。

12.3.2 封锁协议

在运用封锁机制时还需要约定一些规则，如何时开始封锁、封锁多长时间、何时释放等，这些封锁规则称为封锁协议(Lock Protocol)。

前面讲过的并发操作所带来的丢失更新、读脏数据和不可重复读等数据不一致性问题，可以通过三级封锁协议在不同程度上给予解决。

1. 一级封锁协议

一级封锁协议的内容：事务 T 在修改数据对象之前必须对其加 X 锁，直到事务结束。

具体地说，就是任何企图更新数据对象 R 的事务必须先执行“XLOCK R”操作，以获得对 R 进行更新的权力并取得 X 锁。如果未获准“X 锁”，那么这个事务进入等待状态，直到获准“X 锁”，该事务才能继续下去。

一级封锁协议规定事务在更新数据对象时必须获得 X 锁，使得两个同时要求更新 R 的并行事务之一必须在一个事务更新操作执行完成之后才能获得 X 锁，这样就避免了两个事务读到同一个 R 值而先后更新所发生的数据丢失更新问题。

但一级封锁协议只有当修改数据时才进行加锁，如果只是读取数据，并不加锁，所以它不能防止读脏数据和不可重复读的情况。

【例 12-6】利用一级封锁协议解决表 12-1 中的数据丢失更新问题，如表 12-6 所示。

表 12-6　解决丢失更新问题

时　间	事务 T_1	A 的值	事务 T_2
t_0	XLOCK A		
t_1	R(A)	100	
t_2			XLOCK A
t_3	A:=A-30		等待
t_4	W(A)	70	等待
t_5	COMMIT		等待

续表

时间	事务 T_1	A 的值	事务 T_2
t_6	UNLOCK X		等待
t_7			XLOCK A
t_8		70	R(A)
t_9			A:=A*2
t_{10}		140	W(A)
t_{11}			COMMIT
t_{12}			UNLOCK X

事务 T_1 先对 A 进行 X 封锁，事务 T_2 执行“XLOCK A”操作，未获准，则进入等待状态，直到事务 T_1 更新 A 值以后解除 X 封锁操作。此后，事务 T_2 再执行“XLOCK A”操作，获准“X 锁”，并对 A 值进行更新。

2. 二级封锁协议

二级封锁协议的内容：在一级封锁协议的基础上加上“事务 T 在读取数据对象 R 之前必须先对其加 S 锁，读完后释放 S 锁”。

二级封锁协议不但可以解决数据丢失更新问题，还可以进一步防止读脏数据。但二级封锁协议在读取数据之后立即释放 S 锁，所以它仍然不能解决不可重复读的问题。

【例 12-7】利用二级封锁协议解决表 12-3 中的读脏数据问题，如表 12-7 所示。

表 12-7　解决读脏数据问题

时　间	事务 T_1	A 的值	事务 T_2
t_0	XLOCK A		
t_1	R(A)	100	
t_2	A:=A-30		
t_3	W(A)	70	
t_4			SLOCK A
t_5	ROLLBACK	100	等待
t_6	UNLOCK X		等待
t_7			SLOCK A
t_8		100	R(A)
t_9			COMMIT
t_{10}			UNLOCK S

事务 T_1 先对 A 进行 X 封锁，把 A 的值改为 70，但尚未提交。这时事务 T_2 请求对数据 A 加 S 锁，因为 T_1 已对 A 加了 X 锁，T_2 只能等待，直到事务 T_1 释放 X 锁。之后事务 T_1 因某种原因撤销，数据 A 恢复原值 100，并释放 A 上的 X 锁。事务 T_2 可对数据 A 加 S 锁，读取 A 的值 100，得到了正确的结果，从而避免了事务 T_2 读脏数据。

3. 三级封锁协议

三级封锁协议的内容：在一级封锁协议的基础上加上“事务 T 在读取数据 R 之前必须

先对其加 S 锁，读完后并不释放 S 锁，直到事务 T 结束才释放”。

所以三级封锁协议除了可以防止丢失更新和读脏数据外，还可以进一步防止不可重复读，彻底解决了并发操作带来的三种不一致性问题。

【例 12-8】利用三级封锁协议解决表 12-2 中的不可重复读问题，如表 12-8 所示。

表 12-8 解决不可重复读问题

时 间	事务 T_1	A 的值	事务 T_2
t_0	SLOCK A		
t_1	R(A)	100	
t_2			XLOCK A
t_3	R(A)	100	等待
t_4	COMMIT		等待
t_5	UNLOCK S		等待
t_6			XLOCK A
t_7		100	R(A)
t_8			A：=A*2
t_9		200	W(A)
t_{10}			COMMIT
t_{11}			UNLOCK X

事务 T_1 在读取 A 值之前先对其加 S 锁，这样其他事务只能对 A 加 S 锁，不能加 X 锁。即其他事务只能读取 A，不能对 A 进行修改。

当事务 T_2 在 t_2 时刻申请对 A 加 X 锁时被拒绝，使其无法执行修改操作，只能等待事务 T_1 释放 A 上的 S 锁，这时事务 T_1 再读取数据 A 进行核对时得到的值仍是 100，与开始读取的数据是一致的，也就是可重复读。

在事务 T_1 释放 S 锁后，事务 T_2 才可以对 A 加 X 锁，进行更新操作，这样保证了数据的一致性。

4. 封锁协议总结

以上三种封锁协议的内容和优缺点如表 12-9 所示。

表 12-9 封锁协议的内容和优缺点

<table>
<tr><th>级 别</th><th colspan="3">内 容</th><th>优 点</th><th>缺 点</th></tr>
<tr><td>一级封锁协议</td><td rowspan="3">事务在修改数据之前必须先对该数据加 X 锁，待到事务结束时才释放</td><td colspan="2">只读数据的事务可以不加锁</td><td>防止丢失更新</td><td>不加锁的事务，可能读脏数据，也可能不可重复读</td></tr>
<tr><td>二级封锁协议</td><td rowspan="2">其他事务在读数据之前必须先加 S 锁</td><td>读完后立刻释放 S 锁</td><td>防止丢失更新
防止读脏数据</td><td>加 S 锁的事务，可能不可重复读</td></tr>
<tr><td>三级封锁协议</td><td>直到事务结束才释放 S 锁</td><td>防止丢失更新
防止读脏数据
防止不可重复读</td><td></td></tr>
</table>

12.3.3 封锁带来的问题

利用封锁技术可以避免并发操作引起的各种错误，但有可能产生新的问题，即饿死、活锁和死锁。

1. “饿死”问题

有可能存在一个事务序列，其中的每个事务都申请对某数据项加 S 锁，且每个事务在授权加锁后一小段时间内释放封锁，此时若另一事务 T_2 要在该数据项上加 X 锁，则将永远轮不上封锁的机会。这种现象称为“饿死”(Starvation)。

例如，假设事务 T_1 持有数据 R 上的一个共享锁 $S_1(R)$，现在事务 T_0 请求排他锁 $X_0(R)$，则 T_0 必须等待 T_1 释放 $S_1(R)$。在此期间，可能又有事务 T_2 请求对 R 的共享锁 $S_2(R)$，由于它不与 $S_1(R)$冲突，故被允许。于是当 T_1 释放 $S_1(R)$时，T_0 还不能获得 $X_0(R)$，要等待 T_2 释放锁。以此类推，T_0 可能还要等 T_3、T_4、……这样一直等下去根本不能前进，这种情形就称为 T_0 被“饿死”了。

可以用下列授权方式来避免事务被“饿死”。

当事务 T_2 请求对数据 R 加 S 锁时，授权加锁的条件如下：

(1) 不存在数据 R 上持有 X 锁的其他事务。

(2) 不存在等待对数据 R 加锁且先于 T_2 申请加锁的事务。

2. “活锁”问题

系统可能使某个事务永远处于等待状态，得不到封锁的机会，这种现象为“活锁”(Live Lock)。

例如，事务 T_1 在对数据 R 封锁后，事务 T_2 又请求封锁 R，于是 T_2 等待；T_3 也请求封锁 R，当 T_1 释放 R 上的封锁后，系统首先批准了 T_3 的请求，T_2 继续等待；然后又有 T_4 请求封锁 R，T_3 释放了 R 上的封锁后，系统又批准了 T_4 的请示；以此类推，T_2 可能永远处于等待状态，从而发生“活锁”。

解决“活锁”问题的一种简单方法是采用“先来先服务”的策略，也就是简单的排除方式，如果运行时事务有优先级，那么很可能存在优先级低的事务，即使排除也很难轮上封锁的机会。此时可采用“升级”方法来解决，也就是当一个事务等待若干时间还轮不上封锁时，可以提高其优先级别，这样总能轮上封锁。

3. “死锁”问题

系统中两个或两个以上的事务都处于等待状态，并且每个事务都在等待其中另一个事务解除封锁，才能继续执行下去，结果造成任何一个事务都无法继续执行，这种现象称系统进入“死锁”(Dead Lock)状态。

例如，事务 T_1 等待事务 T_2 释放它对数据对象持有的锁，事务 T_2 等待事务 T_3 释放它的锁，以此类推，最后事务 T_n 又等待事务 T_1 释放它持有的某个锁，从而形成了一个锁的等待圈，产生“死锁”。

1) “死锁”的预防

预防死锁有两种方法，即一次加锁法和顺序加锁法。

(1) 一次加锁法：一次加锁法是每个事务必须将所有要使用的数据对象全部依次加锁，并要求加锁成功，只要一个加锁不成功，则表示本次加锁失败，应该立即释放所有已加锁成功的数据对象，然后重新开始从头加锁。

一次加锁法虽然可以有效地预防死锁的发生，但也存在一些问题，例如：

① 对某一事务所要使用的全部数据一次性加锁，扩大了封锁的范围，从而降低了系统的并发度。

② 数据库中的数据是不断变化的，原来不需要封锁的数据在执行过程中可能会变成封锁对象，所以很难事先精确地确定每个事务要封锁的数据对象，这样只能在开始时扩大封锁范围，将可能要封锁的数据全部加锁，这就进一步降低了并发度，影响系统的运行效率。

(2) 顺序加锁法：顺序加锁法是预先对所有可加锁的数据对象强加一个封锁的顺序，同时要求所有事务都只能按此顺序封锁数据对象。

顺序加锁法和一次加锁法一样，也存在一些问题。因为事务的封锁请求可能随着事务的执行而动态地决定，随着数据操作的不断变化，维护这些数据的封锁顺序需要很大的系统开销。

2) “死锁”的检测与解除

预防死锁的代价太高，还可能发生许多不必要的回退操作。因此，现在大多数 DBMS 采用的方法是允许死锁发生，然后设法发现它、解除它。

(1) “死锁”的检测：利用事务等待图测试系统中是否存在死锁。图中的每个结点是一个事务，箭头表示事务间的依赖关系。

例如，事务 T_1 需要数据 B，但 B 已被事务 T_2 封锁，那么从 T_1 到 T_2 画一个箭头；然后事务 T_2 需要数据 A，但 A 已被事务 T_1 封锁，那么从 T_2 到 T_1 也应画一个箭头，如图 12-7 所示。

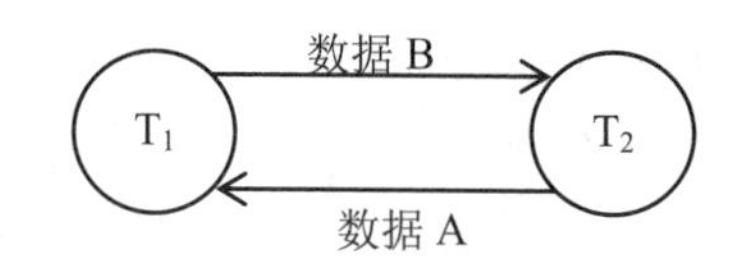

图 12-7　事务等待图

如果在事务等待图中沿着箭头方向存在一个循环，那么死锁的条件就形成了，系统进入死锁状态。

(2) “死锁”的解除：在 DBMS 中有一个死锁测试程序，每隔一段时间检查并发的事务之间是否发生死锁。如果发现死锁，DBA 从依赖相同资源的事务中抽出某个事务作为牺牲品，将它撤销，并释放此事务占用的所有数据资源，分配给其他事务，使其他事务得以继续运行下去，这样就有可能消除死锁。

在解除死锁的过程中，选择牺牲事务的标准是根据系统状态及其应用的实际情况来确定的，通常采用的方法之一是选择一个处理死锁代价最小的事务，将其撤销；或从用户等级角度考虑，取消等级用户事务，释放其封锁的资源给其他需要的事务。

12.4 两段封锁协议

DBMS 对并发事务不同的调度(即事务的执行次序)可能会产生不同的结果，那么什么样的调度是正确的呢？显然，串行调度是正确的，执行结果等价于串行调度的调度也是正确的，这样的调度称为可串行化调度。

前面说明了封锁是一种最常用的并发控制技术，可串行性是并发调度的一种正确性准则。接下来的问题是怎么封锁其调度才是可串行化的？最简单而有效的方法是采用两段封锁协议(Two-Phase Locking Protocol，2PL 协议)。

两段封锁协议规定所有的事务应遵守下面两条规则：

(1) 在对任何一个数据进行读/写操作之前，事务必须释放对数据的封锁。

(2) 在释放一个封锁后，事务不再获得任何其他封锁。

两段锁的含义是，事务分为两个阶段，第一阶段是获得封锁，也称为“扩展”阶段，在这个阶段，事务可以申请获得任何数据项上的任何类型的锁，但是不能释放任何锁；第二阶段是释放封锁，也称为“收缩”阶段，在这个阶段，事务可以释放任何数据项上的任何类型的锁，但是不能再申请任何锁。

例如，T_1：S(a)，x=R(a)，X(b)，W(b,x)，U(a)，U(b)，C

T_2：S(a)，x=R(a)，U(a)，X(b)，W(b,x)，U(b)，C

其中：S(a)为给数据对象 a 加 S 锁；

x=R(a)为读取数据对象 a 的值赋给变量 x；

X(b)为给数据对象 b 加 X 锁；

W(b,x)为把变量 x 的值写入数据对象 b 中；

U(a)和 U(b)分别为解除对数据对象 a 和 b 的封锁；

C 为提交事务的操作。

在两个事务中，T_1 遵循 2PL 协议，T_2 没有遵循。

两段协议不是一个具体的协议，但其思想可体现到具体的加锁协议之中，如 X 锁协议。下面给出一个遵守 2PL 协议的可串行化调度实例，如表 12-10 所示。

表 12-10　遵守 2PL 协议的可串行化调度实例

事务 T_1	事务 T_2
XLOCK(x)	
R(x)	
W(x)	
XLOCK(y)	
UNLOCK(x)	XLOCK(x)
	R(x)
	W(x)
	XLOCK(y)
	等待
R(y)	等待
W(y)	等待
UNLOCK(y)	XLOCK(y)
	UNLOCK(x)
	R(y)
	W(y)
	UNLOCK(y)

遗憾的是，两段封锁协议仍有可能导致死锁的发生，而且可能会增多，这是因为每个事务都不能及时解除被它封锁的数据。如表 12-11 所示为遵守两段封锁协议可能发生死锁的事务调用。

表 12-11　遵守 2PL 的事务可能发生死锁

事务 T1	事务 T2
SLOCK(x)	
R(x)	
	SLOCK(y)
	R(y)
XLOCK(y)	
等待	XLOCK(x)
等待	等待

12.5　MySQL 的并发控制

12.5 MySQL 并发控制.avi

所谓并发控制是指用正确的方式实现事务的并发操作，避免造成数据的不一致，也就是保持事务的一致性。为了维护事务的一致性，MySQL 使用锁机制防止其他用户修改另外一个未完成的事务中的数据。

MySQL 的锁分为表级锁和行级锁。表级锁是以表为单位进行加锁。行级锁是以记录为单位进行加锁。表级锁的粒度大，行级锁的粒度小。锁粒度越小，并发访问性能就越高，越适合做并发更新操作；锁粒度越大，并发访问性能就越低，越适合做并发查询操作。另外，锁粒度越小，完成某个功能时所需要的加锁、解锁次数就会越多，反而会消耗较多的服务器资源，甚至会出现资源的恶性竞争，或者发生死锁的问题。

12.5.1　表级锁

表级锁定是指整个表被客户锁定。表级锁定包括读锁定和写锁定两种。

对于任何针对表的查询操作或者更新操作，MySQL 都会隐式地施加表级锁。隐式锁的生命周期(指在同一个 MySQL 会话中，对数据加锁到解锁之间的时间间隔)非常短暂，且不受数据库开发人员的控制。

MySQL 施加表级锁的语法形式如下：

```
LOCK TABLE 表名 READ
   [表名 WRITE]…;
```

说明：

(1)　READ 施加表级读锁，WRITE 施加表级写锁。

(2)　在对表施加读锁后，客户机 A 对该表的后续更新操作将出错；客户机 B 对该表的后续查询操作可以继续进行，对该表的后续更新操作将被阻塞。

(3)　在对表施加写锁后，客户机 A 的后续查询操作以及后续更新操作都可以继续进行；

客户机 B 对该表的后续查询操作以及后续更新操作都将被阻塞。

MySQL 解锁的语法形式如下：

```
UNLOCK TABLES;
```

【例 12-9】表级锁示例。

(1) 打开 MySQL 客户机 A，执行下面的 SQL 语句，并观察结果，如图 12-8 所示。

```
LOCK TABLE account READ;
SELECT * FROM account;
INSERT INTO account VALUES('22','王小二',5000);
```

```
mysql> LOCK TABLE account READ;
Query OK, 0 rows affected (0.06 sec)

mysql> SELECT * FROM account;
+------------+--------------+---------+
| Account_no | Account_name | Balance |
+------------+--------------+---------+
|          1 | 李三         |     200 |
|          2 | 王五         |    1800 |
|          3 | 赵四         |    1000 |
+------------+--------------+---------+
3 rows in set (0.03 sec)

mysql> INSERT INTO account VALUES('22','王小二',5000);
ERROR 1099 (HY000): Table 'account' was locked with a READ lock and can't be upd
ated
```

图 12-8 表加读锁后客户机 A 执行情况

由于客户机 A 对表 account 添加的是 READ 锁，系统拒绝了插入数据的操作。

(2) 打开 MySQL 客户机 B，执行下面 SQL 语句，并观察结果，如图 12-9 所示。

```
LOCK TABLE account READ;
SELECT * FROM account;
UNLOCK TABLES;
LOCK TABLE account WRITE;
```

```
mysql> LOCK TABLE account READ;
Query OK, 0 rows affected (0.00 sec)

mysql> SELECT * FROM account;
+------------+--------------+---------+
| Account_no | Account_name | Balance |
+------------+--------------+---------+
|          1 | 李三         |     200 |
|          2 | 王五         |    1800 |
|          3 | 赵四         |    1000 |
+------------+--------------+---------+
3 rows in set (0.00 sec)

mysql> UNLOCK TABLES;
Query OK, 0 rows affected (0.00 sec)

mysql> LOCK TABLE account WRITE;
```

图 12-9 客户机 B 为表加锁执行情况

由于客户机 A 对表 account 加表级 READ 锁，因此客户机 B 加表级写锁处于等待状态。

(3) 打开客户机 A，执行下面 SQL 语句，并观察结果，如图 12-10 所示。

```
UNLOCK TABLES;
```

```
mysql> UNLOCK TABLES;
Query OK, 0 rows affected (0.00 sec)
```

图 12-10 客户机 A 解锁表

由于客户机 A 解除对表 account 的表级 READ 锁，可以看到客户机 B 中的表 account 表级写锁操作成功。

(4) 打开 MySQL 客户机 B，执行下面 SQL 语句，观察结果，如图 12-11 所示。

```
LOCK TABLE account WRITE;
INSERT INTO account VALUES('55','王小二',5000);
SELECT * FROM account;
```

数据成功插入表中。

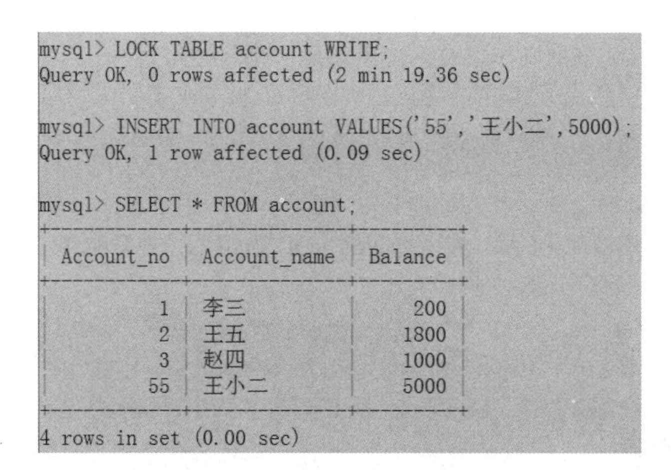

```
mysql> LOCK TABLE account WRITE;
Query OK, 0 rows affected (2 min 19.36 sec)

mysql> INSERT INTO account VALUES('55','王小二',5000);
Query OK, 1 row affected (0.09 sec)

mysql> SELECT * FROM account;
+------------+--------------+---------+
| Account_no | Account_name | Balance |
+------------+--------------+---------+
|          1 | 李三         |     200 |
|          2 | 王五         |    1800 |
|          3 | 赵四         |    1000 |
|         55 | 王小二       |    5000 |
+------------+--------------+---------+
4 rows in set (0.00 sec)
```

图 12-11　客户机 B 加写锁后执行情况

12.5.2　行级锁

行级锁相比表级锁对锁定过程提供了更精细的控制。在这种情况下，只有线程使用的行是被锁定的。表中的其他行对于其他线程都是可用的。

行级锁包括共享锁(S)、排他锁(X)，其中共享锁也叫读锁，排他锁也叫写锁。

◎　共享锁：如果事务 T_1 获得了数据行 R 上的共享锁，则 T_1 对数据行 R 可以读但不可以写。事务 T_1 对数据行 R 加上共享锁，则其他事务对数据行 R 的排他锁请求不会成功，而对数据行 R 的共享锁请求可以成功。

◎　排他锁：如果事务 T_1 获得了数据行 R 上的排他锁，则 T_1 对数据行 R 既可以读也可以写。事务 T_1 对数据行 R 加上排他锁，则其他事务对数据行 R 的任何封锁请求都不会成功，直到事务 T_1 释放数据行 R 的排他锁。

(1)　在查询语句中，为符合查询条件的记录施加共享锁，语法形式如下：

```
SELECT * FROM 表名 WHERE 条件 LOCK IN SHARE MODE;
```

(2)　在查询语句中，为符合条件的记录施加排他锁，语法形式如下：

```
SELECT * FROM 表名 WHERE 条件 FOR UPDATE;
```

(3)　在更新(INSERT、UPDATE、DELETE)语句中，MySQL 将会对符合条件的记录自动施加隐式排他锁。

【例 12-10】行级锁示例。

(1)　在 MySQL 客户机 A 上执行下面 SQL 语句，开启事务，并为 account 表施加行级写锁，执行情况如图 12-12 所示。

```
START TRANSACTION;
SELECT * FROM account FOR UPDATE;
```

(2)　在 MySQL 客户机 B 上执行下面 SQL 语句，开启事务，并为 account 表施加行级写锁。此时，MySQL 客户机 B 被阻塞。执行情况如图 12-13 所示。

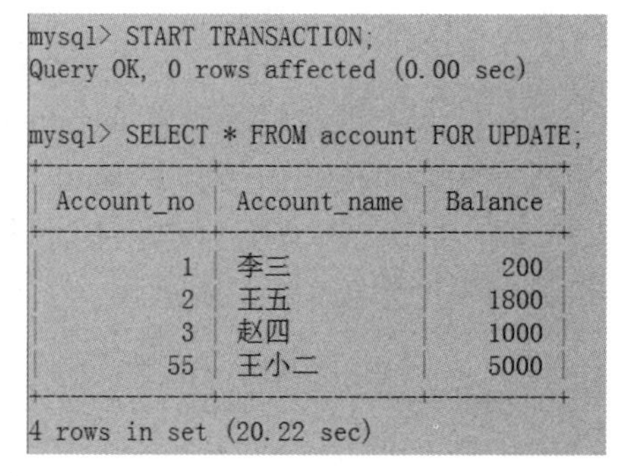

```
mysql> START TRANSACTION;
Query OK, 0 rows affected (0.00 sec)

mysql> SELECT * FROM account FOR UPDATE;
+------------+--------------+---------+
| Account_no | Account_name | Balance |
+------------+--------------+---------+
|          1 | 李三         |     200 |
|          2 | 王五         |    1800 |
|          3 | 赵四         |    1000 |
|         55 | 王小二       |    5000 |
+------------+--------------+---------+
4 rows in set (20.22 sec)
```

图 12-12　客户机 A 加行级锁执行情况

```
START TRANSACTION;
SELECT * FROM account FOR UPDATE;
```

```
mysql> START TRANSACTION;
Query OK, 0 rows affected (0.00 sec)

mysql> SELECT * FROM account FOR UPDATE;
```

图 12-13　客户机 B 加行级锁执行情况

(3)　在 MySQL 客户机 A 上执行下面 COMMIT 提交事务语句，为 account 表解锁。

(4)　在 MySQL 客户机 B 上执行下面 SQL 语句，因为 MySQL 客户机 A 释放了 account 表的行级锁，MySQL 客户机 B 被唤醒，得以继续执行，如图 12-14 所示。

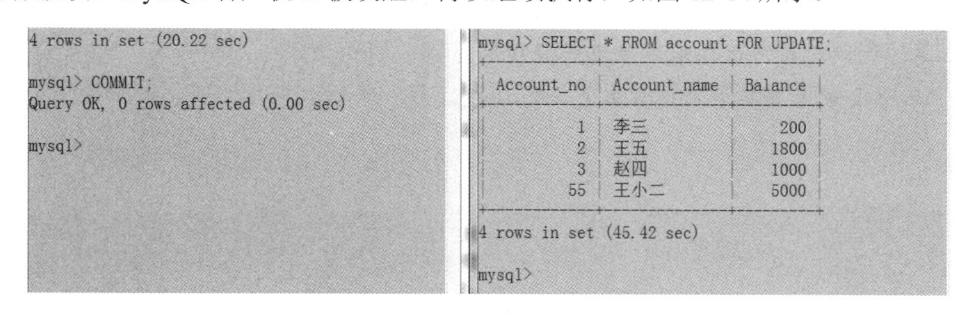

图 12-14　客户机 A 和客户机 B 执行情况比较

12.5.3　表的意向锁

表既支持行级锁，又支持表级锁。例如，MySQL 客户机 A 获得了某个表中若干条记录的行级锁，此时 MySQL 客户机 B 出于某种原因需要向该表显式地施加表级锁，为了获得该表的表级锁，MySQL 客户机 B 需要逐行检测表中是否存在行级锁，而这种检测需要耗费大量的服务器资源。

试想，如果在 MySQL 客户机 A 获得该表中若干条记录的行级锁之前，MySQL 客户机 A 直接向该表施加一个“表级锁”(这个表级锁是隐式的，也叫意向锁)，MySQL 客户机 B 仅仅需要检测自己的表级锁与该意向锁是否兼容，无须逐行检测该表是否存在行级锁，这样就会节省不少服务器资源。由此可见，引入意向锁的目的是方便检测表级锁与行级锁之间是否兼容。

意向锁(I)是隐式的表级锁，数据库开发人员在向表中的某些记录加行级锁时，MySQL 首先会自动地向该表加意向锁，然后再施加行级锁。意向锁无须数据库开发人员维护。MySQL 提供了两种意向锁，即意向共享锁(IS)和意向排他锁(IX)。

意向共享锁：事务在向表中的某些记录施加行级共享锁时，MySQL 会自动地向该表施加意向共享锁。也就是说，执行“SELECT * FROM 表名 WHERE 条件 LOCK IN SHARE MODE;”命令时，MySQL 在为表中符合条件的记录施加共享锁之前会自动地为该表施加意向共享锁(IS)。

意向排他锁：事务在向表中的某些记录施加行级排他锁时，MySQL 会自动地向该表施加意向排他锁。也就是说，执行“SELECT * FROM 表名 WHERE 条件 FOR UPDATE;”

命令时，MySQL 在为表中符合条件的记录施加排他锁之前会自动地为该表施加意向排他锁(IX)。

习题

1. 简述事务及事务的特性。
2. 简述典型事务处理的方法。
3. 简述封锁机制的必要性。
4. 如何理解锁的粒度、锁的生命周期与数据库的并发性能之间的关系？
5. 如何理解丢失更新、不可重复读和读脏数据？
6. 如何理解事务、封锁、事务的隔离级别之间的关系？
7. 简述两段封锁协议要求事务遵守的规则。
8. MySQL 的并发控制使用什么方法？

第13章 MySQL安全管理

数据或信息是现代信息社会的五大经济要素(人、财、物、信息、技术)之一，是与财物同等重要的资产。企业数据库中的数据对于企业是至关重要的，尤其是一些敏感的数据，必须加以保护，以防止被故意破坏或改变、未授权存取和非故意损害。其中，非故意损害属于数据完整性和一致性保护问题，故意破坏或改变、未授权存取属于数据库安全保护问题。通过本章学习，需要掌握以下内容：

◎ 数据库的安全性；

◎ 数据库的安全性控制；

◎ MySQL 的安全设置。

13.1 数据库安全性概述

数据库的安全性是指保护数据库，防止不合法的使用，以免数据的泄露、更改或破坏。

数据库的安全性和完整性这两个概念听起来有些相似，有时容易混淆，但两者是完全不同的。

(1) 安全性：保护数据以防止非法用户故意造成的破坏，确保合法用户做其想做的整改。

(2) 完整性：保护数据以防止合法用户无意中造成的破坏，确保用户所做的事情是正确的。

两者不同的关键在于“合法”和“非法”及“故意”与“无意”。

为了保护数据库，防止故意的破坏，可以在从低到高的 5 个级别上设置各种安全措施。

(1) 物理控制：计算机系统的机房和设备应加以保护，通过加锁或专门监护等防止系统场地被非法进入，从而进行物理破坏。

(2) 法律保护：通过立法、规章制度防止授权用户以非法形式将其访问数据库的权限转授给非法者。

(3) 操作系统支持：无论数据库系统是多么安全，操作系统的安全弱点均可能成为入侵数据库的手段，应防止未经授权的用户从操作系统处着手访问数据库。

(4) 网络管理：由于大多数 DBMS 都允许用户通过网络进行远程访问，所以网络软件内部的安全性是很重要的。

(5) DBMS 实现：DBMS 安全机制的职责是检查用户的身份是否合法及使用数据库的权限是否正确。

实现数据库系统安全具体要考虑很多方面的问题，如以下问题。

(1) 法律、道德伦理及社会问题：例如，请示者对其请示的数据的权利是否合法。

(2) 政策问题：例如，拥有系统的组织单位如何授予使用者对数据的存取权限。

(3) 可操作性问题：有关的安全性政策、策略与方案如何落实到系统实现？例如，若使用口令或密码，如何防止密码本身的泄露？若可以授权，如何防止被授权者再授权给不应被授权的人？

(4) 设施有效性问题：例如，系统所在地的控制保护、硬/软件设备管理的安全特性等是否合适。

我们这里只考虑数据库系统本身，如果要实现数据库安全，DBMS 必须提供以下支持。

(1) 安全策略说明：即安全性说明语言，如支持授权的 SQL 语言。

(2) 安全策略管理：即安全约束目录的存储结构、存取控制方法和维护机制，如自主存取控制方法和强制存取控制方法。

(3) 安全性检查：执行“授权”及其检验，认可“他能做他想做的事情吗”。

(4) 用户识别：即标识和确认用户，确定“他就是他说的那个人吗”。

现代 DBMS 一般采用“自主”和“强制”两种存取控制方法来解决安全性问题。在自主存取控制方法中，每个用户对各个数据对象被授予不同的存取权限或特权，哪些用户对哪些数据对象有哪些存取权限都按存取控制方案执行，但并不完全固定。在强制存取控制方法中，所有的数据对象被标定一个密级，所有的用户也被授予一个许可证级别。对于任一数据对象，凡具有相应许可证级别的用户就可以存取，否则不能。

13.2 数据库安全性控制

13.2 数据库安全性控制.avi

在一般计算机系统中，安全措施是一级级层层设置的，其安全控制模型如图 13-1 所示。

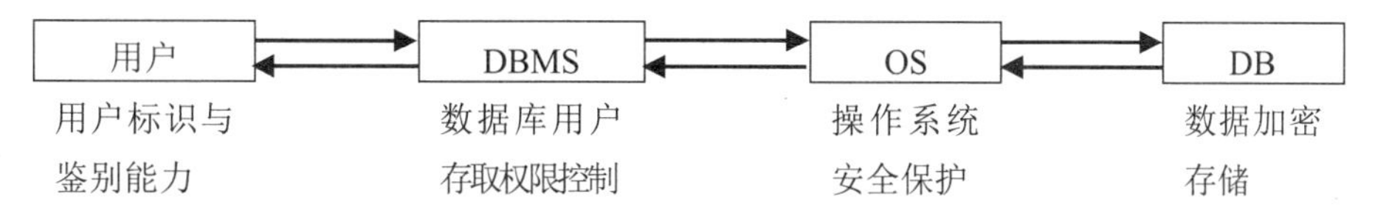

图 13-1　计算机系统的安全模型

(1) 当用户进入计算机系统时，系统首先根据输入的用户标识(如用户名)进行身份的鉴定，只有合法的用户才准许进入系统。

(2) 对已进入计算机系统的用户，DBMS 还要进行存取控制，只允许用户在所授予的权限之内进行合法的操作。

(3) DBMS 是建立在操作系统之上的，安全的操作系统是数据库安全的前提。操作系统应能保证数据库中的数据必须由 DBMS 访问，而不允许用户越过 DBMS，直接通过操作系统或其他方式访问。

DBMS 与操作系统在安全上的关系可用一个现实生活中与安全有关的实例来形象地说明。2005 年在某市发生了一起特大虫草盗窃案，盗贼通过租用店铺，从店铺的沙发下秘密地挖掘了一条 39 米长的地道，通往街对面的一家虫草行库房，盗走了价值千万元的虫草。虫草行库房周围的物理防护坚固，但盗贼绕过了这些防护，从库房地面这个薄弱环节盗走了虫草。

(4) 数据最后通过加密的方式存储到数据库中，即便非法者得到了已加密的数据，也无法识别数据内容。

本书只讨论与数据库有关的用户标识和鉴别、存取控制等安全技术。

13.2.1　用户标识与鉴别

实现数据库的安全性包含两个方面的工作：一是用户的标识与确认，即用什么来标识一个用户，又怎样去识别他；二是授权及其验证，即每个用户对各种数据对象的存取权限表示和检查。这里只讨论第一方面。

常用的识别用户的方法有 3 种。

(1) 用户的个人特征识别：例如用户的声音、指纹、签名等。

(2) 用户的特有物品识别：例如用户的磁卡、钥匙等。

(3) 用户的自定义识别：例如用户设置的口令、密码和一组预定的问答等。

1. 用户的个人特征识别

使用每个人所具有的个人特征，如声音、指纹、签名等来识别用户是当前最有效的方法。但是有两个问题必须解决，一是要有专门的设备，来准确地记录、存取这些个人特征；二是要有识别算法，能较准确地识别出每个人的声音、指纹或签名。这里关键问题是要让“合法者被拒绝”和“非法者被接受”的误判率达到应用环境可接受的程度。

2. 用户的特有物品识别

让每一个用户持有一个他特有的物品，如磁卡、钥匙等。在识别时，将其插入一个“阅读器”，它读取其面上磁条中的信息，该方法是目前一些安全系统中较常用的一种方法，但是用在数据库系统中要考虑两方面的因素，一是需要专门的阅读装置，二是要有从阅读器抽取信息与 DBMS 接口的软件。

该方法的优点是比个人特征识别理念简单、有效；缺点是用户容易忘记带磁卡和钥匙，也可能丢失甚至被窃取。

3. 用户的自定义识别

使用只有用户自己知道的定义内容来识别用户是最常用的一种方法，一般用口令或密码，有时是只有用户自己能给出正确答案的一组问题，或者可以两者兼用。

在使用这类方法时要注意以下几点。

(1) 标识的有效性：口令、密码或问题答案尽可能准确地标识每一个用户。

(2) 内容的简易性：口令或密码要长短适中，问答过程不要太烦琐。

(3) 本身的安全性：为了防止口令、密码或问题答案的泄露或失窃，应经常改变。

这种方法不需要专门的硬件设备，较之前两种方法这是其优点。其主要的缺点是口令、密码或问题答案容易被人窃取，因此还可以用更复杂的方法。例如，每个用户都预先约定好一个计算过程或函数，在鉴别用户身份时，系统提供一个随机数，用户根据自己预先约定的计算过程或函数进行计算，而系统根据用户的计算结果是否正确进一步鉴定用户身份。

13.2.2 存取控制策略

数据库安全性所关心的主要是 DBMS 的存取控制策略。数据库安全最重要的一点就是确保只授权给有资格的用户访问数据库，同时令所有未被授权的人员无法接触数据，这主要通过数据库系统的存取控制策略来实现。存取控制策略主要包括以下两部分。

1. 定义用户权限，并将用户权限登记到数据字典中

用户对某一数据对象的操作权力称为权限。某个用户应该具有何种权限是个管理问题和政策问题，而不是技术问题。DBMS 的功能就是保证这些决定的执行。为此，DBMS 系统必须提供适当的语言来定义用户权限，这些定义经过编译后存放在数据字典中，被称为安全规则或授权规则。

2. 合法权限检查

每当用户发出存取数据库的操作请求后，DBMS 查找数据字典，根据安全规则进行合法权限检查，若用户的操作请求超出了定义的权限，系统将拒绝执行此操作。

用户权限定义和合法权限检查策略一起组成了 DBMS 的安全子系统。

当前，大多数 DBMS 所采取的存取控制策略主要有两种，即自主存取控制和强制存取

控制。其中，自主存取控制的使用更为普遍。

(1) 自主存取控制：在自主存取控制方法中，用户对于不同的数据库对象有不同的存取权限，不同的用户对同一对象也有不同的权限，而且用户还可将其拥有的存取权限转授给其他用户。因此，自主存取控制非常灵活。

(2) 强制存取控制：在强制存取控制方法中，每一个数据库对象被标以一定的密级，每一个用户也被授予某一级别的许可证。对于任意一个对象，只有具有合法许可证的用户才可以存取。因此，强制存取控制相对比较严格。

13.2.3 自主存取控制

用户使用数据库的方式称为“授权”。权限有两种，即访问数据库的权限和修改数据库结构的权限。

访问数据库的权限有 4 个。

(1) 读(SELECT)权限：允许用户读数据，但不能修改数据。

(2) 插入(INSERT)权限：允许用户插入新的数据，但不能修改数据。

(3) 修改(UPDATE)权限：允许用户修改数据，但不能删除数据。

(4) 删除(DELETE)权限：允许用户删除数据。

根据需要，可以授予用户上述权限中的一个或多个，也可以不授予上述任何一个权限。

修改数据库结构的权限也有 4 个。

(1) 索引(INDEX)权限：允许用户创建和删除索引。

(2) 资源(RESOURCE)权限：允许用户创建新的关系。

(3) 修改(ALTERATION)权限：允许用户在关系结构中加入或删除属性。

(4) 撤销(DROP)权限：允许用户撤销关系。

自主存取控制方式是通过授权和取消授权来实现的。下面介绍自主存取控制的权限类型，包括角色(ROLE)权限和数据库对象权限及各自的授权和取消授权方法。

1. 权限类型

(1) 角色权限：给角色授权，并为用户分配角色，用户的权限为其角色权限之和。角色权限由 DBA 授予。

(2) 数据库对象权限：不同的数据库对象，可提供给用户不同的操作。该权限由 DBA 或该对象的所有者(Owner)授予用户。

2. 角色授权与取消

授权命令的语法形式如下：

```
GRANT <角色类型>[,<角色类型>] TO <用户> [IDENTIFIED BY <口令>]
<角色类型>：：=Connect|Resource|DBA
```

其中，Connect 表示该用户可连接到 DBMS；Resource 表示用户可访问数据库资源；DBA 表示该用户为数据库管理员；IDENTIFIED BY 用于为用户设置一个初始口令。

取消命令的语法形式如下：

```
REVOKE <角色管理>[,<角色管理>] FROM <用户>
```

3. 数据库对象的授权与取消

授权命令的语法形式如下：

```
GRANT <权限> ON <表名> to <用户>[,<用户>] [WITH GRANT OPTION]
<权限>: : =ALL PRIVILEGES|SELECT|INSERT|DELETE|UPDATE[(<列名>[,<列名>])]
```

其中，WITH GRANT OPTION 表示得到授权的用户，可将其获得的权限转授给其他用户；ALL PRIVILEGES 表示所有的操作权限。

取消授权的语法形式如下：

```
REVOKE <权限> ON <表名> FROM <用户>[,<用户>]
```

说明：数据库对象除了表以外，还有其他对象，如视图等，但由于表的授权最具典型意义，而且表的授权也最复杂，所以此处只以表的授权为例来说明数据库对象的授权语法，其他对象的授权语法与之类似，只是在权限上不同。

13.2.4 强制存取控制

自主存取能够通过授权机制有效地控制对敏感数据的存取，但它存在一个漏洞——一些别有用心的用户可以欺骗一个授权用户，采用一定的手段来获取敏感数据。例如，领导 Manager 是客户单 Customer 关系的物主，他将“读”权限授予用户 A，且 A 不能再将权限转授他人，其目的是让 A 审查客户信息，看有无错误。现在 A 自己另外创建一个新关系 A_Customer，然后将自 Customer 读取的数据写入(即复制到)A_Customer。这样，A 是 A_Customer 的物主，他可以做任何事情，包括再将其权限转授给任何其他用户。

存在这种漏洞的根源在于，自主存取控制机制仅以授权将用户(主体)与被存取数据对象(客体)关联，通过控制权限实现安全要求，对用户和数据对象本身未做任何安全性标注。强制存取控制就可以处理自主存取控制的这种漏洞。

强制存取控制方法的基本思想在于为每个数据对象(文件、记录或字段等)赋予一定的密级，级别从高到低为绝密级(Top Secret，TS)、机密级(Secret，S)、可信级(Confidential，C)、公用级(Public，P)。每个用户也具有相应的级别，称为许可证级别。密级和许可证级别都是严格有序的，如绝密>机密>可信级>公用。

在系统运行时，采用以下两条简单规则：

(1) 用户 i 只能查看比它级别低或同级的数据。

(2) 用户 i 只能修改和它同级的数据。

强制存取控制是对数据本身进行密级标记，无论数据如何复制，标记与数据都是一个不可分的整体，只有符合密级标记要求的用户才可以操纵数据，从而提供了更高级别的安全性。

强制存取控制的优点是系统能执行“信息流控制”。前面介绍的授权方法，允许凡有权查看保密数据的用户就可以把这种数据复制到非保密的文件中，造成无权用户也可以接触保密的数据。强制存取控制可以避免这种非法的信息流动。

注意：这种方法在通用数据库系统中不是十分有用，它只在某些专用系统中有用，如军事部门或政府部门。

13.3 MySQL 的安全设置

13.3 MySQL 的安全设置.avi

MySQL 安全设置用于实现“正确的人”能够“正确地访问”“正确的数据库资源”。MySQL 通过两个模块实现数据库资源的安全访问控制，即身份认证模块和权限验证模块。其中，身份认证模块用于实现数据库用户在某台登录主机的身份认证，只有通过身份认证的数据库用户才能登录主机并成功连接到 MySQL 服务器，继而向 MySQL 服务器发送 MySQL 命令或 SQL 语句；权限验证模块用于验证 MySQL 账户是否有权执行该 MySQL 命令或 SQL 语句，确保“数据库资源”被正确地访问或者执行。

在成功安装 MySQL 后，默认情况下，MySQL 会自动创建 root(超级管理员)账户，管理 MySQL 服务器的全部资源。但出于安全及工作方面的考虑，仅靠 root 账户不足以管理 MySQL 服务器的诸多资源，root 账户不得不创建多个 MySQL 账户共同管理各个数据库资源。下面依次介绍 MySQL 对用户账号、权限和角色的管理。

13.3.1　用户管理

MySQL 用户包括 root 用户和普通用户，root 用户是超级管理员，拥有所有的权限；而普通用户只拥有创建用户时赋予它的权限。

在 MySQL 数据库中，为了防止非授权用户对数据库进行存取，DBA 可以创建登录用户、修改用户信息和删除用户。

1. 创建登录用户

创建用户主要通过 CREATE USER 语句实现，在使用该语句创建用户时不赋予任何权限，还需要通过 GRANT 语句分配权限。创建用户的语法形式如下：

CREATE USER 用户 [IDENTIFIED BY [PASSWORD] '密码'] [,用户 [IDENTIFIED BY [PASSWORD] '密码']]…;

说明：

(1) 用户的格式：用户名@主机名。其中，主机名指定了创建的用户使用 MySQL 连接的主机。另外，“%”表示一组主机，localhost 表示本地主机。

(2) IDENTIFIED BY 子句指定创建用户时的密码。如果密码是一个普通的字符串，则不需要使用 PASSWORD 关键字。

【例 13-1】创建用户 tempuser，其口令为 temp。

```
CREATE USER tempuser@localhost IDENTIFIED BY 'temp';
```

创建的新用户的详细信息自动保存在系统数据库 mysql 的 user 表中，执行如下 SQL 语句，可查看数据库服务器的用户信息。

```
USE mysql;
SELECT * FROM mysql;
```

2. 修改用户密码

在创建用户后，允许对其进行修改，可以使用 SET PASSWORD 语句修改用户的登录密码，其语法形式如下：

```
SET PASSWORD FOR 用户='新密码';
```

【例 13-2】修改用户 tempuser 的密码为 root。

```
SET PASSWORD FOR tempuser@localhost='root';
```

【例 13-3】修改 root 的密码为 root。

```
SET PASSWORD FOR root@localhost='root';
```

3. 修改用户名

修改已存在的用户名可以使用 RENAME USER 语句，其语法形式如下：

```
RENAME USER 旧用户名 TO 新用户名 [,旧用户名 TO 新用户名][,…];
```

【例 13-4】修改普通用户 tempuser 的用户名为 temp_U。

```
RENAME USER tempuser@localhost TO temp_U@localhost;
```

4. 删除用户

使用 DROP USER 语句可删除一个或多个 MySQL 用户，并取消其权限。其语法形式如下：

```
DROP USER 用户[,…];
```

【例 13-5】删除用户 temp_U。

```
DROP USER temp_U@localhost;
```

13.3.2 权限管理

权限管理主要是对登录 MySQL 服务器的数据库用户进行权限验证。所有用户的权限都存储在 MySQL 的权限表中。合理的权限管理能够保证数据库系统的安全，不合理的权限设置会给数据库系统带来危害。

权限管理主要包括两个内容，即授予权限和撤销权限。

1. 授予权限

创建了用户，并不意味着用户就可以对数据库随心所欲地进行操作，用户对数据进行任何操作都需要具有相应的操作权限。

在 MySQL 中，针对不同的数据库资源，可以将权限分为 5 类，即 MySQL 字段级权限、MySQL 表级权限、MySQL 存储程序级权限、MySQL 数据库级权限和 MySQL 服务器管理员级权限。

下面依次介绍每种权限级别具有的权限类型及为用户授予权限的方法。

1) 授予 MySQL 字段级权限

在 MySQL 中，使用 GRANT 语句授予权限。授予 MySQL 字段级权限的语法形式如下：

```
GRANT 权限名称(列名[,列名,…])[,权限名称(列名[,列名,…]),…]
  ON TABLE 数据库名.表名或视图名
  TO 用户[,用户,…] [WITH GRANT OPTION];
```

拥有 MySQL 字段级别权限的用户可以对指定数据库的指定表中指定列执行所授予的权限操作。

系统数据库 MySQL 的系统表 Column_priv 中记录了用户 MySQL 字段级权限的验证信息。Column_priv 权限表提供的权限名称较少，如表 13-1 所示。MySQL 字段级别的用户仅允许对字段进行查询、插入及修改。

表 13-1　Column_priv 权限表提供的权限名称

权限名称	权限类型	说　明
SELECT	Column_priv	查询数据库表中的记录
INSERT		向数据库表中插入记录
UPDATE		修改数据库表中的记录
REFERENCES		暂未使用
ALL PRIVILEGES	以上所有权限类型的和	Grant_priv 权限类型除外
USAGE	没有任何权限类型	仅用于登录

【例 13-6】授予 jwgl 数据库字段级别权限示例。

```
USE jwgl;
CREATE USER column_user@localhost IDENTIFIED BY '123456';
GRANT SELECT(stu_no,stu_name),UPDATE(credit) ON TABLE student
  TO column_user@localhost WITH GRANT OPTION;
GRANT SELECT(course_no,course_name) ON TABLE course
  TO column_user@localhost WITH GRANT OPTION;
GRANT INSERT ON TABLE score
  TO column_user@localhost WITH GRANT OPTION;
```

创建用户并授权后，为了使其生效，输入命令:

```
FLUSH PRIVILEGES;
```

分别用 root 身份和 column_user 身份执行 SELECT * FROM student 命令，观察结果，如图 13-2 和图 13-3 所示。

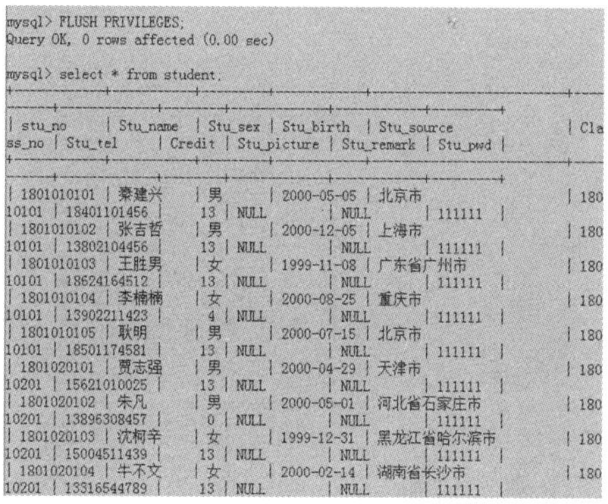

图 13-2　使用 root 身份登录查看 student 表

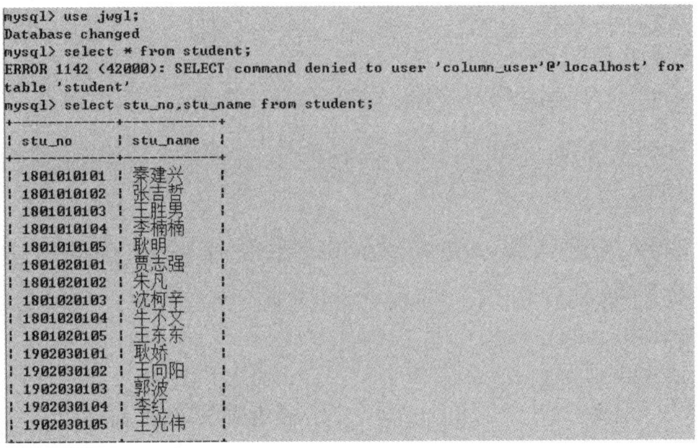

```
mysql> use jwgl;
Database changed
mysql> select * from student;
ERROR 1142 (42000): SELECT command denied to user 'column_user'@'localhost' for
table 'student'
mysql> select stu_no,stu_name from student;
+------------+----------+
| stu_no     | stu_name |
+------------+----------+
| 1801010101 | 秦建兴   |
| 1801010102 | 张吉哲   |
| 1801010103 | 王胜男   |
| 1801010104 | 李楠楠   |
| 1801010105 | 耿明     |
| 1801020101 | 贾志强   |
| 1801020102 | 朱凡     |
| 1801020103 | 沈柯辛   |
| 1801020104 | 牛不文   |
| 1801020105 | 王东东   |
| 1902030101 | 耿娇     |
| 1902030102 | 王向阳   |
| 1902030103 | 郭波     |
| 1902030104 | 李红     |
| 1902030105 | 王光伟   |
+------------+----------+
```

图 13-3　使用 column_user 身份登录查看 student 表

由图 13-3 所示，可以看到用户 column_user 在执行 SELECT * FROM student 命令时，系统报错，拒绝了对 student 表的查询操作，其原因是用户 column_user 仅对列 stu_no 和 stu_name 有 SELECT 权限。

2)　授予 MySQL 表级别权限

授予 MySQL 表级别权限的语法形式如下：

```
GRANT 权限名称[,权限名称,…] ON TABLE 数据库名.表名或视图名
  TO 用户[,用户,…] [WITH GRANT OPTION];
```

拥有 MySQL 表级别权限的用户可以对指定数据库中的指定表执行所授予的权限操作。

系统数据库 MySQL 的系统表 Table_priv 中记录了用户 MySQL 表级别权限的验证信息。Table_priv 权限表提供的权限名称如表 13-2 所示。

表 13-2　Table_priv 权限表提供的权限名称

权限名称	权限类型	说　明
SELECT	Table_priv	查询数据库表中的记录
INSERT		向数据库表中插入记录
UPDATE		修改数据库表中的记录
DELETE		删除数据库表中的记录
CREATE		创建数据库表，但不允许创建索引和视图
DROP		删除数据库表以及视图的定义，但不能删除索引
GRANT		将自己的权限转授给其他 MySQL 用户
REFERENCES		暂未使用
INDEX		创建或删除索引
ALTER		执行 ALTER TABLE 修改表结构
CREATE VIEW		执行 CREATE VIEW 创建视图，在创建视图时还需要持有基表的 SELECT 权限
SHOW VIEW		执行 SHOW CREATE VIEW 查看视图的定义
TRIGGER		创建、执行及删除触发器
ALL PRIVILEGES	以上所有权限类型的和	Grant_priv 权限类型除外
USAGE	没有任何权限类型	仅用于登录服务器

【例 13-7】授予 MySQL 表级别权限示例。

```
USE jwgl;
CREATE USER table_user@localhost IDENTIFIED BY '123456';
GRANT ALTER,SELECT ON TABLE course TO table_user@localhost;
```

创建用户并授权后，为了使其生效，输入命令:

```
FLUSH PRIVILEGES;
```

以 table_user 用户连接 MySQL 服务器，修改 course 表中 course_term 字段的定义为 tinyint(2)，执行如下语句。如图 13-4 所示。

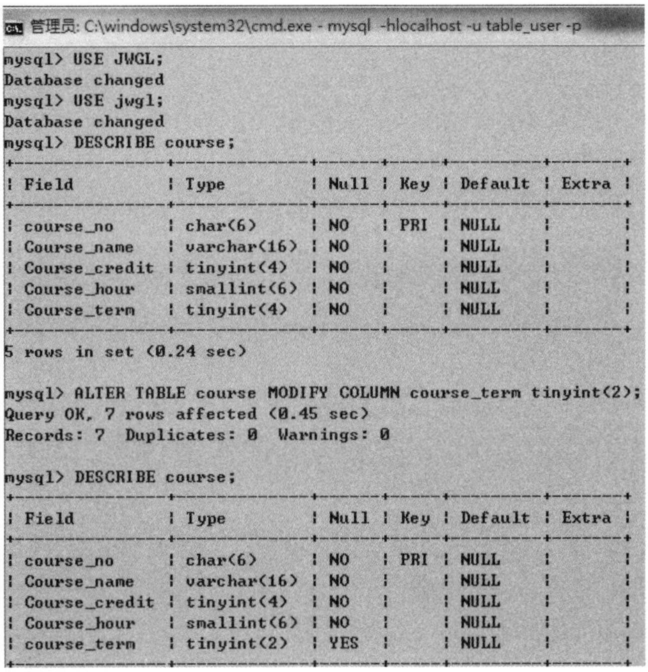

```
管理员: C:\windows\system32\cmd.exe - mysql -hlocalhost -u table_user -p
mysql> USE JWGL;
Database changed
mysql> USE jwgl;
Database changed
mysql> DESCRIBE course;
+---------------+-------------+------+-----+---------+-------+
| Field         | Type        | Null | Key | Default | Extra |
+---------------+-------------+------+-----+---------+-------+
| course_no     | char(6)     | NO   | PRI | NULL    |       |
| Course_name   | varchar(16) | NO   |     | NULL    |       |
| Course_credit | tinyint(4)  | NO   |     | NULL    |       |
| Course_hour   | smallint(6) | NO   |     | NULL    |       |
| Course_term   | tinyint(4)  | NO   |     | NULL    |       |
+---------------+-------------+------+-----+---------+-------+
5 rows in set (0.24 sec)

mysql> ALTER TABLE course MODIFY COLUMN course_term tinyint(2);
Query OK, 7 rows affected (0.45 sec)
Records: 7  Duplicates: 0  Warnings: 0

mysql> DESCRIBE course;
+---------------+-------------+------+-----+---------+-------+
| Field         | Type        | Null | Key | Default | Extra |
+---------------+-------------+------+-----+---------+-------+
| course_no     | char(6)     | NO   | PRI | NULL    |       |
| Course_name   | varchar(16) | NO   |     | NULL    |       |
| Course_credit | tinyint(4)  | NO   |     | NULL    |       |
| Course_hour   | smallint(6) | NO   |     | NULL    |       |
| course_term   | tinyint(2)  | YES  |     | NULL    |       |
+---------------+-------------+------+-----+---------+-------+
```

图 13-4　以 table_user 身份登录修改 course 表的列定义

3)　授予 MySQL 存储程序级别权限

授予 MySQL 存储程序级别权限的语法形式如下:

```
GRANT 权限名称[,权限名称,…]
ON FUNCTION|PROCEDURE 数据库名.函数名|数据库名.存储过程名
  TO 用户[,用户,…] [WITH GRANT OPTION];
```

拥有 MySQL 存储程序级别权限的用户可以对指定数据库中的存储过程或者存储函数执行所授予的权限操作。

系统数据库 MySQL 的系统表 Proc_priv 中记录了用户 MySQL 存储程序级别权限的验证信息。Proc_priv 权限表提供的权限名称如表 13-3 所示。

表 13-3　Proc_priv 权限表提供的权限名称

权限名称	权限类型	说明
GRANT	Proc_priv	将自己的权限转授给其他用户
EXECUTE		执行存储过程或函数
ALTER ROUTINE		修改、删除存储过程或函数
ALL PRIVILEGES	以上所有权限类型的和	Grant_priv 权限类型除外
USAGE	没有任何权限	仅用于登录服务器

【例 13-8】授予 MySQL 存储程序级别权限示例。

```
USE jwgl;
CREATE USER proc_user@localhost IDENTIFIED BY '123456';
GRANT EXECUTE ON PROCEDURE  proc_score_insert  TO proc_user@localhost;
创建用户并授予存储过程“proc_insert_score”的执行权限后，为了使其生效，输入命令：
FLUSH PRIVILEGES;
```

到系统数据库 mysql 的表 Procs_priv 中查看用户 proc_user 的信息如图 13-5 所示。

```
mysql> select * from procs_priv\G;
*************************** 1. row ***************************
         Host: localhost
           Db: jwgl
         User: proc_user
Routine_name: proc_score_insert
Routine_type: PROCEDURE
      Grantor: root@localhost
    Proc_priv: Execute
    Timestamp: 0000-00-00 00:00:00
1 row in set (0.00 sec)
```

图 13-5　查看 proc_user 用户信息

4)　授予 MySQL 数据库级别权限

授予 MySQL 数据库级别权限的语法形式如下：

```
GRANT 权限名称[,权限名称,…]
ON 数据库名.*  TO 用户[,用户,…] [WITH GRANT OPTION];
```

拥有 MySQL 数据库级别权限的用户可以对指定数据库中的对象执行所授予的权限操作。

系统数据库 MySQL 的系统表 db 中记录了用户 MySQL 数据库级别权限的验证信息。db 权限表提供的权限名称如表 13-4 所示。

表 13-4　db 权限表提供的权限名称

权限名称	权限类型	说　明
SELECT	Select_priv	查询数据库表中的记录
INSERT	Insert_priv	向数据库表中插入记录
UPDATE	Update_priv	修改数据库表中的记录
DELETE	Delete_priv	删除数据库表中的记录
CREATE	Create_priv	创建数据库和表，但不允许创建索引和视图
DROP	Drop_priv	删除数据库、表以及视图的定义，但不能删除索引

续表

权限名称	权限类型	说　明
WITH GRANT OPTION	Grant_priv	将自己的权限转授给其他 MySQL 用户
REFERENCES	References_priv	暂未使用
INDEX	Index_priv	创建或删除索引
ALTER	Alter_priv	修改表结构。在修改表名时，还需拥有旧表的 DROP 权限及新表的 CREATE 和 INSERT 权限
CREATE TEMPORARY TABLE	Create_tmp_table_priv	创建临时表
LOCK TABLE	Lock_table_priv	显式地为表加锁
EXECUTE	Execute_priv	执行存储过程或函数
CREATE VIEW	Create_view_priv	创建视图，需要持有基表的 SELECT 权限
SHOW VIEW	Show_view_priv	执行 SHOW CREATE VIEW 查看视图的定义
CREATE ROUTINE	Create_routine_priv	创建存储过程或函数
ALTER ROUTINE	Alter_routine_priv	修改、删除存储过程或函数
EVENT	Event_priv	创建、修改、删除及查看事件
TRIGGER	Trigger_priv	创建、执行及删除触发器
ALL PRIVILEGES	以上所有权限类型的和	Grant_priv 权限类型除外
USAGE	没有任何权限类型	仅用于登录服务器

【例 13-9】授予 MySQL 数据库级别权限示例。

```
USE mysql;
CREATE USER database_user@localhost IDENTIFIED BY '123456';
GRANT CREATE,SELECT,DROP
ON jwgl.*
TO database_user@localhost;
```

可以使用下面命令查看数据库 jwgl 上的所有用户信息。

```
SELECT * FROM db
 WHERE host='localhost' AND db='jwgl';
```

以 database_user 用户身份连接 MySQL 服务器，执行下列操作。

```
USE jwgl;
CREATE TABLE test
 (empno INT PRIMARY KEY,
Ename char(10));
DROP TABLE test;
```

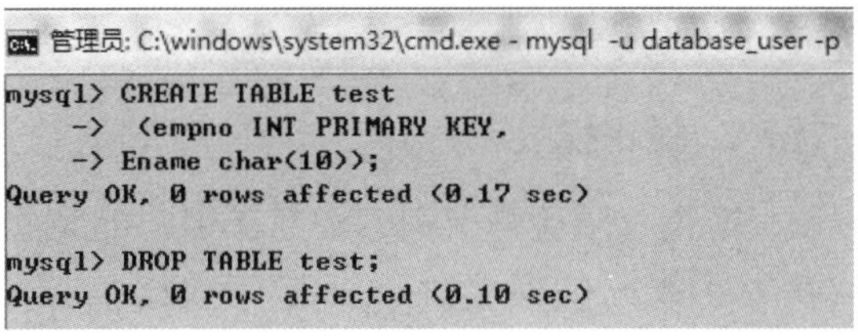

结果如图 13-6 所示，可以看到数据库用户 database_user 的创建与删除表的权限。

```
管理员: C:\windows\system32\cmd.exe - mysql  -u database_user -p
mysql> CREATE TABLE test
    -> (empno INT PRIMARY KEY,
    -> Ename char(10));
Query OK, 0 rows affected (0.17 sec)

mysql> DROP TABLE test;
Query OK, 0 rows affected (0.10 sec)
```

图 13-6　以 database_user 身份登录创建和删除表

5)　授予 MySQL 服务器管理员级别权限

授予 MySQL 服务器管理员级别权限的

语法形式如下：

```
GRANT 权限名称[,权限名称,…]
ON *.*  TO 用户[,用户,…] [WITH GRANT OPTION];
```

拥有 MySQL 服务器管理员级别权限的用户可以对服务器内所有数据库中的所有对象执行所授予的权限操作。

系统数据库 MySQL 的系统表 user 中记录了用户 MySQL 服务器管理员级别权限的验证信息。user 权限表提供的权限名称不仅包含表 13-4 中数据库级别的所有权限类型，而且包含对整个 MySQL 服务器的管理权限，其权限名称如表 13-5 所示。

表 13-5　服务器管理员的权限

权限名称	权限类型	说　明
RELOAD	Reload_priv	执行 FLUSH HOSTS、FLUSH LOGS、FLUSH PRIVILEGES、FLUSH STATUS、FLUSH TABLES、FLUSH THREADS、REFRESH 以及 RELOAD 等刷新命令
SHUTDOWN	Shutdown_priv	执行 mysqladmin 的 SHUTDOWN 命令，停止服务器的运行
PROCESS	Process_priv	执行 SHOW PROCESSLIST 显示 MySQL 服务器上正在执行的线程，还可以执行 KILL 命令杀死该线程
FILE	File_priv	执行 LOAD DATA INFILE、SELECT … INTO OUTFILE 命令或者执行 file()函数
SHOW DATABASE	Show_db_priv	执行 SHOW DATABASE
SUPER	Super_priv	执行 CHANGE MASTER TO、KILL、PURGE BINARY LOGS、SET GLOBAL 以及 mysqladmin 的 DEBUG 等命令
REPLICATION SLAVE	Repl_slave_priv	该权限应该授予通过从服务器连接主服务器的 MySQL 账户，没有该权限，从服务器将不能获取主服务器的更新
REPLICATION CLIENT	Repl_client _priv	执行 SHOW MASTER STATUS、SHOW SLAVE STATUS 命令
CREATE USER	Create_user_priv	执行 CREATE USER、DROP USER、RENAME USER、REVOKE ALL PRIVILEGES 命令
CREATE TABLESPACE	Create_tablespace_priv	创建、修改以及删除表空间或者日志文件组

2. 撤销权限

撤销权限就是取消已经赋予用户的某些权限。撤销用户不必要的权限在一定程度上可以保证数据的安全性。在撤销权限后，用户账户的记录将从系统表 db、table_priv、columns_priv 和 procs_priv 中删除，但是用户账户记录仍然在 user 表中保存。

使用 REVOKE 语句撤销权限，其语法形式有两种：一种是撤销用户的所有权限，另一种是撤销用户的指定权限。

1) 撤销所有权限

撤销用户所有权限的 REVOKE 语句的语法形式如下：

```
REVOKE ALL PRIVILEGES,GRANT OPTION FROM 用户[,用户,…];
```

【例 13-10】 撤销例 13-6 中用户 column_user@localhost 的所有权限。操作过程如图 13-7 所示。

```
REVOKE ALL PRIVILEGES,GRANT OPTION FROM column_user@localhost;
```

```
mysql> SELECT * FROM mysql.columns_priv;
+-----------+------+-------------+------------+-------------+-------------------
--+-------------+
| Host      | Db   | User        | Table_name | Column_name | Timestamp
  | Column_priv |
+-----------+------+-------------+------------+-------------+-------------------
--+-------------+
| localhost | jwgl | column_user | course     | course_name | 0000-00-00 00:00:0
0 | Select      |
| localhost | jwgl | column_user | course     | course_no   | 0000-00-00 00:00:0
0 | Select      |
| localhost | jwgl | column_user | student    | credit      | 0000-00-00 00:00:0
0 | Update      |
| localhost | jwgl | column_user | student    | stu_name    | 0000-00-00 00:00:0
0 | Select      |
| localhost | jwgl | column_user | student    | stu_no      | 0000-00-00 00:00:0
0 | Select      |
+-----------+------+-------------+------------+-------------+-------------------
--+-------------+
5 rows in set (0.00 sec)

mysql> REVOKE ALL PRIVILEGES,GRANT OPTION FROM column_user@localhost;
Query OK, 0 rows affected (0.04 sec)
```

图 13-7 撤销用户 column_user 的所有权限

2) 撤销用户指定权限的 REVOKE 语句的语法形式如下：

```
REVOKE 权限名称(列名[,列名,…])[,权限名称(列名[,列名,…]),…]
  ON *.*|数据库名.*|数据库名.表名或视图名
  FROM 用户[,用户,…];
```

【例 13-11】 撤销例 13-9 中用户 database_user@localhost 的 CREATE 和 DROP 权限。操作过程如图 13-8 所示。操作前后可以使用同一个 SELECT 命令查看用户的权限。

```
mysql> REVOKE CREATE,DROP ON jwgl.* FROM database_user@localhost;
Query OK, 0 rows affected (0.02 sec)

mysql> SELECT * FROM db WHERE host='localhost' AND user='database_user';
```

图 13-8 撤销用户 database_user 的 CREATE 和 DROP 权限

13.3.3 角色管理

从前面的介绍可以看出，MySQL 的权限设置是非常复杂的，权限的类型也非常多，这就为 DBA 有效地管理数据库权限带来了困难。另外，数据库的用户通常有很多，如果管理员为每个用户授予或者撤销相应的权限，则这个工作量是非常大的。为了简化权限管理，MySQL 提供了角色的概念。

角色是具有名称的一组相关权限的组合，即将不同的权限集合在一起就形成了角色。可以使用角色为用户授权，同样也可以撤销角色。由于角色集合了多种权限，所以当为用户授予角色时，相当于为用户授予了多种权限。这样就避免了向用户逐一授权，从而简化了用户权限的管理。

下面以项目开发中的常见场景为例，应用程序需要读/写权限、运维人员需要完全访问数据库、部分开发人员需要读取权限、部分开发人员需要写权限，如果向多个用户授予相同的权限集，则应按创建角色→授予角色权限→授予用户角色的步骤来实现。

1. 创建角色

创建角色的语法形式如下：

```
CREATE ROLE 角色;
角色格式：'角色名'@'主机名'
```

【例 13-12】分别在本地主机上创建应用程序角色 app、运维人员角色 ops、开发人员读角色 dev_read、开发人员写角色 dev_write。

```
USE mysql;
CREATE ROLE 'app'@'localhost', 'ops'@'localhost',
 'dev_read'@'localhost', 'dev_write'@'localhost';
```

操作结果如图 13-9 所示。

```
mysql> USE mysql;
Database changed
mysql> CREATE ROLE 'app'@'localhost', 'ops'@'localhost',
    ->  'dev_read'@'localhost', 'dev_write'@'localhost';
Query OK, 0 rows affected (0.10 sec)
```

图 13-9　创建角色

可以使用下面命令查询角色。

```
SELECT * FROM user
WHERE host='localhost' AND user IN('app', 'ops', 'dev_read', 'dev_write');
```

2. 授予角色权限

授予角色权限的语法格式类似于授予用户权限，只需将 GRANT 语句中 TO 后面的用户改为角色即可。

【例 13-13】分别授予角色 app 读/写权限，角色 ops 访问数据库权限，角色 dev_read 读权限，角色 dev_write 写权限。

```
GRANT SELECT,INSERT,UPDATE,DELETE
   ON jwgl.* to 'app'@'localhost';
GRANT ALL PRIVILEGES
   ON jwgl.* to 'ops'@'localhost';
GRANT SELECT
   ON jwgl.* to 'dev_read'@'localhost';
GRANT INSERT,UPDATE,DELETE
   ON jwgl.* to 'dev_write'@'localhost';
```

操作结果如图 13-10 所示。

```
mysql> GRANT SELECT,INSERT,UPDATE,DELETE
    ->     ON jwgl.* to 'app'@'localhost';
Query OK, 0 rows affected (0.06 sec)

mysql> GRANT ALL PRIVILEGES
    ->     ON jwgl.* to 'ops'@'localhost';
Query OK, 0 rows affected (0.01 sec)

mysql> GRANT SELECT
    ->     ON jwgl.* to 'dev_read'@'localhost';
Query OK, 0 rows affected (0.01 sec)

mysql> GRANT INSERT,UPDATE,DELETE
    ->     ON jwgl.* to 'dev_write'@'localhost';
Query OK, 0 rows affected (0.02 sec)
```

图 13-10　为角色授权

3. 授予用户角色

授予用户角色的语法形式如下：

```
GRANT 角色[,角色,…] TO 用户[,用户,…];
```

【例 13-14】分别将角色授予用户 app01、ops01、dev01、dev02、dev03。操作如图 13-11 所示。

```
CREATE USER 'app01'@'%' IDENTIFIED BY '000000';
CREATE USER 'ops01'@'%' IDENTIFIED BY '000000';
CREATE USER 'dev01'@'%' IDENTIFIED BY '000000';
CREATE USER 'dev02'@'%' IDENTIFIED BY '000000';
CREATE USER 'dev03'@'%' IDENTIFIED BY '000000';
#给用户账号分配角色
GRANT 'app'@'localhost' TO 'app01'@'%';
GRANT 'ops'@'localhost' TO 'ops01'@'%';
GRANT 'dev_read'@'localhost' TO 'dev01'@'%';
GRANT 'dev_read'@'localhost', 'dev_write'@'localhost' TO 'dev02'@'%',
'dev03'@'%';
```

```
mysql> CREATE USER 'app01'@'%' IDENTIFIED BY '000000';
Query OK, 0 rows affected (0.06 sec)

mysql> CREATE USER 'ops01'@'%' IDENTIFIED BY '000000';
Query OK, 0 rows affected (0.04 sec)

mysql> CREATE USER 'dev01'@'%' IDENTIFIED BY '000000';
Query OK, 0 rows affected (0.02 sec)

mysql> CREATE USER 'dev02'@'%' IDENTIFIED BY '000000';
Query OK, 0 rows affected (0.02 sec)

mysql> CREATE USER 'dev03'@'%' IDENTIFIED BY '000000';
Query OK, 0 rows affected (0.02 sec)

mysql> GRANT 'app'@'localhost' TO 'app01'@'%';
Query OK, 0 rows affected (0.10 sec)

mysql> GRANT 'ops'@'localhost' TO 'ops01'@'%';
Query OK, 0 rows affected (0.01 sec)

mysql> GRANT 'dev_read'@'localhost' TO 'dev01'@'%';
Query OK, 0 rows affected (0.01 sec)

mysql> GRANT 'dev_read'@'localhost', 'dev_write'@'localhost'TO 'dev02'@'%', 'dev
03'@'%';
Query OK, 0 rows affected (0.01 sec)
```

图 13-11　创建用户并为用户分配角色

#验证角色是否正确分配，可使用 SHOW GRANT 语句

```
SHOW GRANT FOR 'dev01'@'%' USING 'dev_read'@'localhost';
```

注意：用户在使用角色权限前必须激活角色，命令形式如下：

```
SET GLOBAL activate_all_roles_on_login=ON;
```

4. 撤销用户角色

撤销用户角色语法形式如下。

```
REVOKE 角色[,角色,…] FROM 用户[,用户,…];
```

【例 13-15】撤销用户 app01 的角色 app。

```
REVOKE 'app'@'localhost' FROM 'app01'@'%';
```

5. 删除角色

删除角色语法形式如下：

```
DROP ROLE 角色[,角色,…];
```

【例 13-16】删除角色 app。

```
DROP ROLE 'app'@'localhost';
```

习题

1. 如何理解数据的安全性和完整性？
2. 数据库安全控制措施包括哪几层？
3. 访问数据的权限有哪些？修改数据库结构的权限有哪些？
4. 数据库SCOTT上有表DEPT，其结构是DEPT(deptno,dname,loc)。请用SQL的GRANT和REVOKE语句完成以下授权定义或存取控制功能：

(1) 创建本地用户账号 test_user，其口令为 test。

(2) 向用户 test_user 授予对象 SCOTT.DEPT 的 SELECT 权限。

(3) 向用户 test_user 授予对象 SCOTT.DEPT 的 INSERT、DELETE 权限，仅对 loc 字段具有更新权限。

(4) 用户 test_user 具有对 DEPT 表的所有权限，并具有给其他用户授权的权限。

(5) 撤销用户 test_user 的所有权限。

(6) 建立角色 ROLE1，并授予对 SCOTT 数据库的所有操作权限。

(7) 将 ROLE1 的权限授予用户 test_user。

(8) 撤销用户 test_user 的 ROLE1 角色。

(9) 删除角色 ROLE1。

学习情境六

MySQL 实验

实验 1　MySQL 的安装与配置

目的与要求

(1) 掌握 MySQL 服务器的安装方法；
(2) 基本了解数据库及其对象。

实验准备

(1) 了解 MySQL 安装的软硬件要求；
(2) 了解 MySQL 支持的身份验证模式；
(3) 了解 MySQL 各组件的主要功能；
(4) 基本了解数据库、表、数据库对象。

实验内容

1. 安装并配置 MySQL 服务器

根据书中如何安装与配置 MySQL 的内容完成本部分。

2. MySQL 客户端访问数据库

(1) MySQL 客户端需经由命令行进入，单击“开始”→“所有程序”→“附件”→“命令提示符”，进入 Windows 命令行，输入：

```
Cd  C:\Program Files\MySQL\MySQL Server 8.0\bin
```

然后输入

```
mysql  -u  root  -p
```

即可启动 MySQL 客户端，输入密码后，发现提示符变为“>mysql”，即为成功，如图 1-1 所示。

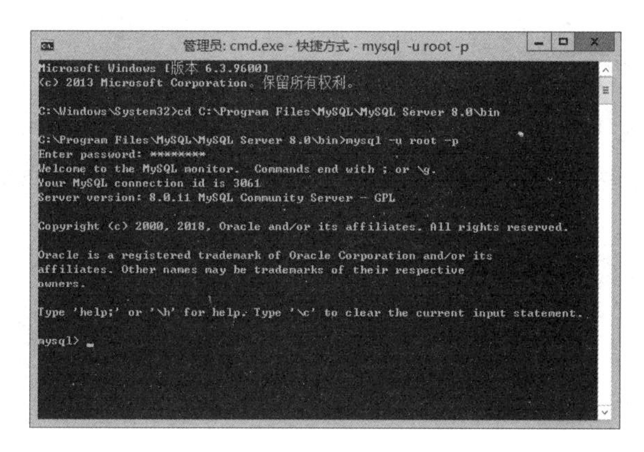

图 1-1　MySQL 客户端界面

(2) 在客户端中输入“help”或“\h”，查看 MySQL 帮助菜单，仔细阅读帮助菜单的内容。

(3) 使用 show 语句查看系统中已有(包括用户自己创建)的数据库：

```
show  databases;
```

执行结果如图 1-2 所示，显示出已经创建的数据库。

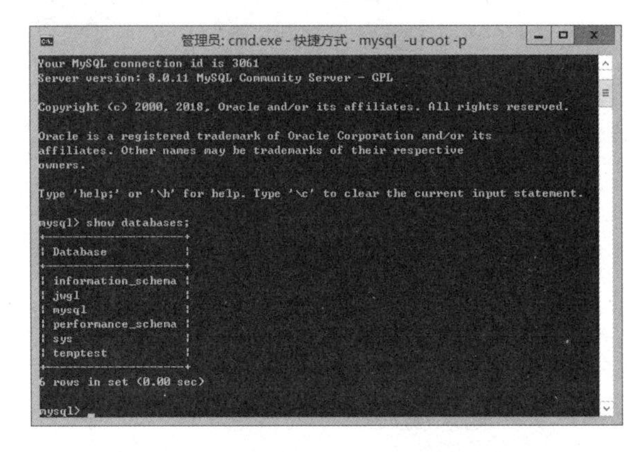

图 1-2　查看系统中已有数据库

(4) 使用 USE 语句选择 mysql 数据库为当前数据库：

```
USE  mysql;
```

语句执行后即选择了 mysql 为当前数据库，执行 SQL 语句时如果不指明数据库，则表示在当前数据库中进行操作。

(5) 使用 show tables 语句查看当前数据库中的表。如图 1-3 所示。这些表中都包含了有关 MySQL 的系统信息。

```
show  tables;
```

(6) 使用一条 SELECT 语句查看 mysql 数据库中用户信息表 user 的内容，执行结果如图 1-4 所示。

```
SELECT  user  FROM  user;
```

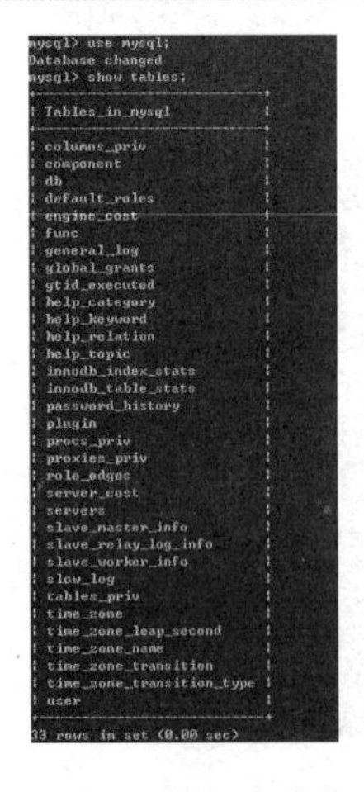

图 1-3　mysql 数据库中的表

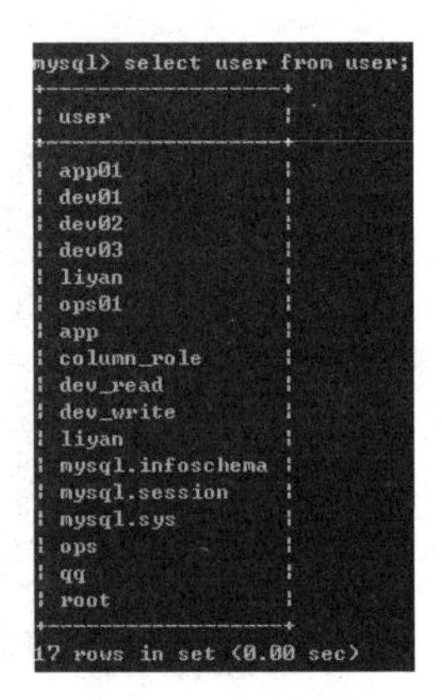

图 1-4　user 表的用户内容

由结果可知，当前数据库中除了管理员用户 root，还有很多其他用户，都是在本书各章演示实例中陆续创建的。

【思考与练习】

使用 USE 语句将当前数据库更改为 information_schema，并查看该数据库中的表。

实验 2 创建数据库和表

目的与要求

(1) 了解 MySQL 数据库存储引擎的分类；
(2) 了解表的结构特点；
(3) 了解 MySQL 的基本数据类型；
(4) 了解空值概念；
(5) 学会在 MySQL 界面工具中创建数据库和表；
(6) 学会使用 SQL 语句创建数据库和表。

实验准备

(1) 明确能够创建数据库的用户必须是系统管理员，或是被授权使用 CREATE DATABASE 语句的用户；

(2) 确定数据库包含哪些表，以及所包含的各表的结构，还要了解 MySQL 的常用数据类型，以创建数据库的表；

(3) 了解使用 CREATE 语句创建数据库、表的方法。

实验内容

1. 实验题目

创建用于企业管理的员工管理数据库，数据库名为 YGGL，包含员工的信息、部门信息及员工的薪水信息。数据库 YGGL 包含下列 3 个表：

(1) Employees：员工信息表；
(2) Departments：部门信息表；
(3) Salary：员工薪水情况表。

表的结构分别如表 2-1、表 2-2、表 2-3 所示。

表 2-1 Employees 表结构

字段名	类型(长度)	是否主键/外键	是否允许为空	说 明
EmployeeID	char(6)	主键	否	员工编号
Name	char(10)	否	否	姓名
Education	char(4)	否	否	学历
Birthday	data	否	否	出生日期
Sex	char(2)	否	否	性别
EntryYear	tinyint(1)	否	是	工作时间

续表

字段名	类型(长度)	是否主键/外键	是否允许为空	说　明
Address	varchar(20)	否	是	地址
PhoneNumber	char(12)	否	是	电话号码
DepartmentID	char(3)	外键	否	员工部门编号

表 2-2　Departments 表结构

字段名	类型(长度)	是否主键/外键	是否允许为空	说　明
DepartmentID	char(3)	主键	否	部门编号
DepartmentName	char(20)	否	否	部门名称
Note	tinytext	否	是	备注

表 2-3　Salary 表结构

字段名	类型(长度)	是否主键/外键	是否允许为空	说　明
EmployeeID	char(6)	主键	否	员工编号
Income	float	否	否	薪酬
Outcome	float	否	否	扣除

2. 用命令行创建数据库

以管理员身份登录 MySQL 客户端，使用 CREATE 语句创建 YGGL 数据库：

```
CREATE DATABASE YGGL;
```

3. SQL 语句创建表

创建执行表 Employees 的 SQL 语句：

```
USE  YGGL
CREATE  TABLE  Employees
(
    EmployeeID  char(6)  not  null,
    Name  char(10)  not null,
    Education  char(4) not  null,
    Birthday  data  not  null,
    Sex  char(2)  not  null  default  '1',
    EntryYear  tinyint(1),
    Address  varchar(20),
    PhoneNumber  char(12),
    DepartmentID  char(3) not null,
    PRIMARY  key(EmployeeID)
)engine=innodb;
```

用同样的方法在数据库 YGGL 中创建表 Departments、Salary。建立完成后使用 DESCRIBE 语句进行验证，结果如图 2-1 所示。

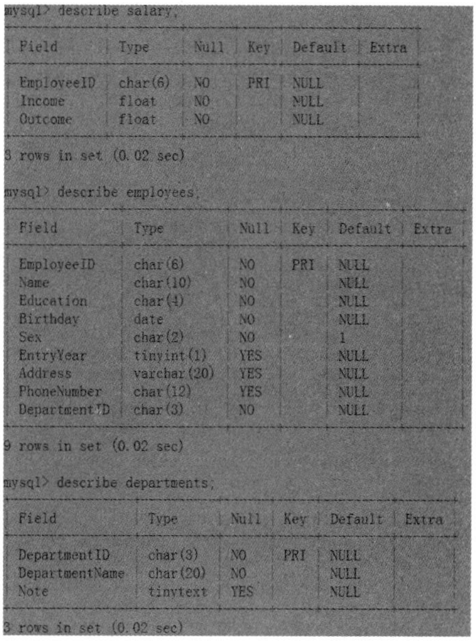

```
mysql> describe salary;
| Field      | Type     | Null | Key | Default | Extra |
| EmployeeID | char(6)  | NO   | PRI | NULL    |       |
| Income     | float    | NO   |     | NULL    |       |
| Outcome    | float    | NO   |     | NULL    |       |
3 rows in set (0.02 sec)

mysql> describe employees;
| Field        | Type        | Null | Key | Default | Extra |
| EmployeeID   | char(6)     | NO   | PRI | NULL    |       |
| Name         | char(10)    | NO   |     | NULL    |       |
| Education    | char(4)     | NO   |     | NULL    |       |
| Birthday     | date        | NO   |     | NULL    |       |
| Sex          | char(2)     | NO   |     | 1       |       |
| EntryYear    | tinyint(1)  | YES  |     | NULL    |       |
| Address      | varchar(20) | YES  |     | NULL    |       |
| PhoneNumber  | char(12)    | YES  |     | NULL    |       |
| DepartmentID | char(3)     | NO   |     | NULL    |       |
9 rows in set (0.02 sec)

mysql> describe departments;
| Field          | Type     | Null | Key | Default | Extra |
| DepartmentID   | char(3)  | NO   | PRI | NULL    |       |
| DepartmentName | char(20) | NO   |     | NULL    |       |
| Note           | tinytext | YES  |     | NULL    |       |
3 rows in set (0.02 sec)
```

图 2-1　YGGL 数据库中各表结构

创建一个与 Employees 表结构相同的空表 EmployeesC。

```
CREATE  TABLE  EmployeesC  LIKE  Employees;
SQL 语句删除表和数据库
删除表 Employees:
DROP  TABLE  Employees;
删除数据库 YGGL:
DROP  DATABASE  YGGL;
```

【思考与练习】

a. 在 YGGL 数据库存在的情况下，使用 CREATE DATABASE 语句新建数据库 YGGL，查看错误信息，再尝试加上 IF NOT EXISTS 关键词创建 YGGL，看看有什么变化。

b. 使用命令行方式创建数据库 YGGL1，要求数据库字符集为 utf8，校对规则为 utf8_general_ci。

c. 使用命令行方式在 YGGL1 数据库中新建表 Employees1，要求使用存储引擎为 MyISAM，表的结构与 Employees 相同。

d. 通过命令行方式将表 Employees1 中的 EmailAddress 列删除，并将 Sex 列的默认值修改为“男”。

实验 3　表数据的插入、修改和删除

目的与要求

(1) 学会使用 SQL 语句对数据库表进行插入、修改和删除数据操作；
(2) 了解数据更新操作时要注意数据完整性；
(3) 了解 SQL 语句对表数据操作的灵活控制功能。

实验准备

(1) 了解对表数据的插入、删除、修改都属于表数据的更新操作；

(2) 掌握 SQL 中用于对表数据进行插入、修改和删除的命令分别是 INSERT、UPDATE 和 DELETE(或 TRANCATE TABLE)；

(3) 要特别注意在执行插入、删除和修改等数据更新操作时，必须保证数据完整性。

在实验 2 中，用于实验的 YGGL 数据库中的 3 个表已经建立，现在要将各表的样本数据添加到表中。样本数据如表 3-1、表 3-2 和表 3-3 所示。

表 3-1　Employees 表内容

编　号	姓　名	学　历	出生日期	性　别	工作年限	住　址	电　话	部门号
000001	王林	大专	1966-01-23	1	8	中山路 32-1-508	83355668	2
010008	伍容华	本科	1976-03-29	1	8	北京东路 100-2	83321321	1
020010	王向容	硕士	1982-12-09	1	2	四牌楼 10-0-108	83792361	1
020018	李丽	大专	1960-07-30	0	6	中山东路 102-2	83413301	1
102201	刘明	本科	1972-10-18	1	3	虎距路 100-2	83606608	5
102208	朱俊	硕士	1965-09-28	1	5	牌楼巷 5-3-106	84708817	5
108991	钟敏	硕士	1979-08-10	0	4	中山路 10-3-105	83346722	3
111006	张石兵	本科	1974-10-01	1	1	解放路 34-1-203	84563418	5
210678	林涛	大专	1977-04-02	1	2	中山北路 24-35	83467336	4
302566	李玉珉	硕士	1968-09-20	1	3	热和路 209-34	58765991	4
308759	叶凡	本科	1978-11-18	1	2	北京西路 3-7-52	83308901	4
504209	陈林琳	大专	1969-09-03	0	4	汉中路 120-4-12	84468158	4

表 3-2　Departments 表内容

部门号	部门名称	备　注	部门号	部门名称	备　注
1	财务部	NULL	4	研发部	NULL
2	人力资源部	NULL	5	市场部	NULL
3	经理办公室	NULL			

表 3-3　Salary 表内容

编　号	薪　酬	扣　除	编　号	薪　酬	扣　除
000001	2100.8	123.09	108991	3259.98	189.79
010008	1582.62	88.03	020010	2312.67	134.15
102201	2569.88	151.23	020018	3652.89	211.87
111006	1987.01	115.25	308759	3463.90	200.90
504209	2066.15	119.84	210678	4563.23	264.67
302566	2980.7	172.88	102208	6432.12	373.06

实验内容

1. 实验题目

使用 SQL 语句，向在实验 2 建立的 YGGL 的 3 个表 Employees、Departments 和 Salary 中插入多条数据记录，然后修改和删除一些记录。使用 SQL 进行有限制的修改和删除。

2. 初始化数据表的数据

(1)　打开 YGGL 数据库；

(2)　使用 INSERT 语句向 Employees 表中加入表 3-1 中的记录；

如：

```
INSERT INTO Employees VALUES ('000001','王林','大专','1966-01-23','1', '8',
'中山路 32-1-508','83355668','2');
```

(3)　向 Departments 表和 Salary 表中插入表 3-2 和表 3-3 中的记录。

如：INSERT INTO Departments VALUES('1', '财务部', NULL);

插入数据时要注意数据类型符合表定义。可以尝试插入错误类型数据，观察结果。同时也要注意，主键的数值不能重复。插入数据成功后，如图 3-1、图 3-2、图 3-3 所示。

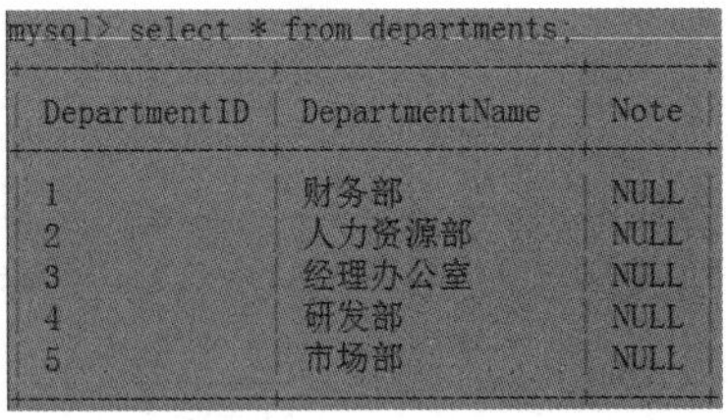

```
mysql> select * from departments;
+--------------+----------------+------+
| DepartmentID | DepartmentName | Note |
+--------------+----------------+------+
| 1            | 财务部         | NULL |
| 2            | 人力资源部     | NULL |
| 3            | 经理办公室     | NULL |
| 4            | 研发部         | NULL |
| 5            | 市场部         | NULL |
+--------------+----------------+------+
```

图 3-1　表 Departments 数据

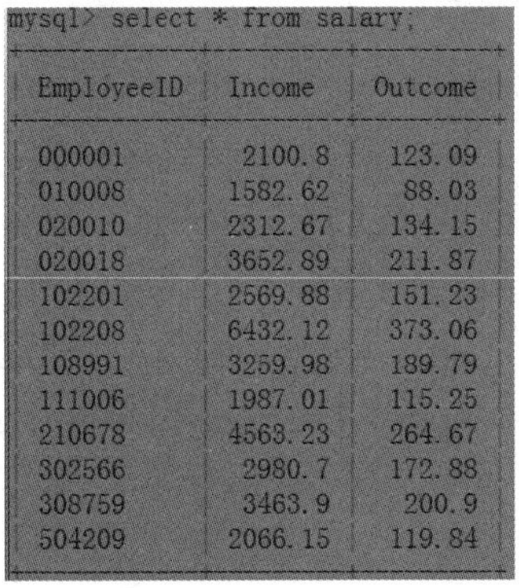

```
mysql> select * from salary;
+------------+---------+---------+
| EmployeeID | Income  | Outcome |
+------------+---------+---------+
| 000001     |  2100.8 |  123.09 |
| 010008     | 1582.62 |   88.03 |
| 020010     | 2312.67 |  134.15 |
| 020018     | 3652.89 |  211.87 |
| 102201     | 2569.88 |  151.23 |
| 102208     | 6432.12 |  373.06 |
| 108991     | 3259.98 |  189.79 |
| 111006     | 1987.01 |  115.25 |
| 210678     | 4563.23 |  264.67 |
| 302566     |  2980.7 |  172.88 |
| 308759     |  3463.9 |   200.9 |
| 504209     | 2066.15 |  119.84 |
+------------+---------+---------+
```

图 3-2　表 Salary 数据

mysql> select * from employees;

EmployeeID	Name	Education	Birthday	Sex	EntryYear	Address	PhoneNumber	DepartmentID
000001	王林	大专	1966-01-23	1	8	中山路32-1-508	83355668	2
010008	伍容华	本科	1976-03-29	1	8	北京东路100-2	83321321	1
020010	王向容	硕士	1982-12-09	1	2	四牌楼10-0-108	83792361	1
020018	李丽	大专	1960-07-30	0	6	中山东路102-2	83413301	1
102201	刘明	本科	1972-10-18	1	3	虎距路100-2	83606608	5
102208	朱俊	硕士	1965-09-28	1	5	牌楼巷5-3-106	84708817	5
108991	钟敏	硕士	1979-08-10	0	4	中山路10-3-105	83346722	3
111006	张石兵	本科	1974-10-01	1	1	解放路34-1-203	84563418	5
210678	林涛	大专	1977-04-02	1	2	中山北路24-35	83467336	4
302566	李玉珉	硕士	1968-09-20	1	3	热和路209-34	58765991	4
308759	叶凡	本科	1978-11-18	1	2	北京西路3-7-52	83308901	4
504209	陈林琳	大专	1969-09-03	0	4	汉中路120-4-12	84468158	4

图 3-3　表 Employees 数据

3. 修改数据库表数据

(1) 删除表 Employees 的第 1 行和表 Salary 的第 1 行。注意进行删除操作时，作为两表主键的 EmployeeID 的值要保持一致，以保持数据完整性。

(2) 将表 Employees 中编号为 020018 的记录的部门号(DepartmentID 字段)改为 4。

4. 插入表数据

(1) 向表 Employees 中重新插入上面删除的'000001'数据：

```
INSERT INTO Employees VALUES('000001',王林,大专,'1966-01-23','1',8,'中山路32-1-508','83355668','2');
```

(2) 向表 Salary 中插入删除的'000001'数据：

```
INSERT INTO Salary SET EmployeeID='000001',InCome=2100.8,OutCome=123.09;
```

(3) 使用 REPLACE 语句向 Departments 表插入一行数据：

```
REPLACE INTO Departments VALUES('1', '广告部', '负责推广产品');
```

执行完该语句后使用 SELECT 语句进行查看，可见原有的 1 号部门已经被新插入的一行数据替换了。

【思考与练习】

INSERT INTO 语句还可以通过 SELECT 子句来添加其他表中的数据，但是 SELECT 子句中的列要与添加表的列数目和数据类型都一一对应。假设有另一个空表 Employees2，结构和 Employees 表完全相同，使用 INSERT INTO 语句将 Employees 表中数据添加到 Employees2 中，语句如下：

```
INSERT INTO Employees2 SELECT * FROM Employees;
```

查看 Employees2 表中的变化可见，这时表 Employees2 中已经有了表 Employees 的全部数据。

5. SQL 语句修改表数据

(1) 使用 SQL 命令修改表 Salary 中的某个记录的字段值：

```
UPDATE Salary SET Income=2890 WHERE EmployeeID='102201';
```

执行上述语句，将编号为 102201 的职工收入改为 2890。

(2) 将所有职工收入增加 100：

```
UPDATE  Salary  SET  InCome=Income+100;
```

以上两条语句操作成功后如图 3-4 所示。

```
mysql> UPDATE  Salary  SET  Income=2890 where  EmployeeID='102201';
Query OK, 1 row affected (0.01 sec)
Rows matched: 1  Changed: 1  Warnings: 0

mysql> UPDATE  Salary  SET  InCome=Income+100;
Query OK, 12 rows affected (0.01 sec)
Rows matched: 12  Changed: 12  Warnings: 0

mysql> SELECT * FROM SALARY;
+------------+---------+---------+
| EmployeeID | Income  | Outcome |
+------------+---------+---------+
| 000001     |  2200.8 |  123.09 |
| 010008     | 1682.62 |   88.03 |
| 020010     | 2412.67 |  134.15 |
| 020018     | 3752.89 |  211.87 |
| 102201     |    2990 |  151.23 |
| 102208     | 6532.12 |  373.06 |
| 108991     | 3359.98 |  189.79 |
| 111006     | 2087.01 |  115.25 |
| 210678     | 4663.23 |  264.67 |
| 302566     |  3080.7 |  172.88 |
| 308759     |  3563.9 |   200.9 |
| 504209     | 2166.15 |  119.84 |
+------------+---------+---------+
12 rows in set (0.00 sec)
```

图 3-4　表 Salary 数据修改后

(3) 使用 SQL 命令删除表 Employees 中编号为 102201 的职工信息：

```
DELETE  FROM  Employees  WHERE  EmployeeID='102201';
```

(4) 删除所有收入大于 2500 的员工信息：

```
DELETE  FROM  Employees
WHERE  EmployeeID=
( SELECT  EmployeeID
FROM  Salary
WHERE  InCome>2500);
```

(5) 使用 TRANCATE TABLE 语句删除表中所有行：

```
TRANCATE TABLE Salary;
```

执行上述语句，将删除 Salary 表中的所有行。

注意： 实验时不要轻易做这个操作，因为后面实验还要用到这些数据。如要实验该命令的效果，可建一个临时表，输入少量数据后进行。

【思考与练习】

使用 INSERT、UPDATE 语句将实验 3 中所有对表的修改恢复到原来的状态，方便在以后的实验中使用。

实验 4　索引和数据完整性

目的与要求

(1) 掌握索引的使用方法；
(2) 掌握数据完整性的实现方法。

实验准备

(1) 了解索引的作用与分类；
(2) 掌握索引的创建方法；
(3) 理解数据完整性的概念及分类；
(4) 掌握各种数据完整性的实现方法。

实验内容

1.创建索引

(1) 使用 CREATE INDEX 语句创建索引。

① 对 YGGL 数据库的 Employees 表中的 DepartmentID 列建立索引。在 MySQL 客户端输入以下命令并执行：

```
CREATE  INDEX  depart_ind  ON  Employees(DepartmentID);
```

② 在 Employees 表的 Name 列和 Address 列上建立复合索引。

```
CREATE  INDEX  Ad_ind  ON  Employees(Name,Address);
```

③ 对 Departments 表上的 DepartmentName 列建立唯一性索引。

```
CREATE  UNIQUE  INDEX Dep_nd  ON  Departments(DepartmentName);
```

命令成功执行后，如图 4-1 所示，可知索引类型为二叉树形式。

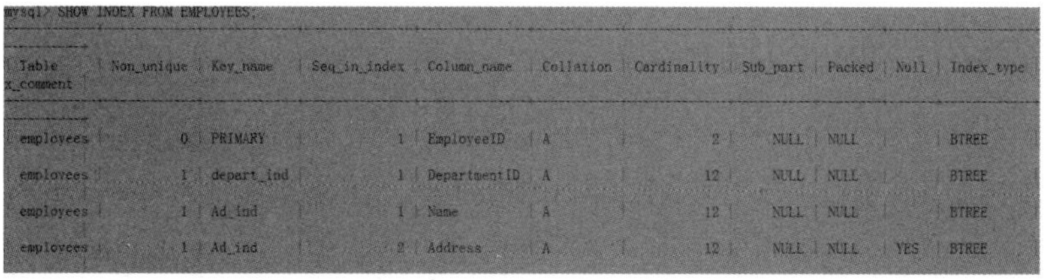

mysql> SHOW INDEX FROM EMPLOYEES;

Table	Non_unique	Key_name	Seq_in_index	Column_name	Collation	Cardinality	Sub_part	Packed	Null	Index_type
employees	0	PRIMARY	1	EmployeeID	A	2	NULL	NULL		BTREE
employees	1	depart_ind	1	DepartmentID	A	12	NULL	NULL		BTREE
employees	1	Ad_ind	1	Name	A	12	NULL	NULL		BTREE
employees	1	Ad_ind	2	Address	A	12	NULL	NULL	YES	BTREE

图 4-1 表 Employees 创建索引后

【思考与练习】

a. 索引创建完后可以使用 SHOW INDEX FROM tbl_name 语句查看表中的索引。
b. 对 Employees 表的 Address 列进行前缀索引。

c. 使用 CREATE INDEX 语句能创建主键吗？

(2) 使用 ALTER TABLE 语句向表中添加索引。

① 向 Employees 表中的出生日期列添加一个唯一性索引，姓名列和性别列上添加一个复合索引。

使用如下 SQL 语句：

```
ALTER  TABLE  Employees ADD  UNIQUE INDEX  date_ind(Birthday), ADD  INDEX
na_ind(Name,Sex);
```

② 假设 Departments 表中没有主键，使用 ALTER TABLE 语句将 DepartmentID 列设为主键。使用如下 SQL 语句：

```
ALTER  TABLE  Employees  ADD  PRIMARY  key(DepartmentID);
```

【思考与练习】

添加主键和添加普通索引有什么区别？

(3) 在创建表时创建索引。

创建与 Departments 表相同结构的表 Departments1,将 DepartmentName 设为主键，DepartmentID 上建立一个索引。

```
CREATE  TABLE  Departments1
(
DepartmentID  char(3),
DepartmentName  char(20),
Note  text,
PRIMARY  KEY(DepartmentName),
INDEX  DID_ind(DepartmentID)
);
```

【思考与练习】

创建一个数据量很大的新表，看看使用索引和不使用索引的区别。

(4) 界面方式创建索引。

【思考与练习】

a. 使用命令行方式创建一个复合索引。

b. 掌握索引的分类，体会索引对查询的影响。

2. 删除索引

(1) 使用 DROP INDEX 语句删除表 Employees 上的索引 depart ind，使用如下 SQL 语句。

```
DROP  INDEX  depart_ind  ON  Employees;
```

(2) 使用 ALTER TABLE 语句删除 Departments 上的主键和索引 Dep_ ind。

```
ALTER  TABLE  Departments
DROP  PRIMARY  key,
DROP  INDEX  Dep_ind;
```

【思考与练习】

如果删除了表中的一个或多个列，该列上的索引也会受到影响。如果组成索引的所有列都被删除，则该索引也被删除。

3. 数据完整性

(1) 创建一个表 Employees3，只含 EmployeeID、Name、Sex 和 Education 列。将 Name 设为主键，作为列 Name 的完整性约束。EmployeeID 为替代键，作为表的完整性约束。

```
CREATE TABLE Employees3
(
  EmployeeID  char(6)  not  null,
  Name  char(10)  not  null  PRIMARY KEY,
  Sex  tinyint(1),
  Education  char(4),  UNIQUE(EmployeeID)
);
```

【思考与练习】

创建一个新表，使用一个复合列作为主键，作为表的完整性约束。

(2) 创建一个表 Salary1，要求所有 Salary 表上出现的 EmployeeID 都要出现在 Salary1 表中，利用完整性约束实现，要求当删除或修改 Salary 表上的 EmployeeID 列时，Salary1 表中的 EmployeeID 值也会随之变化。

使用如下 SQL 语句：

```
CREATE TABLE Salary1
(
EmployeeID  char(6)  not null  PRIMARY KEY,
InCome  float(8)  not  null,
OutCome  float(8)  not null,
FOREIGN  KEY(EmployeeID)  REFERENCES  Salary(EmployeeID)
ON  UPDATE cascade
ON  DELETE  cascade
);
```

【思考与练习】

a. 创建完 Salary1 表后，初始化该表的数据与 Salary 表相同。删除 Salary 表中一行数据，再查看 Salary1 表的内容，看看会发生什么情况。

b. 使用 ALTER TABLE 语句向 Salary 表中的 EmployeeID 列添加一个外键，要求当 Employees 表中要删除或修改与 EmployeeID 值有关的行时，检查 Salary 表有没有该 EmployeeID 值，如果存在则拒绝更新 Employees 表。

(3) 创建表 student，只考虑学号和性别两列，性别只能包含男或女。

```
CREATE  TABLE  student
(
  学号  char(6)  not  null,
  性别  char(1)  not  null   CHECK(性别  IN  ('男', '女'))
);
```

【思考与练习】

创建表 student2，只考虑学号和出生日期两列，出生日期必须大于 1990 年 1 月 1 日。

注意：CHECK 完整性约束在目前的 MySQL 版本中只能被解析，而不能实现该功能。

实验 5　数据查询

目的与要求

(1)　掌握 SELECT 语句的基本语法；
(2)　掌握子查询的表示；
(3)　掌握连接查询的表示；
(4)　掌握 SELECT 语句的 GROUP BY 子句的作用和使用方法；
(5)　掌握 SELECT 语句的 ORDER BY 子句的作用和使用方法；
(6)　掌握 SELECT 语句的 LIMIT 子句的作用和使用方法。

实验准备

(1)　了解 SELECT 语句的基本语法格式；
(2)　了解 SELECT 语句的执行方法；
(3)　了解子查询的表示方法；
(4)　了解连接查询的表示；
(5)　了解 SELECT 语句的 GROUP BY 子句的作用和使用方法；
(6)　了解 SELECT 语句的 ORDER BY 子句的作用；
(7)　了解 SELECT 语句的 LIMIT 子句的作用。

实验内容

1. 基本查询

(1)　对于实验 2 给出的数据库表结构，查询每个雇员的所有数据。
使用以下的 SQL 语句：

```
USE  YGGL
SELECT  *  FROM  Employees;
```

【思考与练习】
用 SELECT 语句查询 Departments 和 Salary 表的所有记录。
(2)　查询每个雇员的姓名、地址和电话。
使用以下的 SQL 语句：

```
SELECT  Name,  Address,  PhoneNumber
FROM  Employees;
```

【思考与练习】
a. 用 SELECT 语句查询 Departments 和 Salary 表的一列或若干列。
b. 查询 Employees 表中部门号和性别，要求使用 DISTINCT 消除重复行。

(3) 查询 EmployeeID 为 000001 的雇员的地址和电话，命令执行结果如图 5-1 所示。

使用以下的 SQL 语句：

```
SELECT  Address, PhoneNumber
FROM  Employees
WHERE  EmployeeID='000001';
```

```
mysql> SELECT  Address, PhoneNumber
    -> FROM  Employees
    -> WHERE  EmployeeID='000001';
```

Address	PhoneNumber
中山路32-1-508	83355668

图 5-1 查询'000001'雇员信息

【思考与练习】

a. 查询月收入高于 2000 元的员工号码。

b. 查询 1970 年以后出生的员工的姓名和住址。

c. 查询所有财务部的员工的号码和姓名。

(4) 查询 Employees 表中女雇员的地址和电话，使用 AS 子句将结果中各列的标题分别指定为地址、电话。命令执行后结果如图 5-2 所示。

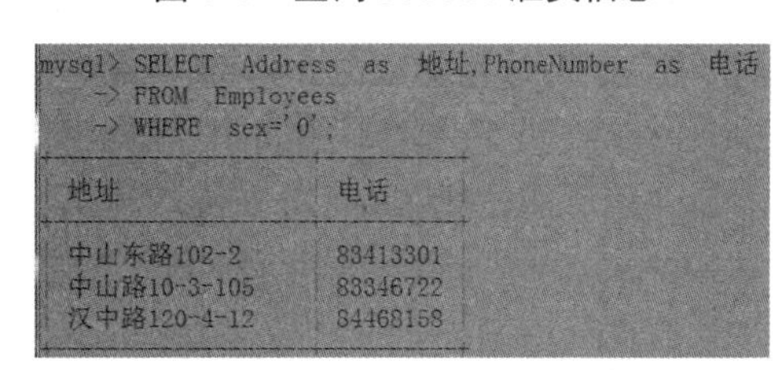

```
mysql> SELECT  Address  as  地址,PhoneNumber  as  电话
    -> FROM  Employees
    -> WHERE  sex='0';
```

地址	电话
中山东路102-2	83413301
中山路10-3-105	83346722
汉中路120-4-12	84468158

图 5-2 查询女雇员结果

使用以下的 SQL 语句：

```
SELECT  Address  as  地址,PhoneNumber  as  电话
FROM  Employees
WHERE  sex='0';
```

【思考与练习】

查询 Employees 表中男员工的姓名和出生日期，要求将各列标题用中文表示。

(5) 查询 Employees 表中员工的姓名和性别，要求 Sex 值为 1 时显示为“男”，为 0 时显示为“女”。

```
SELECT Name as 姓名,
CASE
   when sex='1' then '男';
   when sex='0' then '女';
END as 性别
FROM Employees;
```

【思考与练习】

查询 Employees 员工的姓名、住址和收入水平，2000 元以下显示为低收入，2000～3000 元显示为中等收入，3000 元以上显示为高收入。

(6) 计算每个雇员的实际收入。

使用以下的 SQL 语句，结果如图 5-3 所示。

```
SELECT  EmployeeID,  InCome-OutCome
as  实际收入
FROM  Salary;
```

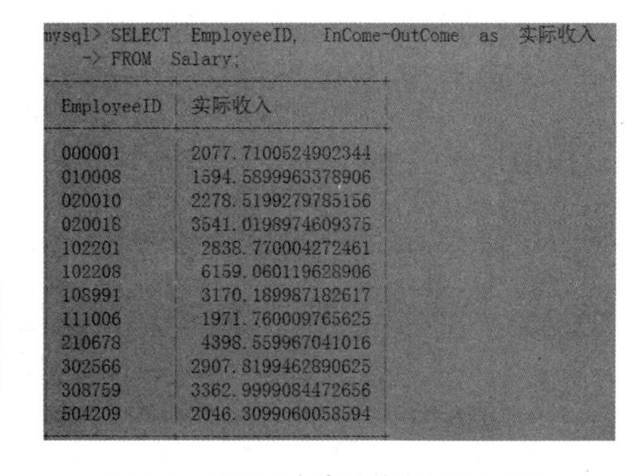

```
mysql> SELECT  EmployeeID,  InCome-OutCome  as  实际收入
    -> FROM  Salary;
```

EmployeeID	实际收入
000001	2077.7100524902344
010008	1594.5899963378906
020010	2278.5199279785156
020018	3541.0198974609375
102201	2838.770004272461
102208	6159.060119628906
108991	3170.189987182617
111006	1971.760009765625
210678	4398.559967041016
302566	2907.8199462890625
308759	3362.9999084472656
504209	2046.3099060058594

图 5-3 计算每个雇员的实际收入结果

【思考与练习】

使用 SELECT 语句进行简单的计算。

(7) 获得员工总数。使用命令行结果如图 5-4 所示。

```
SELECT  COUNT(*)
FROM  Employees;
```

```
mysql> SELECT  COUNT(*)
    -> FROM  Employees;
+----------+
| COUNT(*) |
+----------+
|       12 |
+----------+
```

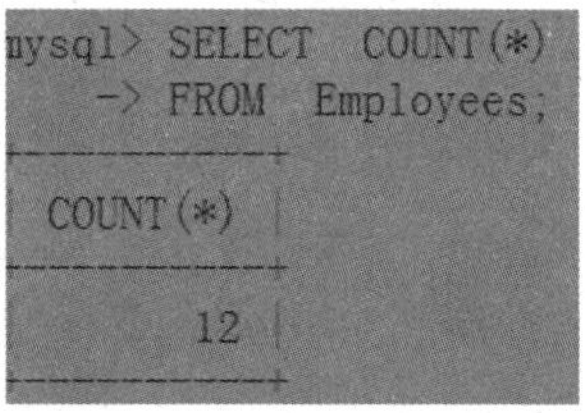

图 5-4 集合函数查询结果

【思考与练习】

a. 计算 Salary 表中员工月收入的平均数。

b. 获得 Employees 表中最大的员工号码。

c. 计算 Salary 表中所有员工的总支出。

d. 查询财务部雇员的最高和最低实际收入。

(8) 找出所有姓王的雇员的部门号。

使用以下的 SQL 语句，执行结果如图 5-5 所示。

```
SELECT  DepartmentID
FROM  Employees
WHERE  name  like  '王%';
```

```
mysql> SELECT  DepartmentID
    -> FROM  Employees
    -> WHERE  name  like  '王%';
+--------------+
| DepartmentID |
+--------------+
| 2            |
| 1            |
+--------------+
```

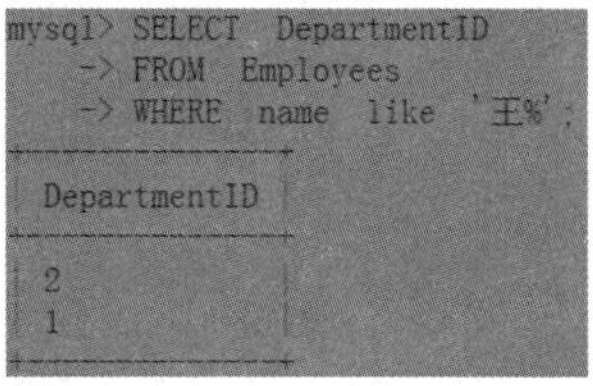

图 5-5 like 匹配查询结果

【思考与练习】

a. 找出所有地址中含有“中山”的雇员的号码及部门号。

b. 查找员工号码中倒数第一个数字为 0 的员工姓名、地址和学历。

(9) 找出所有收入在 2000～3000 元之间的员工号码。执行结果如图 5-6 所示。

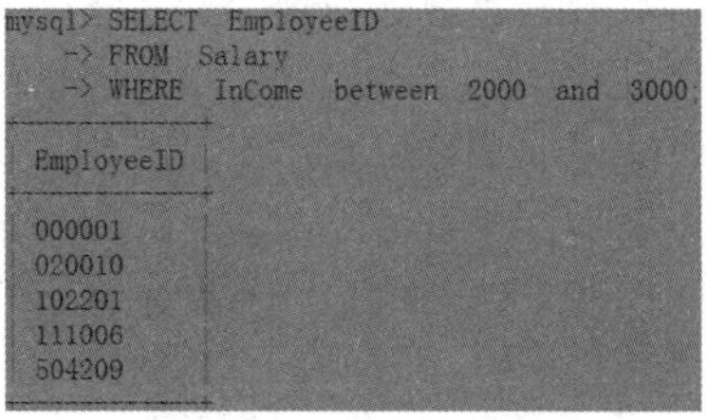

使用以下的 SQL 语句：

```
SELECT  EmployeeID
FROM  Salary
WHERE  InCome  between  2000  and  3000;
```

```
mysql> SELECT  EmployeeID
    -> FROM  Salary
    -> WHERE  InCome  between  2000  and  3000;
+------------+
| EmployeeID |
+------------+
| 000001     |
| 020010     |
| 102201     |
| 111006     |
| 504209     |
+------------+
```

图 5-6 between…and 匹配查询结果

【思考与练习】

找出所有在部门“1”或“2”工作的雇员的号码。

注意在 SELECT 语句中 LIKE、BETWEEN…AND、IN、NOT 及 CONTAIN 谓词的作用。

2. 子查询

(1) 查找在财务部工作的雇员的情况。使用以下的 SQL 语句，执行结果如图 5-7 所示。

```
SELECT  * FROM  Employees
  WHERE  DepartmentID=( SELECT  DepartmentID
                        FROM  Departments
                        WHERE  DepartmentName='财务部');
```

```
mysql> SELECT  * FROM  Employees
    -> WHERE  DepartmentID=( SELECT  DepartmentID
    -> FROM  Departments
    -> WHERE  DepartmentName='财务部');
```

EmployeeID	Name	Education	Birthday	Sex	EntryYear	Address	PhoneNumber	DepartmentID
010008	伍容华	本科	1976-03-29	1	8	北京东路100-2	83321321	1
020010	王向容	硕士	1982-12-09	1	2	四牌楼10-0-108	83792361	1
020018	李丽	大专	1960-07-30	0	6	中山东路102-2	83413301	1

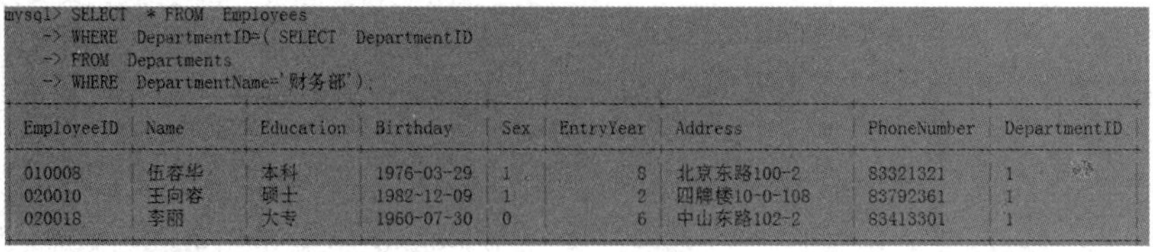

图 5-7 子查询结果

【思考与练习】

a. 用子查询的方法查找所有收入在 2500 元以下的雇员的情况。

b. 查找研发部年龄不低于广告部所有雇员年龄的雇员的姓名。

c. 输入如下的语句并执行：

```
SELECT  Name
FROM  Employees
   WHERE DepartmentID  in  ( SELECT DepartmentID  FROM Departments
                        WHERE DepartmentName ='研发部')
      and  Birthday<=ALL
         ( SELECT Birthday  FROM  Employees
        WHERE DepartmentID in  ( SELECT DepartmentID
           FROM Departments
           WHERE DepartmentName='广告部')
        );
```

执行结果如图 5-8 所示。

【思考与练习】

用子查询的方法查找研发部比市场部所有雇员收入都高的雇员的姓名。

(2) 查找比广告部所有的雇员收入都高的雇员的姓名。

使用以下的 SQL 语句，执行结果如图 5-9 所示。

```
SELECT  Name  FROM  Employees
WHERE  EmployeeID  in  ( SELECT  EmployeeID  FROM Salary
              WHERE InCome >all
               ( SELECT  InCome  FROM  Salary
              WHERE EmployeeID  in  ( SELECT  EmployeeID FROM Employees
                 WHERE DepartmentID=
                     ( SELECT DepartmentID
                    FROM Departments
                    WHERE DepartmentName ='广告部')
                 )
              )
           );
```

```
mysql> SELECT  Name
    -> FROM  Employees
    -> WHERE DepartmentID  in  ( SELECT DepartmentID  FROM Departments
    -> WHERE DepartmentName ='研发部')
    -> and  Birthday<=ALL
    -> ( SELECT Birthday  FROM  Employees
    -> WHERE DepartmentID in  ( SELECT DepartmentID
    -> FROM Departments
    -> WHERE DepartmentName='广告部')
    -> );
+--------+
| Name   |
+--------+
| 林涛   |
| 李玉珉 |
| 叶凡   |
| 陈林琳 |
+--------+
```

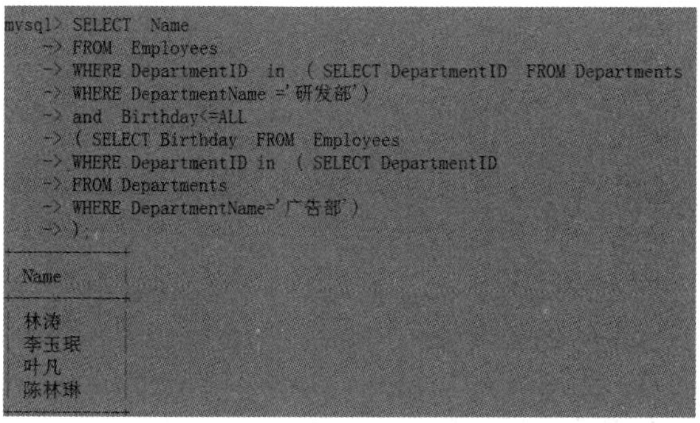

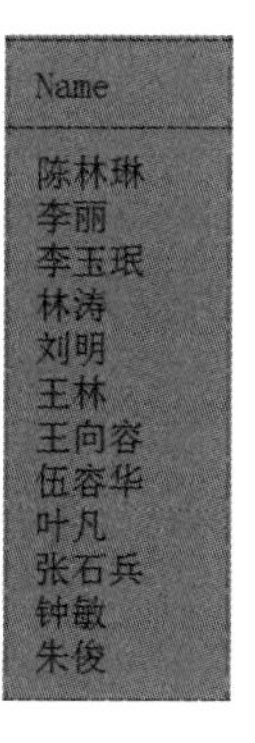

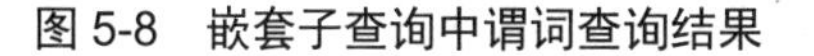

图 5-8　嵌套子查询中谓词查询结果

图 5-9　多层嵌套子查询结果

【思考与练习】

用子查询的方法查找年龄比市场部所有雇员年龄都大的雇员的姓名。

3. 连接查询

(1) 查询每个雇员的情况及其薪水的情况。

使用以下的 SQL 语句：

```
SELECT  Employees.*,  Salary.*
FROM  Employees, Salary
WHERE  Employees.EmployeeID=Salary.EmployeeID;
```

【思考与练习】

查询每个雇员的情况及其工作部门的情况。

(2) 使用内连接的方法查询名字为“王林”的员工所在的部门。

使用以下的 SQL 语句，执行结果如图 5-10 所示。

```
SELECT  DepartmentName
FROM    Departments    join    Employees    ON    Departments.DepartmentID=
Employees.DepartmentID
WHERE  Employees.Name='王林';
```

```
mysql> SELECT  DepartmentName
    -> FROM  Departments  join  Employees  ON  Departments.DepartmentID=Employees.DepartmentID
    -> WHERE  Employees.Name='王林';
+----------------+
| DepartmentName |
+----------------+
| 人力资源部     |
+----------------+
```

图 5-10　内连接查询结果

【思考与练习】

a. 使用内连接方法查找不在广告部工作的所有员工信息。

b. 使用外连接方法查找所有员工的月收入。

(3) 查找研发部收入在 2000 元以上的雇员姓名及其薪水详情。

使用以下的 SQL 语句，执行结果如图 5-11 所示。

```
SELECT Name,InCome,OutCome
FROM Employees  a,  Salary  b,  Departments  c
WHERE  a.EmployeeID=b.EmployeeID  and  a.DepartmentID=c.DepartmentID
    and   DepartmentName='研发部'
    and   InCome>2000;
```

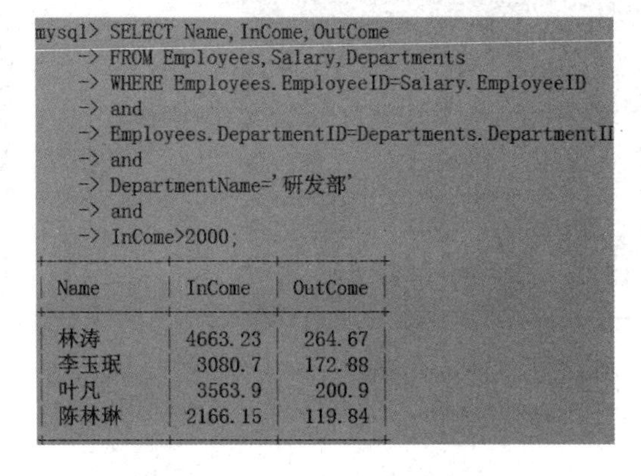

Name	InCome	OutCome
林涛	4663.23	264.67
李玉珉	3080.7	172.88
叶凡	3563.9	200.9
陈林琳	2166.15	119.84

图 5-11　多表连接查询结果

【思考与练习】

查询研发部在 1966 年以前出生的雇员姓名及其薪水详情。

4. 分组、排序和输出行

(1) 查找 Employees 中男性和女性的人数。

```
SELECT  Sex,COUNT(Sex)
FROM  Employees
GROUP  BY  Sex;
```

执行结果如图 5-12 所示。

【思考与练习】

a. 按部门列出在该部门工作的员工的人数。

b. 按员工的学历分组，列出本科、大专和硕士的人数。

(2) 查找员工数超过 2 人的部门名称和员工数量，执行如下 SQL 语句后查询结果如图 5-13 所示。

```
SELECT  DepartmentName, COUNT(*)  AS  人数
FROM  Employees  a,Departments  b
WHERE  a.DepartmentID=b.DepartmentID
GROUP  BY  a.DepartmentID
HAVING  COUNT(*)>2;
```

```
mysql> SELECT  Sex, COUNT(Sex)
    -> FROM  Employees
    -> GROUP  BY  Sex;
+-----+------------+
| Sex | COUNT(Sex) |
+-----+------------+
| 0   |          3 |
| 1   |          9 |
+-----+------------+
```

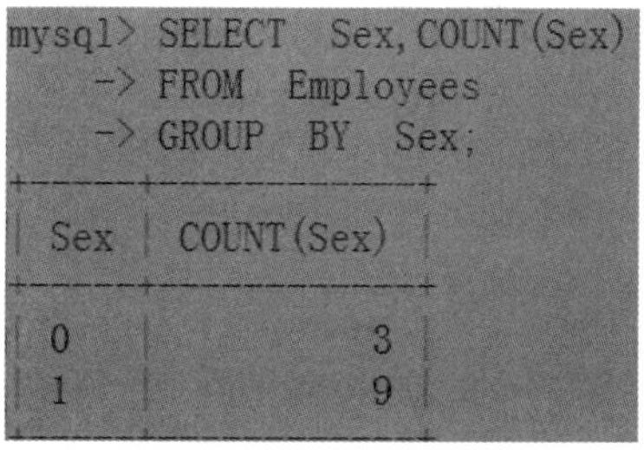

图 5-12　分组查询结果

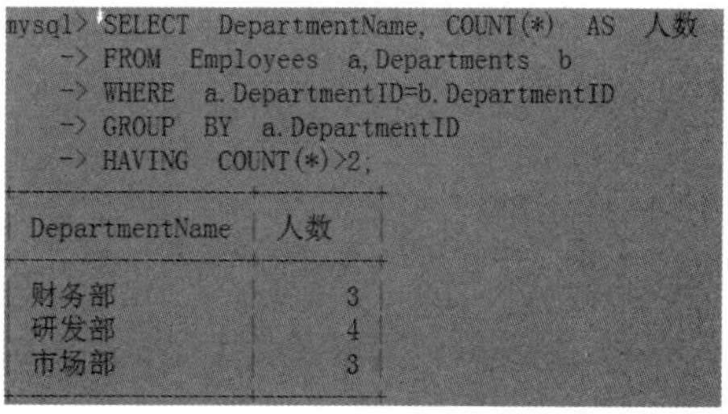

```
mysql> SELECT  DepartmentName, COUNT(*)  AS  人数
    -> FROM  Employees  a,Departments  b
    -> WHERE  a.DepartmentID=b.DepartmentID
    -> GROUP  BY  a.DepartmentID
    -> HAVING  COUNT(*)>2;
+----------------+------+
| DepartmentName | 人数 |
+----------------+------+
| 财务部         |    3 |
| 研发部         |    4 |
| 市场部         |    3 |
+----------------+------+
```

图 5-13　分组筛选结果

【思考与练习】

按员工的工作年份分组，统计各个工作年份的人数，如工作 1 年的多少人，工作 2 年的多少人。

(3) 将 Employees 表中的员工号码由大到小排列。

使用以下的 SQL 语句：

```
SELECT  EmployeeID
FROM  Employees
ORDER  BY  EmployeeID DESC;
```

【思考与练习】

a. 将员工信息按出生日期从小到大排列。

b. 在 ORDER BY 子句中使用子查询，查询员工姓名、性别和工龄信息，要求按实际收入从多到少排列。

(4) 返回 Employees 表中的前 5 位员工的信息。

```
SELECT * FROM Employees limit 5;
```

【思考与练习】

返回 Employees 表中从第 3 位员工开始计算的 5 个员工的信息。

实验 6　视图

目的与要求

(1) 熟悉视图的概念与作用；
(2) 掌握视图的创建方法；
(3) 掌握如何查询和修改视图。

实验内容

1. 创建视图

(1) 创建 YGGL 数据库上的视图 DS_VIEW，视图包含 Departments 表的全部列。

```
CREATE  or  REPLACE   VIEW  DS_VIEW
AS
SELECT  *  FROM  Departments;
```

(2) 创建 YGGL 数据库上的视图 Employees_VIEW，视图包含员工号码、姓名和实际收入。

使用以下的 SQL 语句：

```
CREATE  or  REPLACE  VIEW   Employees_VIEW(EmployeeID,Name,RealIncome)
AS
SELECT  Employees.EmployeeID, Name, InCome-OutCome
FROM  Employees  , Salary
WHERE Employees.EmployeeID=Salary.EmployeeID;
```

【思考与练习】

a. 在创建视图时 SELECT 语句有哪些限制？
b. 在创建视图时有哪些注意点？
c. 创建视图，包含员工号码、姓名、所在部门名称和实际收入这几列。

2. 查询视图

(1) 从视图 DS_VIEW 中查询出部门号为 3 的部门名称。

```
SELECT  DepartmentName
FROM  DS_VIEW
WHERE  DepartmentID='3';
```

(2) 从视图 Employees_VIEW 查询出姓名为“王林”的员工的实际收入。

```
SELECT  RealIncome
FROM  Employees_VIEW
WHERE  Name='王林';
```

【思考与练习】

a. 若视图关联了某表中的所有字段，此时该表中添加了新的子段，视图中能否查询到？

b. 自己创建一个视图，并查询视图中的字段。

3. 更新视图

在更新视图前需要了解可更新视图的概念，了解什么视图是不可以进行修改的。更新视图真正更新的是与视图关联的表。

(1) 向视图 DS_VIEW 中插入一行数据：6，财务部，财务管理。

```
INSERT  INTO  DS_VIEW  VALUES('6','财务部','财务管理');
```

执行完该命令使用 SELECT 语句分别查看视图 DS_VIEW 和基本表 Departments 中发生的变化。

试向视图 Employees_VIEW 中插入一行数据，看看会发生什么情况。

(2) 修改视图 DS_VIEW，将部门号为 5 的部门名称修改为“生产车间”。

```
UPDATE  DS_VIEW  SET  DepartmentName='生产车间'  WHERE  DepartmentID='5';
```

执行完该命令使用 SELECT 语句分别查看视图 DS_VIEW 和基本表 Departments 中发生的变化，如图 6-1、图 6-2、图 6-3 所示。

```
mysql> select * from ds_view;
```

DepartmentID	DepartmentName	Note
1	财务部	NULL
2	人力资源部	NULL
3	经理办公室	NULL
4	研发部	NULL
5	市场部	NULL

图 6-1　修改视图前查询结果

```
mysql> update ds_view set departmentname='生产车间' where departmentID='5';
Query OK, 1 row affected (0.01 sec)
Rows matched: 1  Changed: 1  Warnings: 0

mysql> select * from ds_view;
```

DepartmentID	DepartmentName	Note
1	财务部	NULL
2	人力资源部	NULL
3	经理办公室	NULL
4	研发部	NULL
5	生产车间	NULL

图 6-2　修改后更新视图结果

```
mysql> select * from departments;
```

DepartmentID	DepartmentName	Note
1	财务部	NULL
2	人力资源部	NULL
3	经理办公室	NULL
4	研发部	NULL
5	生产车间	NULL

图 6-3　Ds_View 视图所对应基本表 Departments 表更新结果

(3) 修改视图 Employees_VIEW 中号码为 000001 的雇员的姓名为“王浩”。

```
UPDATE  Employees_VIEW
SET  Name='王浩'
WHERE  EmployeeID='000001';
```

(4) 删除视图 DS_VIEW 中部门号为“1”的数据。执行以下命令行后观察视图基表的变化如图 6-4 所示。

```
DELETE  FROM DS_VIEW
WHERE  DepartmentID='1';
```

```
mysql> select * from departments;
+--------------+----------------+------+
| DepartmentID | DepartmentName | Note |
+--------------+----------------+------+
| 1            | 财务部         | NULL |
| 2            | 人力资源部     | NULL |
| 3            | 经理办公室     | NULL |
| 4            | 研发部         | NULL |
| 5            | 生产车间       | NULL |
+--------------+----------------+------+
```

```
mysql> DELETE  FROM DS_VIEW
    -> WHERE  DepartmentID='1';
Query OK, 1 row affected (0.01 sec)
```

```
mysql> select * from departments;
+--------------+----------------+------+
| DepartmentID | DepartmentName | Note |
+--------------+----------------+------+
| 2            | 人力资源部     | NULL |
| 3            | 经理办公室     | NULL |
| 4            | 研发部         | NULL |
| 5            | 生产车间       | NULL |
+--------------+----------------+------+
```

图 6-4　DS_VIEW 视图所对应基本表 Departments 表删除结果

【思考与练习】

视图 Employees_VIEW 中无法插入和删除数据，其中的 RealIncome 字段也无法修改，为什么？

4. 删除视图

删除视图 DS_VIEW。

```
DROP  VIEW DS_VIEW;
```

【思考与练习】

总结视图与基本表的差别。

实验 7　MySQL 语言

目的与要求

(1) 掌握变量的分类及其使用；
(2) 掌握各种运算符的使用；
(3) 掌握系统内置函数的使用。

实验准备

(1) 了解 MySQL 支持的各种基本数据类型；
(2) 了解 MySQL 各种运算符的功能及使用方法；
(3) 了解 MySQL 系统内置函数的作用。

实验内容

1. 常量

(1) 计算 194 和 142 的乘积，使用如下 SQL 语句后，执行结果如图 7-1 所示。

```
SELECT  194*142;
```

(2) 获取以下这串字母的值：'I\nlove\nMySQL'。执行结果如图 7-2 所示。

```
SELECT  'I\nlove\nMySQL';
```

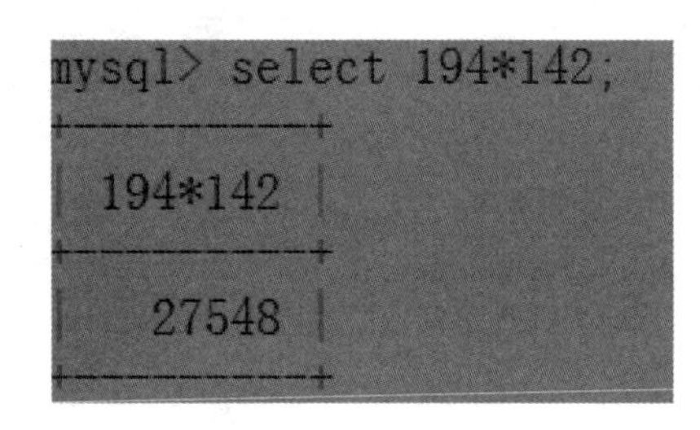

图 7-1　select 命令输出数值表达式结果

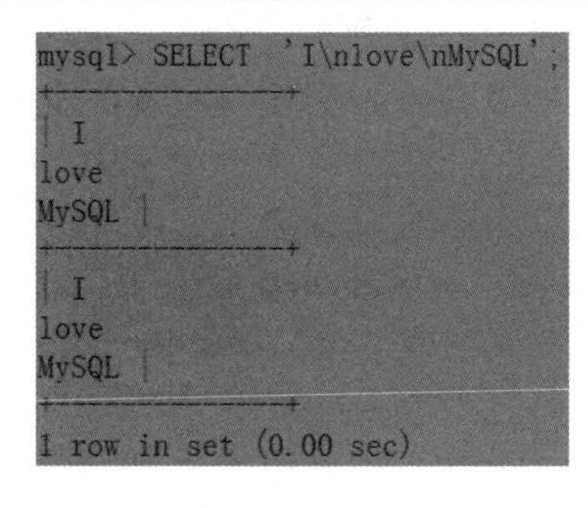

图 7-2　select 命令输出字符常量结果

【思考与练习】

熟悉其他类型的常量，掌握不同类型的常量的用法。

2. 系统变量

(1) 获得现在使用的 MySQL 版本。

```
SELECT  @@VERSION;
```

(2) 获得系统当前的时间。

```
SELECT  CURRENT_TIME;
```

上述命令执行后，结果如图 7-3 所示。

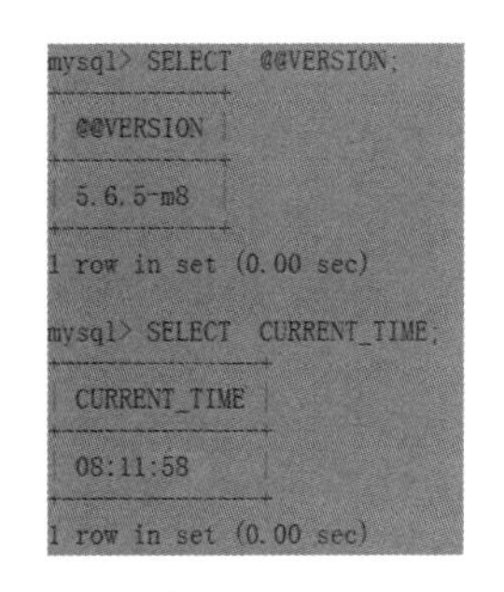

图 7-3 select 命令输出系统变量结果

【思考与练习】

了解各种常用系统变量的功能及用法。

3. 用户变量

(1) 对于实验 2 给出的数据库表结构，创建一个名为 female 的用户变量，并在 SELECT 语句中，使用该局部变量查找表中所有女员工的编号、姓名。执行结果如图 7-4 所示。

```
USE  YGGL
SET  @female=0;
```

变量赋值完毕，使用以下的语句查询：

```
SELECT  EmployeeID,Name
FROM  Employees
WHERE  sex=@female;
```

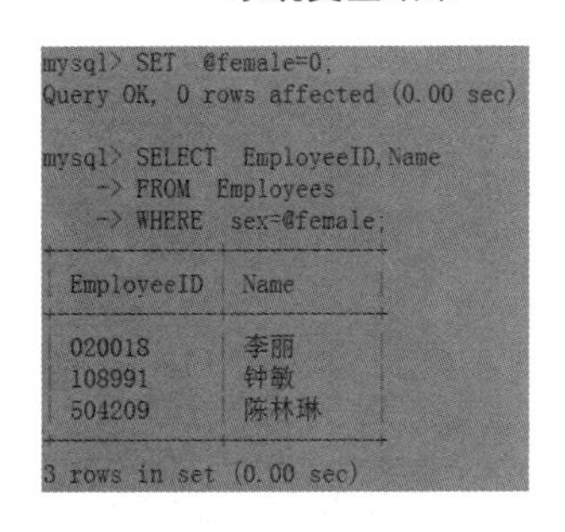

图 7-4 用户变量在查询语句中的应用

(2) 定义一个变量，用于获取号码为 102201 的员工的电话号码。执行如下命令后，使用 SELECT 语句查看变量@phone 的值，结果如图 7-5 所示。

```
SET  @phone=(SELECT PhoneNumber
FROM  Employees
WHERE  EmployeeID='102201');
```

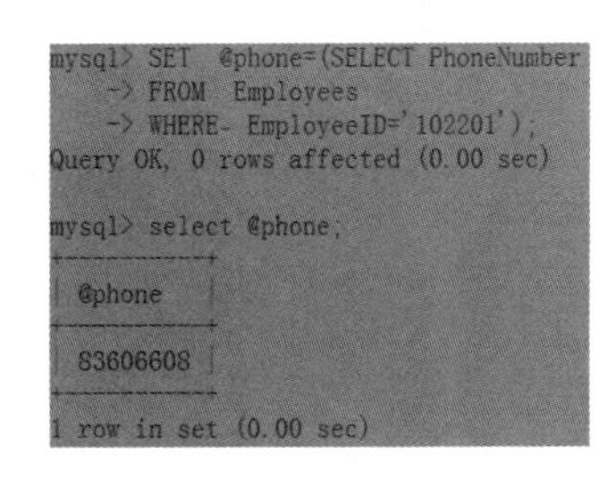

图 7-5 将查询结果赋值给用户变量

【思考与练习】

定义一个变量，用于描述 YGGL 数据库中的 Salary 表员工 000001 的实际收入，然后查询变量。

4. 运算符

(1) 使用算术运算符“-”查询员工的实际收入。执行结果如图 7-6 所示。

```
SELECT  InCome-OutCome  FROM  Salary;
```

(2) 使用比较运算符“>”查询 Employees 表中工作时间大于 5 年的员工信息。

```
SELECT  *  FROM  Employees  WHERE  EntryYear>5;
```

(3) 使用逻辑运算符“AND”查看以下语句的结果。执行结果如图 7-7 所示。

```
SELECT  ( 7 > 6 )  AND  ('A' = ' B');
```

【思考与练习】

熟悉各种常用运算符的功能和用法，如 LIKE、BETWEEN 等。

5. 系统内置函数

(1) 获得一组数值的最大值和最小值。

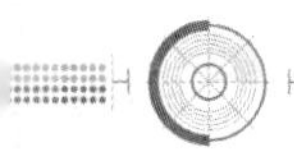

```
SELECT  GREATEST(5,76,25.9), LEAST(5,76,25.9);
```

【思考与练习】

a. 使用 ROUND( )函数获得一个数的四舍五入的整数值。

b. 使用 ABS( )函数获得一个数的绝对值。

c. 使用 SQRT( )函数返回一个数的平方根。

(2) 求广告部雇员的总人数。执行结果如图 7-8 所示。

```
SELECT  COUNT(EmployeeID)  as  广告部人数  FROM  Employees
WHERE  DepartmentID=(  SELECT  DepartmentID
                       FROM  Departments
                       WHERE  DepartmentName='广告部' );
```

```
mysql> SELECT  InCome-OutCome  FROM  Salary;
+------------------+
| InCome-OutCome   |
+------------------+
| 2077.7100524902344 |
| 1594.5899963378906 |
| 2278.5199279785156 |
| 3541.0198974609375 |
|  2838.770004272461 |
| 6159.060119628906 |
| 3170.189987182617 |
| 1971.760009765625 |
|  4398.559967041016 |
| 2907.8199462890625 |
| 3362.9999084472656 |
| 2046.3099060058594 |
+------------------+
12 rows in set (0.00 sec)
```

图 7-6　select 语句输出列运算表达式结果

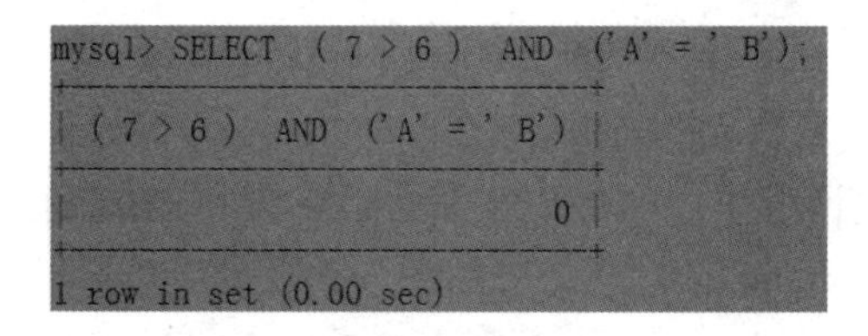

```
mysql> SELECT  ( 7 > 6 )  AND  ('A' = 'B');
+-----------------------------+
| ( 7 > 6 )  AND  ('A' = 'B') |
+-----------------------------+
|                           0 |
+-----------------------------+
1 row in set (0.00 sec)
```

图 7-7　select 命令输出逻辑表达式结果

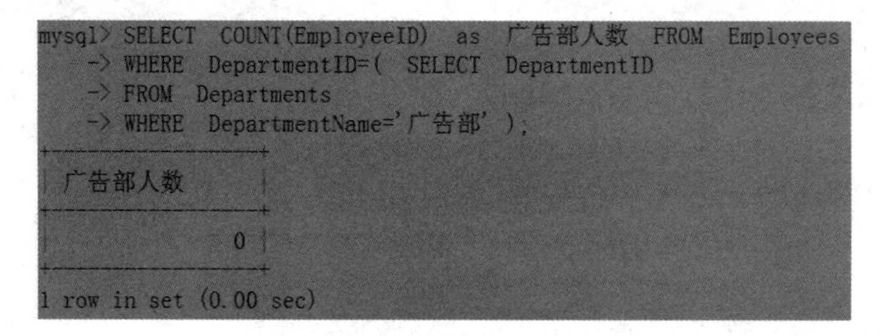

```
mysql> SELECT  COUNT(EmployeeID)  as  广告部人数  FROM  Employees
    -> WHERE  DepartmentID=(  SELECT  DepartmentID
    -> FROM  Departments
    -> WHERE  DepartmentName='广告部' );
+------------+
| 广告部人数 |
+------------+
|          0 |
+------------+
1 row in set (0.00 sec)
```

图 7-8　广告部雇员人数查询结果

【思考与练习】

a. 求广告部收入最高的员工姓名。

b. 查询员工收入的平均数。

c. 聚合函数如何与 GROUP BY 一起使用？

(3) 使用 CONCAT()函数连接两个字符串。

```
SELECT  CONCAT('Ilove', 'MySQL');
```

(4) 使用 ASCII 函数返回字符表达式最左端字符的 ASCII 值。

```
SELECT  ASCII( 'abc' );
```

上述命令执行结果如图 7-9 所示。

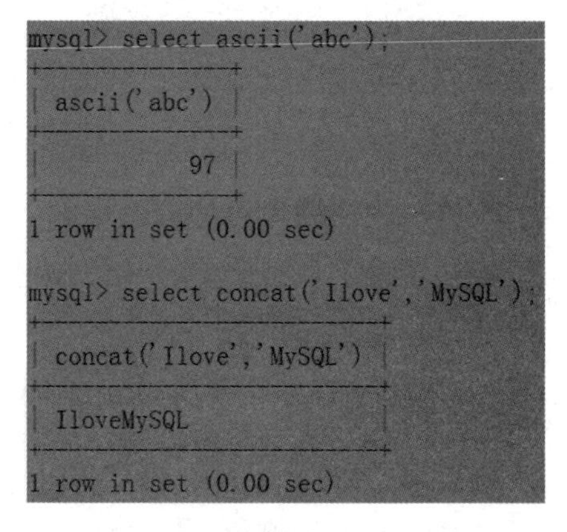

```
mysql> select ascii('abc');
+--------------+
| ascii('abc') |
+--------------+
|           97 |
+--------------+
1 row in set (0.00 sec)

mysql> select concat('Ilove','MySQL');
+-------------------------+
| concat('Ilove','MySQL') |
+-------------------------+
| IloveMySQL              |
+-------------------------+
1 row in set (0.00 sec)
```

图 7-9　输出字符函数返回值

【思考与练习】

a. 使用 CHAR( )函数将 ASCII 码代表的字符组成字符串。

b. 使用 LEFT( )函数返回从字符串'abcdef'左边开始的 3 个字符。

(5) 获得当前的日期和时间。

```
SELECT  NOW( );
```

(6) 查询 YGGL 数据库中员工号为 000001 的员工出生的年份：

```
SELECT  YEAR(Birthday)
FROM  Employees
WHERE  EmployeeID='000001';
```

上述命令执行结果如图 7-10 所示。

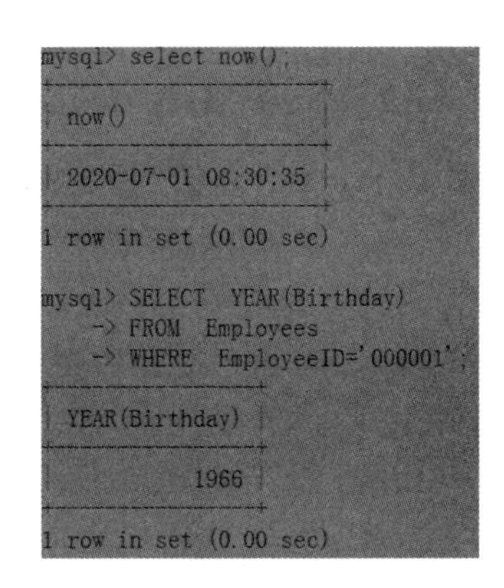

图 7-10 输出系统函数返回值

【思考与练习】

a. 使用 DAYNAME()函数返回当前时间的星期名。

b. 列举出其他的时间日期函数。

(7) 使用其他类型的系统内置函数，如格式化函数、控制流函数、系统信息函数等。

实验 8　存储过程函数触发器

目的与要求

(1)　掌握存储过程创建和调用的方法；
(2)　掌握 MySQL 中程序片段的组成；
(3)　掌握游标的使用方法；
(4)　掌握存储函数创建和调用的方法；
(5)　掌握触发器的使用方法；
(6)　掌握错误处理程序的使用方法。

实验准备

(1)　了解存储过程体中允许的 SQL 语句类型和参数的定义方法；
(2)　了解存储过程的调用方法；
(3)　了解存储函数的定义和调用方法；
(4)　了解触发器的作用和使用方法；
(5)　了解错误处理程序的使用方法。

实验内容

1. 存储过程

(1)　创建存储过程，使用 Employees 表中的员工人数来初始化一个局部变量，并调用这个存储过程。

```
USE  YGGL
DELIMITER  $$
CREATE  PROCEDURE  TEST(OUT  NUMBER1  INTEGER)
BEGIN
   DECLARE  NUMBER2  INTEGER;
   SET  NUMBER2=(SELECT  COUNT(*)  FROM  Employees);
   SET  NUMBER1=NUMBER2;
END$$
DELIMITER ;
```

调用该存储过程：

```
CALL  TEST(@NUMBER);
```

查看结果的语句：

```
SELECT  @NUMBER;
```

执行上述命令后结果如图 8-1 所示。

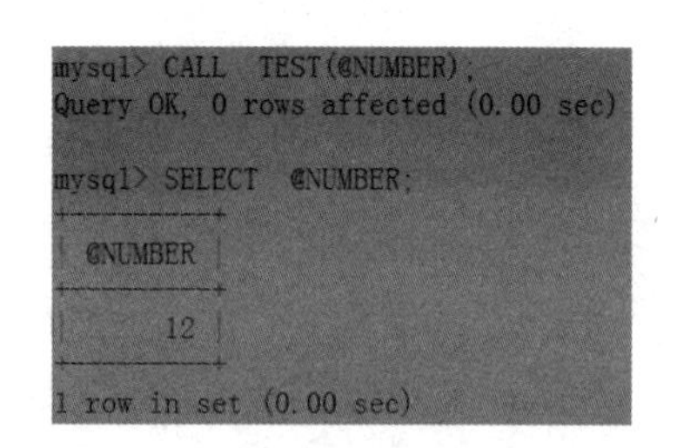

图 8-1　存储过程调用后执行结果

(2) 创建存储过程，比较两个员工的实际收入，若前者比后者高就输出 0，否则输出 1。

```
DELIMITER $$
CREATE PROCEDURE
  COMPA (IN ID1 CHAR(6), IN ID2 CHAR(6), OUT BJ INTEGER)
BEGIN
  DECLARE SR1, SR2 FLOAT(8);
  SELECT InCome-OutCome INTO SR1 FROM Salary WHERE EmployeeID=ID1;
  SELECT InCome-OutCome INTO SR2 FROM Salary WHERE EmployeeID=ID2;
  IF ID1>ID2 THEN
    SET BJ=0;
  ELSE
    SET BJ=1;
  END IF;
END$$
DELIMITER ;
```

调用该存储过程：

```
CALL COMPA('000001','108991',@BJ);
```

查看结果：

```
SELECT @BJ;
```

执行上述命令后结果如图 8-2 所示。

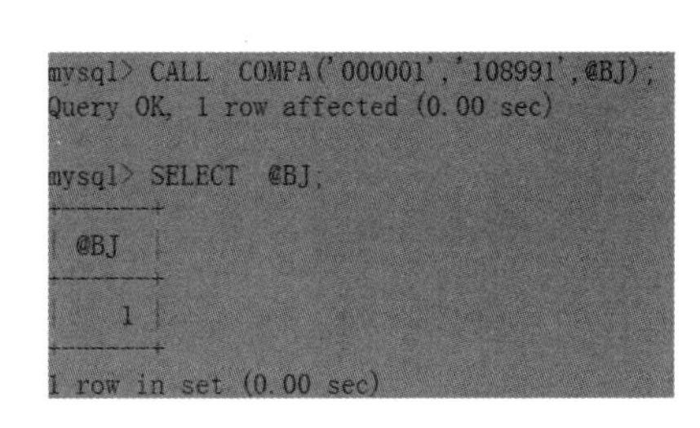

图 8-2 带输入/出参数的存储过程调用后执行结果

(3) 创建存储过程，使用游标确定一个员工的实际收入是否排在前三名。结果为 TRUE 表示是，结果为 FALSE 表示否。

```
DELIMITER $$
CREATE PROCEDURE
TOP_THREE(IN EM_ID CHAR(6) , OUT OK BOOLEAN)
BEGIN
  DECLARE X_EM_ID CHAR(6);
  DECLARE ACT_IN, SEQ INTEGER;
  DECLARE FOUND BOOLEAN;
  DECLARE SALARY_DIS CURSOR FOR
    SELECT EmployeeID,InCome-OutCome
    FROM Salary
    ORDER BY 2 DESC;
   DECLARE CONTINUE HANDLER FOR NOT FOUND
   SET FOUND=FALSE;
   SET SEQ=0;
   SET FOUND=TRUE;
   SET OK=FALSE;
   OPEN SALARY_DIS;
   FETCH SALARY_DIS INTO X_EM_ID,ACT_IN;
WHILE FOUND AND SEQ<3 AND OK=FALSE
DO
     SET SEQ=SEQ+1;
     IF X_EM_ID=EM_ID THEN
       SET OK=TRUE;
```

```
        END  IF;
        FETCH  SALARY_DIS  INTO  X_EM_ID, ACT_IN;
END  WHILE;
    CLOSE  SALARY_DIS;
END  $$
DELIMITER ;
```

执行 CALL 语句调用命令如下，执行结果如图 8-3 所示。

```
SET @flag=false;
CALL TOP_THREE('102208',@flag);
SELECT @flag;
```

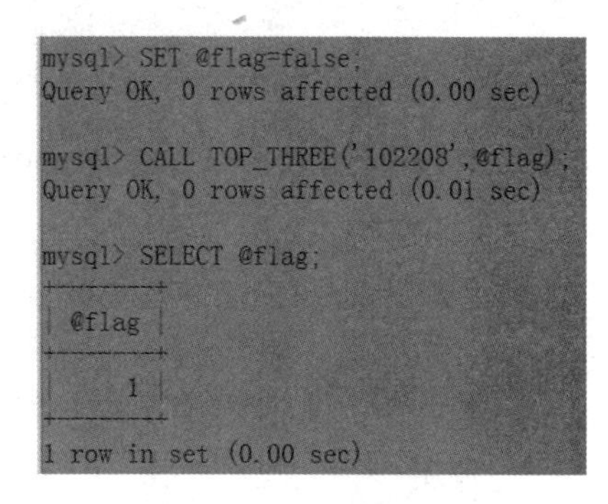

图 8-3　带输入/出参数的存储过程调用后执行结果

【思考与练习】

a. 创建存储过程，要求当一个员工的工作年份大于 6 年时将其转到经理办公室工作。

b. 创建存储过程，使用游标计算本科及以上学历的员工在总员工数中所占的比例。

2. 存储函数

(1) 创建一个存储函数，返回员工的总人数。

```
CREATE  FUNCTION  EM_NUM( )
RETURNS  INTEGER
RETURN  ( SELECT  COUNT(*)  FROM  Employees );
```

调用该存储函数：

```
SELECT  EM_NUM( );
```

执行结果如图 8-4 所示。

```
mysql> CREATE  FUNCTION  EM_NUM( )
    -> RETURNS  INTEGER
    -> RETURN  ( SELECT  COUNT(*)  FROM  Employees );
Query OK, 0 rows affected (0.00 sec)

mysql> SELECT  EM_NUM( );
+-----------+
| EM_NUM( ) |
+-----------+
|        12 |
+-----------+
1 row in set (0.00 sec)
```

图 8-4　存储函数执行结果

(2) 创建一个存储函数，删除在 Salary 表中有但在 Employees 表中不存在的员工号。若在 Employees 表中存在返回 FALSE，若不存在则删除该员工号并返回 TRUE。

```
DELIMITER  $$
CREATE  FUNCTION  DELETE_EM  ( EM_ID  CHAR(6) )
RETURNS  BOOLEAN
BEGIN
```

```
    DECLARE  EM_NAME  CHAR(10);
    SELECT  Name  INTO  EM_NAME  FROM  Employees  WHERE  EmployeeID=EM_ID;
    IF  EM_NAME  IS  NULL  THEN
        DELETE  FROM  Salary  WHERE  EmployeeID=EM_ID;
        RETURN  TRUE;
    ELSE
        RETURN  FALSE;
    END  IF;
END $$
DELIMITER ;
```

调用该存储函数：

```
SELECT  DELETE_EM('000001');
```

执行结果如图 8-5 所示。

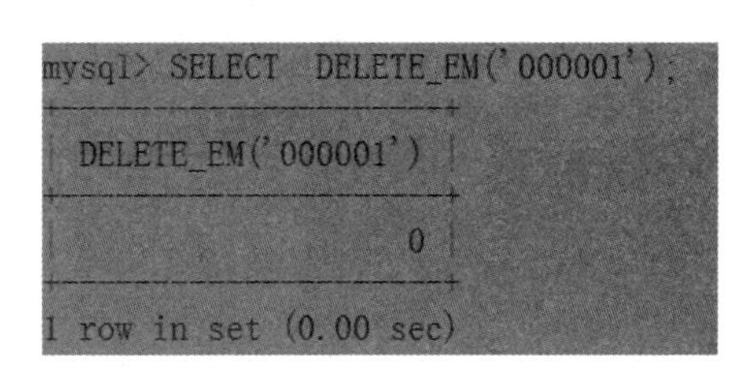

图 8-5　带参数存储函数执行结果

【思考与练习】

a. 创建存储函数，判断员工是否在研发部工作，若是则返回其学历，若不是则返回字符串“NO”。

b. 创建一个存储函数，将工作时间满 4 年的员工收入增加 500 元。

3. 触发器

(1) 创建触发器，在 Employees 表中删除员工信息的同时将 Salary 表中该员工的信息删除，以确保数据完整性。

```
CREATE  TRIGGER  DELETE_EM  AFTER  DELETE
ON  EMPLOYEES  FOR  EACH  ROW
DELETE  FROM  SALARY
WHERE  EMPLOYEEID=OLD.EMPLOYEEID;
```

创建完后删除 Employees 表中的一行数据，然后查看 Salary 表中的变化情况。执行结果如图 8-6 所示。

```
mysql> delete from employees where employeeid='010008';
Query OK, 1 row affected (0.00 sec)

mysql> select * from salary where employeeid='010008';
Empty set (0.00 sec)

mysql>
```

图 8-6　触发器被触发后结果

(2) 假设 Departments2 表和 Departments 表的结构和内容都相同，在 Departments 上创建一个触发器，如果添加一个新的部门，该部门也会添加到 Departments2 表中。

```
DELIMITER  $$
CREATE  TRIGGER  DEPARTMENTS_INS
AFTER  INSERT  ON  DEPARTMENTS  FOR  EACH  ROW
BEGIN
```

```
INSERT  INTO  DEPARTMENTS2  VALUES( NEW.DEPARTMENTID, NEW.DEPARTMENTNAME,
NEW.NOTE);
END $$
DELIMITER ;
```

命令成功执行后，进行验证，结果如图 8-7 所示。

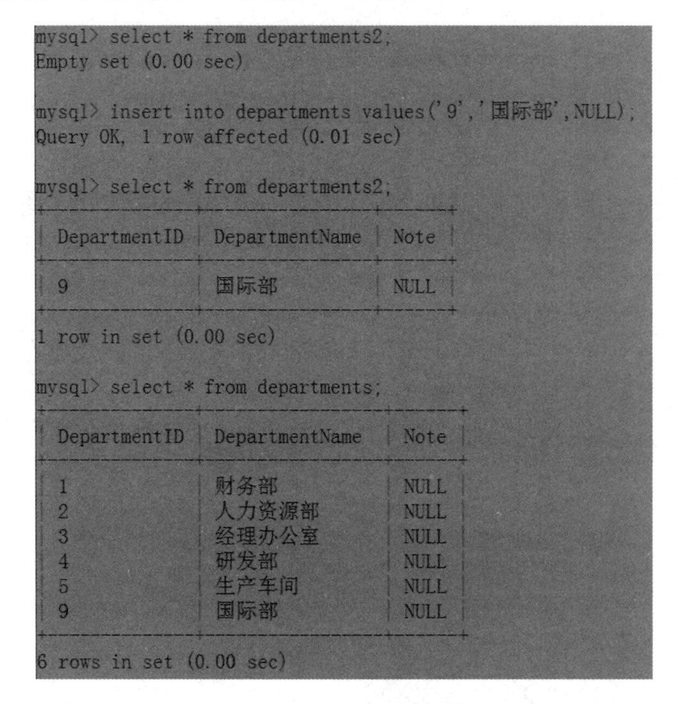

```
mysql> select * from departments2;
Empty set (0.00 sec)

mysql> insert into departments values('9','国际部',NULL);
Query OK, 1 row affected (0.01 sec)

mysql> select * from departments2;
+--------------+----------------+------+
| DepartmentID | DepartmentName | Note |
+--------------+----------------+------+
| 9            | 国际部         | NULL |
+--------------+----------------+------+
1 row in set (0.00 sec)

mysql> select * from departments;
+--------------+----------------+------+
| DepartmentID | DepartmentName | Note |
+--------------+----------------+------+
| 1            | 财务部         | NULL |
| 2            | 人力资源部     | NULL |
| 3            | 经理办公室     | NULL |
| 4            | 研发部         | NULL |
| 5            | 生产车间       | NULL |
| 9            | 国际部         | NULL |
+--------------+----------------+------+
6 rows in set (0.00 sec)
```

图 8-7　添加记录后结果

(3) 当修改表 Employees 时，若将 Employees 表中员工的工作时间增加 1 年，则将收入增加 500 元，增加 2 年则增加 1000 元，依次增加。若工作时间减少则无变化。请读者自行验证触发器的过程。

```
DELIMITER  $$
CREATE  TRIGGER  ADD_SALARY
AFTER  UPDATE  ON  Employees  FOR  EACH  ROW
BEGIN
    DECLARE  YEARS  INTEGER;
    SET  YEARS = NEW.EntryYear-OLD.EntryYear;
    IF  YEARS > 0  THEN
       UPDATE  Salary  SET  InCome=InCome+500*YEARS
          WHERE  EmployeeID=NEW.EmployeeID;
    END  IF;
END $$
DELIMITER ;
```

【思考与练习】

a. 创建 UPDATE 触发器，当 Departments 表中部门号发生变化时，Employees 表中员工所属的部门号也将改变。

b. 创建 UPDATE 触发器，当 Salary 表中的 InCome 值增加 500 时，OutCome 值则增加 50。

4. 错误处理

(1) 创建一个存储过程，向 Employees 表中插入数据，当插入重复的主键值(重复的 EmployeeID)时，程序继续执行。

```
USE YGGL;
DELIMITER $$
CREATE PROCEDURE proc_Employees_insert(IN ygbh char(6),IN xm char(10),IN xl
char(4),IN sr date,IN xb char(2),INbmbh char(3))
Modifies sql data
BEGIN
DECLARE continue HANDLER FOR 1062
  BEGIN
   SELECT @error='不能插入重复主键值！';
  END;
INSERT INTO Employees(EmployeeID,name,Education,birthday,sex, DepartmentID)
    VALUES(ygbh,xm,xl,sr,xb,bmbh);
END$$
DELIMITER ;
```

使用下面语句插入一个重复的 EmployeeID 值“000001”，执行结果如图 8-8 所示。

```
CALL proc_Employees_insert('000001','赵文丽','硕士','1995-1-1','0','3');
```

```
mysql> CALL proc_Employees_insert('000001','赵文丽','硕士','1995-1-1','0','3');
+----------------------------------+
| @error='不能插入重复主键值！'    |
+----------------------------------+
|                             NULL |
+----------------------------------+
1 row in set (0.01 sec)

Query OK, 0 rows affected (0.02 sec)

mysql>
```

图 8-8 插入错误处理后存储过程执行情况

(2) 自定义错误触发条件。创建一个存储过程，实现向 Employees 表中插入数据。要求违反外键约束(DepartmentID 值不在表 Departments 中)的数据不能插入，但存储过程要继续执行。

```
USE YGGL;
DELIMITER $$
CREATE PROCEDURE proc_Employees_insert2(IN ygbh char(6),IN xm char(10),
IN xl char(4),IN sr date,IN xb char(2),IN bmbh char(3))
Modifies sql data
BEGIN
DECLARE foreign_key_error CONDITION FOR 1452;
  DECLARE continue HANDLER FOR foreign_key_error
BEGIN
   SET @error='违反外键约束！';
END;
INSERT INTO Employees(EmployeeID,name,Education,birthday,sex,DepartmentID)
    VALUES(ygbh,xm,xl,sr,xb,bmbh);
END $$
```

```
DELIMITER ;
使用下面语句调用存储过程，向 Employees 表插入一条数据“'302588', '王大力', '本科', '1998-5-5', '1', '6';”
CALL proc_Employees_insert2('302588','王大力','本科','1998-5-5','1','6');
```

执行结果如图 8-9 所示，可以看到程序执行没有报错，但是数据并没有插入 Employees 表中。

```
mysql> CALL proc_Employees_insert2('302588','王大力','本科','1998-5-5','1','6');
Query OK, 0 rows affected (0.01 sec)

mysql> select * from employees;
```

EmployeeID	Name	Education	Birthday	Sex	EntryYear	Address	PhoneNumber	DepartmentID
000001	王浩	大专	1966-01-23	1	8	中山路32-1-508	83355668	2
010008	伍容华	本科	1976-03-29	1	8	北京东路100-2	83321321	1
020010	王向容	硕士	1982-12-09	1	2	四牌楼10-0-108	83792361	1
020018	李丽	大专	1960-07-30	0	6	中山东路102-2	83413301	1
102201	刘明	本科	1972-10-18	1	3	虎距路100-2	83606608	5
102208	朱俊	硕士	1965-09-28	1	5	牌楼巷5-3-106	84708817	5
108991	钟敏	硕士	1979-08-10	0	4	中山路10-3-105	83346722	3
111006	张石兵	本科	1974-10-01	1	1	解放路34-1-203	84563418	5
210678	林涛	大专	1977-04-02	1	2	中山北路24-35	83467336	4
302566	李玉珉	硕士	1968-09-20	1	3	热和路209-34	58765991	4
308759	叶凡	本科	1978-11-18	1	2	北京西路3-7-52	83308901	4
504209	陈林琳	大专	1969-09-03	0	4	汉中路120-4-12	84468158	4

12 rows in set (0.00 sec)

图 8-9　存储过程错误处理执行情况

【思考与练习】

为 Salary 表创建一个存储过程，要求插入员工薪水数据时，员工编号 EmployeeID 必须在 Employees 表中，如果不在 Employees 表中，不能插入，但存储过程正常执行。

实验 9　数据库备份与恢复

目的与要求

(1) 掌握使用 SQL 语句进行数据库完全备份的方法；
(2) 掌握使用客户端程序进行完全备份的方法。

实验准备

了解在操作系统环境下使用 Administrator 身份进行数据库备份操作的方法。

实验内容

1. 使用 SQL 语句备份和恢复数据库

使用 SQL 语句可以备份和恢复表的内容，如果表的结构损坏，则要先恢复表的结构才能恢复数据。

(1) 备份。

备份 YGGL 数据库中的 Employees 表到 D 盘 file 文件夹下，使用如下语句：

```
USE  YGGL;
SELECT  *  FROM  Employees  INTO  OUTFILE  'D:/file/Employees.txt';
```

执行完成后查看目录下是否有 Employees.txt 文件。

(2) 恢复。

为了方便说明问题，先删除 Employees 表中的几行数据，再使用 SQL 语句恢复 Employees 表，语句如下：

```
DELETE FROM Employees WHERE Address like '中山路%';
LOAD  DATA  INFILE  'D:/file/Employees.txt'  REPLACE  INTO  TABLE
YGGL.Employees;
```

执行完后用 SELECT 查看 Employees 表的变化，如图 9-1、图 9-2 所示。

```
mysql> DELETE FROM Employees WHERE Address like '中山路%';
Query OK, 2 rows affected (0.00 sec)

mysql> SELECT * FROM EMPLOYEES;
+------------+--------+-----------+------------+-----+-----------+----------------+
| EmployeeID | Name   | Education | Birthday   | Sex | EntryYear | Address        |
+------------+--------+-----------+------------+-----+-----------+----------------+
| 010008     | 伍容华 | 本科      | 1976-03-29 | 1   |         8 | 北京东路100-2  |
| 020010     | 王向容 | 硕士      | 1982-12-09 | 1   |         2 | 四牌楼10-0-108 |
| 020018     | 李丽   | 大专      | 1960-07-30 | 0   |         6 | 中山东路102-2  |
| 102201     | 刘明   | 本科      | 1972-10-18 | 1   |         3 | 虎距路100-2    |
| 102208     | 朱俊   | 硕士      | 1965-09-28 | 1   |         5 | 牌楼巷5-3-106  |
| 111006     | 张石兵 | 本科      | 1974-10-01 | 1   |         1 | 解放路34 1-203 |
| 210678     | 林涛   | 大专      | 1977-04-02 | 1   |         2 | 中山北路24-35  |
| 302566     | 李玉珉 | 硕士      | 1968-09-20 | 1   |         3 | 热和路209-34   |
| 308759     | 叶凡   | 本科      | 1978-11-18 | 1   |         2 | 北京西路3-7-52 |
| 504209     | 陈林琳 | 大专      | 1969-09-03 | 0   |         4 | 汉中路120-4-12 |
+------------+--------+-----------+------------+-----+-----------+----------------+
10 rows in set (0.00 sec)
```

图 9-1　删除 Employee 表中数据后结果

```
mysql> LOAD DATA INFILE 'D:\file\Employees.txt' REPLACE INTO TABLE YGGL.Employees;
Query OK, 12 rows affected (0.00 sec)
Records: 12  Deleted: 0  Skipped: 0  Warnings: 0

mysql> SELECT * FROM EMPLOYEES;
+------------+--------+-----------+------------+-----+-----------+-----------------+
| EmployeeID | Name   | Education | Birthday   | Sex | EntryYear | Address         |
+------------+--------+-----------+------------+-----+-----------+-----------------+
| 000001     | 王浩   | 大专      | 1966-01-23 | 1   |         8 | 中山路32-1-508  |
| 010008     | 伍容华 | 本科      | 1976-03-29 | 1   |         8 | 北京东路100-2   |
| 020010     | 王向容 | 硕士      | 1982-12-09 | 1   |         2 | 四牌楼10-0-108  |
| 020018     | 李丽   | 大专      | 1960-07-30 | 0   |         6 | 中山东路102-2   |
| 102201     | 刘明   | 本科      | 1972-10-18 | 1   |         3 | 虎距路100-2     |
| 102208     | 朱俊   | 硕士      | 1965-09-28 | 1   |         5 | 牌楼巷5-3-106   |
| 108991     | 钟敏   | 硕士      | 1979-08-10 | 0   |         4 | 中山路10-3-105  |
| 111006     | 张石兵 | 本科      | 1974-10-01 | 1   |         1 | 解放路34-1-203  |
| 210678     | 林涛   | 大专      | 1977-04-02 | 1   |         2 | 中山北路24-35   |
| 302566     | 李玉珉 | 硕士      | 1968-09-20 | 1   |         3 | 热和路209-34    |
| 308759     | 叶凡   | 本科      | 1978-11-18 | 1   |         2 | 北京西路3-7-52  |
| 504209     | 陈林琳 | 大专      | 1969-09-03 | 0   |         4 | 汉中路120-4-12  |
+------------+--------+-----------+------------+-----+-----------+-----------------+
12 rows in set (0.00 sec)
```

图 9-2　LOAD 命令恢复后结果

【思考与练习】

使用 SQL 语句备份并恢复 YGGL 数据库中的其他表，并使用不同的符号来表示字段之间和行之间的间隔。

2. 使用 mysqldump/mysql 命令备份和恢复数据库及表

打开 DOS 命令窗口，运行如下命令。

(1) 使用 mysqldump 备份表和数据库。

mysqldump 工具备份的文件中包含了创建表结构的 SQL 语句，要备份数据库 YGGL 中的 Salary 表，在客户端输入以下命令后，执行结果如图 9-3 所示。此时需注意，命令若执行错误，对应 D 盘也会生成 Salary.sql 文件，但文件的字节数为 1KB，如图 9-4 所示。

```
mysqldump -h localhost -u root -p123 YGGL Salary >D:\file\Salary.sql
```

查看 D 盘 file 目录下是否有名为 Salary.sql 的文件。

```
C:\>mysqldump -h localhost -u root -p YGGL.Salary >D:\file\Salary-3.sql
Enter password: ***
mysqldump: Got error: 1049: Unknown database 'yggl.salary' when selecting the da
tabase

C:\>mysqldump -h localhost -u root -p YGGL Salary >D:\file\Salary.sql
Enter password: ***

C:\>
```

图 9-3　mysqldump 命令数据库中表的错误及正确对比

名称	修改日期	类型	大小
Salary.sql	2020/7/1 11:49	SQL 文件	3 KB
Salary-3.sql	2020/7/1 11:49	SQL 文件	1 KB

图 9-4　D 盘文件夹下错误及正确文件对比

若要备份整个 YGGL 数据库，可以使用以下命令后，通过提示信息输入密码 123，如图 9-5 所示。

```
mysqldump -u root -p YGGL >D:\file\YGGL.sql
```

```
C:\>mysqldump  -u  root  -p YGGL >D:\file\YGGL.sql
Enter password: ***

C:\>
```

图 9-5　mysqldump 命令备份数据库

(2) 使用 mysql 命令恢复数据库。

为了方便查看效果，先删除 YGGL 数据库中的 Employees 表，然后使用以下命令：

```
mysql  -u root  -p123  YGGL  < D:\file\YGGL.sql
```

在 MySQL 中查看 Employees 表是否恢复，恢复表结构也使用相同的方法。图 9-6、图 9-7、图 9-8 为对比结果。此时需要注意恢复数据库前，YGGL 不能为当前数据库。

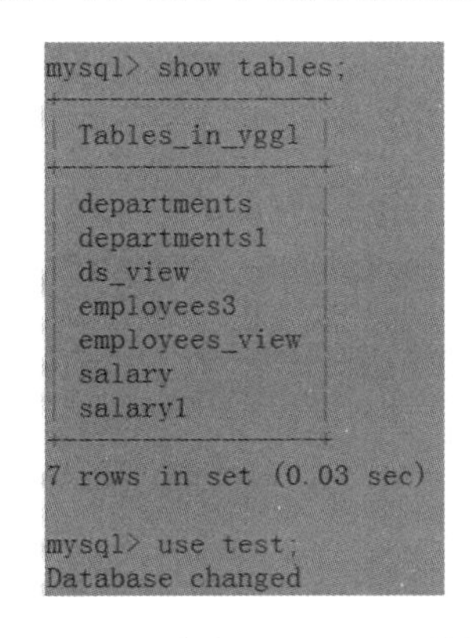

图 9-6　删除表 employees 结果

图 9-7　使用 mysql 命令恢复成功

```
mysql> use yggl;
Database changed
mysql> show tables;
+----------------+
| Tables_in_yggl |
+----------------+
| departments    |
| departments1   |
| ds_view        |
| employees      |
| employees3     |
| employees_view |
| salary         |
| salary1        |
+----------------+
8 rows in set (0.00 sec)
```

图 9-8　恢复成功后结果

(3) 使用 mysqlimport 恢复表数据。

mysqlimport 的功能和 LOAD DATA INFILE 语句是一样的，假设原来的 Salary 表内容已经备份为 Salary.txt 文件，如果 Salary 表中的数据发生了变动，恢复可以使用以下命令：

```
mysqlimport -u root -p123 --low-priority --REPLACE YGGL D:\file\Salary.txt
```

【思考与练习】

使用客户端程序 mysqldump 的“--tab=”选项，将数据库 YGGL 中的所有表的表结构和表内容分开备份。使用 mysql 程序恢复表 Salary 的结构，使用 mysqlimport 恢复表的内容。

实验 10　用户和权限管理

目的与要求

(1)　掌握数据库用户账号的建立与删除方法；
(2)　掌握数据库用户权限的授予方法。

实验准备

(1)　了解数据库安全的重要性；
(2)　了解数据库用户账号的建立与删除方法；
(3)　了解数据库用户权限的授予与回收方法。

实验内容

1. 数据库用户

(1)　创建数据库用户 user_1、user_2 和 user_4，密码都为 1234(假设服务器名为 localhost)。在 MySQL 客户端中使用以下的 SQL 语句：

```
CREATE  USER
    'user_1'@'localhost'  IDENTIFIED  BY  '1234',
    'user_2'@'localhost'  IDENTIFIED  BY  '1234',
    'user_4'@'localhost'  IDENTIFIED  BY  '1234';
```

(2)　将用户 user_2 的名称修改为 user_3。

```
RENAME  USER
    'user_2'@'localhost'  TO  'user_3'@'localhost';
```

(3)　将用户 user_3 的密码修改为 123456。

```
SET  PASSWORD  FOR  'user_3'@'localhost'=PASSWORD  (  '123456'  );
```

执行以上命令后，打开 DOS 命令行窗口，输入如下命令验证用户 user_3 是否可以登录 MySQL 服务，如图 10-1 所示。

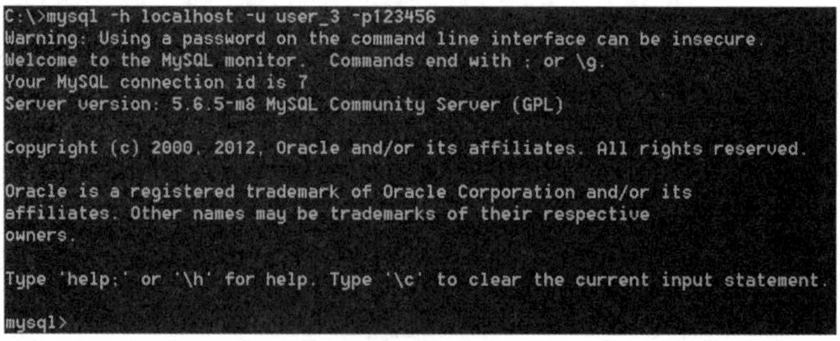

```
C:\>mysql -h localhost -u user_3 -p123456
Warning: Using a password on the command line interface can be insecure.
Welcome to the MySQL monitor.  Commands end with ; or \g.
Your MySQL connection id is 7
Server version: 5.6.5-m8 MySQL Community Server (GPL)

Copyright (c) 2000, 2012, Oracle and/or its affiliates. All rights reserved.

Oracle is a registered trademark of Oracle Corporation and/or its
affiliates. Other names may be trademarks of their respective
owners.

Type 'help;' or '\h' for help. Type '\c' to clear the current input statement.

mysql>
```

图 10-1　user_3 登录 MySQL 服务

(4) 删除用户 user_4。

```
DROP USER user_4;
```

(5) 以 user_1 用户身份登录 MySQL。

打开另一个新的命令行窗口，然后进入 mysql 安装目录的 bin 目录下，输入如下命令后，执行结果如图 10-2 所示，可见用户 user_1 已登录 MySQL 服务并可使用命令进行操作。

```
mysql -h localhost -u user_1 -p1234
```

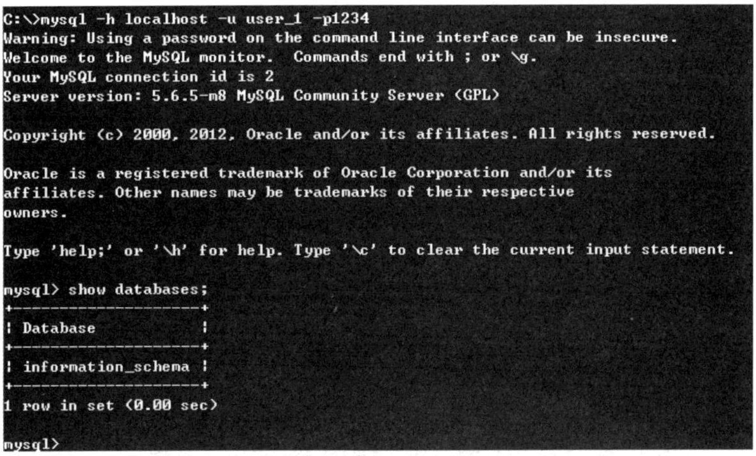

```
C:\>mysql -h localhost -u user_1 -p1234
Warning: Using a password on the command line interface can be insecure.
Welcome to the MySQL monitor.  Commands end with ; or \g.
Your MySQL connection id is 2
Server version: 5.6.5-m8 MySQL Community Server (GPL)

Copyright (c) 2000, 2012, Oracle and/or its affiliates. All rights reserved.

Oracle is a registered trademark of Oracle Corporation and/or its
affiliates. Other names may be trademarks of their respective
owners.

Type 'help;' or '\h' for help. Type '\c' to clear the current input statement.

mysql> show databases;
+--------------------+
| Database           |
+--------------------+
| information_schema |
+--------------------+
1 row in set (0.00 sec)

mysql>
```

图 10-2 user_1 登录 MySQL 服务

【思考与练习】

a. 刚刚创建的用户有什么样的权限？

b. 创建一个用户，并以该用户的身份登录。

2. 用户权限的授予与回收

(1) 授予用户 user_1 对 YGGL 数据库中 Employees 表的所有操作权限及查询操作权限。以系统管理员(root)身份输入以下 SQL 语句：

```
USE YGGL;
GRANT ALL ON Employees TO user_1@localhost;
GRANT SELECT ON Employees TO user_1@localhost;
```

(2) 授予用户 user_1 对 Employees 表进行插入、修改、删除操作权限。

```
USE YGGL;
GRANT INSERT, UPDATE, DELETE
ON Employees
TO user_1@localhost;
```

(3) 授予用户 user_1 对数据库 YGGL 的所有权限。

```
USE YGGL;
GRANT ALL
ON *
TO user_1@localhost;
```

(4) 授予 user_1 在 Salary 表上的 SELECT 权限，并允许其将该权限授予其他用户。以系统管理员(root)身份执行以下语句：

```
GRANT  SELECT
ON  YGGL.Salary
TO  user_1@localhost  IDENTIFIED  BY'1234'
WITH  GRANT  OPTION;
```

执行完后可以用 user_1 用户身份登录 MySQL，user_1 用户可以使用 GRANT 语句将自己在该表上所拥有的全部权限授予其他用户。经图 10-3 验证，user_1 登录 MySQL 服务器后可以使用 GRANT 命令将对 Salary 表的查询权限授予用户 user_3。

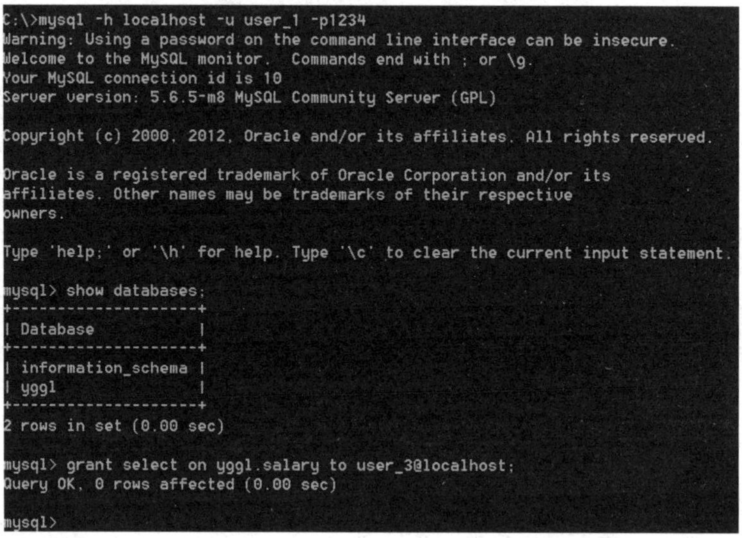

```
C:\>mysql -h localhost -u user_1 -p1234
Warning: Using a password on the command line interface can be insecure.
Welcome to the MySQL monitor.  Commands end with ; or \g.
Your MySQL connection id is 10
Server version: 5.6.5-m8 MySQL Community Server (GPL)

Copyright (c) 2000, 2012, Oracle and/or its affiliates. All rights reserved.

Oracle is a registered trademark of Oracle Corporation and/or its
affiliates. Other names may be trademarks of their respective
owners.

Type 'help;' or '\h' for help. Type '\c' to clear the current input statement.

mysql> show databases;
+--------------------+
| Database           |
+--------------------+
| information_schema |
| yggl               |
+--------------------+
2 rows in set (0.00 sec)

mysql> grant select on yggl.salary to user_3@localhost;
Query OK, 0 rows affected (0.00 sec)

mysql>
```

图 10-3　user_1 授予 user_3 权限

(5) 回收 user_1 对 Employees 表的 SELECT 权限。

```
REVOKE  SELECT
ON  Employees
FROM  user_1@localhost;
```

【思考与练习】

a. 思考表权限、列权限、数据库权限和用户权限的不同之处。

b. 授予用户 user1 所有的用户权限。

c. 取消用户 user_1 所有的权限。

学习情境七

MySQL 综合应用

第14章

Java EE/MySQL 高校教务管理系统

以“高校教务管理系统”项目开发为例，介绍 Java EE(Struts 2)与 MySQL 结合的综合运用，从需求分析、系统功能设计、数据库设计、网站设计的角度开发一个功能完整的动态网站，共包含 6 个数据库表、43 个网页文件、8 个控制器文件、7 个数据库操作类文件、8 个封装类文件，少许其他文件。首先整体规划网站，然后设计数据库，最后综合应用 Java EE 相关知识进行网页设计及编码。其中需求分析、系统功能设计、系统业务流程设计和数据库设计在任务 1 项目准备中有详细介绍，不再赘述，这里只是介绍开发环境的搭建和系统的实现。

本章首先介绍项目环境搭建，然后介绍功能设计、网站设计，并编写代码实现网站功能，通过本章学习，需要掌握以下内容。

◎ Java EE 项目环境搭建

◎ 项目开发流程

◎ 项目总体设计

◎ 项目功能设计

◎ 项目实现编码

◎ 网站发布

14.1 创建 MySQL 数据库和数据表

如果读者从前向后学习本教材内容，相信大家已经建立了自己的数据库 jwgl，并且已经建立了学生表、课程表、成绩表、班级表、教师表、开课信息表等 6 个数据库表和触发器，下面将建立所有的 6 个数据库表和触发器的代码列举如下。

```
#学生表 student
Create table student
(Stu_no char(10) primary key,
Stu_name char(10) not null,
Stu_sex enum('男', '女') not null,
Stu_birth date not null,
Stu_source varchar(16),
Class_no char(8),
Stu_tel char(11),
Credit smallint default 0,
Stu_picture varchar(30),
Stu_remark text,
Stu_pwd  Char(6));
#课程表 course
Create table course
(Course_no char(6) primary key ,
Course_name varchar(16) not null,
Course_credit tinyint not null,
Course_hour smallint not null,
Course_term tinyint not null);
#成绩表 score
Create table score
(Stu_no char(10),Course_no char(6),score float,
Primary key(stu_no,course_no));
#班级表 class
Create table class
(Class_no char(8) primary key,
Class_name varchar(16) not null,
Dep_name varchar(10) not null);
#教师表 teacher
Create table teacher
(Tea_no char(4) primary key,
Tea_name char(10) not null,
Tea_pwd char(6) not null,
Tea_sex enum('男', '女') not null,
Tea_tel char(11),
Dep_name varchar(10) not null,
Tea_type char(1) not null,
Tea_remark text);
#开课信息表 course_class
Create table course_class
(Tea_no char(4),
Class_no char(8) primary key,
```

```
Course_no char(6) primary key);
#下面是插入 score 时修改 student 表学分的触发器
delimiter $$
create trigger xs_kc_zxf after insert
    on score for each row
begin
    declare xf int(1);
    select Course_credit into xf from course where course_no=new. course_no;
    if new.score>=60 then
        update student set credit=credit+xf where stu_no=new.stu_no;
    end if;
end$$
delimiter ;
```

14.2 构建 Java EE 环境

“高校教务管理系统”项目使用 Eclipse 作为开发工具，如图 14-1 所示是它的工作主界面。

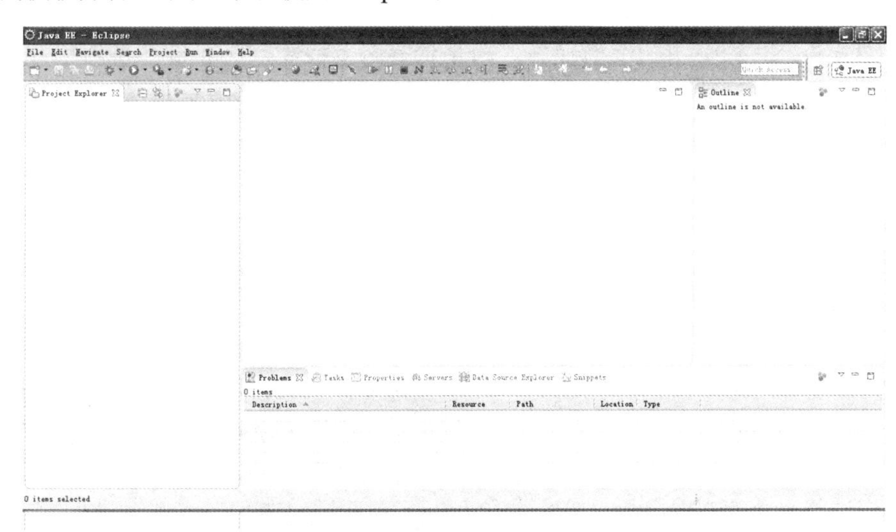

图 14-1　Eclipse 主界面

Java EE 项目的开发需要提前构建一个 Java EE 的开发环境，由于 Java EE 平台的构成和配置过程都非常复杂和烦琐，这里仅就使用到 Struts 2 的 Java 环境搭建作一个入门概括性介绍，更加详细的操作指导等参见 Java EE 开发相关的书籍。

14.2.1　Java EE 环境搭建

1. 搭建环境

“高校教务管理系统”项目需要安装以下软件。

(1)　JDK 运行平台：jdk 1.8.0 和 jre 8。

(2)　Web 服务器：Tomcat 8.0.0。

(3)　IDE 工具：Eclipse Mars. 2。

(4) 数据库：MySQL Server 5.6.5。

数据库 MySQL 是本书一直在使用的，故读者只需要安装 JDK、Tomcat 和 Eclipse 就可以了，安装过程非常简单，按提示向导操作即可。

2. 环境安装

(1) JDK 安装。

JDK 由 SUN 公司提供，其中包括运行 Java 程序所必需的 JRE(Java Runtime Environment，Java 运行环境)及开发过程中常用的库文件。在使用 JSP 开发网站之前，首先必须安装 JDK 组件。

本项目所使用的 JDK 版本是 JDK 1.8，读者可到官方网站进行下载，网址如下：http://www.oracle.com/technetwork/java/javase/downloads/index.html。下载后的文件名称为 jdk-8u77-windows-i586.exe，双击该文件即可开始安装。安装步骤只需要在向导的提示下即可完成，不再赘述。

(2) Tomcat 安装。

Tomcat 服务器是由 JavaSoft 和 Apache 开发团队共同提出并合作开发的产品。它能够支持 Servlet 2.4 和 JSP 2.0，并且具有免费、跨平台等诸多特性。Tomcat 服务器已经成为学习开发 JSP 应用的首选，本书中的所有例子都使用了 Tomcat 作为 Web 服务器。

本书中采用的是 Tomcat 8.0 版本，读者可到 Tomcat 官方网站进行下载，网址如下：http://tomcat.apache.org。进入 Tomcat 官方网站后，单击网站左侧 Download 区域中的"Tomcat 8.x"超链接，进入 Tomcat 8.x 下载页面。在该页面中单击"Windows Service Installer"超链接，下载 Tomcat。下载后的文件名为 apache-tomcat-8.0.exe，双击该文件即可安装 Tomcat，安装步骤只需要在向导的提示下即可完成，不再赘述。

(3) Eclipse 安装。

可到 Eclipse 的官方网站 http://www.eclipse.org 下载 Eclipse，本书使用版本为 eclipse-jee-mars-2-win32.zip。将下载后的文件解压后，双击 eclipse.exe 文件就可启动 Eclipse；每次启动 Eclipse 时，都需要设置工作空间，工作空间用来存放创建的项目：可通过单击"浏览"按钮来选择一个存在的目录，如图 14-2 所示。可通过勾选"Use this as the default and do not ask again"复选框屏蔽该对话框。

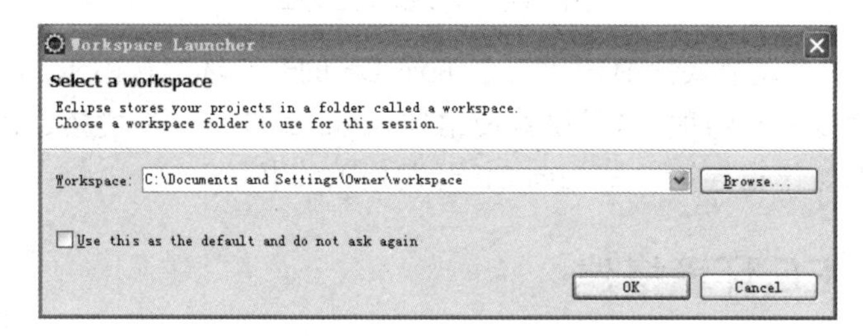

图 14-2 设置 Eclipse 工作空间

3. 环境的整合

(1) 配置 Eclipse 所用的 JRE。

启动 Eclipse，选择 Window-Preferences 命令，如图 14-3 所示，Eclipse 是非常智能的，当打开 Eclipse 已经自动帮你配置好了，若想改变 JRE，需要单击右侧按钮 Add，出现的对话框如图 14-4 所示。

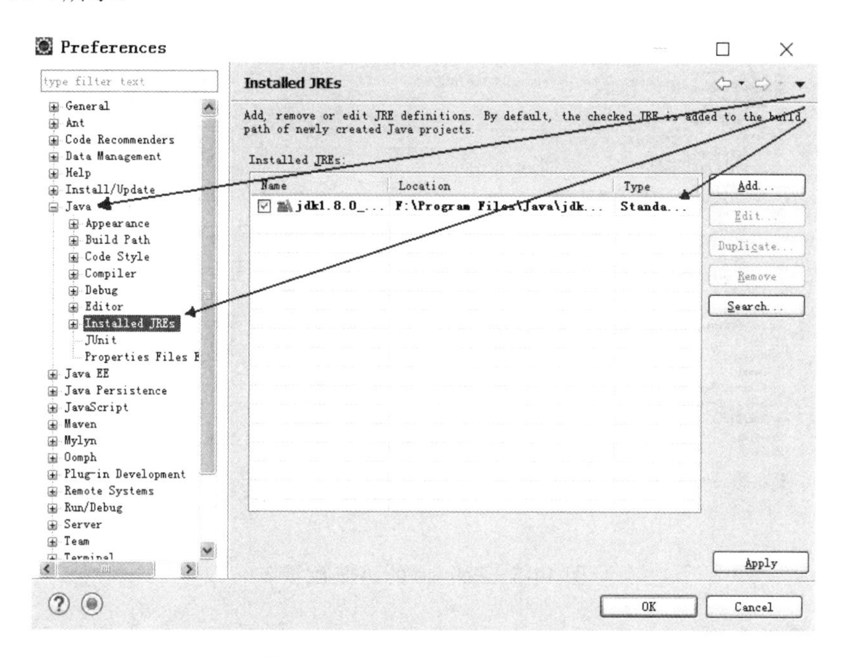

图 14-3　Eclipse 的 JRE 配置 1

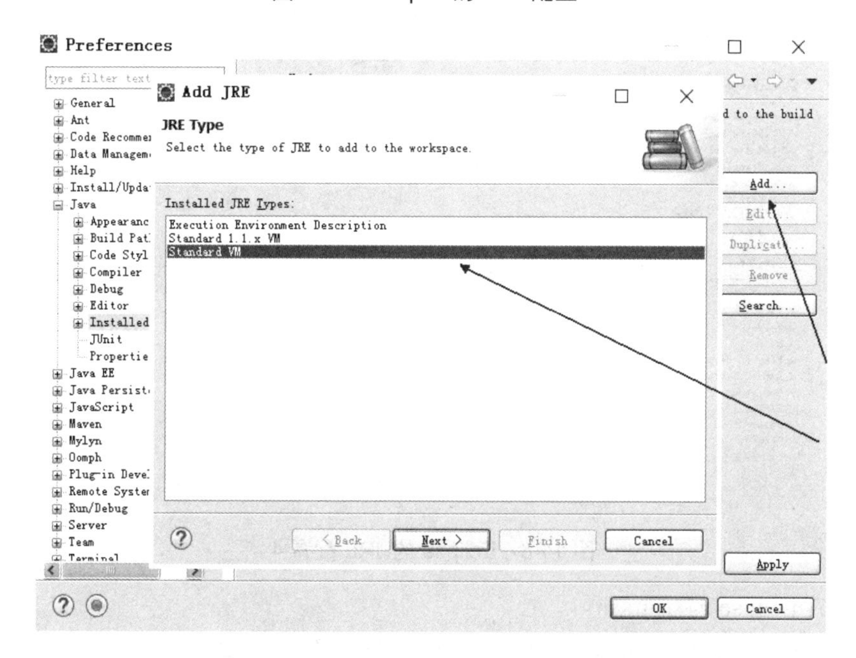

图 14-4　Eclipse 的 JRE 配置 2

单击“next”按钮后，进入图 14-5 页面，单击 Directory 选择 JRE 所在目录，选择好之后，JRE Name 会自动填入，然后单击“finish”进入图 14-6 页面。选中 JRE，然后单击“Apply and Close”，JRE 环境就配置好了。

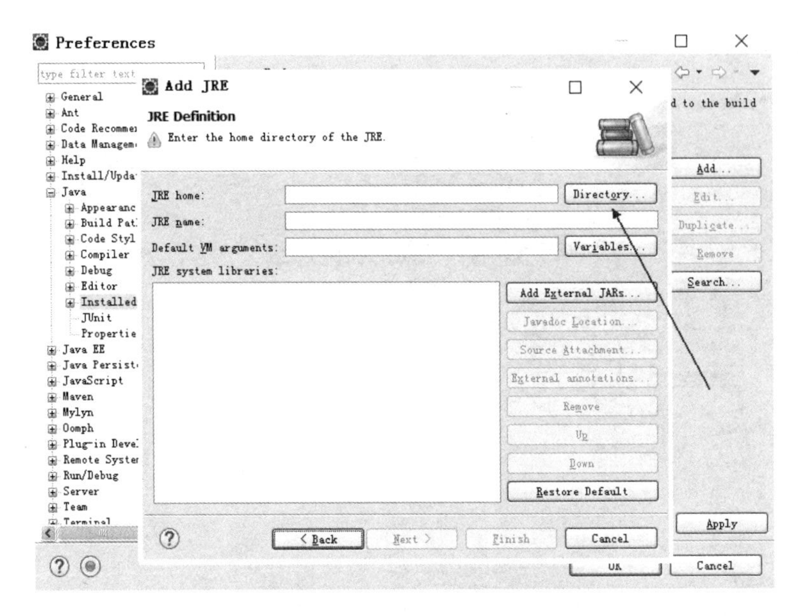

图 14-5 Eclipse 的 JRE 配置 3

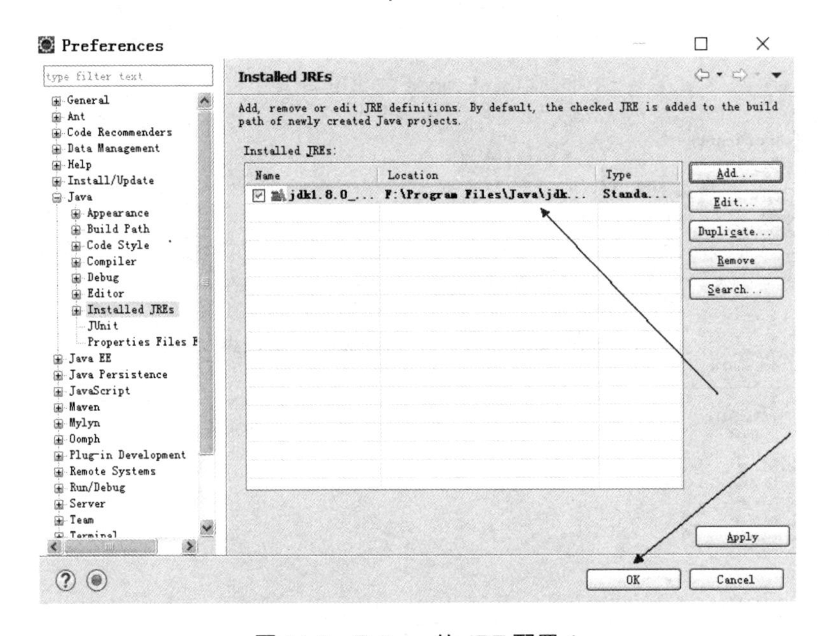

图 14-6 Eclipse 的 JRE 配置 4

(2) 集成 Eclipse 与 Tomcat。

启动 Eclipse，选择 Window-Preferences 命令，单击左边目录树中的 server-runtime environments，然后在右侧单击“Add”，单击之后，选择我们之前安装的 Tomcat 8.0.0-RC3 的版本，如图 14-7 所示，选好之后，单击“next”，紧接着在弹窗内，单击“Browse”，选择 Tomcat 8.0.0-RC3 的根目录，如图 14-8 所示。选好之后，单击“Finish”，弹窗关闭。之后单击“OK”按钮，继续关闭弹窗。

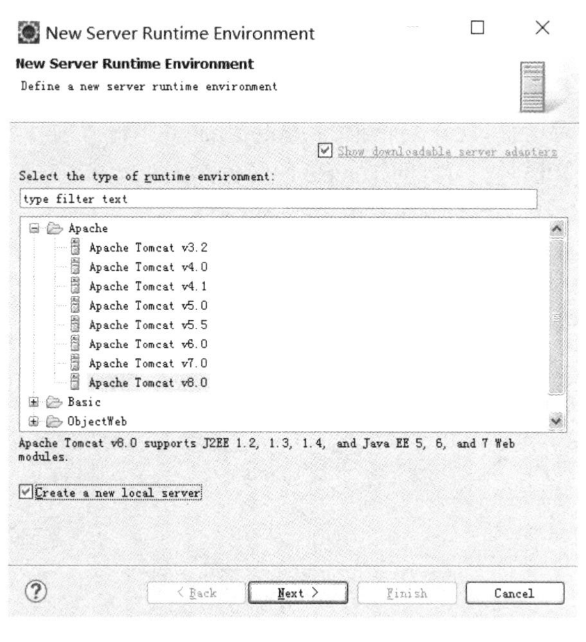

图 14-7　Eclipse 的 Tomcat 配置 1

图 14-8　Eclipse 的 Tomcat 配置 2

4. 连接数据库

MySQL 8 数据库的 JDBC 驱动包是 mysql-connector-java-8.0.19.jar，读者可上网下载获得，将它保存在一个特定的目录待用。

14.2.2　创建 Struts 2 项目

按照下列步骤建立一个 Java EE(Struts 2)项目。

1. Web 项目的创建

启动 Eclipse，在工具栏上选择 File/ New /Dynamic Web Project 菜单项，将打开“New Dynamic Web Project”对话框，在该对话框的 Project name 中输入项目名称为 jwgl；在“Target runtime”下列表框中选择已经配置好的 Tomcat 服务器，如图 14-9 所示。设置完成单击“Finish”按钮，Eclipse 会自动生成一个 Dynamic Web Project。

图 14-9　Web Project 的创建

2. Struts 2 包的加载

登录 http://struts.apache.org/，下载 Struts 2 完整版，本项目使用的是 Struts 2.3.31。将下载的文件 struts-2.3.31-all.zip 解压缩，得到文件夹中 lib 子目录包含有 Struts 2 框架的核心类库，以及 Struts 2 的第三方插件类库。一般来说，开发 Struts 2 项目只需用到其中的 9 个 jar 包。

(1) 传统 Struts 2 的 5 个基本类库。

```
struts2-core-2.3.31.jar
xwork-core-2.3.31.jar
ognl-3.0.19.jar
commons-logging-1.1.3.jar
freemarker-2.3.22.jar
```

(2) 附加的 4 个库。

```
commons-io-2.2.jar
commons-lang3-3.2.jar
```

```
Javassist-3.11.0.GA.jar
commons-fileupload-1.3.2.jar
```

(3) 数据库驱动。

```
mysql-connector-java-5.1.40-bin.jar
```

一共是 10 个 jar 包，将它们一起复制到项目的 \ WebRoot\WEB-INF\lib 路径下。大多数情况下，使用 Struts 2 的 Web 应用并不需要用到 Struts 2 的全部特性。

在项目目录树中，右击项目名，在弹出的快捷菜单中选择“Build Path-Configure Build Path”命令，单击“Add External JARs”按钮，将上述 10 个 jar 包添加到项目中，这样 Struts 2 包就加载成功了。

3. web.xml 文件的配置

web.xml 是所有 Java Web 应用程序都需要的核心配置文件，Struts 2 框架需要在 web.xml 文件中进行配置，用于对 Struts 2 框架进行初始化，以及处理所有的客户端请求。web.xml 配置文件位于 WebRoot/WEB-INF 目录下，配置的代码如下：

```
<?xml version="1.0" encoding="UTF-8"?>
<web-app  xmlns:xsi="http://www.w3.org/2001/XMLSchema-instance"  xmlns=
"http://xmlns.jcp.org/xml/ns/javaee"
xsi:schemaLocation="http://xmlns.jcp.org/xml/ns/javaee
http://xmlns.jcp.org/xml/ns/javaee/web-app_3_1.xsd"      id="WebApp_ID"
version="3.1">
  <display-name>jwgl</display-name>
  <filter>
    <filter-name>struts2</filter-name>
<filter-class>org.apache.struts2.dispatcher.ng.filter.StrutsPrepareAndEx
ecuteFilter</filter-class>
    <init-param>
      <param-name>actionPackages</param-name>
      <param-value>com.mycompany.myapp.actions</param-value>
    </init-param>
  </filter>
  <filter-mapping>
    <filter-name>struts2</filter-name>
    <url-pattern>/*</url-pattern>
  </filter-mapping>
  <welcome-file-list>
    <welcome-file>main.jsp</welcome-file>
  </welcome-file-list>
</web-app>
```

14.3 高校教务管理系统的开发

14.3.1 站点资源规划

按照用户对站点资源的可访问性，可以将站点资源划分为可访问资源和不可访问资源。

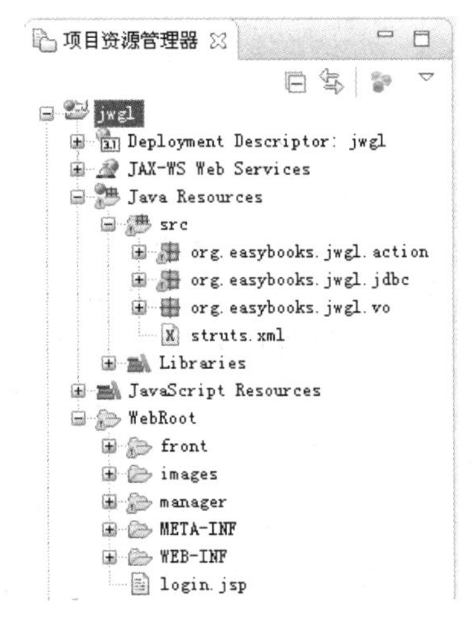

图 14.10　站点资源规划

其中，可访问资源是指用户可以通过客户端浏览器输入 URL 直接请求访问的资源，包括控制层的 action 和视图层 JSP 页面及其相关资源。不可访问资源主要是指模型层的 JavaBean 及其他用于实现业务逻辑的 Java 类，它们只能由控制层调用，不可通过 URL 直接访问。本项目使用 struts2 框架设计模式，对不同类型的资源分别组织，站点资源规划如图 14-10 所示。

1. 模型层

作为处理应用程序数据逻辑的核心，模型层需要实现数据库连接功能。按照系统功能实现对数据存取的功能，数据库关系表记录到对象的映射转换功能及访问控制、事件监听等其他相应功能。本项目控制层文件在 org.easybooks.jwgl.jdbc 和 org.easybooks.jwgl.vo 文件夹中。

2. 视图层

视图层是用户能直接看到的页面，用户也可以通过 url 直接访问页面，不同的用户角色有不同的资源访问权限。本项目中管理员权限页面文件在 manager 文件夹中，教师权限文件在 front/teacher 文件夹中，学生权限文件在 front/student 文件夹中。

3. 控制层

控制层文件主要为程序提供流程控制，在功能执行完毕后，返回用户正确的结果页面。本项目控制层文件在 org.easybooks.jwgl.action 文件夹中。

Images 文件夹中存放项目所需图片资源。

14.3.2　数据库连接类的编写

与数据库连接的类 MySqlConn.java 代码如下：

```
package org.easybooks.jwgl.jdbc;
import java.sql.*;
public class MySqlConn {
    public static Connection conns;
    static {
        try {
            /**加载并注册 MySQL8 的 JDBC 驱动*/
            Class.forName("com.mysql.jdbc.Driver");
            /**创建到 MySQL8 的连接*/
            conns                                                    =
DriverManager.getConnection("jdbc:mysql://localhost:3306/jwgl?user=root&
password=root&useUnicode=true&useSSL=false&characterEncoding=GBK");
        }catch(Exception e) {
            e.printStackTrace();
        }
    }
}
```

14.3.3　struts.xml 配置文件

部分 struts.xml 文件配置信息如下：

```
<?xml version="1.0" encoding="utf-8"?>
<!DOCTYPE struts PUBLIC
    "-//Apache Software Foundation//DTD Struts Configuration 2.0//EN"
    "http://struts.apache.org/dtds/struts-2.0.dtd">
<struts>
    <package name="default" extends="struts-default">
    <!-- 管理员功能 -->
        <!-- 录入学生 -->
        <action  name="addStu"  class="org.easybooks.jwgl.action.StudentAction"
method="addStu">
            <result
name="result">/manager/student/studentInsert.jsp</result>
        </action>
        <!-- 删除学生 -->
        <action name="delStu" class="org.easybooks.jwgl.action.StudentAction"
method="delStu">
            <result
name="result">/manager/student/studentDelete.jsp</result>
        </action>
        <!-- 查找学生 -->
        <action  name="queStu"  class="org.easybooks.jwgl.action.StudentAction"
method="queStu">
            <result
name="result">/manager/student/studentQuery.jsp</result>
        </action>
        <!-- 更新学生 -->
        <action name="upd_queStu" class="org.easybooks.jwgl.action.StudentAction"
method="upd_queStu">
            <result
name="result">/manager/student/studentModify.jsp</result>
        </action>
        <action  name="updStu"  class="org.easybooks.jwgl.action.StudentAction"
method="updStu">
            <result   name="result">/manager/student/studentModifyQue.jsp
</result>
        </action>
        <!-- 登录验证 -->
        <action  name="log"  class="org.easybooks.jwgl.action.LoginAction"
method="login">
            <result name="student" type="redirect">/front/student/indexS.html
</result>
            <result  name="teacher"  type="redirect">/front/teacher/indexT.html
</result>
            <result   name="manager"   type="redirect">/manager/index.html
</result>
            <result name="result" type="redirect">/login.jsp</result>
```

```
        </action>
    <!-- 学生端功能 -->
        <!-- 个人信息 -->
        <action name="initMessageofStu" class="org.easybooks.jwgl.action.
StudentAction" method="initMessageofStu">
            <result
name="result">/front/student/studentMessage.jsp</result>
        </action>
        <!-- 修改密码-->
        <action name="updStuPwd" class="org.easybooks.jwgl.action.StudentAction"
method="updStuPwd">
            <result name="result">/front/student/studentPwd.jsp</result>
        </action>
        <!-- 查看成绩 -->
        <action name="initScoreofStu" class="org.easybooks.jwgl.action.InitAction"
method= "initScoreofStu">
            <result
name="result">/front/student/studentScore.jsp</result>
        </action>
    <!-- 教师端功能 -->
        <!-- 个人信息 -->
        <action name="initMessageofTea" class="org.easybooks.jwgl.action.
TeacherAction" method="initMessageofTea">
            <result
name="result">/front/teacher/teacherMessage.jsp</result>
        </action>
        <!-- 修改密码-->
        <action name="updTeaPwd" class="org.easybooks.jwgl.action.TeacherAction"
method="updTeaPwd">
            <result name="result">/front/teacher/teacherPwd.jsp</result>
        </action>
        <!-- 录入成绩 -->
        <action name="initCCofTea" class="org.easybooks.jwgl.action.InitAction"
method="initCCofTea">
            <result
name="result">/front/teacher/inputScoreQue.jsp</result>
        </action>
        <action  name="input"  class="org.easybooks.jwgl.action.TccAction"
method="input">
            <result name="result">/front/teacher/inputScore.jsp</result>
        </action>
        <action   name="addSco"   class="org.easybooks.jwgl.action.ScoreAction"
method="addSco">
            <result name="result">/front/teacher/inputScore.jsp</result>
        </action>
<!—查询成绩 -->
        <action name="queSco" class="org.easybooks.jwgl.action.TccAction"
method="queSco">
            <result name="result">/front/teacher/queScore.jsp</result>
        </action>
    </package>
```

```
    <constant name="struts.multipart.saveDir" value="/tmp"/>
    <constant name="struts.enable.DynamicMethodInvocation" value="true" />
</struts>
```

14.3.4 登录页面的设计

此页面是高校教务管理系统的欢迎页面，也是登录页面，当输入用户名、密码并选择身份后单击“登录”，系统首先进行身份类型判断，再去对应的数据表中查询是否是合法用户。具体地，如果是学生用户，则要查询 student 表；如果是管理员或者教师用户，则要查询 teacher 表。运行结果如图 14-11 所示。

图 14-11 主页面运行结果

登录页面源代码省略。

验证文件主要源代码如下：

```
public class LoginAction extends ActionSupport {
    /**
     *
     */
    private static final long serialVersionUID = -5072153238485676190L;
    private String msg;
    private Login login;

    public String login() throws Exception {
        boolean exist = false;
        String sql;
        if(login.getType().equals("2"))//2: 学生, 1: 教师, 0: 教务处
           sql = "select * from student where stu_no ='" + login.getUsername()
+ "' and Stu_pwd='"+login.getPwd()+"'";
        else if(login.getType().equals("1"))
           sql = "select * from teacher where Tea_no ='" + login.getUsername()
+ "' and Tea_pwd='"+login.getPwd()+"' and Tea_type=1";
        else
```

```
            sql = "select * from teacher where Tea_no ='" + login.getUsername()
+ "' and Tea_pwd='"+login.getPwd()+"' and Tea_type='0'";
        Statement stmt = MySqlConn.conns.createStatement();
        ResultSet rs = stmt.executeQuery(sql);
        if(rs.next()) {
            exist = true;
        }
        if(exist) {
            Map request = (Map)ActionContext.getContext().get("session");
            request.put("login", login.getUsername());
            if(login.getType().equals("2"))
                return "student";
            if(login.getType().equals("1"))
                return "teacher";
            if(login.getType().equals("0"))
                return "manager";
        }else
            setMsg("用户名或密码不正确！");
        return "result";
    }
}
```

14.3.5　主页面设计

为了保证整个网站风格统一，且减少程序开发人员乏味的重复性工作，以及方便日后升级更新，采用保持页面外观一致的设计方法。教务管理系统网站中的三种用户类型，均使用统一风格。将页面分 3 个区：题头区、工作区和页脚区，其中工作区划分成左右两个区域，左侧作为导航区，右侧为内容区，在页面设计时使用框架技术来实现。以管理员首页面为例展示页面布局，教师首页面和学生首页面与管理员首页面类似，不再赘述。管理员首页面由 4 个文件组成：index.jsp、main_frame.html、main.jsp、body.html，管理员首页面布局图如图 14-12 所示。

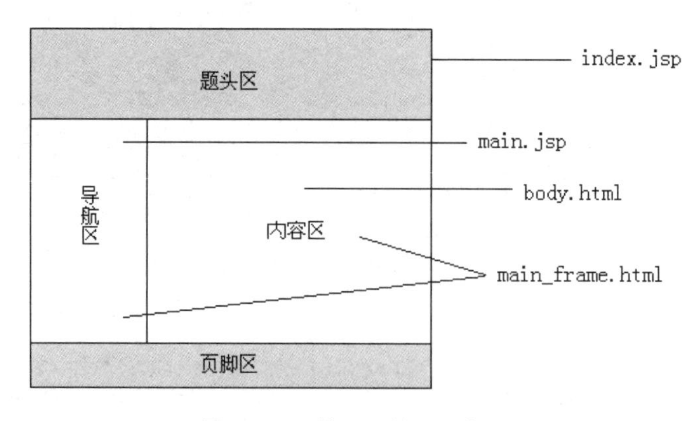

图 14-12　管理员首页面布局

管理员首页面文件名为 index.jsp，文件包括题头区、工作区和页脚区。题头区是系统 LOGO 图片；页脚区是版权图片，图片均放置在 images 文件夹中；中间为工作区，工作区放置文件 main_frame.html。main_frame.html 文件使用框架技术将页面分为导航区和内容区。

导航区放置文件 main.jsp，内容区放置文件 body.html。

14.3.6 管理员模块的设计

以管理员身份登录本系统后，可以对学生、教师、课程、班级的基本信息，开课情况和学生成绩进行管理，能够实现这些信息的添加、删除、查询、修改等操作，即管理员具备学生管理、教师管理、课程管理、班级管理、开课管理与成绩管理这 6 个子模块。下面逐一介绍属于管理员身份的功能模块的详细设计及编码部分，这部分页面具备统一的布局外观。

1. 管理员首页面

这是进入管理员功能的首页面，展示系统 6 个功能菜单，当鼠标移动至某一主菜单后，会弹出该主菜单下的子菜单。首页面效果如图 14-13 所示。

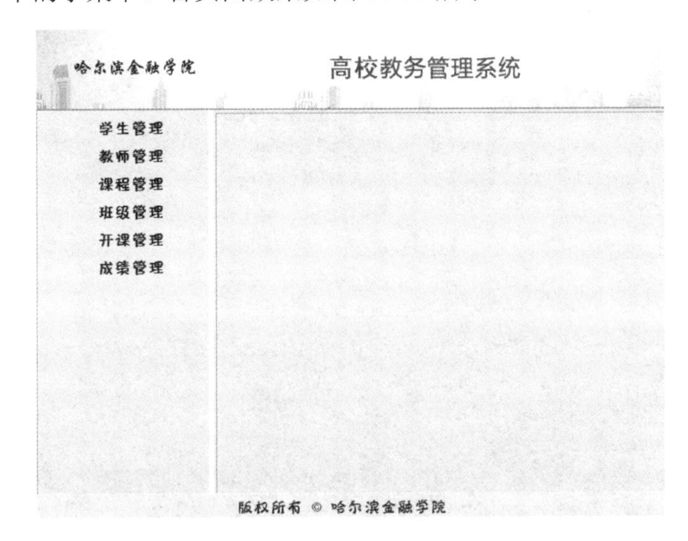

图 14-13 管理员首页面运行效果

2. 学生管理

学生管理子模块包括 5 个页面：录入学生信息页面 studentInsert.jsp，查询学生信息页面 studentQuery.jsp，修改学生信息页面 studentModifyQue.jsp、studentModify.jsp 和删除学生信息页面 studentDelete.jsp。

(1) 录入学生。

在“学生管理”菜单的子菜单中，单击“录入学生”，打开“录入学生信息”页面，进行添加新学生的操作。在进入此页面时首先初始化班级列表，即将班级表中的班级号查询出来，将结果填入“选择班级号”的下拉列表中，作为可选项。并保证在选择后，选项一直默认为本次选择，方便管理员添加一个班的学生。为了方便用户输入学生出生年月，出生年月框设置为弹出日历方式，可供管理员快速选择日期。这样设置也避免了因为日期格式错误，而导致的信息录入失败问题。通过“浏览”按钮，可以上传该学生的照片。学分信息是当该学生课程成绩录入后，自动更新的。当课程成绩及格(大于、等于 60 分)后，系统自动在原学分基础上加和该课程学分。密码默认设置为“111111”，无须录入。如录入新生“王蒙蒙”的个人信息，录入学生信息的页面效果如图 14-14 所示。

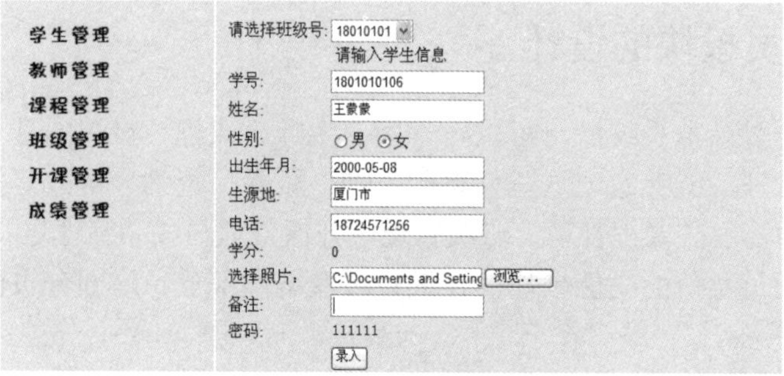

图 14-14　录入学生页面运行效果

InitAction.java 文件中完成初始化班级列表功能的 initClass()方法代码如下：

```
public String initClass() {
        Map request = (Map)ActionContext.getContext().get("session");

        CclassJdbc cclassJ = new CclassJdbc();
        List<Cclass> cclList= cclassJ.showAllclass();
        request.put("cclassList", cclList);
        return "result";
}
```

录入学生信息页面主要代码如下：

```
<script type="text/javascript" src="MyCustomDatePicker/Calendar.js"> </script>
<script type="text/javascript">
function setCookie(name, value) {
    var exp = new Date();
    exp.setTime(exp.getTime() + 24 * 60 * 60 * 1000);
    document.cookie = name + "=" + escape(value) + ";expires=" + exp.
toGMTString();
}
function getCookie(name) {
    var regExp = new RegExp("(^| )" + name + "=([^;]*)(;|$)");
    var arr = document.cookie.match(regExp);
    if(arr == null) {
        return null;
    }
    return unescape(arr[2]);
}
</script>
<body bgcolor="E1E9EC">
<s:set name="student" value="#request.student"/>
<s:form name="frm" method="post" enctype="multipart/form-data">
<table>
   <tr>
       <td>请选择班级号:</td>
       <td>
```

```
        <select name="student.class_no" id="select_1" onclick="setCookie
('select_1',this.selectedIndex)">
            <option selected="selected">请选择</option>
            <s:iterator id="ccl" value="#session.cclassList">
                <option value="<s:property value="#ccl.class_no"/>">
                    <s:property value="#ccl.class_no"/>
                </option>
            </s:iterator>
        </select>
        <script type="text/javascript">
            var selectedIndex = getCookie("select_1");
            if(selectedIndex != null) {
                document.getElementById("select_1").selectedIndex = selectedIndex;
            }
        </script>
        </td>
    </tr>
    <tr><td colspan="3" align="center">请输入学生信息</td></tr>
    <tr>
        <td>学号:</td><td><input type="text" name="student.stu_no"/></td>
    </tr>
    <tr>
        <td>姓名:</td><td><input type="text" name="student.stu_name"/> </td>
    </tr>
    <tr>
        <td><s:radio  list="#{1:' 男 ',2:' 女 '}"  label=" 性 别 "
name="student.stu_sex" value="1"/></td>
    </tr>
    <tr>
        <td>出生年月:</td>
        <td><input type="text"  name="student.stu_birth" value="2000-01-01"
onclick="fPopCalendar(event,this,this)" readonly="readonly"></td>
    </tr>
    <tr>
        <td>生源地:</td><td><input type="text" name="student.stu_source"/>
</td>
    </tr>
    <tr>
        <td>电话:</td><td><input type="text" name="student.stu_tel"/></td>
    </tr>
    <tr>
        <td>学分:</td><td><input type="text" name="student.credit" value="0"
style= "background: E1E9EC;border:0;" readonly/></td>
    </tr>
    <tr>
    <td>选择照片: </td>  <td><input type="file" name="student.stu_picture"
size="20"></td>
    </tr>
    <tr>
        <td>备注:</td><td><input type="text" name="student.stu_remark"/> </td>
    </tr>
```

```
    <tr>
        <td>密码:</td><td><input type="text" name="student.stu_pwd" value="111111"
style= "background: E1E9EC;border:0;" readonly/></td>
    </tr>
    <tr>
        <td></td>
        <td>
            <input name="btn1" type="button" value="录入" onclick="add()">
        </td>
    </tr>
</table>
    <s:property value="msg"/>
</s:form>
```

封装类文件均类似，书中仅列举学生类。Student.java 封装类文件主要代码如下：

```
public class Student implements java.io.Serializable {
    /**
     *
     */
    private static final long serialVersionUID = -7832227754681646659L;
    private String stu_no;
    private String stu_name;
    private String stu_sex;
    private String stu_birth;
    private String stu_source;
    private String class_no;
    private String stu_tel;
    private int credit;
    private String stu_picture;
    private String stu_remark;
    private String stu_pwd;
    private String stu_newpicture;
    public String getStu_no() {
        return stu_no;
    }
    public void setStu_no(String stu_no) {
        this.stu_no = stu_no;
    }
    public String getStu_name() {
        return stu_name;
    }
    public void setStu_name(String stu_name) {
        this.stu_name = stu_name;
    }
    public String getStu_sex() {
        return stu_sex;
    }
    public void setStu_sex(String stu_sex) {
        this.stu_sex = stu_sex;
    }
    public String getStu_birth() {
        return stu_birth;
```

```
    }
    public void setStu_birth(String stu_birth) {
        this.stu_birth = stu_birth;
    }
    public String getStu_source() {
        return stu_source;
    }
    public void setStu_source(String stu_source) {
        this.stu_source = stu_source;
    }
    public String getClass_no() {
        return class_no;
    }
    public void setClass_no(String class_no) {
        this.class_no = class_no;
    }
    public String getStu_tel() {
        return stu_tel;
    }
    public void setStu_tel(String stu_tel) {
        this.stu_tel = stu_tel;
    }
    public int getCredit() {
        return credit;
    }
    public void setCredit(int credit) {
        this.credit = credit;
    }
    public String getStu_picture() {
        return stu_picture;
    }
    public void setStu_picture(String stu_picture) {
        this.stu_picture = stu_picture;
    }
    public String getStu_remark() {
        return stu_remark;
    }
    public void setStu_remark(String stu_remark) {
        this.stu_remark = stu_remark;
    }
    public String getStu_pwd() {
        return stu_pwd;
    }
    public void setStu_pwd(String stu_pwd) {
        this.stu_pwd = stu_pwd;
    }
    public String getStu_newpicture() {
        return stu_newpicture;
    }
    public void setStu_newpicture(String stu_newpicture) {
        this.stu_newpicture = stu_newpicture;
```

```
    }
}
```

StudentAction.java 文件中完成录入学生信息功能的 addStu()方法代码如下：

```
public String addStu() throws Exception {
        String sql = "select * from student where stu_no ='" +
student.getStu_no() + "'";
        Statement stmt = MySqlConn.conns.createStatement();
        ResultSet rs = stmt.executeQuery(sql);
        if(rs.next()) {
            setMsg("该学生已经存在！");
            return "result";
        }
        StudentJdbc studentJ = new StudentJdbc();
        Student stu = new Student();
        stu.setStu_no(student.getStu_no());
        stu.setStu_name(student.getStu_name());
        stu.setStu_sex(student.getStu_sex());
        stu.setStu_birth(student.getStu_birth());
        stu.setStu_source(student.getStu_source());
        stu.setClass_no(student.getClass_no());
        stu.setStu_tel(student.getStu_tel());
        stu.setCredit(student.getCredit());
        stu.setStu_remark(student.getStu_remark());
        stu.setStu_pwd(student.getStu_pwd());
        //上传照片
        if(student.getStu_picture()!=null){
        String path = ServletActionContext.getServletContext().getRealPath
("/manager/student/picture");
        String filename = stu.getStu_no()+".jpg";
        OutputStream out = new FileOutputStream(path + "/" + filename);
        FileInputStream in = new FileInputStream(student.getStu_picture());
        IOUtils.copy(in, out);
        in.close();
        out.close();
       stu.setStu_picture(path+ "\\" +filename);
        }
        if(studentJ.addStudent(stu) != null) {
            setMsg("添加成功！");
            Map request = (Map)ActionContext.getContext().get("request");
            request.put("student", stu);
        }else
            setMsg("添加失败，请检查输入信息！");
        return "result";
}
```

StudentJdbc.java 文件中完成录入学生信息功能的 addStudent ()方法代码如下：

```
public Student addStudent(Student student) {
      String sql = "insert into student(stu_no,Stu_name,Stu_sex,Stu_birth,
Stu_source,Class_no,Stu_tel,Credit,Stu_picture,Stu_remark,Stu_pwd)
values(?,?,?,?,?,?,?,?,?,?,?)";
```

```
        try {
            psmt = MySqlConn.conns.prepareStatement(sql);
            psmt.setString(1, student.getStu_no());
            psmt.setString(2, student.getStu_name());
            psmt.setString(3, student.getStu_sex());
            psmt.setString(4, student.getStu_birth());
            psmt.setString(5, student.getStu_source());
            psmt.setString(6, student.getClass_no());
            psmt.setString(7, student.getStu_tel());
            psmt.setInt(8, student.getCredit());
            psmt.setString(9, student.getStu_picture());
            psmt.setString(10, student.getStu_remark());
            psmt.setString(11, student.getStu_pwd());
            psmt.execute();
        }catch(Exception e) {
            e.printStackTrace();
        }
    return student;
}
```

(2) 查询学生。

在“学生管理”菜单的子菜单中，单击“查询学生”，打开“查询学生信息”页面，进行查询学生的操作。查询的方式需要输入学生学号，将查到的学生信息显示在网页上，同时也将该学生的照片显示出来。如查询“王蒙蒙”的个人信息，查询学生信息的页面效果如图 14-15 所示。

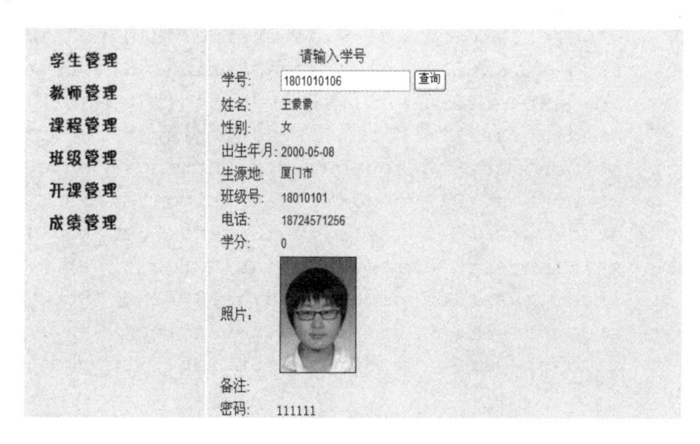

图 14-15　查询学生页面运行效果

查询学生信息页面代码省略。

StudentAction.java 文件中完成查询学生信息功能的 queStu()方法代码如下：

```
public String queStu() throws Exception {
        boolean exist = false;
        String sql = "select * from student where stu_no ='" + student.
getStu_no() + "'";
        Statement stmt = MySqlConn.conns.createStatement();
        ResultSet rs = stmt.executeQuery(sql);
        if(rs.next()) {
```

```
            exist = true;
        }
        if(exist) {
            //存在即在表单中显示该生信息
            StudentJdbc studentJ = new StudentJdbc();
            Student stu = new Student();
            stu.setStu_no(student.getStu_no());
            if(studentJ.showStudent(stu) != null) {
                setMsg("查找成功！");
                Map request = (Map)ActionContext.getContext().get("request");
                request.put("student", stu);
            }else
                setMsg("查找失败，请检查操作权限！");
        }else
            setMsg("该学生不存在！");
        return "result";
    }
```

StudentJdbc.java 文件中完成查询学生信息功能的 showStudent ()方法代码如下：

```
public Student showStudent(Student student) {
        String sql = "select * from student where stu_no ='" + student.
getStu_no() + "'";
        try {
            psmt = MySqlConn.conns.prepareStatement(sql);
            rs = psmt.executeQuery();
            if(rs.next()) {
                student.setStu_no(rs.getString("Stu_no"));
                student.setStu_name(rs.getString("Stu_name"));
                student.setStu_sex(rs.getString("Stu_sex"));
                student.setStu_birth(rs.getString("Stu_birth"));
                student.setStu_source(rs.getString("Stu_source"));
                student.setClass_no(rs.getString("Class_no"));
                student.setStu_tel(rs.getString("Stu_tel"));
                student.setCredit(rs.getInt("Credit"));
                student.setStu_picture(rs.getString("Stu_picture"));
                student.setStu_remark(rs.getString("Stu_remark"));
                student.setStu_pwd(rs.getString("Stu_pwd"));
            }
        }catch(Exception e) {
            e.printStackTrace();
        }
        return student;
    }
```

(3) 修改学生。

在“学生管理”菜单的子菜单中，单击“修改学生”，打开“修改学生信息”页面。首先输入学生学号，然后将查到的学生信息显示在网页中，按照需要修改信息即可，此处只需要修改要改的信息，其余信息保持不动。如果学生的照片需要修改，只需要单击“浏览”按钮，选择新照片即可将原照片替换。如修改“王蒙蒙”的电话号码，修改学生信息的页面效果如图 14-16 所示。

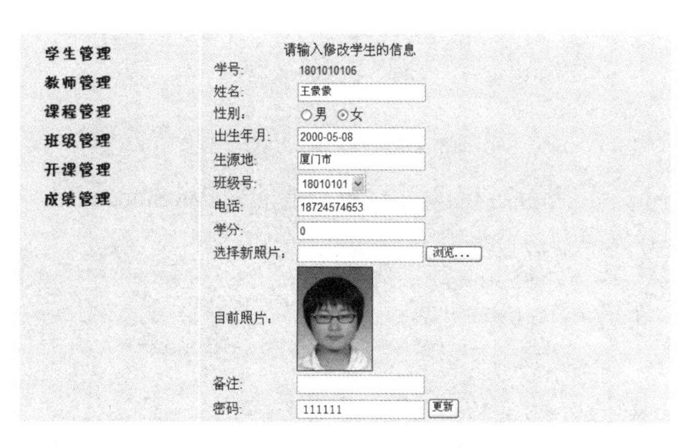

图 14-16　修改学生页面运行效果

修改学生信息页面代码省略。

StudentAction.java 文件中完成修改学生信息功能的 updStu()方法代码如下：

```
public String updStu() throws Exception {
        StudentJdbc studentJ = new StudentJdbc();
        Student stu = new Student();
        stu.setStu_no(student.getStu_no());
        stu.setStu_name(student.getStu_name());
        stu.setStu_sex(student.getStu_sex());
        stu.setStu_birth(student.getStu_birth());
        stu.setStu_source(student.getStu_source());
        stu.setClass_no(student.getClass_no());
        stu.setStu_tel(student.getStu_tel());
        stu.setCredit(student.getCredit());
        stu.setStu_picture(student.getStu_picture());
        stu.setStu_remark(student.getStu_remark());
        stu.setStu_pwd(student.getStu_pwd());
        //上传照片
        System.out.println(student.getStu_newpicture());
        if(student.getStu_newpicture()!=null){
        String path = ServletActionContext.getServletContext().getRealPath
("/manager/student/picture");
        System.out.println("path: "+path);
        String filename = stu.getStu_no()+".jpg";
        OutputStream out = new FileOutputStream(path + "/" + filename);
        FileInputStream in = new FileInputStream(student.getStu_ newpicture());
        IOUtils.copy(in, out);
        in.close();
        out.close();
       stu.setStu_picture(path+ "\\" +filename);
        }
        else
            stu.setStu_picture(student.getStu_picture());

        if(studentJ.updateStudent(stu) != null) {
            setMsg("更新成功！");
            Map request = (Map)ActionContext.getContext().get("request");
            request.put("student", stu);
```

```
        }else
            setMsg("更新失败，请检查输入信息！");
        return "result";
    }
```

StudentJdbc.java 文件中完成修改学生信息功能的 updateStudent()方法代码如下：

```
public Student updateStudent(Student student) {
        String sql = "update student set stu_no=?, Stu_name=?, Stu_sex=?,
Stu_birth=?, Stu_source=?, Class_no=?, Stu_tel=?, Credit=?, Stu_picture=?,
Stu_remark=?, Stu_pwd=? where stu_no ='" + student.getStu_no() + "'";
        try {
            psmt = MySqlConn.conns.prepareStatement(sql);
            psmt.setString(1, student.getStu_no());
            psmt.setString(2, student.getStu_name());
            psmt.setString(3, student.getStu_sex());
            psmt.setString(4, student.getStu_birth());
            psmt.setString(5, student.getStu_source());
            psmt.setString(6, student.getClass_no());
            psmt.setString(7, student.getStu_tel());
            psmt.setInt(8, student.getCredit());
            psmt.setString(9, student.getStu_picture());
            psmt.setString(10, student.getStu_remark());
            psmt.setString(11, student.getStu_pwd());
            psmt.execute();
        }catch(Exception e) {
            e.printStackTrace();
        }
        return student;
    }
```

(4) 删除学生。

在“学生管理”菜单的子菜单中，单击“删除学生”，打开“删除学生信息”页面，首先输入学生学号，然后将查到的学生的所有信息删除。如删除“王蒙蒙”，删除学生信息的页面效果如图 14-17 所示。

图 14-17　删除学生页面运行效果

删除学生信息页面代码省略。

StudentAction.java 文件中完成删除学生信息功能的 delStu()方法代码如下：

```
public String delStu() throws Exception {
        boolean exist = false;
        String sql = "select * from student where stu_no ='" + student.
getStu_no() + "'";
```

```
        Statement stmt = MySqlConn.conns.createStatement();
        ResultSet rs = stmt.executeQuery(sql);
        if(rs.next()) {
            exist = true;
        }
        if(exist) {
            StudentJdbc studentJ = new StudentJdbc();
            Student stu = new Student();
            stu.setStu_no(student.getStu_no());
            if(studentJ.delStudent(stu) != null) {
                setMsg("删除成功！");
            }else
                setMsg("删除失败，请检查操作权限！");
        }else {
            setMsg("该学生不存在！");
        }
        return "result";
    }
```

StudentJdbc.java 文件中完成删除学生信息功能的 delStudent()方法代码如下：

```
public Student delStudent(Student student) {
        String sql = "delete from student where stu_no ='" + student.
getStu_no() + "'";
        try {
            psmt = MySqlConn.conns.prepareStatement(sql);
            psmt.execute();
        }catch(Exception e) {
            e.printStackTrace();
        }
        return student;
    }
```

3. 教师管理

教师管理子模块包括 5 个页面：录入教师信息页面 teacherInsert.jsp，查询教师信息页面 teacherQuery.jsp，修改教师信息页面 teacherModifyQue.jsp、teacherModify.jsp 和删除教师信息页面 teacherDelete.jsp。

(1) 录入教师。

在“教师管理”菜单的子菜单中，单击“录入教师”，打开“录入教师信息”页面，进行添加新教师的操作。如录入新教师“李明”的个人信息，录入教师信息的页面效果如图 14-18 所示。录入教师页面和实现录入功能代码与录入学生功能代码类似，源程序省略。

(2) 查询教师。

在“教师管理”菜单的子菜单中，单击“查询教师”，打开“查询教师信息”页面，进行查询教师的操作。查询的方式需要输入教师号，将查到的教师信息显示在网页上。如查询“李明”的个人信息，查询教师信息的页面效果如图 14-19 所示。查询教师页面和实现查询功能代码与查询学生功能代码类似，源程序省略。

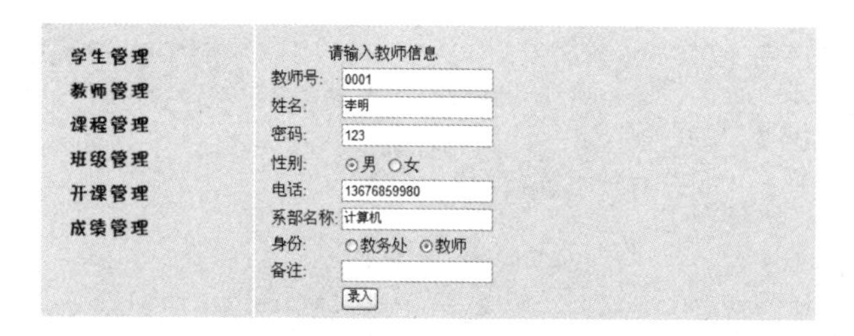

图 14-18 录入教师页面运行效果

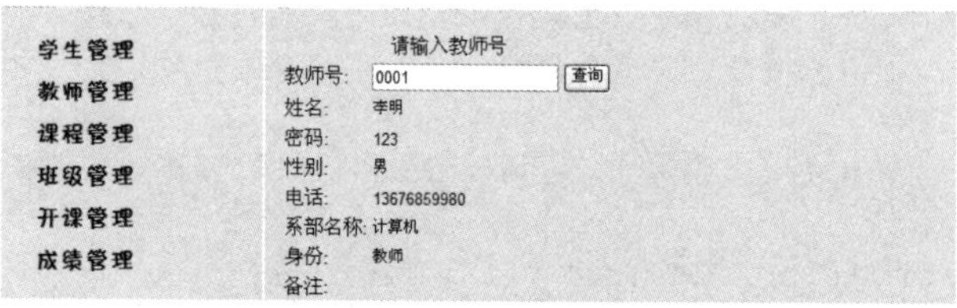

学生管理
教师管理
课程管理
班级管理
开课管理
成绩管理
请输入教师号
教师号: 0001 查询
姓名: 李明
密码: 123
性别: 男
电话: 13676859980
系部名称: 计算机
身份: 教师
备注:

图 14-19 查询教师页面运行效果

(3) 修改教师。

在“教师管理”菜单的子菜单中，单击“修改教师”，打开“修改教师信息”页面，首先输入教师号，然后将查到的教师信息显示在网页中，按照需要修改信息即可。如修改“李明”的密码，修改教师信息的页面效果如图 14-20 所示。修改教师页面和实现修改功能代码与修改学生功能代码类似，源程序省略。

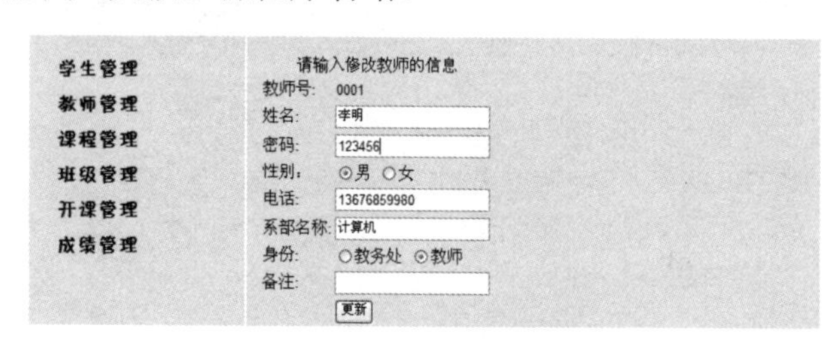

图 14-20 修改教师页面运行效果

(4) 删除教师。

在“教师管理”菜单的子菜单中，单击“删除教师”，打开“删除教师信息”页面，首先输入教师号，然后将查到的教师所有信息删除。如删除“李明”，删除教师信息的页面效果如图 14-21 所示。删除教师页面和实现删除功能代码与删除学生功能代码类似，源程序省略。

图 14-21 删除教师页面运行效果

4. 课程管理

课程管理子模块包括 5 个页面：录入课程信息页面 courseInsert.jsp，查询课程信息页面

courseQuery.jsp，修改课程信息页面 courseModifyQue.jsp、courseModify.jsp 和删除课程信息页面 courseDelete.jsp。

(1) 录入课程。

在“课程管理”菜单的子菜单中，单击“录入课程”，打开“录入课程信息”页面，进行添加新课程的操作。课程的学分在该课程考核并录入学生成绩后，以此为标准更新学生学分信息，当学生该课程成绩及格(大于、等于 60 分)后，系统自动在学生原学分基础上加和该课程学分。开课学期需要填写 1～8 之间的自然数，代表 1～8 学期。如录入新课程“数据库原理及应用”的信息，录入课程信息的页面效果如图 14-22 所示。录入课程页面和实现录入功能代码与录入学生功能代码类似，源程序省略。

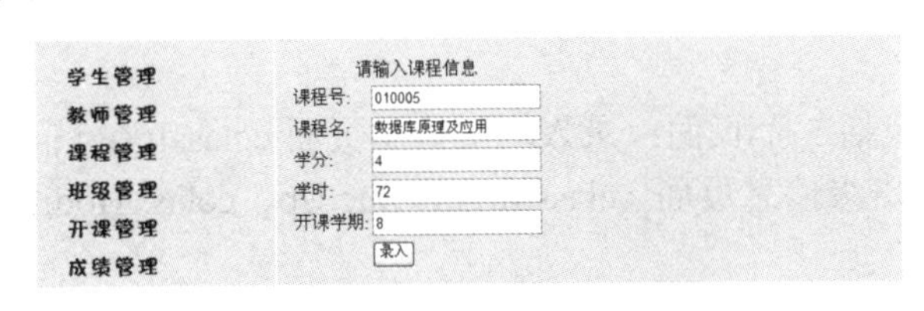

图 14-22　录入课程页面运行效果

(2) 查询课程。

在“课程管理”菜单的子菜单中，单击“查询课程”，打开“查询课程信息”页面，进行查询课程的操作。查询的方式需要输入课程号，将查到的课程信息显示在网页上。如查询“数据库原理及应用”的信息，查询课程信息的页面效果如图 14-23 所示。查询课程页面和实现查询功能代码与查询学生功能代码类似，源程序省略。

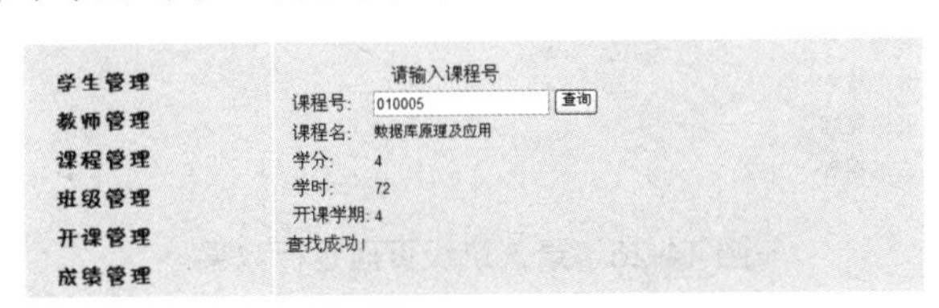

图 14-23　查询课程页面运行效果

(3) 修改课程。

在“课程管理”菜单的子菜单中，单击“修改课程”，打开“修改课程信息”页面，首先输入课程号，然后将查到的课程信息显示在网页中，按照需要修改信息即可。如修改“数据库原理及应用”课程的学时，修改课程信息的页面效果如图 14-24 所示。修改课程页面和实现修改功能代码与修改学生功能代码类似，源程序省略。

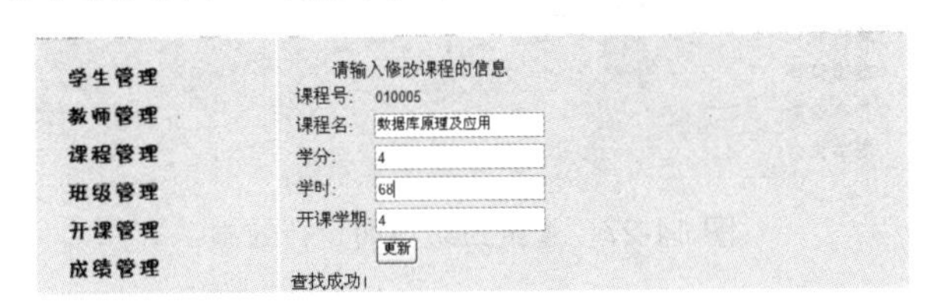

图 14-24　修改课程页面运行效果

(4) 删除课程。

在“课程管理”菜单的子菜单中，单击“删除课程”，打开“删除课程信息”页面，首先输入课程号，然后将查到的课程所有信息删除。如删除“数据库原理及应用”，删除课程信息的页面效果如图 14-25 所示。删除课程页面和实现删除功能代码与删除学生功能代码类似，源程序省略。

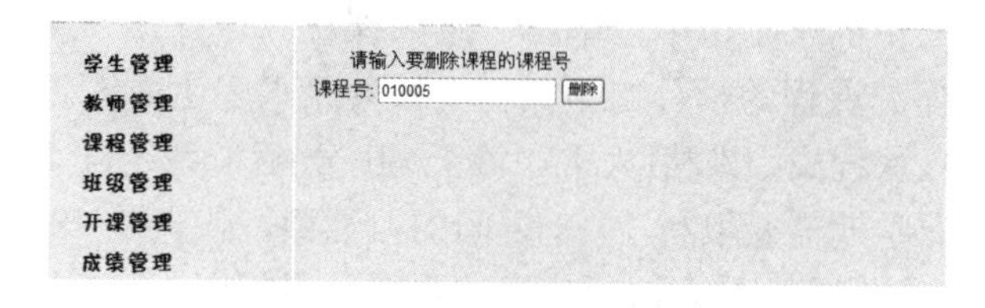

图 14-25　删除课程页面运行效果

5. 班级管理

班级管理子模块包括 5 个页面：录入班级信息页面 cclassInsert.jsp，查询班级信息页面 cclassQuery.jsp，修改班级信息页面 cclassModifyQue.jsp、cclassModify.jsp 和删除班级信息页面 cclassDelete.jsp。

(1) 录入班级。

在“班级管理”菜单的子菜单中，单击“录入班级”，打开“录入班级信息”页面，进行添加新班级的操作。如录入新班级“2018 级软件工程 2 班”的信息，录入班级信息的页面效果如图 14-26 所示。录入班级页面和实现录入功能代码与录入学生功能代码类似，源程序省略。

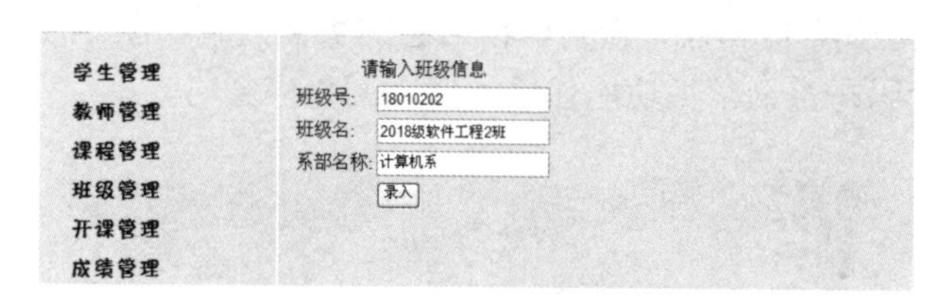

图 14-26　录入班级页面运行效果

(2) 查询班级。

在“班级管理”菜单的子菜单中，单击“查询班级”，打开“查询班级信息”页面，进行查询班级的操作。查询的方式需要输入班级号，将查到的班级信息显示在网页上。如查询“18010202”的信息，查询班级信息的页面效果如图 14-27 所示。查询班级页面和实现查询功能代码与查询学生功能代码类似，源程序省略。

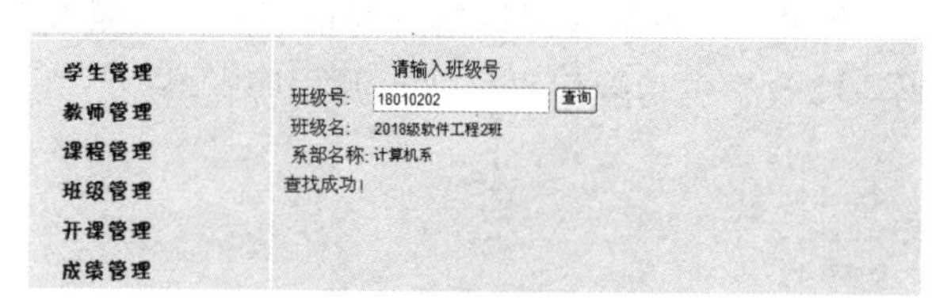

图 14-27　查询班级页面运行效果

(3) 修改班级。

在“班级管理”菜单的子菜单中，单击“修改班级”，打开“修改班级信息”页面，首先输入班级号，然后将查到的班级信息显示在网页中，按照需要修改信息即可。如修改“18010202”的班级名，修改班级信息的页面效果如图 14-28 所示。修改班级页面和实现修改功能代码与修改学生功能代码类似，源程序省略。

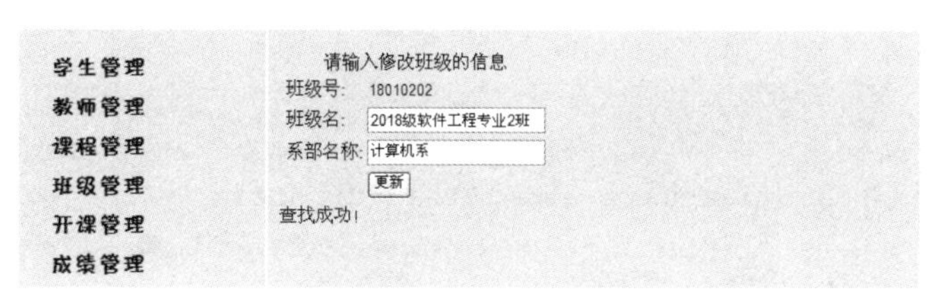

图 14-28 修改班级页面运行效果

(4) 删除班级。

在“班级管理”菜单的子菜单中，单击“删除班级”，打开“删除班级信息”页面，首先输入班级号，然后将查到的班级所有信息删除。如删除“18010202”，删除班级信息的页面效果如图 14-29 所示。删除班级页面和实现删除功能代码与删除学生功能代码类似，源程序省略。

图 14-29 删除班级页面运行效果

6. 开课管理

开课管理子模块包括 5 个页面：录入开课信息页面 tccInsert.jsp，查询开课信息页面 tccQuery.jsp，修改开课信息页面 tccModifyQue.jsp、tccModify.jsp 和删除开课信息页面 tccDelete.jsp。

(1) 录入开课。

在“开课管理”菜单的子菜单中，单击“录入开课”，打开“录入开课信息”页面，进行添加新开课的操作。如为“18010202”班级、“010001”课程分配“0102”教师进行开课。在录入开课信息前需要初始化教师列表、班级列表、课程列表，即查询教师表中所有教师号、班级表中所有班级号、课程中所有课程号，并添入各自的下拉列表中供开课选择。这样操作的好处是开课时保证教师、班级、课程均存在，否则可能出现输入的教师、班级、课程不存在的情况，方便管理员进行开课设置。录入开课信息的页面效果如图 14-30 所示。

图 14-30 录入开课页面运行效果

InitAction.java 文件中完成初始化教师列表、班级列表、课程列表功能的 initTcc()方法代码如下：

```
public String initTcc() {
        Map request = (Map)ActionContext.getContext().get("session");
        TeacherJdbc teacherJ = new TeacherJdbc();
        List<Cclass> teaList= teacherJ.showAllteacher();
        request.put("teacherList", teaList);
        CclassJdbc cclassJ = new CclassJdbc();
        List<Cclass> cclList= cclassJ.showAllclass();
        request.put("cclassList", cclList);
        CourseJdbc courseJ = new CourseJdbc();
        List<Cclass> couList= courseJ.showAllcourse();
        request.put("courseList", couList);
        return "result";
}
```

录入开课信息页面主要代码如下：

```
<s:set name="tcc" value="#request.tcc"/>
<s:form name="frm" method="post" enctype="multipart/form-data">
<table>
    <tr><td colspan="3" align="center">请选择开课信息</td></tr>
    <tr>
        <td>教师号:</td>
        <td>
        <select name="tcc.tea_no">
            <option selected="selected">请选择</option>
            <s:iterator id="tea" value="#session.teacherList">
                <option value="<s:property value="#tea.tea_no"/>">
                    <s:property value="#tea.tea_no"/>
                </option>
            </s:iterator>
        </select>
        </td>
    </tr>
    <tr>
        <td>班级号:</td>
        <td>
        <select name="tcc.class_no">
            <option selected="selected">请选择</option>
            <s:iterator id="ccl" value="#session.cclassList">
                <option value="<s:property value="#ccl.class_no"/>">
                    <s:property value="#ccl.class_no"/>
                </option>
            </s:iterator>
        </select>
        </td>
    </tr>
    <tr>
        <td>课程号:</td>
        <td>
```

```
        <select name="tcc.course_no">
            <option selected="selected">请选择</option>
            <s:iterator id="cou" value="#session.courseList">
                <option value="<s:property value="#cou.course_no"/>">
                    <s:property value="#cou.course_no"/>
                </option>
            </s:iterator>
        </select>
        </td>
    </tr>
    <tr>
        <td></td>
        <td>
            <input name="btn1" type="button" value="录入" onclick="add()">
        </td>
    </tr>
</table>
<s:property value="msg"/>
</s:form>
```

实现录入功能代码与录入学生功能代码类似，源程序省略。

(2) 查询开课。

在“开课管理”菜单的子菜单中，单击“查询开课”，打开“查询开课信息”页面，进行查询开课的操作。查询的方式需要输入班级号、课程号，查询是否给该班级、该课程分配教师，最后将查到的开课信息显示在网页上。在查询开课前需要查询已开课的班级号、已开课的课程号，并添入下拉列表中供查询开课教师。如查询“18010202”班级、“010001”课程的信息，查询开课信息的页面效果如图 14-31 所示。

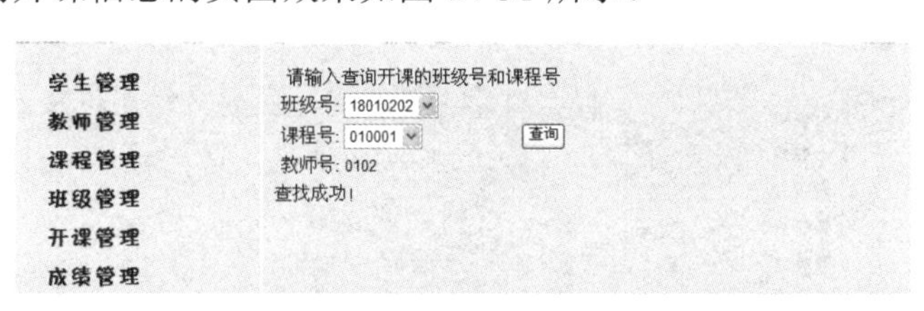

图 14-31　查询开课页面运行效果

InitAction.java 文件中完成初始化开课的班级列表、开课的课程列表，所有教师列表功能的 initTccQMD()方法代码如下：

```
public String initTccQMD() {
        Map request = (Map)ActionContext.getContext().get("session");

        TeacherJdbc teacherJ = new TeacherJdbc();
        List<Cclass> teaList= teacherJ.showAllteacher();
        request.put("teacherList", teaList);
        TccJdbc tccJ = new TccJdbc();
        List<Cclass> acList= tccJ.showAllclassInTcc();
        request.put("classInTccList", acList);
        List<Cclass> acoList= tccJ.showAllcourseInTcc();
        request.put("courseInTccList", acoList);
```

```
        return "result";
    }
```

查询开课页面和实现查询功能代码与查询学生功能代码类似，源程序省略。

(3) 修改开课。

在“开课管理”菜单的子菜单中，单击“修改开课”，打开“修改开课信息”页面，首先选择修改开课的班级号、课程号，然后将查到的开课信息显示在网页中，按照需要修改信息即可。在修改开课前需要查询已开课的班级号、已开课的课程号、所有的教师号并添入下拉列表中，以供对已开课的班级、课程重新分配教师。如对“18010202”班级、“010001”课程，重新分配教师“0103”。修改开课信息的页面效果如图 14-32 所示。

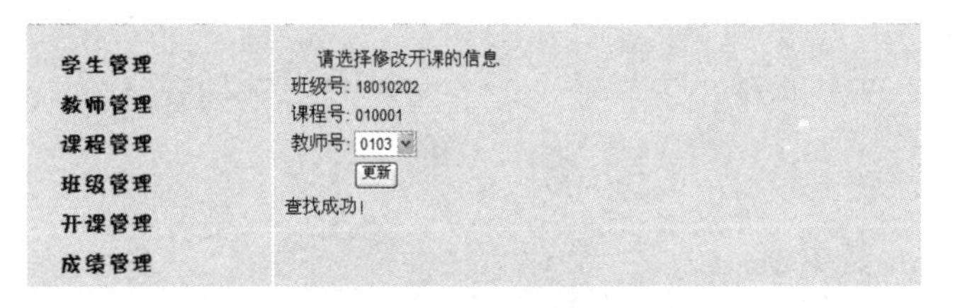

图 14-32 修改开课页面运行效果

InitAction.java 文件中完成初始化开课的班级列表、开课的课程列表功能代码同查询开课，源程序省略。

修改开课页面和实现修改功能代码与修改学生功能代码类似，源程序省略。

(4) 删除开课。

在“开课管理”菜单的子菜单中，单击“删除开课”，打开“删除开课信息”页面，首先选择班级号、课程号，然后将查到开课的所有信息删除。如删除“18010202”班级、“010001”课程的开课，删除开课信息的页面效果如图 14-33 所示。

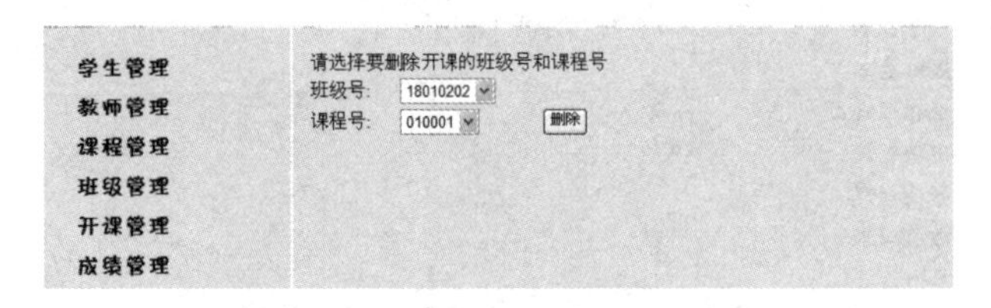

图 14-33 删除开课页面运行效果

InitAction.java 文件中完成初始化开课的班级列表、开课的课程列表功能代码同查询开课，源程序省略。

删除开课页面和实现删除功能代码与删除学生功能代码类似，源程序省略。

7. 成绩管理

成绩管理子模块包括 2 个页面：修改成绩页面 scoreModifyQue.jsp、scoreModify.jsp。因为教务处教师作为管理员，只需要具有成绩修改权限即可，成绩的录入功能由教师进行。

在“成绩管理”菜单的子菜单中，单击“修改成绩”，打开“修改成绩信息”页面，首先输入学生的学号、课程号，然后将查到的成绩信息显示在网页中，按照需要修改信息即可。如修改学号为“1801010101”的学生的“010002”课程成绩，修改成绩信息的页面效果如图 14-34、图 14-35 所示。

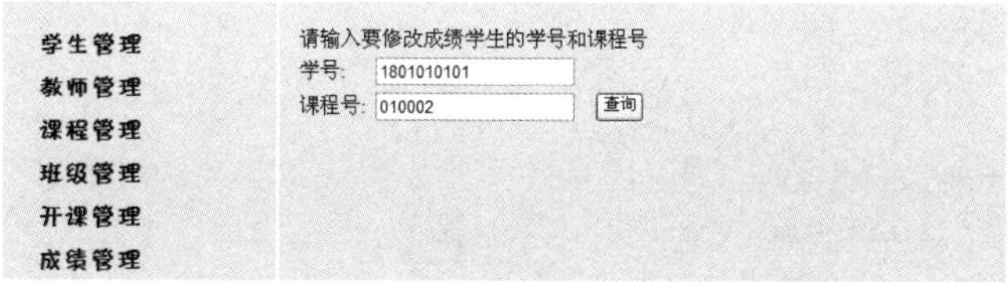

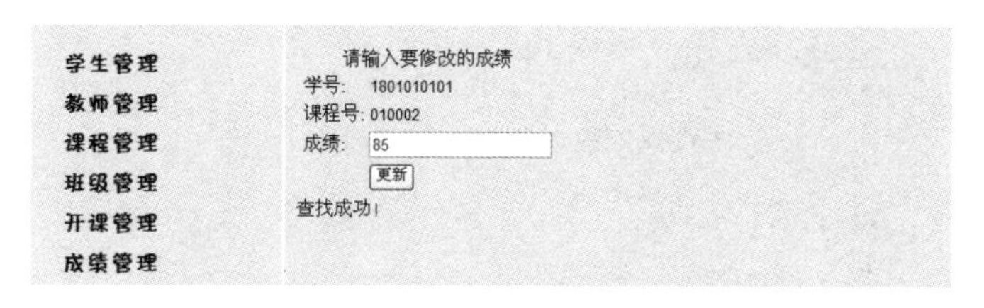

图 14-34 修改成绩 1 页面运行效果

图 14-35 修改成绩 2 页面运行效果

修改成绩页面和实现修改功能代码与修改学生功能代码类似，源程序省略。

14.3.7 教师模块的设计

以教师身份登录本系统后，可以查看个人信息、修改登录密码、查看学生成绩及录入学生成绩，共包含 4 个页面：查看个人信息页面 teacherMessage.jsp、修改密码页面 teacherPwd.jsp、学生成绩查询页面 queScore.jsp 和学生成绩录入页面 inputScore.jsp。

1. 查看教师个人信息

以教师身份登录系统后选择“个人信息”菜单，将展示登录教师的个人基本信息，不允许修改。“教师个人信息”页面运行效果如图 14-36 所示。

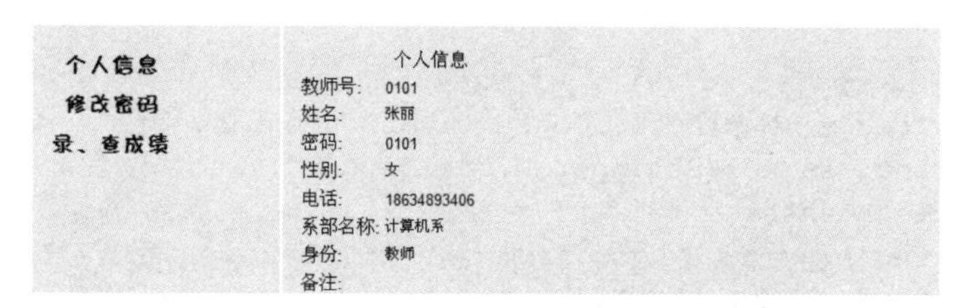

图 14-36 查看教师个人信息页面运行效果

查看教师个人信息页面代码省略。

TeacherAction.java 文件中完成查看教师信息功能的 initMessageofTea ()方法代码如下：

```
public String initMessageofTea() throws Exception {
        Map req = (Map)ActionContext.getContext().get("session");
        String tea_no=(String)req.get("login");
        boolean exist = false;
        String sql = "select * from teacher where Tea_no ='" + tea_no + "'";
        Statement stmt = MySqlConn.conns.createStatement();
        ResultSet rs = stmt.executeQuery(sql);
        if(rs.next()) {
            exist = true;
        }
```

```
        if(exist) {
            TeacherJdbc teacherJ = new TeacherJdbc();
            Teacher tea = new Teacher();
            tea.setTea_no(tea_no);
            if(teacherJ.showTeacher(tea) != null) {
                setMsg("查找成功！");
                Map                         request                        =
(Map)ActionContext.getContext().get("request");
                request.put("teacher", tea);
            }else
                setMsg("查找失败，请检查操作权限！");
        }else
            setMsg("该教师不存在！");
        return "result";
    }
```

实现查询教师个人信息功能代码与查询学生信息功能代码类似，源程序省略。

2. 修改密码

选择“修改密码”菜单，进行教师密码修改，需要输入新设置的密码和确认密码，确认密码要与新密码一致，页面运行效果如图 14-37 所示。

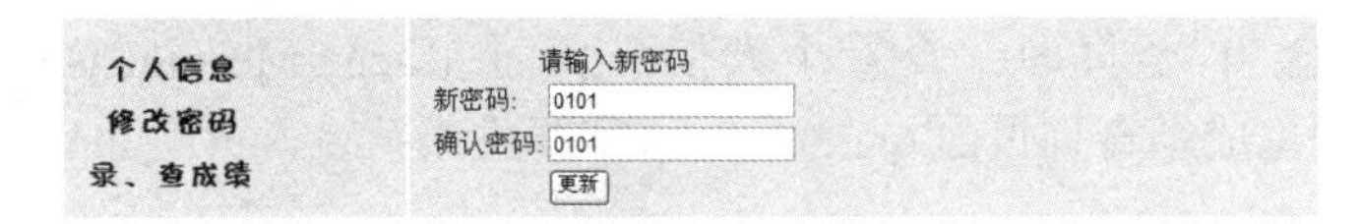

图 14-37　修改教师密码页面运行效果

修改密码页面代码省略。

TeacherAction.java 文件中完成修改密码功能的 updTeaPwd ()方法代码如下：

```
public String updTeaPwd() throws Exception {
        Map req = (Map)ActionContext.getContext().get("session");
        String tea_no=(String)req.get("login");
        boolean exist = false;
        String sql = "select * from teacher where Tea_no ='" + tea_no + "'";
        Statement stmt = MySqlConn.conns.createStatement();
        ResultSet rs = stmt.executeQuery(sql);
        if(rs.next()) {
            exist = true;
        }
        if(exist) {
            TeacherJdbc teacherJ = new TeacherJdbc();
            Teacher tea = new Teacher();
            tea.setTea_no(tea_no);
            if(teacherJ.showTeacher(tea) != null) {
                setMsg("查找成功！");
                tea.setTea_pwd(teacher.getTea_pwd());
                if(teacherJ.updateTeacher(tea) != null) {
                    setMsg("更新成功！");
                }else
```

```
                setMsg("更新失败，请检查输入信息！");
        }else
            setMsg("查找失败，请检查操作权限！");
    }else
        setMsg("该教师不存在！");
    return "result";
}
```

3. 查询学生成绩

选择“录、查成绩”菜单，选择班级号和课程号后，单击“查询”按钮，查询该班级、该课程的已录入的学生成绩，并显示在网页上，页面运行效果如图 14-38 所示。

个人信息
修改密码
录、查成绩

请录入成绩
班级号: 18010101 课程号: 010001

学号	姓名	成绩
1801010101	秦建兴	89
1801010102	张吉哲	80
1801010103	王胜男	81
1801010104	李楠楠	84

显示学生成绩！

图 14-38　教师查询成绩页面运行效果

查询学生成绩页面代码如下：

```
<s:set name="tcc" value="#request.tcc"/>
<s:form name="frm" method="post" enctype="multipart/form-data">
<table>
   <tr><td colspan="3" align="center">请录入成绩</td></tr>
    <tr>
        <td>班级号:</td>
        <td>
       <select name="tcc.class_no" id="select_1" onclick="setCookie('select_1',
this.selectedIndex)">
                <option value="<s:property value="#tcc.class_no"/>">
                    <s:property value="#tcc.class_no"/>
                </option>
        </select>
        <script type="text/javascript">
            var selectedIndex = getCookie("select_1");
            if(selectedIndex != null) {
                document.getElementById("select_1").selectedIndex = selectedIndex;
            }
        </script>
        </td>
        <td>课程号:</td>
        <td>
        <select name="tcc.course_no" id="select_2" onclick="setCookie('select_2',
this.selectedIndex)">
                <option value="<s:property value="#tcc.course_no"/>">
                    <s:property value="#tcc.course_no"/>
                </option>
        </select>
        <script type="text/javascript">
            var selectedIndex = getCookie("select_2");
```

```
            if(selectedIndex != null) {
                document.getElementById("select_2").selectedIndex = selectedIndex;
            }
        </script>
        </td>
    </tr>
</table>
<table border="1">
    <tr align="center">
        <td width="200">学号 </td>
        <td width="200">姓名</td>
        <td width="100">成绩</td>
    </tr>
    <s:iterator id="sco" value="#session.allqueStudentList">
        <tr align="center">
          <td><s:property value="#sco.stu_no"/></td>
         <td><s:property value="#sco.course_no"/></td>
         <td><s:property value="#sco.score"/></td>
       </tr>
    </s:iterator>
</table>
<s:property value="msg"/>
</s:form>
```

TccAction.java 文件中完成查询成绩功能的 queSco()方法代码如下：

```
public String queSco() throws Exception {
        queTcc();
        if("查找成功! ".equals(getMsg())){
            Map request = (Map)ActionContext.getContext().get("request");
            Tcc tcc=(Tcc)request.get("tcc");
            StudentJdbc studentJ = new StudentJdbc();
            List<Student> stmpList= studentJ.showAllstudent(tcc);

            List<Score> stuList = new ArrayList();
            int i=0;
            setMsg("没有录完的成绩! ");
            while(!stmpList.isEmpty()){
                ScoreJdbc scoJ = new ScoreJdbc();
                Score sco = new Score();
                sco.setStu_no(stmpList.get(i).getStu_no());
                sco.setCourse_no(tcc.getCourse_no());
                if(scoJ.showScore(sco)!=null) {
                    sco.setCourse_no(stmpList.get(i).getStu_name());
                    stuList.add(sco);
                    setMsg("显示学生成绩! ");
                }
                stmpList.remove(i);
            }
            request = (Map)ActionContext.getContext().get("session");
            request.put("allqueStudentList", stuList);
        }else{
```

```
            Map request = (Map)ActionContext.getContext().get("session");
            request.put("allqueStudentList", null);
        }
        return "result";
}
```

4. 录入学生成绩

选择“录、查成绩”菜单，选择班级号和课程号后，单击“录入”按钮，查询该班级、该课程的未录入的学生名单，可以录入成绩，页面运行效果如图 14-39 所示。

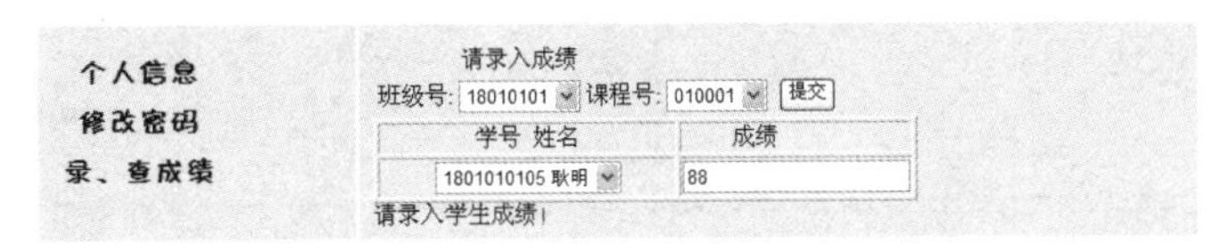

图 14-39　教师录入成绩页面运行效果

录入成绩页面的主要代码如下：

```
<s:set name="tcc" value="#request.tcc"/>
<s:form name="frm" method="post" enctype="multipart/form-data">
<table>
    <tr><td colspan="3" align="center">请录入成绩</td></tr>
    <tr>
        <td>班级号:</td>
        <td>
        <select  name="tcc.class_no"  id="select_1"  onclick="setCookie
('select_1',this.selectedIndex)">
                <option value="<s:property value="#tcc.class_no"/>">
                    <s:property value="#tcc.class_no"/>
                    <s:property value="#tcc.class_name"/>
                </option>
        </select>
        <script type="text/javascript">
            var selectedIndex = getCookie("select_1");
            if(selectedIndex != null) {
                document.getElementById("select_1").selectedIndex = selectedIndex;
            }
        </script>
        </td>
        <td>课程号:</td>
        <td>
        <select  name="tcc.course_no"  id="select_2"  onclick="setCookie
('select_2',this.selectedIndex)">
                <option value="<s:property value="#tcc.course_no"/>">
                    <s:property value="#tcc.course_no"/>
                    <s:property value="#tcc.course_name"/>
                </option>
        </select>
        <script type="text/javascript">
            var selectedIndex = getCookie("select 2");
            if(selectedIndex != null) {
```

```
                document.getElementById("select_2").selectedIndex        =
selectedIndex;
            }
        </script>
        </td>
        <td></td>
        <td>
            <input name="btn1" type="button" value="提交" onclick="add()">
        </td>
    </tr>
</table>
<table border="1">
    <tr align="center">
        <td width="200">学号    姓名</td>
        <td width="100">成绩</td>
    </tr>
    <tr align="center">
       <td><select  name="score.stu_no"  id="select_3"  onclick="setCookie
('select_3',this.selectedIndex)">
        <s:iterator id="sco" value="#session.allStudentList">
            <option value="<s:property value="#sco.stu_no"/>">
                <s:property value="#sco.stu_no"/>
                <s:property value="#sco.stu_name"/>
            </option>
        </s:iterator>
       </select>
       <script type="text/javascript">
        var selectedIndex = getCookie("select_3");
        if(selectedIndex != null) {
            document.getElementById("select_3").selectedIndex = selectedIndex;
        }
       </script>
       </td>
       <td><input type="text" name="score.score"/></td>
   </tr>
</table>
<s:property value="msg"/>
</s:form>
```

实现录入功能代码与录入学生功能代码类似，源程序省略。

14.3.8 学生模块的设计

以学生身份登录本系统后，可以查看个人信息、修改登录密码、查看成绩，共包含 3 个页面：查看个人信息页面 studentMessage.jsp、修改密码页面 studentPwd.jsp、成绩查询页面 studentScore.jsp。

1. 查看学生个人信息

以学生身份登录系统后选择“个人信息”菜单，将展示登录学生的个人基本信息，不允许修改。“学生个人信息”页面运行效果如图 14-40 所示。

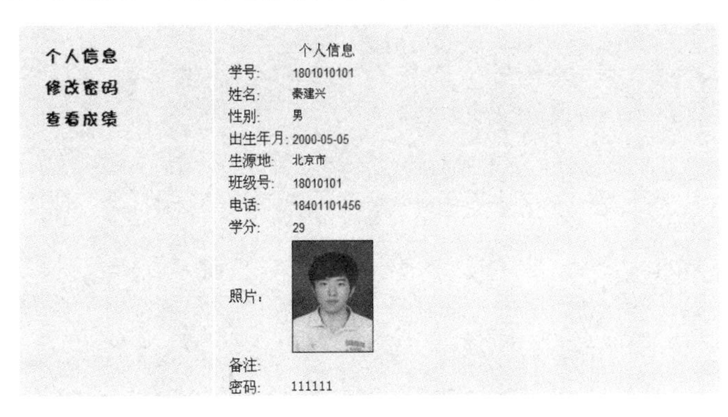

图 14-40　学生个人信息页面运行效果

查询学生个人信息页面和实现查询功能代码与查询教师个人信息功能代码类似，源程序省略。

2. 修改密码

选择“修改密码”菜单，进行学生密码修改，需要输入新设置的密码和确认密码，确认密码要与新密码一致，页面运行效果如图 14-41 所示。

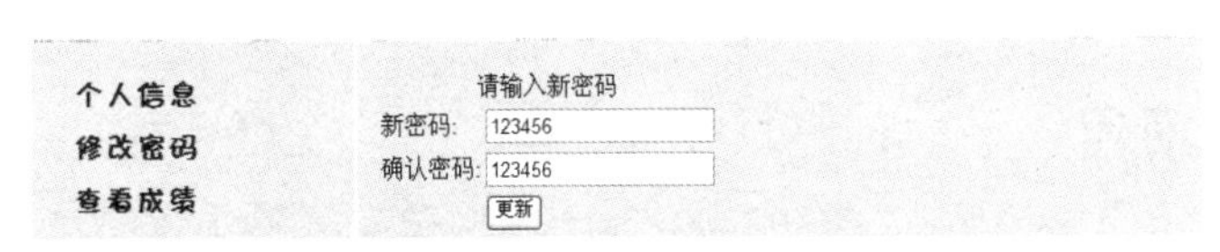

图 14-41　学生修改密码页面运行效果

修改学生密码页面和实现修改功能代码与修改教师密码功能代码类似，源程序省略。

3. 查询成绩

选择“查看成绩”菜单，查询出该学生所有课程成绩，并显示在网页上，页面运行效果如图 14-42 所示。

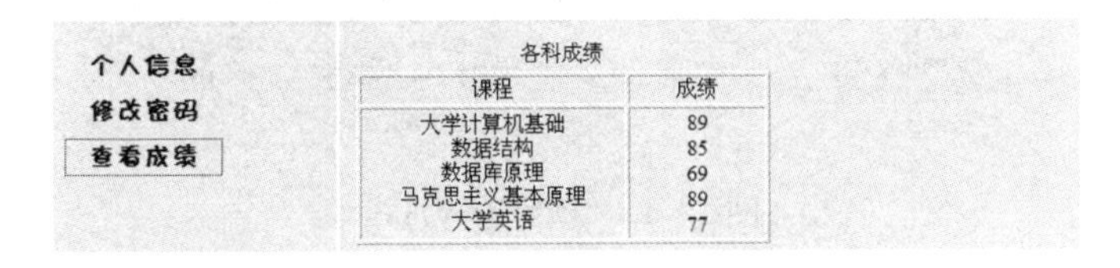

图 14-42　学生查询成绩页面运行效果

学生成绩页面代码如下：

```
<s:set name="student" value="#request.student"/>
<s:form name="frm" method="post" enctype="multipart/form-data">
    <table>
    <tr align="center"><td>各科成绩<td></tr>
        <tr align="center">
            <td>
            <table border="1">
```

```
            <tr align="center">
                <td width="200">课程</td>
                <td width="100">成绩</td>
            </tr>
            <tr  align="center">
                <td>
                    <s:iterator id="tmp" value="#session.scoreofStuList">
                            <s:property value="#tmp.course_no"/><br>
                     </s:iterator>
                </td>
                <td>
                    <s:iterator id="tmp" value="#session.scoreofStuList">
                            <s:property value="#tmp.score"/><br>
                     </s:iterator>
                </td>
            </tr>
            </table>
        </tr>
    </table>
    <s:property value="msg"/>
</s:form>
```

实现查询成绩功能代码与查询学生功能代码类似，源程序省略。

14.3.9 发布项目

在线访问测试一个 Web 应用之前，需要将 Web 项目部署到相应的 Web 服务器中，并对应开启 Web 服务。利用 Eclipse 可以很方便地完成 Web 项目的发布，项目部署到 tomcat 服务器的步骤如下。

(1) 右击项目，选择“运行方式”菜单下的“Run on Server”菜单项。项目运行方式如图 14-43 所示。

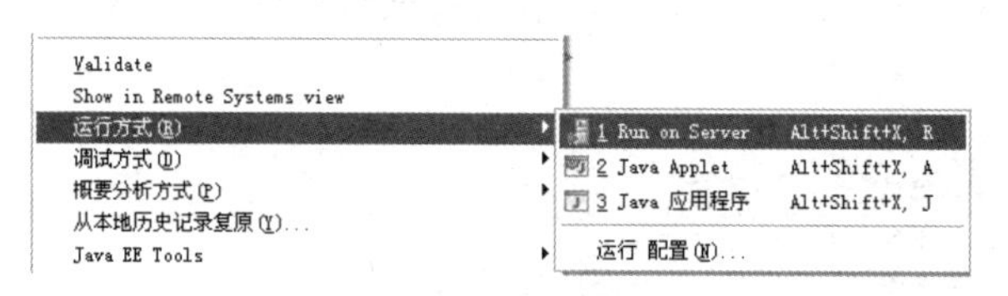

图 14-43 项目运行方式

(2) 在 Eclipse 运行界面右下方找到 Servers 视图，在其中找到运行的服务器 Tomcat 8.0，展开服务器，将刚刚发布的项目 jwgl 删除，如图 14-44 所示。

(3) 右击“Tomcat v8.0...”，选择“Open”菜单项，打开 Tomcat 服务器配置项，如图 14-45 所示。

(4) 配置 Tomcat 服务器，修改以下两个配置项：Server Locations 配置选择第二项，即“Use Tomcat installation(takes control of Tomcat installation)”；Deploy path 选择 Tomcat 安装目录下的“webapps”。Tomcat 保持启动状态，否则 Server Locations 一栏将变灰色，不可使用，如图 14-46 所示。

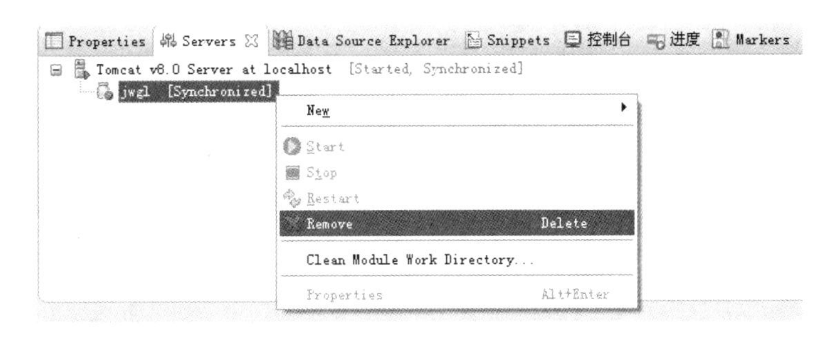

图 14-44　删除发布的项目

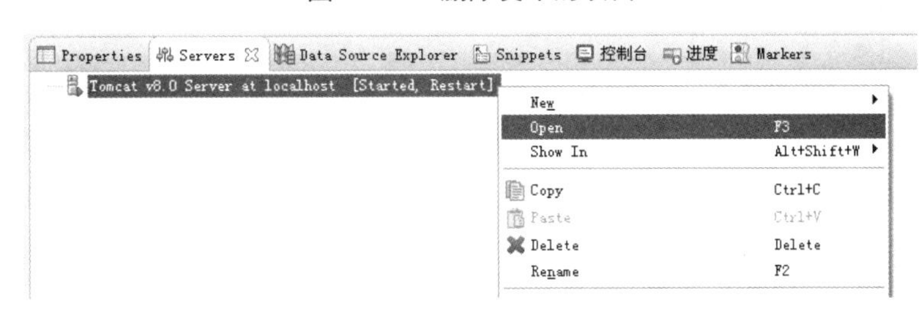

图 14-45　打开 Tomcat 服务器配置项

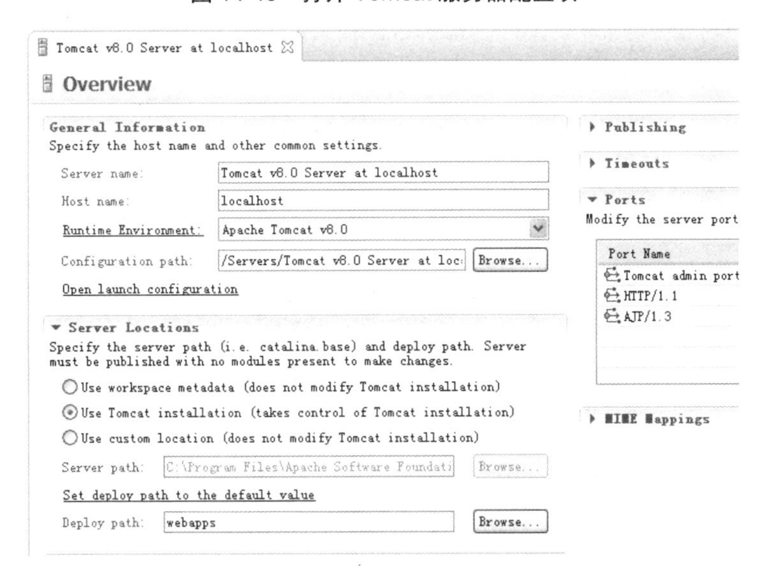

图 14-46　配置 Tomcat 服务器

(5)　配置 lib 输出。右击项目，选择“Properties”菜单。在树型目录中选择“Deployment Assembly”菜单，单击“Add”按钮，选择“Java Build Path Entries”，单击“下一步”按钮，选中需要随项目发布到 Tomcat 的包，完成确认操作。如图 14-47 所示。

(6)　修改工程下的.classpath 文件，将如下配置项提至最前面，否则发布项目时，先前发布到 WEB-INF 里面的文件将会被覆盖。如图 14-48 所示。

(7)　重新发布项目即可，即重复第 1 步。

(8)　打开浏览器，在浏览器中输入“http://localhost:8080/jwgl/login.jsp”，就可以访问教务管理系统网站了，如图 14-49 所示。

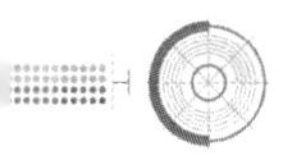

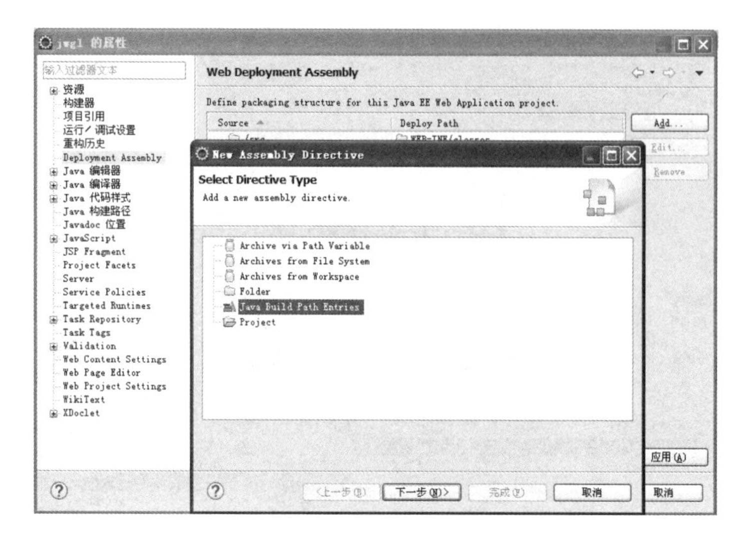

图 14-47　配置 lib 输出

```
<?xml version="1.0" encoding="UTF-8"?>
<classpath>
	<classpathentry kind="lib" path="C:/Program Files/Apache Software Foundation/Tomcat 8.0/lib/jsp-api.jar">
		<attributes>
			<attribute name="org.eclipse.jst.component.dependency" value="/WEB-INF/lib"/>
		</attributes>
	</classpathentry>
	<classpathentry kind="src" path="src"/>
	<classpathentry kind="con" path="org.eclipse.jdt.launching.JRE_CONTAINER">
		<attributes>
			<attribute name="owner.project.facets" value="java"/>
		</attributes>
	</classpathentry>
	<classpathentry kind="con" path="com.genuitec.runtime.library/com.genuitec.generic_7.0">
		<attributes>
			<attribute name="owner.project.facets" value="jst.web"/>
		</attributes>
	</classpathentry>
	<classpathentry kind="con" path="org.eclipse.jst.j2ee.internal.web.container"/>
	<classpathentry kind="con" path="org.eclipse.jst.j2ee.internal.module.container"/>
	<classpathentry kind="lib" path="C:/Program Files/Apache Software Foundation/Tomcat 8.0/lib/servlet-api.jar"/>

	<classpathentry kind="output" path="WebRoot/WEB-INF/classes"/>
</classpath>
```

图 14-48　修改 classpath 文件

图 14-49　项目在浏览器运行效果

参 考 文 献

[1] Russell J. T. Dyer. MySQL 核心技术手册[M]. 李红军，李冬梅，等，译. 北京：机械工业出版社，2009.

[2] Molina H G，Ullman J D，Widom J. 数据库管理系统实现[M]. 杨冬青，唐世谓，等，译. 北京：机械工业出版社，2010.

[3] Abraham Silberschatz，Henry F. Korth，S. Sudarshan. 数据库系统概念[M]. 杨东青，等，译. 北京：机械工业出版社，2007.

[4] 王珊，萨师煊. 数据库系统概念[M]. 北京：高等教育出版社，2016.

[5] 李月军，付良廷. 数据库原理及应用(MySQL 版)[M]. 北京：清华大学出版社，2019.

[6] 聚慕课教育研发中心. MySQL 从入门到项目实践[M]. 北京：清华大学出版社，2018.

[7] 孔祥盛. MySQL 核心技术与最佳实践[M]. 北京：人民邮电出版社，2014.

[8] 任进军，林海霞. MySQL 数据库管理与开发[M]. 北京：人民邮电出版社，2017.

[9] 秦婧，刘存勇. 零点起飞学 MySQL[M]. 北京：清华大学出版社，2013.

[10] 卜耀华，张水波. MySQL 数据库应用与实践教程[M]. 北京：清华大学出版社，2017.

[11] 尹志宇，郭晴. 数据库原理与应用教程——SQL Server 2008[M]. 北京：清华大学出版社，2017.

[12] 孔祥盛. MySQL 数据库基础与实例教程[M]. 北京：人民邮电出版社，2014.

[13] 郑阿奇. MySQL 数据库教程[M]. 北京：人民邮电出版社，2017.

[14] 唐汉明，翟振兴，兰丽华，等. 深入浅出 MySQL 数据库开发、优化与管理维护[M]. 北京：人民邮电出版社，2008.

[15] Leszek A. Maciaszek. 需求分析与系统设计[M]. 马素霞，王素琴，谢萍，等，译. 北京：机械工业出版社，2009.